U0187102

计 算 机 类 专 业
系统能力培养系列教材

CPU Design and Practice

CPU设计实战

LoongArch版

汪文祥 邢金璋 著

本书深入浅出地介绍了如何从零开始一步步设计出一个入门级的 CPU，以及在这个过程中应该掌握哪些知识、遵守哪些设计原则、规避哪些设计风险、可以使用哪些开发技巧。全书从逻辑上分为三个部分。第一部分（第 1 ～ 3 章）介绍产业界进行 CPU 研发的过程以及本地与远程 FPGA 实验平台、FPGA 上板实现、Verilog 应用实例等 CPU 设计中必要的基础知识。第二部分（第 4 ～ 10 章）从一个仅实现 5 条指令的单周期 CPU 设计开始，逐步引入流水线设计，添加指令，增加异常和中断的支持，并完成 AXI 总线接口、TLB MMU 和高速缓存的设计与实现，最终完成一个入门级的 CPU 的设计。第三部分（第 11、12 章）为准备进阶设计的读者提供一些指导和建议，包括进阶实验开发环境与常用的设计优化方案。

本书适合作为高校计算机及相关专业计算机组成、计算机体系结构等课程的实践教材，也可供对 CPU 设计感兴趣的相关技术人员阅读。

图书在版编目（CIP）数据

CPU 设计实战：LoongArch 版 / 汪文祥，邢金璋著 . —北京：机械工业出版社，2024.5
计算机类专业系统能力培养系列教材
ISBN 978-7-111-75191-5

Ⅰ. ① C…　Ⅱ. ①汪…②邢…　Ⅲ. ①微处理器 - 系统设计 - 高等学校 - 教材　Ⅳ. ① TP332

中国国家版本馆 CIP 数据核字（2024）第 042719 号

机械工业出版社（北京市百万庄大街 22 号　邮政编码 100037）
策划编辑：朱　劼　　　　责任编辑：朱　劼　关　敏
责任校对：张雨霏　梁　静　　责任印制：郜　敏
三河市国英印务有限公司印刷
2024 年 7 月第 1 版第 1 次印刷
186mm × 240mm · 25 印张 · 1 插页 · 485 千字
标准书号：ISBN 978-7-111-75191-5
定价：99.00 元

电话服务	网络服务
客服电话：010-88361066	机　工　官　网：www.cmpbook.com
010-88379833	机　工　官　博：weibo.com/cmp1952
010-68326294	金　　书　　网：www.golden-book.com
封底无防伪标均为盗版	机工教育服务网：www.cmpedu.com

PREFACE

序

与汪文祥老师相识源于2016年。彼时，以本科生开发CPU、操作系统、编译器为目标的系统能力培养教学改革已进入第10个年头。在教育部高等学校计算机类专业教学指导委员会（以下简称“教指委”）的大力推动下，在北京大学、北京航空航天大学、国防科技大学、南京大学、清华大学、上海交通大学、浙江大学、中国科学技术大学这8所系统能力培养示范高校的带动下，全国数十所高校加入教学改革的行列，系统能力培养逐渐成为计算机类专业教学研究与改革的热点之一。

“十年磨一剑，霜刃未曾试”。系统能力之“剑”磨了十年，其锋利程度如何呢？经过深入考虑和多方调研，我们决定举办全国大学生计算机系统能力大赛，以此来检验教学改革的成效，进一步推进教学改革，并建立产学协同育人的生态。这个想法得到了龙芯公司的积极响应，并指派汪老师加入大赛的技术组。

大赛从哪个环节开始呢？从技术角度，CPU是计算机系统乃至信息技术领域的基石。从产业的角度，如果我国有一大批熟知CPU等硬件系统原理与特性的人才，那么他们必将在我国信息技术产业中发挥重要的作用；从教学改革的角度，CPU相关的教学改革启动早、持续久、体系全、影响大；从学生培养的角度，能做出CPU的学生必定是一流的学生，其专业基础与能力毋庸置疑，更重要的是这些学生有过做出CPU的“巅峰体验”，这势必极大增强其挑战未来的信心与雄心。最终，我们决定于2017年先行启动CPU赛道，这在一定程度上也是为其他赛道“探路”。

从2017年到2023年，连续七届大赛让我们看到了学生们对CPU设计的热情，他们的学习能力、工程能力与创新能力超出我们的想象。更令人高兴的是，一些高校将系统能力大赛技术方案融入课程教学中，实现了教学支撑竞赛、竞赛牵引教学的良性循环。

但同时，我们注意到对于本科二年级、三年级的学生来说，开发一个 CPU 并非易事。人才培养的核心要义在于普惠。教育者必须努力寻找和构建一个适合绝大多数学生的技术路线，不仅要降低他们的学习难度，还应使他们能运用工程化的方法完成具有挑战性的成果。因此，必须要进一步缩小教学与竞赛的难度差。

在我们技术组几位成员的"游说"下，汪老师勇挑重担，在 2021 年出版了《CPU 设计实战》一书，这本书的出版为读者进行 CPU 设计实战带来了极大的参考价值，成为很多全国大学生计算机系统能力大赛 CPU 设计赛参赛选手的必读书目之一，伴随他们度过比赛之旅。

随着龙芯公司 LoongArch 指令集的成熟和产业应用的不断扩大，高校开始在课程体系中嵌入 LoongArch 指令集的实践内容，同时全国大学生计算机系统能力大赛 CPU 设计赛也开始支持 LoongArch 指令集。基于这样的背景，汪老师决定基于 LoongArch 指令集重新编写《CPU 设计实战》。这本书的独特之处很多，印象最深的有以下几点：

1）对初学者非常友好。这本书从介绍工业界真实的 CPU 设计流程开始，一步步带领读者从单周期 CPU 设计逐步深入到流水线、添加指令、增加异常与中断的支持，并完成 AX 总线接口、TLB MMU 和 Cache 的设计，最终开发出一个入门级 CPU。在此基础上还可以增加指令、运行 Linux，进一步完善 CPU 的功能和性能。读者完全可以按照书中的指导设计出自己的 CPU。

2）融入了很多工程经验。产品化的 CPU 开发要考虑很多工程因素、注意很多工程细节，这些知识通常在教科书中是不会讲到的。汪老师结合自己丰富的开发经验，在书中给出了很多提示和指引来帮助读者解决设计过程中那些看似不起眼但常常会困扰大家的问题，甚至对如何阅读、理解指令系统规范，汪老师也分享了自己的经验。对于读者来说，这些实践中的真知灼见不仅对于设计 CPU 是非常宝贵的，对于未来的工作也具有重要的参考价值。

3）适合作为计算机组成、体系结构相关课程的配套实践教材。汪老师长期兼任中国科学院大学本科体系结构课程的教师，深谙系统类课程教学的痛点和难点。本书很多素材来源于汪老师在教学中的实践和思考，他很好地将理论课程中离散的知识点熔接为一套系统化的知识体系，从而有助于提升教与学的质量。

系统能力培养是计算机类专业的一次教育、教学改革的重大探索与实践。对于正在或即将开展系统能力培养教学改革的众多高校与任课教师，对于积极备战全国大学生计算机系统能力大赛的广大参赛选手，这本书都能提供有益的参考。

祝各位阅读愉快！

高小鹏

北京航空航天大学

PREFACE

前　　言

CPU，中文全称为“**中央处理器**”，简称“**处理器**”，是现代电子计算机的核心器件。如果你想了解一台计算机是如何构建并工作起来的，那么深入了解 CPU 的设计非常有用。不过，这个美好的愿望是否会遭遇“骨感”的现实呢？毕竟一谈及 CPU，大家马上会想到的是英特尔（Intel）、超微半导体（AMD）、苹果（Apple）、安谋（ARM）、高通（Qualcomm）这些国际知名公司生产的产品，进而认为 CPU 设计是一件遥不可及的事情，普通学习者要想掌握它简直就是天方夜谭。

那么 CPU 设计到底难不难呢？说实话，要做出具有世界一流水平的产品确实不容易。别看 CPU 个头不大，它却是一个复杂度极高的系统。设计 CPU 挑战的是一个团队进行复杂系统工程研发的能力。不过，从 20 世纪 60 年代第一款 CPU 问世至今，CPU 设计所涉及的基本技术已经很成熟了，同时，自动化设计工具的水平也有了大幅度提升，普通学习者想在 CPU 设计领域初窥堂奥，不再是无法实现的梦想。

我们在给新入行的工程师进行培训以及给高校学生授课的过程中，得到的反馈却并不乐观。对于大多数新人来说，设计一个入门级的 CPU 还是很有难度的。结合我们在研发工作中的成长经历，以及在培训和教学过程中获得的反馈，我们认为最大的难点在于设计一个 CPU 需要综合掌握多方面的知识，而初学者往往在“综合”这个环节遇到困难。毫不夸张地说，对于设计一个入门级 CPU 所需要的各方面知识，我们都能找出很多对应的优秀教材、讲义、论文、代码。如果仅仅把这些资料交给一个初学者，让他通过自学这些资料来设计 CPU，那么能把 CPU 设计出来的只有少数“悟性高”的人。我们都知道，一个国家要想切实提高某项体育运动的整体水平，关键是要增加参与和从事该项运动的人员数量。同理，要想在信息技术的核心领域做到世界一流，没有一大批“懂行”的技术开发人员是很难实现的。面对当前急需芯片开发人才的现状，要想在短时间内培养出大量行业急需的高素质人才，仅仅指望学习者自身“悟性高”是行不通的，需要找到行之有效的学习和训练方法。

我们所在的龙芯团队进行 CPU 产品自主研发已有 20 余年，在 CPU 设计方面积累了丰富的实战经验。在本书中，我们将结合自身的研发实践，尽可能深入浅出地介绍如何从零开始一步步设计出一个入门级的 CPU，以及在这个过程中应该掌握哪些知识、遵守哪些设计原则、规避哪些设计风险、可以使用哪些开发技巧。我们希望这些从工程实践中总结的经验能作为高校相关课程教学中知识讲授环节的有益补充，帮助更多初学者更快、更扎实地掌握 CPU 设计的知识，从而具备 CPU 设计能力。

本书内容安排

本书从逻辑上分为三个部分。第 1 ～ 3 章为第一部分，介绍产业界进行 CPU 研发的过程以及本地与远程 FPGA 实验平台、FPGA 上板实现、Verilog 应用实例等 CPU 设计中必要的基础知识。第 4 ～ 10 章为第二部分。第二部分从一个仅实现 5 条指令的单周期 CPU 设计开始，逐步引入流水线设计，添加指令，增加异常和中断的支持，并完成 AXI 总线接口、TLB MMU 和高速缓存（Cache）的设计与实现，最终完成一个入门级 CPU 的设计。这样一个 CPU 已经不再是一个大作业级别的课程设计，而是一个能够满足绝大多数实际的嵌入式应用场景需求、可以运行教学用的操作系统的真实作品。第 11 和 12 章为第三部分，在这一部分，我们为准备进阶设计的读者提供一些指导和建议，包括进阶实验开发环境与常用的设计优化方案。

全书各章的内容简要介绍如下。

第 1 章简要介绍 CPU 芯片产品的研发过程，使读者对 CPU 产品开发的全过程有初步的认识和了解，为后续各章的学习奠定基础。

第 2 章介绍硬件实验平台及 FPGA 设计流程，包括龙芯体系结构教学硬件实验平台的介绍，以及 FPGA 的一般设计流程和基于 Vivado 工具的 FPGA 实现流程。

第 3 章复习数字逻辑电路设计相关内容。结合 CPU 的实际设计开发需求，对如何使用 Verilog 代码进行数字逻辑电路设计给出建议，并给出 CPU 设计中常用的数字逻辑电路的可综合 Verilog 描述示例。此外，这一章还会讲述数字逻辑电路功能仿真的常见错误及调试方法。对于缺少电路仿真调试经验的初学者来说，这部分内容具有很好的指导作用。

第 4 章介绍单周期 CPU 设计。这一章将从一个支持 5 条指令的单周期 CPU 设计开始，逐步扩展设计直至支持 20 条指令。在讲述设计的过程中，这一章还将穿插介绍验证设计所需的实验环境以及基于 trace 比对的仿真调试方法。

第 5 章介绍简单流水线 CPU 设计。这一章将对前一章完成的单周期 CPU 设计进行流水化改进，先讨论如何将其改造成不考虑相关冲突的流水线，然后考虑用阻塞解决相关冲突，最后引入数据前递设计。在介绍设计方法的同时，这一章还将分享一些 CPU 设计的仿真调试技术。

第 6 章介绍如何在流水线 CPU 中继续实现更多普通用户态指令的支持，具体包括算术逻辑运算类指令、乘除法运算类指令、转移指令和访存指令。

第 7 章介绍异常和中断的实现。这一章首先对异常和中断的基本概念，以及 LoongArch 指令系统中的异常和中断的具体定义进行简要的梳理，然后介绍如何在前一章完成的 CPU 基础之上实现异常和中断的支持。有了这两部分的支持之后，CPU 就可以运行一些简单的嵌入式操作系统了。

第 8 章介绍 AXI 总线接口设计。这一章首先对完成 CPU 设计所需要的 AXI 总线协议的相关内容加以简要回顾，然后通过实现类 SRAM 总线接口、实现类 SRAM-AXI 转接桥、集成类 SRAM-AXI 转接桥三个阶段性任务来完成 CPU 中 AXI 总线接口的添加。

第 9 章介绍存储管理单元（MMU）的设计。这一章首先对 MMU 相关的知识点进行梳理，然后通过 TLB 模块的设计实现、MMU 相关 CSR（控制状态寄存器）与指令的实现，以及 TLB 模块集成到流水线中并支持 MMU 相关异常几个阶段性任务来完成整个 MMU 的设计。

第 10 章介绍高速缓存（Cache）设计。这一章只介绍最简单的 Cache 设计，其设计任务同样被分解成 Cache 模块设计、Cache 模块集成、Cache 维护指令支持这三个循序渐进的阶段性任务。

第 11 章介绍进阶实验开发环境。这一章介绍的实验开发环境主要基于龙芯教育开源芯片开发平台 chiplab 构建，具体涉及整个开发环境的组织与构成、软件仿真功能验证和 FPGA 上板功能验证。

第 12 章就一些进阶设计优化方案给出建议，主要涉及如何进一步提升主频、如何进行超标量设计、如何设计动态调度机制、如何设计转移预测器、如何优化访存性能以及如何添加多核支持。

本书后面的附录分别对书中使用的本地实验环境、Vivado 软件的安装和使用等内容进行了补充介绍。

可以看到，本书主体内容是围绕着一系列进阶任务展开的。第二部分的每一章都会给出有针对性的任务，同时给出与之对应的知识点与设计建议。我们希望读者在时间和精力允许的情况下，先尝试根据自己的想法完成设计任务，经过深入思考和亲身实践后，再来看书中给出的讲解，相信一定会有不一样的体会，正所谓“不愤不启，不悱不发”。之所以推荐这种比较“自虐”的学习方式，源于作者在长期的研发工作中得到的一个感悟：好的工程师是bug“喂”出来的。对于CPU设计与开发这种工程性、实践性极强的工作来说，眼观千遍不如手过一遍。前辈们千叮咛、万嘱咐不要犯的错，非要自己错过一次才能刻骨铭心；教科书上、论文中已经写得清清楚楚的设计思路，只有自己在设计的路上碰壁无数次之后才会有如获至宝的欣喜。要想真正迈入CPU设计的大门，仅仅靠坐在图书馆里看几十个小时书是远远不够的，它需要走路、吃饭甚至睡觉的时候都在思考如何设计的那种“为伊消得人憔悴”，更需要通宵达旦调试的那份执着与坚持。

致谢

本书的写作得到了我们所任职的龙芯中科技术股份有限公司的大力支持。正是在多个部门的众多同事的帮助之下，我们才能从零开始写完本书并完成所有的实验任务的开发。在此感谢他们对本书的无私支持！特别感谢龙芯公司芯片研发部、教育事业部和龙芯实验室的同事和同学们，没有他们的辛勤付出，本书将无法面世。

我们也非常感谢教育部高等学校计算机类专业教学指导委员会、系统能力培养教学研究专家组，以及机械工业出版社的各位专家和老师，感谢所有致力于我国大学生计算机系统能力培养的老师们，正是他们的满腔热情和不懈努力激励着我们写出本书。我们衷心希望本书能为我国大学生计算机系统能力培养事业尽一份绵薄之力。

我们还要特别感谢中国科学院大学参与计算机体系结构研讨课的同学们，以及历届全国大学生计算机系统能力大赛CPU设计赛（龙芯杯）的参赛选手们，他们的反馈让这本书的内容更加充实和完整。

由于CPU设计和开发工作体系庞大、内容繁多，尽管我们已经尽力展现其中的核心内容，但难免有挂一漏万之处，恳请各位老师和读者批评、指正。

作者

CONTENTS

目录

序

前言

第 1 章　CPU 芯片研发过程概述 … 1

1.1　处理器和处理器核 …… 1

1.2　芯片产品的研制过程 …… 2

1.3　芯片设计的工作阶段 …… 3

第 2 章　硬件实验平台及 FPGA 设计流程 …… 5

2.1　硬件实验平台 …… 5

2.1.1　龙芯 CPU 设计与体系结构教学实验系统 …… 5

2.1.2　龙芯普及型系统能力培养远程实验平台 …… 8

2.2　FPGA 的设计流程 …… 9

2.2.1　FPGA 的一般设计流程 …… 9

2.2.2　基于 Vivado 的 FPGA 实现流程 …… 11

2.2.3　Vivado 使用小贴士 …… 12

2.3　任务与实践 …… 13

2.3.1　本书配套实验环境 …… 13

2.3.2　实践任务 1：跑马灯 …… 14

第 3 章　数字逻辑电路设计基础 … 15

3.1　数字逻辑电路设计与 Verilog 代码开发 …… 15

3.1.1　面向硬件电路的设计思维方式 …… 16

3.1.2　自顶向下的设计划分过程 …… 17

3.1.3　行为描述的 Verilog 编程风格 …… 18

3.1.4　常用数字逻辑电路的 Verilog 描述 …… 19

3.2　数字逻辑电路功能仿真的常见错误及调试方法 …… 36

3.2.1　功能仿真波形分析 …… 37

3.2.2　波形异常类错误的调试 …… 43

3.3　任务与实践 …… 49

3.3.1　实践任务 2：寄存器堆仿真 …… 49

3.3.2　实践任务 3：同步 RAM 和异步 RAM 仿真、综合与实现 …… 50

3.3.3 实践任务 4：数字逻辑电路的设计与调试 ………… 52

第 4 章 单周期 CPU 设计 ………… 54

4.1 设计一个 5 条指令的单周期 CPU ………… 55

4.1.1 设计 CPU 的总体思路 …… 55

4.1.2 5 条指令单周期 CPU 数据通路设计 ………… 57

4.1.3 5 条指令单周期 CPU 控制信号生成 ………… 69

4.2 验证 5 条指令的单周期 CPU …… 71

4.2.1 5 条指令单周期 CPU 实验开发环境快速上手 ………… 71

4.2.2 minicpu_env 实验开发环境组织结构介绍 ………… 73

4.2.3 功能仿真验证 ………… 73

4.3 设计一个 20 条指令的单周期 CPU ………… 75

4.3.1 新增 ALU 类指令的数据通路设计 ………… 76

4.3.2 新增 Branch 类指令的数据通路设计 ………… 80

4.3.3 新增指令后控制信号的调整 ………… 83

4.4 验证 20 条指令的单周期 CPU ………… 87

4.4.1 mycpu_env 实验开发环境组织结构介绍 ………… 88

4.4.2 基于 trace 比对的调试框架 ………… 89

4.4.3 func 功能测试程序 ………… 93

4.4.4 基于 mycpu_env 实验开发环境的实验流程 …… 102

4.4.5 mycpu_env 实验开发环境使用进阶 ………… 104

4.5 CPU 设计实验功能仿真调试技术 ………… 106

4.5.1 为什么要用基于 trace 比对的调试辅助手段 …… 106

4.5.2 基于 trace 比对调试手段的“盲区”及对策 ………… 107

4.5.3 学会阅读汇编程序和反汇编代码 ………… 108

4.6 任务与实践 ………… 113

4.6.1 实践任务 5：5 条指令单周期 CPU ………… 114

4.6.2 实践任务 6：20 条指令单周期 CPU ………… 114

第 5 章 简单流水线 CPU 设计 … 116

5.1 不考虑相关冲突的流水线 CPU 设计 ………… 117

5.1.1 添加流水级间缓存 ………… 117

5.1.2 同步读 RAM 的引入 …… 118

5.1.3 调整更新 PC 的数据通路 ………… 121

5.1.4 不考虑相关冲突情况下流水线控制信号的设计 ………… 121

5.1.5 复位的处理 ………… 122

5.2 指令相关与流水线冲突 ………… 123

5.2.1 处理寄存器写后读数据相关引发的流水线冲突 … 124
5.2.2 处理控制相关 …… 125
5.3 流水线数据前递设计 …… 128
5.3.1 前递的数据通路设计 …… 128
5.3.2 前递的流水线控制信号调整 …… 131
5.3.3 前递引发的主频下降 …… 132
5.4 CPU设计实验功能仿真调试技术进阶 …… 133
5.4.1 valid和PC信号不能少 …… 133
5.4.2 各流水线信号分组有序摆放 …… 133
5.4.3 先遍历指令再遍历流水线 …… 134
5.5 任务与实践 …… 134
5.5.1 实践任务7：不考虑相关引发的冲突的简单流水线CPU …… 135
5.5.2 实践任务8：阻塞技术解决相关引发的冲突 …… 136
5.5.3 实践任务9：前递技术解决相关引发的冲突 …… 137

第6章 在流水线中添加普通用户态指令 …… 139
6.1 算术逻辑运算类指令的添加 …… 139
6.1.1 slti和sltui指令的添加 … 140
6.1.2 andi、ori和xori指令的添加 …… 140
6.1.3 sll.w、srl.w和sra.w指令的添加 …… 141
6.1.4 pcaddu12i指令的添加 …… 141
6.2 乘除法运算类指令的添加 …… 141
6.2.1 调用Xilinx IP实现乘除法运算部件 …… 142
6.2.2 电路级实现乘法器 …… 146
6.2.3 电路级实现除法器 …… 154
6.3 转移指令的添加 …… 161
6.4 访存指令的添加 …… 162
6.4.1 ld.b、ld.h、ld.bu、ld.hu指令的添加 …… 162
6.4.2 st.b、st.h指令的添加 …… 164
6.5 任务与实践 …… 165
6.5.1 实践任务10：算术逻辑运算指令和乘除法运算指令添加 …… 165
6.5.2 实践任务11：转移指令和访存指令添加 …… 166

第7章 异常和中断的支持 …… 168
7.1 异常和中断的基本概念 …… 168
7.1.1 异常是一套软硬件协同处理的机制 …… 169
7.1.2 精确异常 …… 169
7.2 LoongArch指令系统中与异常相关的功能定义 …… 170
7.2.1 控制状态寄存器 …… 170
7.2.2 异常产生条件的判定 …… 171
7.2.3 响应异常后硬件的一般处理过程 …… 174

7.2.4 异常处理返回指令 ········· 174
7.2.5 CSR 读写指令 ················ 175
7.3 流水线 CPU 实现异常和中断的设计要点 ························ 175
7.3.1 异常检测逻辑的实现 ······ 175
7.3.2 精确异常的实现 ············ 177
7.3.3 控制状态寄存器的实现 ·· 178
7.3.4 处理控制状态寄存器相关引发的冲突 ············ 186
7.4 其他指令的实现 ······················ 188
7.5 任务与实践 ···························· 188
7.5.1 实践任务 12：添加系统调用异常支持 ·········· 188
7.5.2 实践任务 13：添加其他异常与中断支持 ············ 189

第 8 章 AXI 总线接口设计 ········· 191

8.1 类 SRAM 总线 ························ 192
8.1.1 主方和从方 ···················· 192
8.1.2 类 SRAM 总线接口信号的定义 ···················· 192
8.1.3 类 SRAM 总线的读写时序 ······························ 194
8.1.4 类 SRAM 总线的约束 ····· 197
8.2 类 SRAM 总线的设计 ·············· 198
8.2.1 取指设计的考虑 ············ 198
8.2.2 访存设计的考虑 ············ 203
8.3 AXI 总线协议 ························· 204
8.3.1 AXI 总线信号一览 ········· 204
8.3.2 AXI 总线协议的初步解读 ······························ 206
8.3.3 类 SRAM 总线接口信号与 AXI 总线接口信号的关系 ···························· 212
8.4 类 SRAM–AXI 的转接桥设计 ···· 212
8.4.1 转接桥的顶层接口 ········· 212
8.4.2 转接桥的设计要求 ········· 213
8.4.3 转接桥的设计建议 ········· 214
8.5 任务与实践 ···························· 215
8.5.1 实践任务 14：添加类 SRAM 总线支持 ············ 215
8.5.2 实践任务 15：添加 AXI 总线支持 ························ 219
8.5.3 实践任务 16：完成 AXI 随机延迟验证 ············· 220

第 9 章 存储管理单元设计 ········· 222

9.1 存储管理单元相关规范定义梳理 ································ 223
9.2 TLB 模块设计分析 ··················· 224
9.3 MMU 相关 CSR 与指令的实现 ···································· 229
9.3.1 MMU 的 CSR 相关引发的冲突处理 ················· 229
9.3.2 TLB 相关指令的实现 ····· 230
9.4 利用 MMU 进行虚实地址转换及 MMU 相关异常的实现 ········· 231
9.5 任务与实践 ···························· 233
9.5.1 实践任务 17：设计 TLB 模块 ····························· 233
9.5.2 实践任务 18：添加 TLB 相关指令和 CSR ············ 235

9.5.3 实践任务 19：添加 TLB 相关异常支持 ······ 236

第 10 章 Cache 设计 ······ 238

10.1 Cache 模块的设计 ······ 239

10.1.1 Cache 的设计规格 ······ 239

10.1.2 Cache 模块的数据通路设计 ······ 241

10.1.3 Cache 模块内部的控制逻辑设计 ······ 250

10.1.4 Cache 的硬件初始化问题 ······ 255

10.2 将 Cache 集成至 CPU 中 ······ 256

10.2.1 Cache 命中情况下的 CPU 流水线适配 ······ 256

10.2.2 Cache 缺失情况下的 CPU 流水线适配 ······ 257

10.2.3 非缓存访问的处理 ······ 257

10.3 Cache 维护指令 ······ 259

10.4 任务与实践 ······ 259

10.4.1 实践任务 20：Cache 模块设计 ······ 260

10.4.2 实践任务 21：在 CPU 中集成 ICache ······ 262

10.4.3 实践任务 22：在 CPU 中集成 DCache ······ 263

10.4.4 实践任务 23：在 CPU 中添加 CACOP 指令 ··· 264

第 11 章 进阶实验开发环境 ······ 265

11.1 chiplab 开发环境组织与构成 ······ 266

11.2 chiplab 开发环境的推荐使用方式 ······ 267

11.3 软件仿真功能验证 ······ 269

11.3.1 固定测试程序验证 ······ 269

11.3.2 随机指令测试程序验证 ······ 274

11.3.3 基于差分测试的调试辅助机制 ······ 277

11.4 FPGA 上板功能验证 ······ 280

11.4.1 FPGA 综合实现 ······ 280

11.4.2 在 FPGA 上运行 Linux 操作系统 ······ 281

第 12 章 进阶设计 ······ 290

12.1 提升主频的常用方法 ······ 291

12.1.1 平衡各级流水线的延迟 ······ 291

12.1.2 针对大概率事件优化逻辑 ······ 291

12.1.3 用面积和功耗换时延 ··· 292

12.1.4 进一步切分流水线 ······ 293

12.1.5 主频提升技术实现示例 ······ 293

12.2 超标量流水线的实现 ······ 294

12.2.1 超标量流水线前端设计要点 ······ 295

12.2.2 静态调度超标量流水线后端设计要点 ······ 296

12.3 动态调度机制的实现 ······ 296

12.3.1 动态调度机制设计要点提示 ······ 298

12.3.2 动态调度中常见电路结构的 RTL 实现 …… 301
12.4 硬件转移预测技术 …… 302
12.4.1 硬件转移预测的流水线设计框架 …… 302
12.4.2 一个轻量级转移预测器设计规格 …… 304
12.5 访存优化技术 …… 305
12.5.1 写缓存 …… 305
12.5.2 非阻塞式高速缓存 …… 306
12.5.3 访存乱序执行 …… 307
12.5.4 多级 Cache …… 308
12.5.5 Cache 预取 …… 308
12.6 多核处理器的实现 …… 309
12.6.1 多核互联结构 …… 309
12.6.2 多核编号 …… 310
12.6.3 核间中断 …… 310
12.6.4 多核情况下的存储一致性 …… 311
12.6.5 缓存一致性协议 …… 312
12.6.6 ll.w-sc.w 指令对的访存原子性 …… 320
附录 …… 323
附录 A 龙芯 CPU 设计与体系结构教学实验系统 …… 323
附录 B Vivado 的安装 …… 327
附录 C Vivado 使用入门 …… 337
附录 D Vivado 使用进阶 …… 361

C H A P T E R 1

第1章 CPU芯片研发过程概述

本书作为一本注重实战性的书籍，在开始讲述CPU设计的内容之前，先给大家科普一下工业界研发CPU芯片的大致过程。这部分内容可以帮助你建立对CPU研发的认识，进而了解本书各章中讲授的技术对应真实工作中的哪个研发环节。毕竟，好的工程师不能“只见树木不见森林”。

1.1 处理器和处理器核

首先，我们需要分清楚**处理器**（CPU）和**处理器核**（CPU Core）这两个概念。在20世纪七八十年代，晶体管集成密度还没有现在这么高，一款处理器芯片的主体就是一个处理器核。随着集成电路工艺的快速演进，单个硅片上晶体管的集成密度越来越高。现在常见的处理器芯片不再是传统意义上的“运算器+控制器”，而已经是一个**片上系统**（System on Chip，SoC），处理器核只是这个片上系统的一个核心IP。

以龙芯3A5000通用处理器芯片为例，大家平时看到的芯片实物是图1.1a中的样子。芯片底部是一个有很多引脚的电路板，上面有一个塑料或金属的外壳，芯片中最核心的硅片部分被封装在这个管壳中。图1.1b给出的电路版图对应的就是芯片中的硅片部分。

龙芯3A5000通用处理器芯片中集成了四个LA464处理器核。为了方便大家查看，我们在图1.1b中用矩形框将这四个LA464处理器核的位置和形状标识了出来。大家可以很清楚地看到，处理器核是处理器芯片的重要组成部分，然而一个处理器芯片中包含

a）芯片实物图

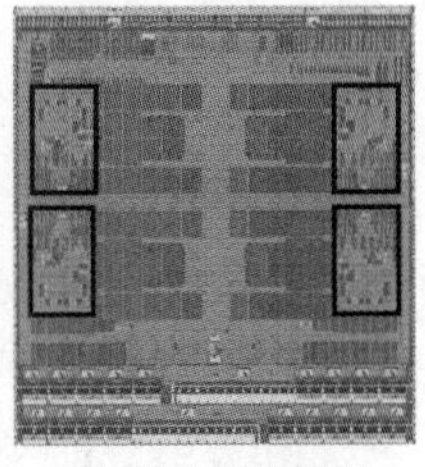

b）芯片电路版图

图1.1 龙芯3A5000通用处理器芯片实物图及电路版图

的并不仅仅是处理器核。对于龙芯3A5000通用处理器芯片来说，除处理器核外，还包含多核共享的三级高速缓存（L3 Cache）、Hyper Transport高速总线接口控制器和PHY、DDR3/DDR4内存控制器和PHY，以及一系列其他功能模块。

我们很难在一本书里讲清楚一款现代处理器芯片的所有设计过程。龙芯3A5000通用处理器芯片中集成的DDR3/DDR4内存控制器和Hyper Transport高速总线接口控制器的设计都可以分别写成一本书。**在本书中，我们关注的只是处理器芯片中的处理器核，它是处理器芯片中真正执行指令、进行运算和控制的核心。**本书接下来的内容中，我们将不再严格区分“处理器”和“处理器核”这两个词。

1.2 芯片产品的研制过程

处理器芯片产品的研制过程与一般的芯片产品大致相同，通常需要经历5个阶段。

1）芯片定义：在芯片定义阶段，需要进行市场调研，针对客户需求进行芯片的规格定义，并进行可行性分析、论证。

2）芯片设计：芯片设计阶段的工作可以进一步划分为硅片设计和封装设计。（大家平时看到的芯片是已经将硅片封装进管壳之后的样子。）

3）芯片制造：硅片设计和封装设计完成后，将被交付到工厂，进入芯片制造阶段。芯片制造又包含掩模制造、晶圆生产和封装生产几个方面。

4）芯片封测：当晶圆和封装管壳都生产完毕后，就进入芯片封测阶段。通常需要先对晶圆进行中测（有些低成本芯片没有此环节），然后进行划片、封装，最后对封装后的芯片进行成测。中测和成测都通过后，就基本能确保这些芯片不会有生产环节引入的错误，可以对其开展最终的验证了。

5）芯片验证：在最终验证环节中，光有芯片是不够的，需要将芯片焊接到预先设计和生产好的电路板上，装配成机器并加载软件后，才能开始验证。在验证阶段，要对芯片的各个技术指标进行测评，当发现异常时，需要找到出错原因。如果是芯片设计的问题，那么就需要修正设计错误，再次进行制造、封测和验证阶段的工作。

目前在产业界，将芯片设计和制造分离已经成为主流趋势。芯片设计企业关注芯片定义和设计，制造和封测多采用委托外协的方式，如苹果（Apple）、高通（Qualcomm）、超威半导体（AMD）、安谋（ARM）等公司。芯片制造企业则聚焦于芯片的制造，它们自己不做设计，如台积电（TSMC）、格罗方德（Global Foundries）、中芯国际（SMIC）、上海华虹等公司。在这种产业分工合作体系之下，一款芯片的价值主要是由芯片的设计环节所赋予的。

1.3　芯片设计的工作阶段

对于一个 CPU 来说，其芯片设计的工作可进一步划分为如下 9 个阶段。

1）明确设计规格。

2）制定设计方案。

3）进行设计描述（编写 RTL 代码）。

4）功能和性能验证。

5）逻辑综合。

6）版图规划。

7）布局布线。

8）网表逻辑验证、时序检查、版图验证。

9）交付流片。

无论是硬件产品还是软件产品，设计之初必然要明确其设计规格，确定设计的边界约束情况。对于 CPU 设计开发来说，典型的设计规格包括支持的指令集，主频、性能、面积和功耗指标，以及接口信号定义。

明确了设计规格之后，就要给出相应的设计方案。这个设计方案通常是用自然语言或高级建模语言从较为抽象的角度对 CPU 的微结构设计所做的行为级描述。例如，CPU 划分为多少级流水、每一级流水线最多处理多少条指令、有多少个运算部件、指令的执行调度机制是什么，等等，这些内容都要在设计方案中详细给出。

有了设计方案之后，接下来就需要将行为级描述进一步转换为 EDA 综合工具可以处理的硬件描述语言（Hardware Description Language，HDL）描述。这个过程通常是由人完成的。近年来学术界和工业界在高层次描述向低层次描述的自动化转换方面做了很多积极的尝试，可以将一个高级建模语言的描述转换为 HDL 描述甚至直接综合为门级电路。不过就目前的技术发展来看，针对 CPU 设计，有经验的工程师设计出的电路质量还是远高于采用高层次综合工具或 HDL 语言生成器设计的电路质量。由于 CPU 产品具有“赢者通吃”的特性，单纯地缩短上市周期并不能获得持久的商业优势，因此 CPU 对电路质量的要求比领域专用加速器的要求要高得多。所以，短期来看 CPU 产品从设计方案到设计描述仍将主要依赖人工。

寄存器传输级（Register Transfer Level，RTL）描述使得我们可以在这个层次展开功能和性能的验证。所谓功能和性能验证，是指证明设计的功能正确性和性能指标是否符合设计规格中的定义，它发现并修正的是设计描述阶段引入的逻辑实现错误。如果发现功能或性能上的错误，就需要返回设计描述阶段进行修改，甚至要返回设计方案阶段对不合理的地方进行修改，然后再进行功能和性能验证。整个设计过程会在这几个阶段反复迭代，直至所有的功能和性能验证都通过。这里我们反复提到了“验证”这个概念，它与软件开发中的“测试”非常相似。之所以不用“测试”这个词，是因为在芯片设计制造领域“测试”这个概念另有所指。芯片设计制造领域的测试虽然也是检测电路的功能和性能是否符合设计指标，但是它发现并修正的是芯片在生产制造环节中引入的电路故障。

通过验证环节的检验，确定功能和性能指标都符合预期后，RTL级的描述将通过EDA综合工具转化成门级网表。综合工具将根据设计者给出的约束，尽力保证综合出的门级网表满足时序、面积和功耗方面的要求。

接下来的工作是对最终实现的电路版图进行设计规划，即对电路的接口引脚、各主要数据通路的相对位置关系进行平面布局规划。目前这项工作的完成质量，富有经验的工程师仍然高于自动化工具。不过近年来随着AI技术在该领域的深入应用，双方的差距正在逐步减小。版图规划完成之后，自动化布局、布线工具将读入之前综合所得的网表并生成电路的版图。

生成电路版图以后，除了要对版图自身进行设计规则检查和电路/版图一致性检查外，还需要针对最终设计进行静态时序分析和功耗分析以确保达到频率和功耗目标，同时将提取出的延迟信息反标至网表中，进行带有反标SDF的延迟和时序检查的功能仿真验证。各类验证检测无误后，就可以将版图交付给工厂进行生产了。

总的来说，CPU的设计开发流程与其他类型的超大规模数字集成电路的设计开发流程基本一致。毕竟从电路的角度来看，CPU就是一种数字逻辑电路。但CPU又是一种特殊的数字逻辑电路，它在设计、实现与功能验证三个方面具有其自身的特点。对于CPU设计的初学者而言，学习的难点也常集中在这三个方面。本书后面的内容将针对这三个方面展开论述。

C H A P T E R 2

第 2 章

硬件实验平台及 FPGA 设计流程

【本章学习目标】

- 了解本书各实践任务所使用的硬件实验平台。
- 熟练掌握基于 Xilinx Vivado 集成设计环境，以图形界面下操作的 Project 方式，完成从 RTL 到二进制码流（Bitstream）文件的 FPGA（现场可编程门阵列）设计流程。

【本章实践目标】

本章只有一个实践任务。请读者在学习完本章内容后，参照本章的介绍完成实践任务。

2.1 硬件实验平台

在本书中，我们将“龙芯 CPU 设计与体系结构教学实验系统”或“龙芯普及型系统能力培养远程实验平台”作为设计的 FPGA 验证平台，前者针对本地验证，后者针对远程验证。

2.1.1 龙芯 CPU 设计与体系结构教学实验系统

“龙芯 CPU 设计与体系结构教学实验系统”（以下简称“实验箱”）采用本地使用的方式，即用户可以将综合好的设计文件通过 JTAG（联合测试工作组）线缆直接下载到实验箱的 FPGA 中并现场操作实验箱内 FPGA 开发板上的外设。

2.1.1.1 简介

打开实验箱，可以看到其内部有一块 FPGA 开发板（见图 2.1 中的 A）与一系列配件和线缆，包括 1 个电源适配器（见图 2.1 中的 B）、1 根连接 FPGA 下载适配器的 USB 线缆（见图 2.1 中的 C）、1 根串口线（见图 2.1 中的 D）、1 个 USB 转串口接头（见图 2.1 中的 E）1 根 USB 延长线、（见图 2.1 中的 F）和 1 根网线（见图 2.1 中的 G）。完成本书第二部分的实践任务仅需要使用电源适配器（见图 2.1 中的 B）和 FPGA 下载适配器的 USB 线缆（见图 2.1 中的 C）。**建议大家将其余线缆保持在最初的收纳状态，以防损坏、丢失。**

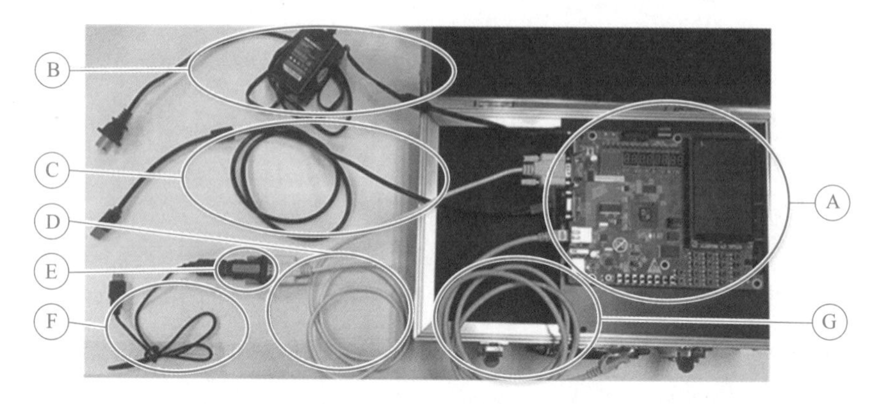

图 2.1 实验箱总体视图

当需要将综合好的二进制码流文件下载到实验箱进行调试时，请先将电源适配器的直流接口插入 FPGA 开发板上的电源插口（见图 2.2 中的 A），并将 FPGA 下载适配器的 USB 线缆的方口插入 FPGA 开发板左侧下方的下载适配器接口中（参考图 2.1 中 C 线的连接），将该线缆的 USB 口连接到调试主机上，随后拨动 FPGA 开发板上的电源开关（见图 2.2 中的 B），正常情况下可见 FPGA 开发板上电源指示灯（见图 2.2 中的 C）亮起，表明 FPGA 开发板已经上电，可以进行后续操作。

FPGA 开发板上的核心器件是中央偏左的 FPGA 芯片（见图 2.2 中的 D）。实验箱选用的是 Xilinx 公司的一款 Airtx-7 系列的 FPGA 芯片，具体型号为 XC7A200T-FBG676，其内部逻辑单元数目多，芯片引脚数目多，属于 Airtx-7 系列中的高端产品。

相比大多数用于嵌入式系统开发的 Xilinx FPGA 开发板，实验箱中所集成的 FPGA 开发板针对数字电路、组成原理、体系结构、操作系统等课程的实验教学需求，集成了丰富的外设，这些外设占据了开发板的大部分面积。这里仅介绍与本书实践任务相关的外设接口，包括：双色 LED 灯（见图 2.2 中的 E）、单色 LED 灯（见图 2.2 中的 F）、数码管（见图 2.2 中的 G）、FPGA 复位按键（见图 2.2 中的 H）、拨码开关（见图 2.2 中的 I）、脉冲开关（见图 2.2 中的 J）和 4 × 4 键盘（见图 2.2 中的 K）。读者若对其他接口感兴趣，可以参考附录 A 的介绍。

图 2.2 实验箱 FPGA 开发板顶视图

2.1.1.2 实验箱使用注意事项

根据以往的使用情况，我们总结了一些实验箱的使用建议。

1）每次用完实验箱之后，应将配件、线缆收纳整齐，然后缓慢合上实验箱盖。若感觉合上箱盖的阻力较大，请打开箱盖理顺配件、线缆，再尝试合上箱盖，强行合上箱盖可能会损坏实验设备。

2）实验箱仅在功能仿真验证通过且顺利生成二进制码流文件之后，进行上板调试的时候才需要。在此之前，不需要给实验箱通电并连接到计算机上。

3）使用实验箱时，请将其置于一个平整、稳定且有足够接触面积的地方。切勿将实验箱放在大腿上、书包上、桌子角等地方。

4）下载二进制码流文件前，请连接好电源线和下载线，并确保 FPGA 开发板已上电。

5）绝对不能用导体（导线、潮湿的手、茶或咖啡等）连接 FPGA 开发板上任何裸露的引脚、插针。

2.1.2 龙芯普及型系统能力培养远程实验平台

“龙芯普及型系统能力培养远程实验平台”（以下简称“远程实验平台”）采用远程使用的方式。在该实验平台中，多块FPGA开发板构成的开发板阵列（如图2.3所示）以服务器的形式置于云端，使用者在本地通过网络登录到FPGA服务器上，间接完成对FPGA的操作。

图2.3 远程FPGA实验平台服务器硬件环境

使用者可以在交互模式的网页上看到一个虚拟的FPGA板卡操作界面（如图2.4所示）。这个界面中的图标对应FPGA板卡上的一些简单外设，包括界面上部自左向右的2个数码管、16个单色LED灯，界面下部自左向右的32个拨码开关、1个复位开关、1个单步时钟开关和4个脉冲开关。当使用者在网页上点击操作界面的开关时，该操作将通过网络发送至云端的FPGA服务器，并由服务器转换成对硬件FPGA板卡的实际操作。同时，FPGA板卡上输出的各类信息被服务器接收后，也将通过网络反馈到使用者所看到的网页交互界面上。有关“龙芯普及型系统能力培养远程实验平台”的更多信息，可以查阅该实验平台提供的在线帮助文档。

因为本地和远程两类实验平台在具体操作内容上并无显著差异，所以本书后面有关实践任务的内容将主要针对本地实验平台进行讲解。本书配套的实践任务资料将针对两类实验平台提供不同的发布版本，读者可以根据实际情况自行选择。

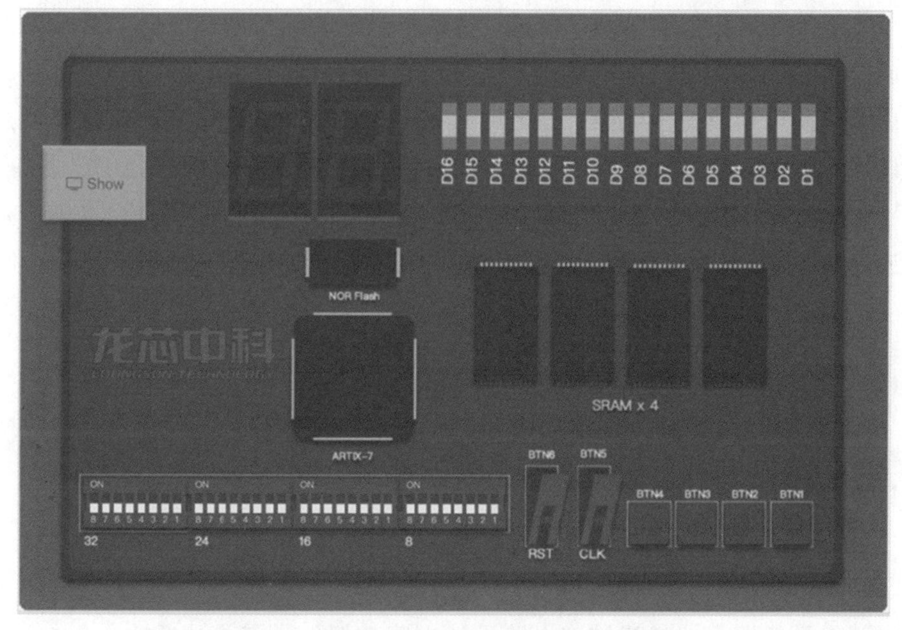

图 2.4　远程 FPGA 实验平台网页交互界面

2.2　FPGA 的设计流程

FPGA 是一种特殊的集成电路。这种特殊性体现在它的电路功能在芯片被制造出来以后，可以通过编程配置进行调整，而传统的**专用集成电路**（Application Specific Integrated Circuit，ASIC）则不具备这种特性。打个比方，传统的专用集成电路芯片设计就像是在一张纸上画画，画好之后就没办法再修改了；而 FPGA 芯片设计就像是在黑板上画画，画好以后觉得不合适可以擦掉重新画。FPGA 的这种可编程的特点为我们开展数字电路、组成原理、体系结构等实验课程提供了绝佳的硬件平台。首先，它是一个实实在在的集成电路芯片，不是仿真软件下电路行为的模拟，可以让硬件实验课能够真正“硬”起来，让学习者的实践经历更加贴近工业界的实际研发工作流程。其次，在 FPGA 上调整设计不需要重新流片或是重新设计焊接 PCB（印制电路板），只需要调整设计代码后重新运行一遍 FPGA 的综合实现流程，短到几分钟长不过数天就可以获得一个功能调整后的芯片用于调试，省时又省钱。

2.2.1　FPGA 的一般设计流程

FPGA 是一种特殊的集成电路，这意味着它首先是一种集成电路。现在的集成电路绝大多数都是晶体管集成电路，大家日常接触最多的是CMOS晶体管集成电路。晶体管集成电路是什么？通俗一点来说，就是用金属导线把许许多多由晶体管构成的逻辑门、存储单元连接成一个电路，该电路具备一定的逻辑功能。不过，这并不意味着我们在设计数字逻辑电路时需要亲手用导线去连接晶体管。通常使用HDL语言（比如Verilog）编写代码，然后运行综合软件（比如Vivado），完成电路设计。这一流程其实与现在工业界常见的ASIC设计流程很相似。FPGA的设计流程一般有如下5个步骤。

1）电路设计。

2）代码编写。

3）功能仿真。

4）综合实现。

5）上板调试。

2.2.1.1　电路设计

首先，需要根据需求规格制定电路设计方案。例如，需求是设计一个LoongArch CPU，我们要把这个需求一步步分解、细化，得到一个能够满足需求的电路设计方案。我们要决定分成几个流水级，这里放几个触发器，那里放几个运算器，它们之间怎么连接，整个电路的状态转换行为是怎样的，等等。通常，我们将电路设计细化到RTL级就可以了，无须精确到逻辑门级别或是晶体管级别。

2.2.1.2　代码编写

代码编写阶段的工作是把第1步中完成的电路设计方案用HDL语言表述出来，让EDA工具能够看得懂。本书中我们使用Verilog语言。

2.2.1.3　功能仿真

功能仿真阶段的工作是对第2步中用HDL语言描述出来的设计进行功能仿真验证。所谓功能仿真验证，就是通过软件仿真模拟的方式查看电路的逻辑功能行为是否符合最初的设计需求。通常我们给电路输入指定的激励，观察电路输出是否符合预期，如果不符合则表明电路逻辑功能有错误。这种错误要么是因为第1步的电路设计有错误，要么是第2步编写的代码不符合电路设计。发现功能错误后需要返回前面相应的步骤进行修正，然后再按照流程一步步推进。如此不断迭代，直到不再发现错误，就可以进入下一阶段了。

需要指出的是，由于我们是在RTL级进行电路建模的，因此功能仿真阶段不考虑电路的延迟。

2.2.1.4　综合实现

综合实现阶段完成从 HDL 代码到真实芯片电路的转换过程。这个过程类似于编译器把高级编程语言代码转换成目标机器的二进制代码的过程。这个阶段分为综合和实现两个子阶段。综合阶段将 HDL 描述的设计编译为由基本逻辑单元连接而成的逻辑网表，不过此时的网表还不是最终的门级电路网表。实现阶段才会将综合出的逻辑网表映射为 FPGA 中的具体电路，即将逻辑网表中的基本逻辑单元映射到 FPGA 芯片内部固有的硬件逻辑模块上（称为“布局”）。随后，基于布局的拓扑，利用 FPGA 芯片内部的连线资源，将各个映射后的逻辑模块连接起来（称为“布线”）。

如果整个综合实现过程没有发生异常，EDA 工具将生成一个二进制码流文件。通俗来说，这个二进制码流文件描述了最终的电路实现，只不过这个文件是让 FPGA 芯片来看的。

2.2.1.5　上板调试

俗话说，“是骡子是马拉出来遛遛”。不管功能仿真得多正确，最终还是要看实际电路能否正常工作。在上板调试阶段，首先要将综合实现阶段生成的二进制码流文件下载到 FPGA 芯片中，随后运行电路观察其工作是否正常，如果发生问题就要调试，并定位出错的原因。

以上简要介绍了 FPGA 一般设计流程的主要步骤，以便读者先建立一个正确的整体概念。FPGA 设计流程中还包含很多细节，我们会在后续章节中陆续介绍这些细节，以免读者一时间难以全部消化吸收。实际上，FPGA 设计流程中还有一些步骤，因为在本书实践任务中不涉及，所以没有列举出来，读者在今后的学习、工作中可以根据实际需要再行学习。

2.2.2　基于 Vivado 的 FPGA 实现流程

在前面提到的 FPGA 的一般设计流程中，“功能仿真”“综合实现”和“上板调试”这三个步骤都要使用 EDA 工具。我们的硬件实验平台选用的是 Xilinx 公司的 FPGA 芯片，因此很自然地会使用 Xilinx 公司提供的 Vivado 集成设计开发环境。尽管 Vivado 这个软件的功能仿真和波形调试功能不是特别丰富，但是我们设计的 CPU 比较小，使用 Vivado 也能满足要求。如果读者进行实验的环境中还没有 Vivado 软件，可以参考附录 B 的说明安装 Vivado。

Vivado 针对 FPGA 设计提供了两种工作方式：**Project 方式**和 **Non-Project 方式**。

其中 Project 方式可以在 Vivado 的图形界面下操作或以 Tcl 脚本方式在 Vivado Tcl Shell 中运行，Non-Project 方式只能以 Tcl 脚本方式运行，而且 Non-Project 方式和 Project 方式下的脚本中使用的命令是不同的。考虑到相比 Tcl 脚本这种适合大规模工程开发的进阶开发方式，图形界面操作方式更适合初学者，所以本书所述示例以及提供的配套实验环境均采用 Project 方式下的图形界面操作模式。

如果读者之前没有使用过 Vivado 软件进行 FPGA 的开发实现，可以参考附录 C 的示例来熟悉其基本操作。

2.2.3　Vivado 使用小贴士

根据以往的使用情况，我们总结了一些 Vivado 的使用建议。

1）尽量不要在运行于 VMWare、VirtualBox 等系统级虚拟机下的系统中安装并使用 Vivado。Vivado 在综合实现过程中需要较大的内存，因此在虚拟机下运行 Vivado 的时间会增加，而且是非线性增加，特别是当分配给虚拟机的内存只有区区 1GB 的时候，等待的时间会长得让人难以忍受。如果你并不是在系统级虚拟机下运行 Vivado，同时机器的内存容量也够（譬如不小于 4GB）且处理器的性能也不弱（譬如不低于 Intel 10 代酷睿的性能水平），但是运行 Vivado 的速度仍然很慢，那么建议你查看一下计算机的磁盘访问性能是否过低。

2）如果计算机上已经安装了 Vivado，那么不需要重新安装。如果版本过低，直接升级到最新版本即可。

3）如果在裸机上安装了 Linux 系统，那么直接安装 Linux 版的 Vivado 即可，这比 Windows 版的 Vivado 速度要快一点。不过，这时很有可能会在 FPGA 下载电缆驱动的安装上出现问题。因为这方面问题的原因五花八门，请自行上网查找解决方法。不过，既然你已经在裸机上安装 Linux 系统了，相信你早已经有了相应的思想准备。

4）不要让工程所在位置的路径上出现中文字符，也不要让工程所在目录太深导致路径过长。

5）计算机的用户名不要设置为中文，否则会出现各种诡异的问题。虽然在网上可以找到一些解决的方法，但并不能保证对所有问题都适用。

在上板调试环节如果发现 Vivado 不能正常识别开发板，请按照下列步骤排查。

1）检查 FPGA 开发板是否上电。如果确实已上电，但仍然不放心的话，可以断电后再上一次电。

2）检查 FPGA 下载适配器的 USB 线缆是否与计算机以及适配器正常连接。

3）检查 Cable Driver 是否正常安装。

- 如果是在 Windows 系统下，若驱动正常安装，就可以在设备管理器的界面中看到“ Programming cables → Xilinx USB Cable”这样的条目。如果在设备管理器界面中找不到该条目，说明下载适配器的 USB Cable 的驱动未正常安装，参考下面的步骤 4 进行安装。
- 如果是在虚拟机上安装的系统（尽管我们已经强烈不推荐在虚拟机下运行 Vivado），还需要检查虚拟机软件中与 USB 相关的配置，确保 USB 全部转发到虚拟机。对于 VirtualBox 而言，选择“指定虚拟机→设置→ USB 设备→添加筛选器”。（默认添加一个各个域的值都为空的 USB 筛选器，此筛选器将会匹配所有连接到计算机上的 USB 设备。）

4）如果在 Windows 或 Linux 下发现下载适配器的 USB Cable 的驱动未正常安装，请参考 https://china.xilinx.com/support/answers/59128.html 安装驱动。如果该方法不行，推荐在 Xilinx 官网上寻找针对问题的解决方法。

5）在 Vivado Tcl Console 面板下输入 disconnect_hw_server 命令，并选择“ Open target → Auto Connect”。

6）重启 Vivado 软件，重复步骤 5。

7）重启你的计算机，重复步骤 3 ～步骤 5。

8）如果条件允许，用另外一台计算机试试该实验箱，或用另一个实验箱试试当前计算机，以确认是实验箱有问题还是计算机有问题。

2.3 任务与实践

2.3.1 本书配套实验环境

从这一章开始，我们将陆续完成一系列实践任务。这些实践任务配套的实验环境有两种获取方式。

- 方式一：读者可以将本地实验箱[1]或远程实验平台[2]上本书的整个配套实验环境的

---

[1] 见 https://gitee.com/loongson-edu/cdp_ede_local。

[2] 见 https://gitee.com/loongson-edu/cdp_ede_remote。

仓库克隆到本地的一个路径上没有中文字符的地方。该仓库的master分支上包含了所有实验开发环境的相关文件。

- **方式二**：读者可以根据需要进行的实践任务expXX，从本地实验箱[一]或远程实验平台[二]页面中直接下载对应的压缩包，将其解压到本地的一个路径上没有中文字符的地方。解压后的目录中将仅包括当次实践任务所需的相关文件，同时还将包括当次实践任务所需的一些生成文件。

我们推荐使用第一种方式，并强烈建议读者采用git工具对自己的开发过程进行代码版本管理。不过在大多数情况下，采用方式一开展实践任务时，需要读者根据待完成的实践任务配置func测试程序的功能测试点，自行编译func程序，重新配置FPGA验证环境中存放指令的RAM。具体操作步骤将在后续章节展开介绍。

上述方式一中所需的编译func程序的操作要求读者的计算机上具有Linux环境，如果有读者对此感到为难，则可以考虑使用方式二开展实践任务。采用方式二时，尽管很多实践任务的配套环境有很大部分（甚至是全部）都是一样的，但我们还是建议读者每个实践任务单独解压一个目录，虽然原始低效，但也不失为一种可行的版本管理方法。

2.3.2 实践任务1：跑马灯

完成本章的学习后，请读者完成以下实践任务：

用实验环境中提供的三个文件——scroller.v（设计文件）、scroller.xdc（约束文件）和testbench.v（测试文件），构建Vivado工程，完成跑马灯设计的仿真和上板。

为完成以上实践任务，需要参考的文档包括但不限于：

1）本章内容（如果没有本地实验箱或远程实验平台，或者不进行上板实验，可以跳过相关环节）。

2）本书附录B和附录C。

请参照2.3.1节中介绍的方式获取本次实践任务所需的实验开发环境。具体的实验环境位于dc_env/exp1/目录下，其目录结构如下：

```
|--scroller.v      跑马灯的设计源文件
|--scroller.xdc    跑马灯的设计约束文件
|--testbench.v     跑马灯的仿真源文件
```

[一] 见https://gitee.com/loongson-edu/cdp_ede_local/releases。

[二] 见https://gitee.com/loongson-edu/cdp_ede_remote/releases。

C H A P T E R 3

第 3 章

数字逻辑电路设计基础

【本章学习目标】

- ❑ 复习设计 CPU 必须掌握的数字逻辑电路及其对应的 Verilog 描述形式。
- ❑ 理解同步 RAM 和异步 RAM 的区别及其时序行为。
- ❑ 了解数字逻辑电路功能仿真时常见的错误并初步掌握其调试方法。

【本章实践目标】

本章安排三个实践任务（见 3.3 节），读者可以在学习本章内容的基础上完成这些任务。两者之间的对应关系如下：

- ❑ 3.1 节的内容对应实践任务 2（3.3.1 节）和实践任务 3（3.3.2 节）。
- ❑ 3.2 节的内容对应实践任务 4（3.3.3 节）。

3.1 数字逻辑电路设计与 Verilog 代码开发

掌握数字逻辑电路的知识、具备 Verilog 语言编程能力是完成本书中 CPU 设计的基础。在以往的教学培训中，我们发现大部分初学者对数字逻辑电路的知识掌握得还不错，毕竟数字逻辑电路是大部分工科生本科阶段必学的一门课程，但是 Verilog 语言编程水平就参差不齐了。不少学生实验中耗费时间过多就是因为 Verilog 编程能力不过关。对于这个现象，我们一度很困惑，因为 Verilog 语言的语法很简单，而且设计 CPU 时只需要使用其中的一个子集（称为"**可综合 Verilog 子集**"），为什么那么多学生掌握得不好呢？后来，我们想明白了，语言只是一种手段，对编程语言的掌握程度与语言本身无关。比如，C 语言的语法很简单，用很短的时间就能学会，但在短时间内学会语法就能成为 C 语言编程高手吗？当然不可能。高水平的 C 语言编程人员往往在数据结构和算法方面有良好的基础，并且透彻掌握了编译、汇编、链接等方面的知识，如果编写的软件规模比较大则还需要具有一定的软件工程开发经验。Verilog语言也是一样，要想达到比较高的Verilog编程水平，首先要有电路设计的意识，其次要知道不同的电路如何用Verilog语言来描述，还要知道EDA工具在仿真、综合、实现的时候如何对所编写的Verilog代码进行处理。从这个角度来看，学好Verilog语言确实不容易。

如果你原来只是对Verilog有初步的了解和认识，我们并不指望你学完这一章就能顿悟，你还是需要大量的动手实践才能体会Verilog编程中的各种细节。所以，这一节将以实例讲解为主要形式，先给大家提供一个模仿的基础，再通过后续的多次实践，让大家在动手过程中不断体会，最终学会用Verilog语言写出一个可综合的数字逻辑电路。即使你认为自己的Verilog编程水平已经很不错，我们也建议你参考一下本节中代码的风格。从我们的工程实践经验来看，这种代码风格是合理且高效的。如果你已经有很好的Verilog编程能力，想继续精进，那么我们推荐你看看Stuart Sutherland和Don Mills编写的*Verilog and System Verilog Gotchas：101 Common Coding Errors and How to Avoid Them*，该书的内容没有丰富的实战经验是写不出来的，你可以从该书中学习到丰富的工程实践知识。

3.1.1 面向硬件电路的设计思维方式

如果想用Verilog语言写出一个真正可以在物理上实现的电路，必须先进行电路设计。进行电路设计必须采用面向硬件电路的设计思维方式。那么，这是怎样一种思维方式呢？

面向硬件电路的设计思维方式的核心实际上就是“**数据通路（Datapath）+控制逻辑（Control Logic）**”。

首先来说数据通路。我们这里不去探究数据通路的精准概念定义，只是想提醒各位读者，数据通路从直观上来讲是一个空间上的事情。电路是你看得见摸得着的。比如，你看到一块电路板，上面有一个个电子器件以及连接这些器件的导线，这些器件和导线就构成了一个电路。芯片内部也类似，既有器件也有导线，只不过物理尺寸小一些而已。电路中这些器件之间传递的是什么？电磁信号。当我们把这些电磁信号离散化之后，可以进一步认为这些器件之间传递的是数据。数据从一个电路系统的输入端传入，经由各个通路完成各种处理之后，最终从电路系统的输出端传输出来。电路系统中这些数据流经的通路就是数据通路。显然，数据通路是电路系统的重要组成部分。在数字逻辑电路的教材中，描述电路设计方案时经常会画图，这种图不是流程图，而是电路结构图。电路结构图主要是用来刻画电路中的数据通路设计的。

数据通路的一个突出特点是：**如果实现了它，它就一直在那里，不会消失；如果没有实现它，它就一直不存在，也不会凭空出现。**打个比方，家里既要有卧室也要有厨房，你在卧室睡觉的时候，厨房始终存在，不是你要做饭的时候临时出现的。回到电路设计，当你设计一个CPU的ALU时，不是在遇到加法指令时就调用加法器来处理一下，遇到移位指令时就调用移位器来处理一下。ALU要支持加法指令和移位指令的处理，ALU里就既要有加法器，也要有移位器。做加法指令的时候，流入ALU的输入数据会流到加法器，加法器处理完的输出结果流到ALU的输出；做移位指令的时候，流入ALU的输入数据会流到移位器，移位器处理完的输出结果流到ALU的输出。这时候你的设计里面就出现了下面两条路径："ALU入口→加法器入口→加法器出口→ALU出口"和"ALU入口→移位器入口→移位器出口→ALU出口"。那么问题又来了：如何保证处理加法指令的时候让数据只走加法器的这条路径，处理移位指令的时候让数据只走移位器的这条路径呢？你肯定想到在路径上加开关，是不是？这个思路是对的。不过在CMOS电路上通常很难实现电路的物理开关。怎么办？我们变通一下，用逻辑开关来解决这个问题。我们可以在"加法器出口→ALU出口"和"移位器出口→ALU出口"这个位置加一个功能为"二选一"的选择器。它选择哪一个输出取决于指令的类型：当遇到加法指令时，这个选择器输出选择的是加法器出口传过来的值；当遇到移位指令时，这个选择器输出选择的是移位器出口传过来的值。

进行电路设计时，数据通路是基础，控制逻辑是基于数据通路的。数据通路就像人体的骨骼、肌肉、呼吸系统、血液循环系统、消化系统，而控制逻辑就像人体的神经系统，它由一个中枢（大脑）连接身体的各个部位。在设计电路系统的时候，只有确定了数据通路，才能在控制逻辑设计中考虑该如何控制这个通路上各个多路选择器的选择信号、各个存储器件写入的使能信号。

再次强调，一定要先想清楚电路设计，再开始写代码。

3.1.2　自顶向下的设计划分过程

在考虑一个较为复杂的电路系统的设计方案时，初学者往往不知道从何处下手。我们建议采取"**自顶向下、模块划分、逐层细化**"的设计步骤。下面通过例子来简要说明。

假设现在我们要设计一个CPU，先在纸上画一个方框，表示它是CPU。然后想想这个CPU有什么输入和输出。首先，CPU其实是一个同步的有限自动状态机电路，所以它要有时钟和复位输入。其次，CPU要访问内存、I/O，因此需要画上内存访问的接口和I/O访问的接口。我们通过一番深入的分析和思考，知道了CPU内部有取指、译码、执行、访存、写回这几个功能模块，就可以在前面 CPU 的那个大框里画出五个小框，分别对应这几个模块。这几个模块之间可以用带箭头的线连接。这几个模块还可以细分。比如，译码模块可划分出根据指令码生成控制信号的部分和读寄存器堆的部分。模块要细分到什么程度呢？作者个人的习惯是，当可以一气呵成地把模块对应的框中的内容用 HDL 语言表述出来的时候，细分工作就可以结束了。可见，划分的粒度和设计者的经验有很大关系。如果各位读者经验还不丰富，那么建议划分的粒度细一些。

上述电路结构设计通常不可能只考虑一遍就获得最佳设计方案，需要反复迭代、多次调整，之后才能动手写代码，正所谓“谋定而后动”。**我们强烈建议读者先把电路结构设计考虑周全，再动手写 HDL 代码**。在实际工作中，有的人喜欢“加一点，调试一下，再加一点，再调试一下”的增量代码开发方法，这种方法可能适合各类 APP 软件的开发，但是不大适合电路系统的设计，至少不适合 CPU 的设计。因为 CPU 中各部分之间的关系十分紧密，常出现牵一发而动全身的情况，所以往往改动一处就要涉及相关的很多地方的改动。改动的地方越多，出错的概率也越大，进而导致要改动更多的地方，最终陷入一种恶性循环。这样的代码开发过程很容易呈现发散的状态，无法在可控的时间内收敛到一个稳定状态。本书中的 CPU 设计相对简单，大约用数千行 Verilog 代码就能实现，测试程序集也很少，读者采用试错的代码开发方法也可能在规定时间内完成，但我们还是希望读者养成“谋定而后动”的设计习惯，把迭代尽可能放到设计方案的制定阶段而不是代码编写阶段。有一个学生曾和我分享他设计 CPU 的过程，他每个设计过程都要反复思考、权衡，“纠结”好几天，等设计思路理顺、方案成熟了，真正动手写代码也就花了一两个小时。调试过程也很顺利，发现的错误主要是由于笔误引入的语法错误，仅出现一两个逻辑错误真的是因为之前没有想到这种情况。这个同学的代码设计开发过程是我们推荐的，希望各位读者也朝这个方向努力。

3.1.3 行为描述的 Verilog 编程风格

设计好电路之后，接下来的工作就是如何用 Verilog 语言把它描述出来。通常来说，使用 Verilog 描述电路时可以采用两种编程风格，一种称为**行为描述**，一种称为**电路描述**。顾名思义，行为描述侧重于对模块行为进行描述，而电路描述则直接对电路的逻辑进行描述。通过实例化一系列逻辑门并将它们连接起来的描述方式就是电路描述风格。由于采用行为描述风格写出来的代码表达直观、编码效率高、易维护，所以我们推荐大家采用行为描述的编程风格。

采用基于行为描述的 Verilog 编程风格时需要注意一个问题：EDA 工具在综合阶段

根据 Verilog 代码推导出的电路行为与设计者的预期是否一致。在这里我们不对这个问题展开分析和讨论，而是采取一种更加接近实战的方式：我们给出 CPU 设计中常见电路的 Verilog 行为描述示例，读者可以“照葫芦画瓢”，从模仿入手加以学习。根据我们多年的实践经验，示例中给出的描述风格对于目前主流的 EDA 工具都是安全适用的。读者可以通过模仿快速掌握 Verilog 编程。

3.1.4　常用数字逻辑电路的 Verilog 描述

按照我们上面介绍的面向硬件电路的设计思维方式，采用自上而下、逐层分解的设计方法，一个 CPU 可以看成由一系列数字逻辑电路的“小积木”搭建起来的。本节会列出 CPU 设计中需要的各种“积木”所对应的 Verilog 代码实现供大家模仿借鉴。请大家务必掌握这些电路的描述方式。如果你在开始学习时对一些 Verilog 语法要素不太理解，请自行查阅 Verilog 语言的教材。通过不断模仿、实践、学习、思考就能逐步掌握数字逻辑电路的 Verilog 编程。

3.1.4.1　一些硬性规定

在本书涉及的 CPU 设计中，有一些必须遵守的硬性规定，包括：

1）代码中禁止出现 initial 语句。

2）代码中禁止出现 casex、casez。

3）代码中禁止用“#”表达电路延迟。

4）时钟信号 clock 只允许出现在 always @(posedge clock) 语句中。

5）代码中所有带复位的触发器，要么全部是同步复位，要么全部是异步复位。

3.1.4.2　模块声明和实例化

因为 Verilog 是用于描述电路的，所以定义了“模块”。与模块相关的语法包括模块的声明和模块的实例化，这类似于 C 语言里面的函数声明和调用。下面给出模块声明和实例化的代码示例。

```
module bottom #(
    parameter A_WIDTH = 8,
    parameter B_WIDTH = 4,
    parameter Y_WIDTH = 2
)(
    input  wire [A_WIDTH-1:0] a,
    input  wire [B_WIDTH-1:0] b,
    input  wire [         3:0] c,
    output wire [Y_WIDTH-1:0] y,
```

```
    output reg                z
);

......

endmodule

module top;

wire [15:0] btm_a;
wire [ 7:0] btm_b;
wire [ 3:0] btm_c;
wire [ 3:0] btm_y;
wire        btm_z;

bottom #(
    .A_WIDTH (23),
    .B_WIDTH ( 9),
    .Y_WIDTH ( 7)
    )
    inst_btm(
    .a (btm_a), // I
    .b (btm_b), // I
    .c (btm_c), // I
    .y (btm_y), // O
    .z (btm_z)  // O
    );

endmodule
```

上面的代码需要注意下面三点：

1）强烈建议采用示例中的端口声明方式。

2）强烈建议进行模块实例化的时候采用示例中的名字相关的端口赋值方式。

3）如果存在两个模块对接的端口，建议把两边的端口定义成一样的名字或是相似度很高的名字。

至于上面将端口宽度参数化的示例，不要求大家掌握，很多Verilog教材中没有这个例子，写在这里只是方便大家查阅。

这里我们进一步讨论一个初学者不好把握的问题——什么时候将一些逻辑封装到一个模块中使用？其实，这个问题并没有标准答案，而是与设计者的个人经验有很大关系。我们依照自己的经验给出如下建议：

1）如果一个逻辑至少会使用两次，而且这个逻辑采用实例化模块的方式后代码的易读性（代码行数、代码含义）优于直接写逻辑，那么应该封装成模块，如译码器、多路选择器。

2）如果一个逻辑的功能规格十分明确，且与外界的交互信号数量不是很多，那么应该封装成模块，如 ALU、regfile 等。

3）如果一个现有的模块已经达到数千行代码的规模，可以考虑将其拆分成若干个小模块，比如将一个 CPU 按照流水线划分成若干个模块。

4）建议一个文件中只包含一个模块且文件和模块同名，便于后期代码维护。

3.1.4.3　基础逻辑门

一些常见的基础逻辑门的 Verilog 描述如下：

```
wire [7:0] a;
wire [7:0] b;

assign y1 =~a;          //反相器
assign y2 = a & b;      //与
assign y3 = a | b;      //或
assign y4 = a ^ b;      //异或
assign y5 =~(a & b);    //与非
assign y6 =~(a | b);    //或非
```

这些都是位操作，请注意是“&”不是“&&”，是“|”不是“||”。

如果运算符两边的信号都是一位，应该用“&”和“|”还是用“&&”和“||”呢？我们建议的代码风格是：当代码想表述一种逻辑关系，如“条件 A1 满足且条件 A2 满足，或者条件 B 满足”，那么用“&&”和“||”；当代码想表述的是逻辑门，如先行进位加法器的先行进位生成逻辑、乘法器里的华莱士树，那么用“&”和“|”。

3.1.4.4　运算符的优先级

这里要强调一下 Verilog 运算符的优先级，见图 3.1。大家要注意，二元操作“+”和“-”的优先级很高，比如 `assign res[31:0]=a[31:0]+b[0]&&c[0];`，表达式右侧的运行结果是一个 1 位的结果，而不是我们认为的 32 位的结果，该语句等效于 `assign res[31:0]=(a[31:0]+b[0])&&c[0];`。

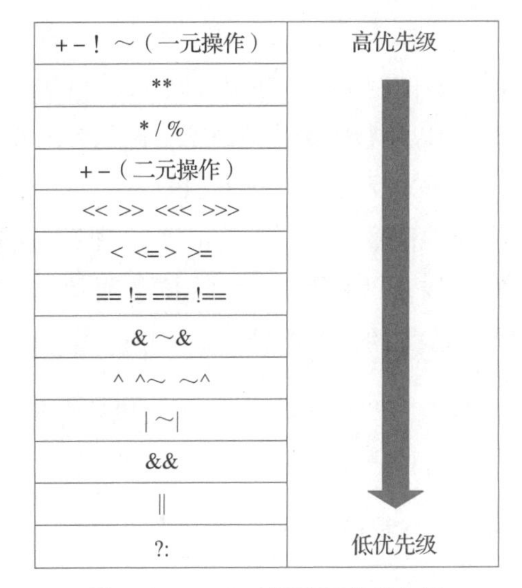

+ - ! ~（一元操作）	高优先级
**	
* / %	
+ -（二元操作）	
<< >> <<< >>>	
< <= > >=	
== != === !==	
& ~&	
^ ^~ ~^	
| ~|	
&&	
||	
?:	低优先级

图 3.1　Verilog 运算符的优先级

利用好 Verilog 运算符的优先级，可以把表达式写得简洁、易于阅读，因为有时候括号太多会增加阅读的难度。不过，如果对运算符的优先级记得不是很清楚，那么赶紧查看优先级的规定，或者老老实实地加括号来区分，毕竟保证正确性是第一位的。

3.1.4.5 译码器

下面给出一个 3-8 译码器的 Verilog 描述。

```
module decoder_3_8(
    input  wire [2:0] in,
    output wire [7:0] out
);

assign out[0] = (in == 3'd0);
assign out[1] = (in == 3'd1);
assign out[2] = (in == 3'd2);
assign out[3] = (in == 3'd3);
assign out[4] = (in == 3'd4);
assign out[5] = (in == 3'd5);
assign out[6] = (in == 3'd6);
assign out[7] = (in == 3'd7);

endmodule
```

通过上面的例子，你应该能够很容易地模仿写出 2-4 译码器、4-16 译码器。当然，如果碰到 6-64、7-128 等规格的译码器，用上述写法会比较费事。感兴趣的读者可以自行查阅资料学习用 generate 语句改善编码效率。

我们希望通过上面的例子，读者能直观体会到行为级描述电路的感觉。在这个 3-8 译码器的例子中，输出 out 生成第 0 位的行为是什么？当输入等于 0 的时候置 1，否则置 0。所以用行为级描述风格写出的 Verilog 代码就是 `assign out[0]=(in== 3'd0);`。

举一反三，在设计 CPU 的过程中，如何写出从 32 位指令码生成当前指令是 `add.w` 指令的信号 `inst_is_add_w` 呢？通过查阅指令手册中 `add.w` 的指令码定义，我们可知其指令码的第 31 ～ 15 位必须是 17'b00000000000100000，其余的位都用来表达寄存器操作数的寄存器号，是变量。因此信号 `inst_is_add_w` 可以描述如下：

```
assign inst_is_add_w = inst[31:15]==17'b00000000000100000;
```

这种描述方法是不是挺直观的？

3.1.4.6 编码器

我们以 8-3 编码器的 Verilog 描述为例，可以采用下面的写法：

```
module encoder_8_3(
    input  wire [7:0] in,
    output wire [2:0] out
);

assign out = in[0] ? 3'd0 :
             in[1] ? 3'd1 :
             in[2] ? 3'd2 :
             in[3] ? 3'd3 :
             in[4] ? 3'd4 :
             in[5] ? 3'd5 :
             in[6] ? 3'd6 :
                     3'd7;

endmodule
```

采用这种写法，功能是没有问题的，但是实现上会有点冗余。这其实是一个优先级编码器，如果能保证设计输入 in 永远至多只有一个 1，即所谓 at-most-one-hot（最多有一位为 1）向量，那么可以采用下面的写法：

```
module encoder_8_3(
    input  wire [7:0] in,
    output wire [2:0] out
);

assign out = ({3{in[0]}} & 3'd0)
           | ({3{in[1]}} & 3'd1)
           | ({3{in[2]}} & 3'd2)
           | ({3{in[3]}} & 3'd3)
           | ({3{in[4]}} & 3'd4)
           | ({3{in[5]}} & 3'd5)
           | ({3{in[6]}} & 3'd6)
           | ({3{in[7]}} & 3'd7);

endmodule
```

上述两种代码描述方式在输入有且只有一个 1 的时候是等效的，但是在输入为全 0 的时候输出结果并不一样。具体使用时需要注意这一点。

在 CPU 设计中，编码器逻辑的一个典型应用场景是：根据指令译码后的结果生成 ALU 模块的操作码 alu_op。由于处理器中的译码部件在任何时刻只处理一条指令，因此 alu_op 的编码过程可以采用后一种编码方式。

3.1.4.7 多路选择器

多路选择器是 CPU 设计中一种常用的逻辑，建议大家要熟练掌握。通常，数字逻辑电路的教材中使用与非、或非等逻辑门来描述多路选择器。如果按照这种方式编写多路选择器的 Verilog 代码，会很麻烦，特别是需要写一个几十选一的多路选择器的时候。那么应该如何解决这类问题呢？

我们先来看选择信号 select 还没有译码的情况。这里特意假定被选择的输入个数不是 2 的幂次方，同时假定当 select 输入值超过可选择范围时输出全 0。Verilog 描述如下：

```
module mux5_8b(
    input  wire [7:0] in0, in1, in2, in3, in4,
    input  wire [2:0] sel,
    output wire [7:0] out
);

assign out = (sel==3'd0) ? in0 :
             (sel==3'd1) ? in1 :
             (sel==3'd2) ? in2 :
             (sel==3'd3) ? in3 :
             (sel==3'd4) ? in4 :
                           8'b0;

endmodule
```

同 case 语句相比，上面这种表达方式简明直观。而且，case 语句还有一个很大的缺点，就是明明是个组合逻辑，却要将输出的变量声明成 reg 型。所以，我们没有必要用 case 语句来编写多路选择器。

不过，上面的例子引入了不必要的优先级关系，例如 sel 为 1 的时候自然不为 0。所以，这个多路选择器可以采用下面的写法：

```
module mux5_8b(
    input  wire [7:0] in0, in1, in2, in3, in4,
    input  wire [2:0] sel,
    output wire [7:0] out
);

assign out = ({8{sel==3'd0}} & in0)
           | ({8{sel==3'd1}} & in1)
           | ({8{sel==3'd2}} & in2)
           | ({8{sel==3'd3}} & in3)
           | ({8{sel==3'd4}} & in4);

endmodule
```

回顾一下前面译码器的写法，会发现上面的写法其实是把译码器和基于译码后向量的多路选择器合并在一起写出来的。

若采用上面这种写法，一定不要忘了写“{8{}}”中的 8，否则结果 out 只有第 0 位是正确的，[7:1] 位都会变为 0。要特别小心这种笔误，因为它不是语法错，调试工具不会报出这类错误。

如果 select 信号已经是译码后的位向量形式，也很容易写出来，写法如下：

```
module mux5_8b(
    input  wire [7:0] in0, in1, in2, in3, in4,
    input  wire [4:0] sel,
    output wire [7:0] out
);

assign out = ({8{sel[0]}} & in0)
           | ({8{sel[1]}} & in1)
           | ({8{sel[2]}} & in2)
           | ({8{sel[3]}} & in3)
           | ({8{sel[4]}} & in4);

endmodule
```

3.1.4.8　简单 LoongArch32 CPU 中的 ALU

我们用一个简单 LoongArch32 CPU 中的 ALU 作为一个较复杂的组合逻辑设计的例子。这个 ALU 除了要完成加减运算、比较运算外，还要完成移位运算、逻辑运算。那么它的电路应该如何设计呢？

通过设计分析（具体过程见 4.3.1 节的描述）可知，ALU 内部包含做加减操作、比较操作、移位操作和逻辑操作的逻辑，ALU 的输入同时传输给这些逻辑，各逻辑同时运算，最后通过一个多路选择电路将所需的结果选择出来作为 ALU 的输出。整个电路的结构如图 3.2 所示。

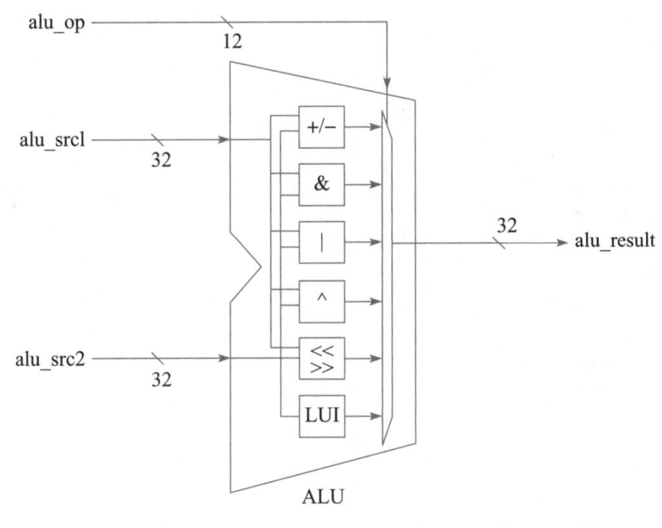

图 3.2　简单 LoongArch32 CPU 中 ALU 的电路结构

整个ALU的控制信号alu_op采用12位独热码形式。其Verilog的描述示例如下：

```
module simple_alu(
    input  wire [11:0] alu_op,
    input  wire [31:0] alu_src1,
    input  wire [31:0] alu_src2,
    output wire [31:0] alu_result
);
wire op_add;  //加法操作
wire op_sub;  //减法操作
wire op_slt;  //有符号比较，小于置位
wire op_sltu; //无符号比较，小于置位
wire op_and;  //按位与
wire op_nor;  //按位或非
wire op_or;   //按位或
wire op_xor;  //按位异或
wire op_sll;  //逻辑左移
wire op_srl;  //逻辑右移
wire op_sra;  //算术右移
wire op_lui;  //高位加载

assign op_add  = alu_op[ 0];
assign op_sub  = alu_op[ 1];
assign op_slt  = alu_op[ 2];
assign op_sltu = alu_op[ 3];
assign op_and  = alu_op[ 4];
assign op_nor  = alu_op[ 5];
assign op_or   = alu_op[ 6];
assign op_xor  = alu_op[ 7];
assign op_sll  = alu_op[ 8];
assign op_srl  = alu_op[ 9];
assign op_sra  = alu_op[10];
assign op_lui  = alu_op[11];

wire [31:0] add_sub_result;
wire [31:0] slt_result;
wire [31:0] sltu_result;
wire [31:0] and_result;
wire [31:0] nor_result;
wire [31:0] or_result;
wire [31:0] xor_result;
wire [31:0] sll_result;
wire [31:0] srl_result;
wire [31:0] sra_result;
wire [31:0] lui_result;

assign and_result = alu_src1 & alu_src2;
assign or_result  = alu_src1 | alu_src2;
```

```
assign nor_result =~or_result;
assign xor_result = alu_src1 ^ alu_src2;
assign lui_result = alu_src2;

wire [31:0] adder_a;
wire [31:0] adder_b;
wire        adder_cin;
wire [31:0] adder_result;
wire        adder_cout;

assign adder_a   = alu_src1;
assign adder_b   = (op_sub | op_slt | op_sltu) ?~alu_src2 : alu_src2;
assign adder_cin = (op_sub | op_slt | op_sltu) ?     1'b1 :     1'b0;
assign {adder_cout, adder_result} = adder_a + adder_b + adder_cin;

assign add_sub_result = adder_result;

assign slt_result[31:1] = 31'b0;
assign slt_result[0]= (alu_src1[31] &~alu_src2[31])
                    |((alu_src1[31]~^ alu_src2[31]) & adder_result[31]);

assign sltu_result[31:1] = 31'b0;
assign sltu_result[0]    = ~adder_cout;

assign sll_result = alu_src1 << alu_src2[4:0];

assign srl_result = alu_src1 >> alu_src2[4:0];

assign sra_result = ($signed(alu_src1)) >>> alu_src2[4:0];

assign alu_result = ({32{op_add|op_sub }} & add_sub_result)
                  | ({32{op_slt        }} & slt_result)
                  | ({32{op_sltu       }} & sltu_result)
                  | ({32{op_and        }} & and_result)
                  | ({32{op_nor        }} & nor_result)
                  | ({32{op_or         }} & or_result)
                  | ({32{op_xor        }} & xor_result)
                  | ({32{op_lui        }} & lui_result)
                  | ({32{op_sll        }} & sll_result)
                  | ({32{op_srl        }} & srl_result)
                  | ({32{op_sra        }} & sra_result);

endmodule
```

上面的示例代码，希望读者关注如下 4 点：

1）**写代码时给变量起个好名字非常重要，既不要太长也不要太短，还要尽可能贴切地表达它的语义。**好代码的特点之一就是“代码即注释”。有时候，一些看似无用的代码，如上面示例中将 alu_op 逐位赋值给 op_XXX 变量，会让代码的可读性大幅度提升。

2）代码中的空格、对齐、空行如同文章中的标点和段落，也能够大幅度提升代码的可读性。

3）可以直接用“+”运算符来描述加法器，用“<<”“>>”和“>>>”运算符来描述移位器。这是因为现今的EDA综合工具已经相当聪明了，能够从这些运算符推导出设计者需要加法器、移位器这类较为复杂的电路，然后根据实现约束从自身携带的IP库中挑选出合适的电路嵌入到你的设计中。

4）在Verilog中，“>>”只被当作逻辑右移处理，所以算术右移操作需要特殊考虑。上面的例子直接使用了“$signed”内置函数和“>>>”运算符来完成算术右移。

3.1.4.9 触发器

触发器是我们在CPU设计中使用最为频繁的时序器件，大家务必掌握触发器的Verilog描述。

1）对于普通的上跳沿触发的D触发器，其Verilog描述如下：

```
module dff(
    input  wire clk,
    input  wire din,
    output reg  q
);
    always @(posedge clk) begin
        q <= din;
    end
endmodule
```

D触发器的时序特性如图3.3所示。

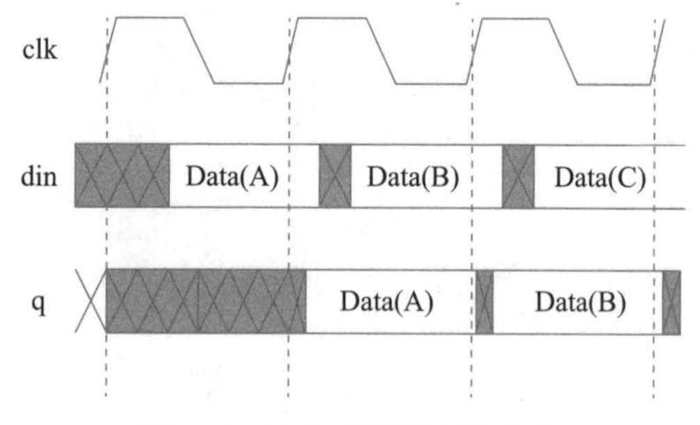

图3.3 D触发器的时序特性

2）带同步复位的D触发器的Verilog描述有两种写法。

- 写法一

```
module dff_r(
    input  wire clk,
    input  wire rst,
    input  wire din,
    output reg  q
);
always @(posedge clk) begin
    if (rst) q <= 1'b0;
    else     q <= din;
```

```
end
endmodule
```

● 写法二

```
module dff_r(
    input  wire clk,
    input  wire rst,
    input  wire din,
    output reg  q
);
always @(posedge clk) begin
    q <=~rst & din;
end
endmodule
```

采用上述两种写法实现的电路功能是一样的，但我们推荐采用写法一这种更行为化的风格。因为 rst 清 0 操作通常具有最高优先级，采用 if…else…的写法可以使人在阅读代码的时候一目了然，不容易犯错。

3）带写使能端的 D 触发器的 Verilog 描述也有两种写法。

● 写法一

```
module dff_en(
    input  wire clk,
    input  wire en,
    input  wire din,
    output reg  q
);
always @(posedge clk) begin
    if (en) q <= din;
end
endmodule
```

● 写法二

```
module dff_en(
    input  wire clk,
    input  wire en,
    input  wire din,
    output reg  q
);
always @(posedge clk) begin
    q <= en ? din : q;
end
endmodule
```

采用上述两种写法实现的电路功能是一样的。我们推荐采用写法一，原因与前面一样，这种写法看起来更直观，而且会带来一些额外的好处——大多数综合工具只为采用第一种风格的代码自动插入门控时钟或者引入带门控的触发器。

这里的例子都是单比特的触发器，读者可以自行将其推广到多比特的情况。

3.1.4.10　简单 LoongArch32 CPU 中的寄存器堆

通俗地说，寄存器堆是采用二维组织形式的“一堆寄存器”。在一个单发射五级流水的简单 LoongArch32 CPU 中，GR 对应一个 32 项、每项 32 位的寄存器堆。为了支持流水，该寄存器堆要具备每周期读出两个 32 位数、写入一个 32 位数的能力。同时这个寄存器堆还有一个特殊之处，即 0 号寄存器恒为 0。其对应的 Verilog 代码如下：

```
module regfile(
    input  wire        clk,
    input  wire [ 4:0] raddr1,
    output wire [31:0] rdata1,
    input  wire [ 4:0] raddr2,
    output wire [31:0] rdata2,
    input  wire        we,
    input  wire [ 4:0] waddr,
    input  wire [31:0] wdata
);
reg [31:0] reg_array[31:0];
// WRITE
always @(posedge clk) begin
    if (we) reg_array[waddr]<= wdata;
end
// READ OUT 1
assign rdata1 = (raddr1==5'b0) ? 32'b0 : reg_array[raddr1];
// READ OUT 2
assign rdata2 = (raddr2==5'b0) ? 32'b0 : reg_array[raddr2];
endmodule
```

在上面的例子中，rf[waddr]、rf[raddr1]、rf[raddr2] 意味着需要由综合工具推导出针对写地址和读地址的译码电路。实际上，更具体的描述如下所示。这里我们假设 decoder_5_32 是一个 5-32 译码器的模块。

```
module regfile(
    input  wire        clk,
    input  wire [ 4:0] raddr1,
    output wire [31:0] rdata1,
    input  wire [ 4:0] raddr2,
    output wire [31:0] rdata2,
    input  wire        we,
    input  wire [ 4:0] waddr,
    input  wire [31:0] wdata
);
```

```
reg  [31:0] reg_array[31:0];
wire [31:0] waddr_dec, raddr1_dec, raddr2_dec;

decoder_5_32 U0(.in(waddr ), .out(waddr_dec));
decoder_5_32 U1(.in(raddr1), .out(raddr1_dec));
decoder_5_32 U2(.in(raddr2), .out(raddr2_dec));

//WRITE
always @(posedge clk) begin
    if (we & waddr_dec[ 0]) reg_array[ 0]<= wdata;
    if (we & waddr_dec[ 1]) reg_array[ 1]<= wdata;
    ......
    if (we & waddr_dec[31]) reg_array[31]<= wdata;
end
//READ OUT 1
assign rdata1 = ({32{raddr1_dec[ 1]}} & reg_array[ 1])
              | ({32{raddr1_dec[ 2]}} & reg_array[ 2])
              ......
              | ({32{raddr1_dec[31]}} & reg_array[31]);
//READ OUT 2
assign rdata2 = ({32{raddr2_dec[ 1]}} & reg_array[ 1])
              | ({32{raddr2_dec[ 2]}} & reg_array[ 2])
              ......
              | ({32{raddr2_dec[31]}} & reg_array[31]);
endmodule
```

上面这种将寄存器堆写和读的译码逻辑与选择逻辑直接表达出来的写法只是为了加深读者对 rf[addr] 这种写法的理解，尽管代码很短，但是其对应的电路包含很多逻辑。在平时的设计中，我们还是推荐大家采用 rf[addr] 这种写法。

请读者思考一个问题，当写有效（we=1）且写地址和读地址相同时，此时读出的结果是寄存器中的旧值还是新写入的值？

3.1.4.11　RAM

我们这里说的 RAM 指的是 SRAM，通常用来在 CPU 中实现指令存储器、数据存储器。它在逻辑行为方面与前述的寄存器堆相似，但是两者的底层实现存在差异。尽管 Vivado 等 FPGA 综合工具已支持可推导出 RAM 的 Verilog 代码形式，但本书中仍采用更为通用的实例化 RAM IP 的方式。这部分内容读者将通过本章的实践任务学习掌握，这里就不展开了。

3.1.4.12　流水线

首先要说明的是，流水线电路纯粹是一个数字电路的概念，大家不要认为只有处理器电路中才有流水线。

我们先来看如何设计一个无阻塞的 3 级流水线电路。这个流水线的电路结构如图 3.4 所示，其中 pipe1_data、pipe2_data、pipe3_data 都是触发器，里面存储着各级流水的数据。

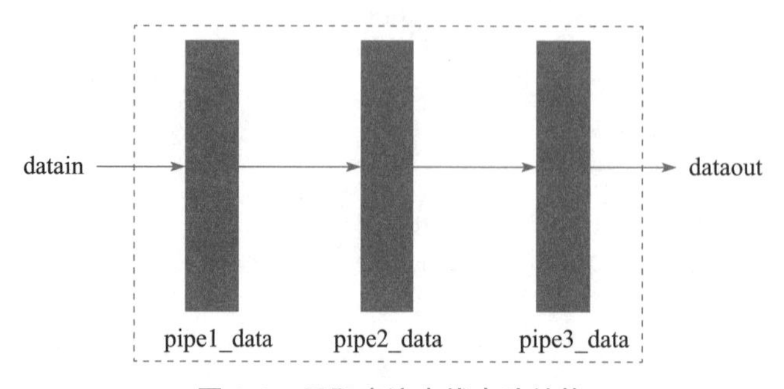

图 3.4　无阻塞流水线电路结构

下面是这个流水线电路的 Verilog 代码示例。可以看到，无阻塞流水线其实就是依次串接起来的多组触发器。

```
module non_stall_pipeline #
(
    parameter WIDTH = 100
)
(
    input  wire             clk,
    input  wire [WIDTH-1:0] datain,
    output wire [WIDTH-1:0] dataout
);
reg [WIDTH-1:0] pipe1_data;
reg [WIDTH-1:0] pipe2_data;
reg [WIDTH-1:0] pipe3_data;

always @(posedge clk) begin
    pipe1_data <= datain;
end

always @(posedge clk) begin
    pipe2_data <= pipe1_data;
end

always @(posedge clk) begin
    pipe3_data <= pipe2_data;
end

assign dataout = pipe3_data;

endmodule
```

无阻塞的流水线通常对应理想情况，很多时候流水线会被阻塞。这就意味着一旦后面的流水级被阻塞，前面的流水级也立刻被阻塞。因为此时后面的流水级不通，系统没有办法接收新数据，所以前面的流水级必须把原有的数据保持在本流水级中（即被阻塞）。若前一级流水级仍然把数据送往后一级流水级，数据就会丢失。除非整个系统在上层协议栈中有数据丢失的检测和重传机制，否则就需要底层的流水线电路具备在出现阻塞的情况下避免数据丢失的机制。

从上面的分析来看，为了使流水线能够应对阻塞，我们需要设法把数据保持在一级流水级。回想一下我们在前面介绍的带使能的触发器的时序行为特征，只要触发器的写使能无效，即使触发器的 D 输入上的数值发生变化，触发器存储的内容也保持不变。寄存器堆、RAM 也具有相似的特性，即只要它的写使能信号保持无效，它内部存储的数据就保持不变。可见，要使流水线应对阻塞的情况，核心在于控制好各级流水线缓存的写使能信号。

那么如何控制这些写使能信号呢？这里给出两套设计策略。我们以一条人工生产流水线为例来说明。

- **策略一**：配备一个生产流水线监管人员，他能同时看到各流水级的状态，并对所有流水级下达命令。一旦在某一时刻该监管人员发现某个流水级出现阻塞，就向这一流水级之前的所有流水级发出下一时刻停止向后传送的命令。
- **策略二**：为每个流水线分配一个监管人员，他和前后流水级的监管人员相互沟通情况，决定下一时刻是否向后传送东西。就某一流水级而言，它会向其后一级发出一个“下一时刻我有东西传送给你”的请求，同时向其前一级发出“下一时刻我可以接收你传送来的东西”的反馈。由于各流水级串联起来环环相扣，因此某一流水级会同时收到后一级传来的下一时刻是否可以接收东西的反馈信息，以及前一级传来的下一时刻它是否有东西传递过来的请求。如果某一流水级当前时刻有东西并想在下一时刻传给后一流水级，但是后一流水级说它下一时刻无法接收传来的东西，那么该流水级在下一时刻要继续持有当前时刻的东西，即产生阻塞。

显然，两种策略都可以完成任务。我们接下来介绍的电路设计采用的是第二种设计策略。

我们设计的流水线的电路结构如图 3.5 所示。图中的箭头分别表示流水级之间交互并决定本级流水线缓存写使能控制的逻辑和信号。

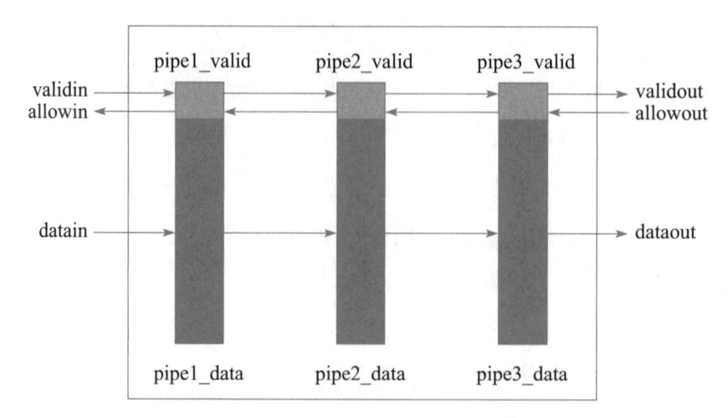

图 3.5　有阻塞流水线的电路结构

下面是这个流水线电路的 Verilog 代码示例。

```
module stallable_pipeline #
(
    parameter WIDTH = 100
)
(
    input  wire             clk,
    input  wire             rst,
    input  wire             validin,
    input  wire [WIDTH-1:0] datain,
    input  wire             out_allow,
    output wire             validout,
    output wire [WIDTH-1:0] dataout
);
reg             pipe1_valid;
reg [WIDTH-1:0] pipe1_data;
reg             pipe2_valid;
reg [WIDTH-1:0] pipe2_data;
reg             pipe3_valid;
reg [WIDTH-1:0] pipe3_data;

// pipeline stage1
wire            pipe1_allowin;
wire            pipe1_ready_go;
wire            pipe1_to_pipe2_valid;
assign  pipe1_readsy_go  =  ......
assign pipe1_allowin = !pipe1_valid || pipe1_ready_go && pipe2_allowin;
assign pipe1_to_pipe2_valid = pipe1_valid && pipe1_ready_go;
always @(posedge clk) begin
    if (rst) begin
        pipe1_valid <= 1'b0;
    end
    else if (pipe1_allowin) begin
```

```
        pipe1_valid <= validin;
    end
    if (validin && pipe1_allowin) begin
        pipe1_data <= datain;
    end
end
// pipeline stage2
wire                pipe2_allowin;
wire                pipe2_ready_go;
wire                pipe2_to_pipe3_valid;
assign  pipe2_ready_go  =  ......
assign pipe2_allowin = !pipe2_valid || pipe2_ready_go && pipe3_allowin;
assign pipe2_to_pipe3_valid = pipe2_valid && pipe2_ready_go;
always @(posedge clk) begin
    if (rst) begin
        pipe2_valid <= 1'b0;
    end
    else if (pipe2_allowin) begin
        pipe2_valid <= pipe1_to_pipe2_valid;
    end

    if (pipe1_to_pipe2_valid && pipe2_allowin) begin
        pipe2_data <= pipe1_data;
    end
end

// pipeline stage3
wire                pipe3_allowin;
wire                pipe3_ready_go;
assign  pipe3_ready_go  =  ......
assign pipe3_allowin = !pipe3_valid || pipe3_ready_go && out_allow;
always @(posedge clk) begin
    if (rst) begin
        pipe3_valid <= 1'b0;
    end
    else if (pipe3_allowin) begin
        pipe3_valid <= pipe2_to_pipe3_valid;
    end

    if (pipe2_to_pipe3_valid && pipe3_allowin) begin
        pipe3_data <= pipe2_data;
    end
end
assign validout = pipe3_valid && pipe3_ready_go;
assign dataout  = pipe3_data;

endmodule
```

上面代码中的pipeX_valid称为第X级流水级的有效位，它采用触发器实现。其值为1表示第X级流水上当前时钟周期存在有效数据，其值为0表示第X级流水上当前时钟周期无有效数据。定义流水级有效位的好处是，清空流水线的时候不用把各级流水线 data 域的值都置为无效值，只需要将流水级的 valid 位置 0 就可以了，从而节约逻辑资源。但是需要注意的是，此时根据各级流水线的 data 域信息产生控制信号时，不要忘记看这一级的 valid 信号是否有效。

pipeX_allowin 信号是从第 *X* 级传递给第 *X* 级的前一级的信号。它的值为 1 表示下一时钟周期第 *X* 级流水级可以更新为当前时钟周期第 *X* 级的前一级流水级的数据，值为 0 则表示下一时钟周期第 *X* 级流水级不能接收新数据。

pipeX_ready_go 信号描述当前时钟周期第 *X* 级处理任务的完成状态。它的值为 1 表示数据在第 *X* 级的处理任务已完成，可以传递到第 *X* 级的后一级流水级。比如，CPU 的执行流水级用迭代方式运算除法，需要多个时钟周期能完成，那么在执行流水级的除法没有完成前，执行流水级的 ready_go 信号将一直为 0。

pipeX_to_ pipeY_valid 信号是从第 *X* 级传递给第 *X* 级的后一级的信号。它的值为 1 表示第 *X* 级流水级的数据希望在下一时钟周期进入到第 *X* 级的后一级流水级。

理解了上述信号的含义后，读者可自行结合流水线时空图推演整个电路是如何实现对于流水线阻塞的控制的。

3.2　数字逻辑电路功能仿真的常见错误及调试方法

在进行 CPU 设计的时候，最花费时间的环节是制定设计方案和功能仿真调试。人无完人，再优秀的设计人员也无法保证其写出的代码没有错误（bug），所以 bug 调试是程序员的必备能力之一。在硬件设计过程中，查找 bug 并进行调试的工作可以在功能仿真阶段进行，也可以在实际电路测试阶段进行。由于从代码编写到进行功能仿真的周期短，而且功能仿真时观测信息丰富，因此我们通常会在功能仿真阶段尽可能多地发现错误。在本书中，**我们建议每个实践任务必须在通过功能仿真阶段之后再进入上板调试阶段**。

对于初学者，用 Verilog 语言进行电路编程、调试的经验比较少，且 Verilog 语言是描述电路的，与 C、C++、Java、Python 等编程语言描述的对象不一样，因此 Verilog 语言在调试的技巧上与一般的编程语言有较大差异，读者很难把 C、C++ 程序的调试技巧借鉴到 Verilog 语言中。举个简单的例子，很多同学会采用“ print 大法”来调试 C 程序（虽然方法土了点，但大多数时候能解决问题），可是这种方法在调试一个 Verilog 程序的时候完全不适用。鉴于此，接下来介绍一些数字逻辑电路设计中常用的调试方法。

3.2.1　功能仿真波形分析

在介绍集成电路设计工作者的影像资料中，我们常常会看到集成电路设计工作者进行调试工作时，手边放着万用表、示波器、逻辑分析器等检测工具。这些工具确实是集成电路设计者进行实际电路调试时的“利器”，因为这些仪器所获取的信息能够为我们定位、分析错误提供客观依据。现实世界中，就是通过各种仪器来观察调试过程和结果的，所以我们在仿真时通过各种观察手段来“仿”出仪器结果这个“真”，体现出来就是仿真波形。可以想象，我们有一台功能极其强大的逻辑分析仪，可以将你所设计的电路在运行过程中每个时刻的每一个信号都抓取出来，并显示给你看。所以，在对数字逻辑电路设计进行功能仿真调试时，总是需要通过观察仿真波形来确定电路出错的位置。说到这里，有的人可能会有不同意见：不，我是通过仿真打印出的信息调试的，具体方法是通过在testbench（测试程序）里添加监控代码，对设计中的某些信号进行检查，发现异常值就打印出错信息。我不能说这种方式是错误的，但大家仔细想想就会发现两种观察方式的本质是一样的：观察的对象都是电路设计中的信号，只不过一种方式是将信号显示为图像让人用眼睛看，另一种方式是将信号表示为数据文件，然后用程序进行分析。两种方式各有其适用场景，可以结合使用。不过，**直接观察仿真波形是一种更方便的方法，大家都应该掌握**。

上一章在介绍基于Vivado的FPGA设计流程时，已经演示了如何进行功能仿真，并介绍了仿真调试界面。这些是功能仿真波形分析的基本手段，大家务必要熟练掌握。要达到这一目标别无他法，就是通过实践任务多练习。接下来，将介绍一些与功能仿真波形分析相关的进阶知识。

3.2.1.1　观察仿真波形的思路

分析问题的时候最讲究思路，否则就是蛮干。同样是看波形定位错误，为什么不同的人之间会存在巨大的效率差异呢？我们的经验是：会看波形的人自有“套路”。接下来我们就说一说在实践中摸索出的一些“套路”。

第一步，熟悉待调试的设计。

设计都没搞清楚就去调试，就好比在没有地图的情况下寻找宝藏，其效率之低是可想而知的。大家可能会觉得这么简单的道理还用强调吗？但事实上，初学者最容易忽视的就是这一点。除非整个设计的代码都是你自己编写的，否则总会在调试过程中涉及别人写的代码，甚至有的人连自己的设计都说不清楚。我们常常遇到下面这样令人哭笑不得的场景：

学生：老师，我这儿调试不出来了，您帮我看看？

老师：好的，我来看看。（老师查看波形，发现异常，但是看代码的时候不懂了。）同学，这个地方的代码是什么意思？你的设计意图是什么？

学生：这个……这个就是……（支支吾吾一番后就没有然后了。）

老师：（老师对代码经过一番阅读理解）哦，你是不是最初想设计成……

学生：对对对，就是这个意思。哦，我知道哪里写错了。

亲爱的读者们，我们衷心希望这样的场景不会出现在你们身上。所以，**开始调试之前，一定要问问自己，是不是充分了解了设计**。如果有不清楚、不明白的地方，一定要先把设计搞清楚，磨刀不误砍柴工。

第二步，找到一个你能明确的错误点。

一旦设计功能仿真出错，一定意味着在某个时刻某些信号的值不对，这些点都是错误点（但它们并不都是问题的源头）。开始调试的时候，你必须找到一个错误点。对于简单电路设计来说，错误点很容易找到，因为一个健全的功能验证平台会在仿真过程中对设计的输出等信号进行监控，一旦出现不符合预期的输出就会报错。从报错信息中你就能知道出错的信号是什么，并发现出错点所处的仿真时刻[㊀]。然而对于像CPU这样一类复杂的设计，其功能仿真出错时的输出信息通常不会直接告诉你是哪个信号出错了。在这种情况下如何从输出信息定位到出错信号呢？我们在后面开始CPU设计实践的时候再做详细介绍。

第三步，沿着设计的逻辑链条逆向逐级查看信号，直至找到出错源头。

我们找到的出错点未必是造成错误的源头，但是修正错误时必须要从错误的源头着手。数字逻辑电路里各信号的状态变化是环环相扣、遵循严格的逻辑因果关系的，所以**从一个错误点出发，沿着这条逻辑链条向前追溯，就一定能找到错误的源头**。在进行逆向追溯的过程中，大部分人对于单纯的组合逻辑的逆向分析比较熟练，但是对于含有时序逻辑的电路显得有些“怵”。因此，我们重点说说这种情况下应该怎么看波形。

观察含有时序逻辑的电路的波形时，首先要把需要观察的电路所用的时钟信号抓取出来。这里的重点是不要把错误的时钟信号抓出来。在刚开始学习时，大家接触的设计往往只有一个全局时钟，但是，真实设计中经常会有多个时钟，例如CPU用一个时钟，外设用另一个时钟。由于时钟信号在各个模块内部一般都称为clk或clock，因此若抓

㊀ 这仅限于验证平台的出错信息开发得比较规范的情况。读者若是自行开发验证平台，应在出错信息中体现出错时间、出错信号、期待值、观察值等信息，其中出错信号要体现出模块的层次。

错了时钟信号，在波形窗口中很难看出问题，但错误的时钟信号会给你的分析工作带来不必要的困扰。

有了时钟信号之后，我们再明确所观察的时序器件（如触发器、同步RAM）是用时钟上升沿还是下降沿来触发。如果我们从组合逻辑一路追溯到某个触发器或RAM的Q端上，那么就要把这个触发器或RAM的非时钟输入端信号都抓取出来，然后在波形上沿着时间轴向前（在波形图上就是向左查找）找到这个错误值写入的那个时钟上升（下降）沿，之后再对生成这个触发器或RAM输入的组合逻辑继续进行追溯。在沿着时间轴向前查找的过程中，一定要找到错误值写入的真正时刻。这里举几个典型的例子。

【例一】 没有任何写使能信号的触发器 如果当前拍是触发器的Q端值首先出现错误的那一拍，那么就分析前一拍生成触发器D输入的组合逻辑。

【例二】 有写使能信号的触发器 如果当前拍是触发器的Q端值首先出现错误的那一拍，我们要从这一拍开始沿着时间轴往前找到最近一个写使能信号有效的那一拍。然后，我们根据设计的意图来判断这一拍写使能信号是否应该置起。如果它应该置起，那么问题出在写入数据上，我们要继续追溯生成触发器D输入的组合逻辑。如果它不应该置起，那么问题就出在写使能信号上，我们要继续追溯生成触发器写使能信号的组合逻辑。但是，有时候你会发现这个时刻的写使能信号应该置起，写入的数据也是对的，那么这就是另一种出错的情形了，即在该时刻之后存在某个写使能信号该置起的时候没有置起。这时就需要基于设计的意图，从触发器Q端最早出错的那一拍开始，向前逐拍观察写使能和D输入的配合是否符合预期，直到找到写使能未能正常置起的那一拍。

【例三】 单端口同步RAM 首先要从Q端值首次出错的那一拍开始沿时间轴向前找到最近的一个有效的读命令。再次提醒，有效的读命令意味着RAM的片选（和读使能）信号都是有效的，但是写使能是无效的[㊀]。在这个有效读命令发起的时钟周期，应先检查一下此刻RAM的地址输入是否正确。如果不正确，就要追溯生成地址输入的组合逻辑。如果此刻地址输入是正确的，那么又要分几种情况来考虑。

- **情况1**：我们怀疑最近一次对RAM这个地址的写出错了。
- **情况2**：我们怀疑最近一次对RAM的写与本次读之间有个本应该发出的写命令没有发出。

㊀ 尽管有的RAM在接收写命令的下一拍时Q端也会有明确的输出，但是我们不建议读者在设计中利用这种情况下RAM的Q端输出。换言之，我们建议凡是需要从RAM读出一个值的时候，就老老实实地先发一个读命令，不要利用写命令的副作用来达到这个目的。

- **情况 3**：我们怀疑后面某时刻本应该发出的一个读命令没有发出，或者说这个读命令发出的时机不对。

情况 1 又分两种情况。

- **情况 1-1**：最近一次对该地址发出写命令的时刻，确实需要对 RAM 的这个地址写入，但是写入的数据错了。这时候我们就停在写入错误的那一拍，继续追溯生成写入数据的组合逻辑。
- **情况 1-2**：最近一次对该地址发出写命令的时刻，并不需要对 RAM 的这个地址写入，这又有两种出错的可能性。
  - **情况 1-2-1**：原本需要在这个时刻写另一个地址，但是地址错误地变成了当前地址，那么我们需要追溯生成地址的组合逻辑。
  - **情况 1-2-2**：原本在这个时刻根本不应该对 RAM 写入，但是片选、写使能信号错误地被置起，且地址恰好是这个地址，那么此时需要追溯生成片选、写使能的组合逻辑。

对于情况 2，从最近一次对该地址发出写命令的时刻开始，向后按照设计意图逐拍检查生成 RAM 片选、写使能的组合逻辑，找到那个你原本期望发出写命令的时刻，查看是什么原因造成它没有置起。

对于情况 3，从最近的这个读命令向后，按照设计意图逐拍检查生成 RAM 片选、写使能的组合逻辑，找到那个你原本期望片选有效、写使能无效的时刻（也就是读的时刻），查看是什么原因造成它没有置起。

寄存器堆的追查方式与同步 RAM 相似，这里就不再详细讲述了。

3.2.1.2　提高波形分析效率的实用技巧

1. 一次仿真记录所有信号的数据

采用前一节所述的“沿着设计的逻辑链条逆向逐级查看信号”的波形查看分析方法，我们经常会在分析的过程中将新的信号加入波形窗口中。但是，如果你创建 Vivado 工程之后没有做任何特别的处理，那么就会发现新加入的信号只有在加入后继续运行的仿真时间中才出现。这就导致在需要从当前时刻向前查看波形（这种情况其实还挺常见的）的时候，不得不重新运行一次仿真。如果出错的时刻比较靠后，那么等待仿真重新执行到出错点附近就会非常耗时。有没有仿真一次就能把所有信号都记录下来的方式呢？有！但是要特别设置。

在 Vivado 的工程视图下，点击左侧“PROJECT MANAGER”→“Settings”，在

弹出的设置界面中选择"Project Settings"→"Simulation"，此时弹出的设置界面如图 3.6 所示。在其右部选择"Simulation"标签，然后在下面找到"xsim.simulate.log_all_signals"选项并勾选，点击 OK 保存配置。这样操作后再进行仿真时（如果已经开启仿真，请关闭仿真界面重新运行），就会一次性地将所有信号都记录下来。你在波形查看过程中添加任何新的信号，其从仿真 0 时刻开始的所有波形都会立刻显示出来。

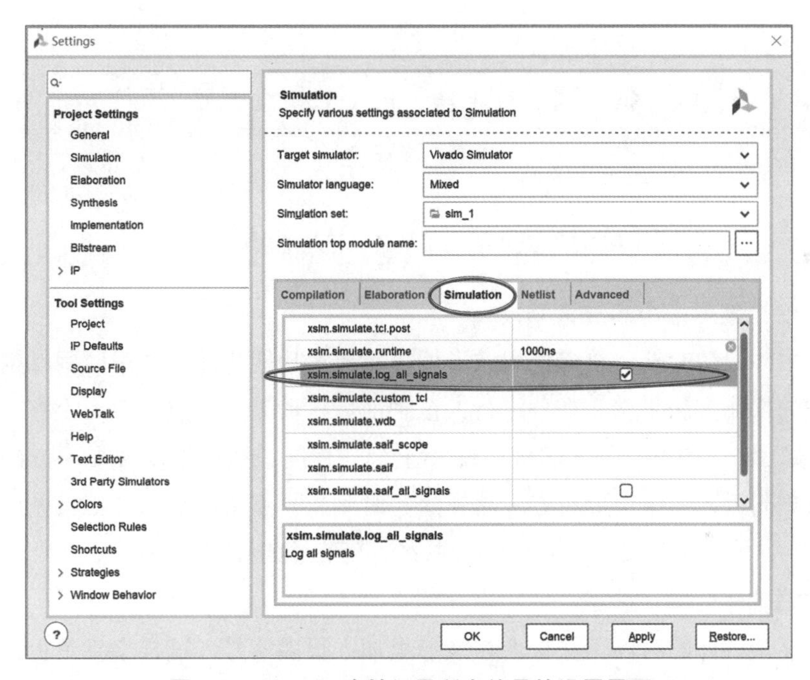

图 3.6 XSim 一次性记录所有信号的设置界面

这是一个非常必要的设置。作者最初使用 Vivado 时因为不知道可以这样配置，所以在调试时基本上是放弃使用 Vivado 自带的 XSim 的。该配置对于调试效率的影响非常大，建议大家把它作为一个默认配置。

2. 给重要的时刻做标记

通过前面的描述，我们知道了在查看一个存在时序逻辑的电路的仿真波形时，免不了要沿着时间轴向前 / 向后查找。当我们分析到某一个出错时刻时，会发现导致此错误点的路径可能有好几条。通常，我们只能先沿着一条路径追溯下去，如果发现这条路径没有问题，就回到刚才找到的那个出错时刻，从另外一条路径接着追查。很多初学者会在"回到刚才找到的那个出错时刻"这个动作上花费大量的时间，因为面对茫茫的一片信号完全不记得是哪个时间点了。所以我们强烈建议：在波形分析过程中，要及时给你认为重要的时刻做标记（Marker）。

做标记的方法很简单：在波形上你关注的时刻处单击鼠标左键，此时游标（Cursor）将出现在你关注的时刻，点击如图3.7中C所示波形上方工具条中的按钮，就做好了一个标记。之后无论你是直接将波形移动到Marker处还是使用波形上方工具条中的快速移动游标定位到标记处的按钮（图3.7中的D和E所示），都会大幅度提高定位效率。

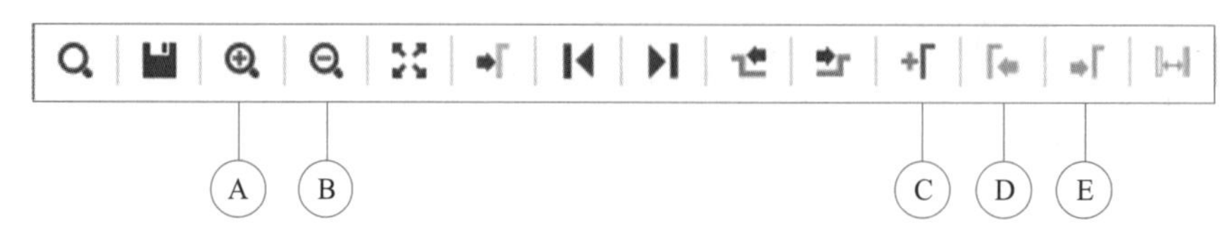

图3.7 波形控制工具条标记与缩放功能

3. 熟练使用波形缩小和放大功能

除了使用标记功能外，熟练使用波形缩小和放大功能也能加快沿时间轴前后移动的速度。基本的操作方法是，在准备进行大范围前后移动时，先点击波形上方工具条中的缩小按钮（如图3.7中B所示）将波形缩小至合适程度，然后拖动波形下方的滚动条至想观察的时刻附近，单击波形将游标落在这一时刻，再点击波形上方工具条中的放大按钮（如图3.7中A所示）放大波形至可以观察清楚信号的程度。

4. 对关联信号分割、分组

在调试复杂设计的时候，往往会在波形里加入很多信号，这样会导致上下翻看信号时出现混乱。我们建议此时把相关联的信号通过分割（**Divider**）或者分组（**Group**）区分开来。比如，分析流水线CPU的波形时，可以把属于同一级流水的信号放在同一个组里。建立分割的方法是，在你想加分割空行的位置的上一个信号处，对着信号名点击鼠标右键打开菜单栏，选择“New Divider”。删除分割的方法就是点击分割，按Del键。建立分组的方法是，选择准备放入一组的信号，然后右键打开菜单栏选择“New Group”。用户可以为分组起名字，当分组超过一个时，建议为分组起名字以便区分。分为一组的信号可以视调试的需要收起或是展开。

5. 用值查找快速定位多位宽信号

有时候需要从某一时刻开始向前或向后找到一个多位宽信号等于某个值的时刻。除非你很明确要找的结果就在该时刻前后几个时钟周期内出现，否则强烈建议采用值查找（**Find Value**）的方法，而不是用鼠标拖着信号下面的滚动条人工查找。值查找的方法是，点击待查找信号的信号名，右键打开菜单栏选择“ Find Value”，之后会在波形上方出现与搜索相关的工具栏，根据其提示输入数据就可以了。可惜的是，Vivado 的 XSim 的值查找不支持通配符，使用者只能通过调整查找工具栏中 Matching 的方式来部分实现模糊查找的功能。

3.2.2　波形异常类错误的调试

波形异常类错误是指不需要分析电路设计的功能，通过直接观察波形图就能判断出来的错误，比如波形中信号出现“ X”。波形出错是浅层次的错误，很容易找到出错原因，但是初学者因为经验少，在面对这类错误的时候常常会无从下手。

我们将波形异常类错误细分为以下几类：

- 信号为“Z”。
- 信号为“X”。
- 波形停止。
- 越沿采样，即上升沿采样到被采样数据在上升沿后的值。
- 波形怪异，即仿真波形图显示怪异，这是与设计的电路功能无关的错误。

3.2.2.1　信号为“Z”

“ Z”表示高阻，比如电路断路就会显示为高阻，这种错误往往是以下两个原因导致的：

1）RTL 里声明为 wire 型的变量从未被赋值。

2）模块调用的信号未连接导致信号悬空。

图 3.8 显示了第 2 种情况的一个例子。

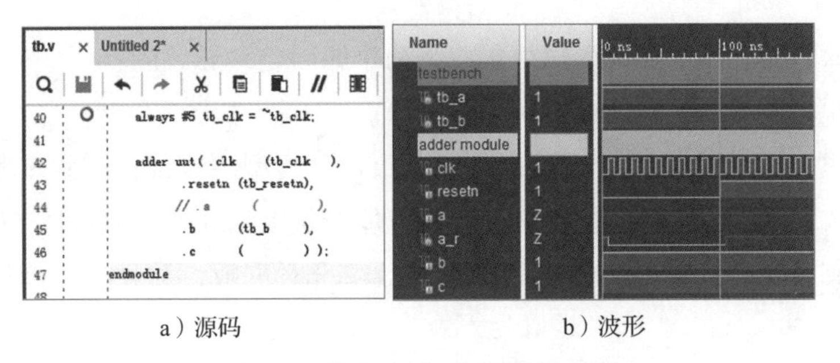

a）源码　　b）波形

图 3.8　信号为“Z”的错误示例

在上面的示例中，需要注意以下几点：

1）模块调用时信号未连接。未连接包括两种类型：**显式未连接**，如图 3.8a 中的 .c()；**隐式未连接**，如图 3.8a 中模块 adder 调用时，a 端口的未连接就是隐式未连接。显式未连接一般是人为故意设置的，只针对 output 类接口；隐式的未连接多是疏忽造成的，属于代码不规范造成的错误，往往也是导致信号为“Z”的主要原因。

2）在 adder 模块里，a 端口未连接导致 a 为“Z”，c 端口也未连接，但 c 是固定值。这是因为 a 端口是 input，c 端口是 output。output 类接口未连接是主模块里不使用该信号造成的，可能是人为故意设置的，而所有的 input 类接口被调用时不允许悬空。

3）在 adder 模块里，a 信号从 0 时刻开始就是“Z”，而 a_r 信号是在 100ns 左右才变成“Z”。这是因为 a 信号为端口，被调用时就未连接，故从 0 时刻就为“Z”，但 a_r 信号是内部寄存器，从 100ns 时刻才使用 a 信号参与赋值，从而变成了“Z”。

针对以上问题，我们有以下几点建议：

- 编写 RTL 时要注意代码规范，特别是模块调用时，要按接口顺序一一对应。
- 所有 input 类接口被调用时不允许悬空。
- 一旦发现一个信号为“Z”，应向前追溯产生该信号的因子信号，看是哪个信号为“Z”，一直追踪到该模块里的 input 接口，随后进行修正。
- 可能“Z”只出现在向量信号里的某几位上，这时也采用同样的追溯方式。调用时某个接口存在宽度不匹配，也会造成该接口上某些位为“Z”。

3.2.2.2　信号为“X”

“X”表示不定值，这种错误往往是以下两个原因之一导致的：

1）RTL 里声明为 reg 型的变量从未被赋值。

2）RTL 里多驱动的代码有时候也可能导致这种类型的错误。有些多驱动的代码不会导致“X”，因为有些多驱动代码可能会被 Vivado 自动处理，但这种情况其实是有风险的；有些多驱动代码会导致综合时失败，并且会明确报出多驱动的错误。

第 1 种情况如图 3.9 所示。在图 3.9 中，由于 b_r 信号声明后始终未赋值，导致其值为“X”，后续 c 信号由于使用了 b_r 信号，导致其值也为“X”。

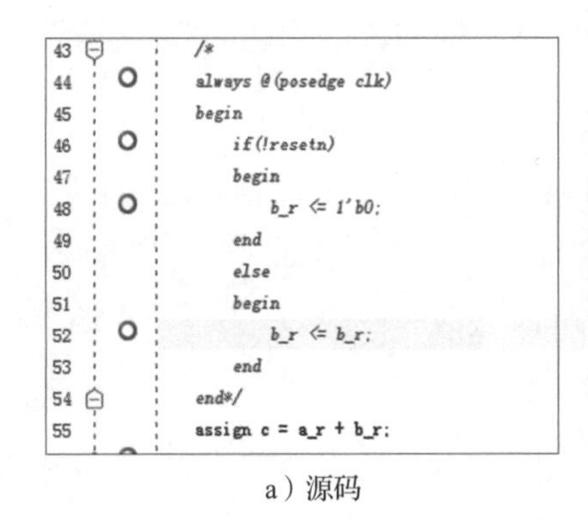

a）源码

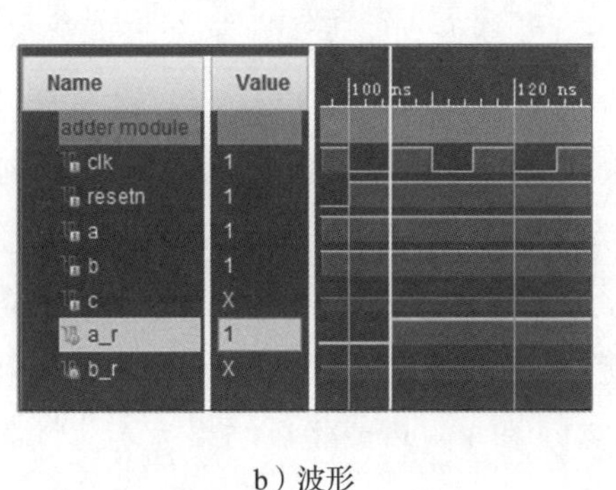

b）波形

图 3.9　信号为“X”的错误示例

Vivado 对于多驱动（2 个及 2 个以上电路单元驱动同一信号），仿真时也会产生“X”，如图 3.10 所示。

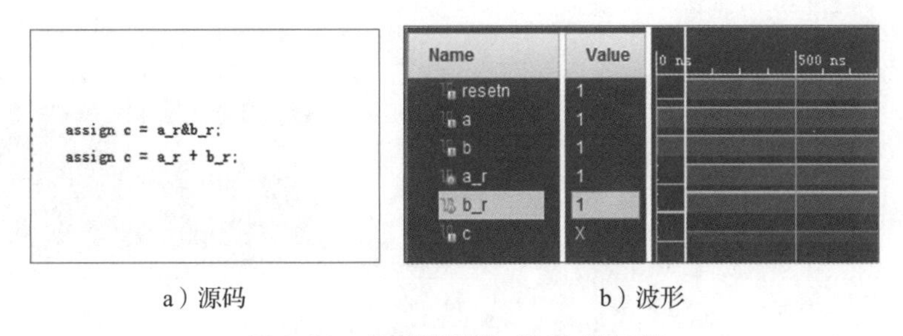

a）源码　　b）波形

图 3.10　多驱动引发“X”的示例

这种情况下追溯信号为“X”的原因可能比较困难，可以尝试先进行综合，观察 Critical warning 的提示，此时会报出多驱动的警告，如图 3.11 所示。

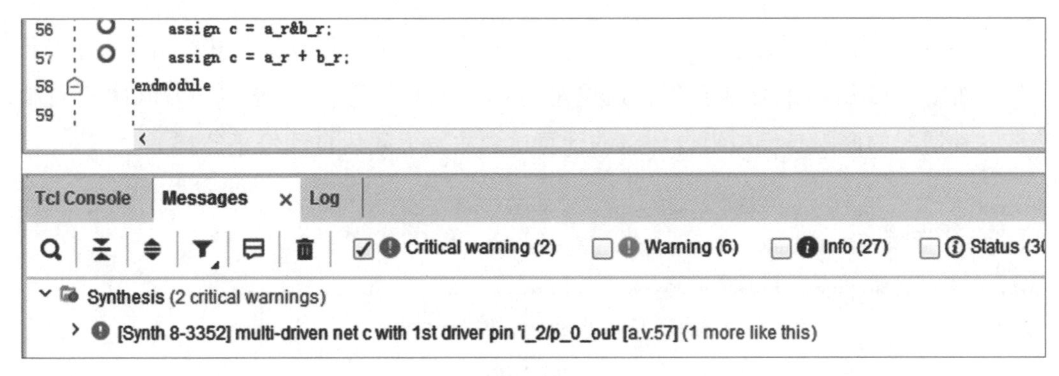

图 3.11　Vivado 中多驱动报出 Critical warning

针对信号为“X”的情况，我们有以下几点建议：

- 一旦发现仿真错误来自某个出现“X”的信号，则向前追溯产生该信号的因子信号，看是哪个信号为“X”，一直追溯到某个信号未赋值，随后修正。
- 如果因子信号都没有为“X”的，则可能是多驱动导致的。此时先进行综合，然后排查 Error 和 Critical warning。
- 寄存器信号如果没有复位值，在复位阶段其值可能也为“X”，但这种情况可能不会带来错误。
- “X”和 1 进行或运算结果为 1，“X”和 0 进行与运算结果为 0。

3.2.2.3　波形停止

波形停止是指某一时刻开始仿真波形不再输出新内容，而工具却显示仿真仍在运行，这种错误往往是 RTL 里存在组合环路导致的。波形停止示例如图 3.12 所示。

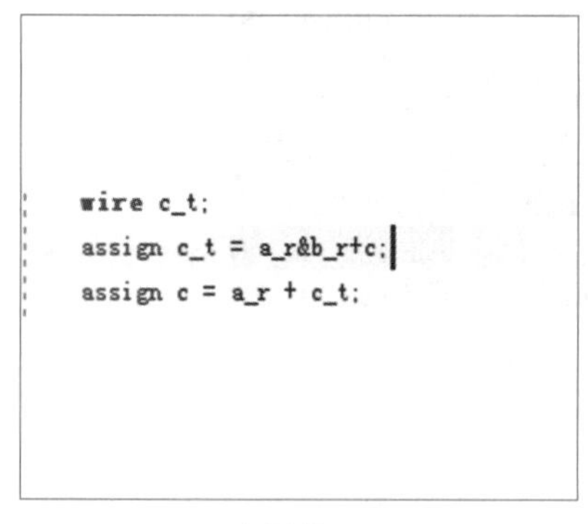

a）源码

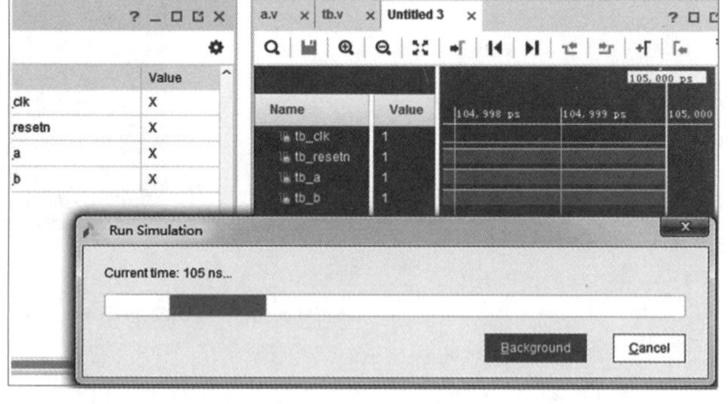

b）波形

图 3.12　波形停止示例

有些波形停止错误的表现是：点击“run all”，但是波形立即停止，并提示检测到 fatal。如图 3.13 所示，可以看到，这里是仿真模拟时的迭代达到了 10 000 次的限制，造成这种情况的原因是模拟组合环路的计算达到次数上限后自动停止仿真了。

```
FATAL_ERROR: Iteration limit 10000 is reached. Possible zero delay oscillation detected where simulation time can not advance. Please check your source code. Note that the i
Time: 710 ns  Iteration: 10000
relaunch_sim: Time (s): cpu = 00:00:02 ; elapsed = 00:00:09 . Memory (MB): peak = 753.813 ; gain = 0.000
run all
ERROR: [Simulator 45-1] A fatal run-time error was detected.  Simulation cannot continue.
```

图 3.13　波形停止的另一种表现

并不是所有的组合环路都会导致波形停止，有些复杂的组合环路（比如跨多个模块形成的组合环路）可能会被工具自动处理，但这种处理是有风险的，可能导致“仿真通过，上板不过”。

所谓组合环路，是指信号 A 的组合逻辑表达式中某个产生因子为 B，而 B 的组合逻辑表达式中又用到了信号 A，如图 3.12 的源码 c_t 用到了 c，而 c 又用到了 c_t。仿真器会在每个周期内计算该周期的所有表达式，组合逻辑循环嵌套会造成仿真器循环计算，导致其无法退出，最终导致波形停止的现象。

出现波形停止时，排查哪部分代码出现组合环路并不容易，我们建议按以下步骤处理：

1）一旦发现波形停止，就先对设计进行综合。

2）查看综合产生的 Error 和 Critical warning 提示，并尝试修正。比如图 3.12 示例中的组合环路，经过 Vivado 的综合后变成了一个多驱动的 Critical warning 提示，如图 3.14 所示。

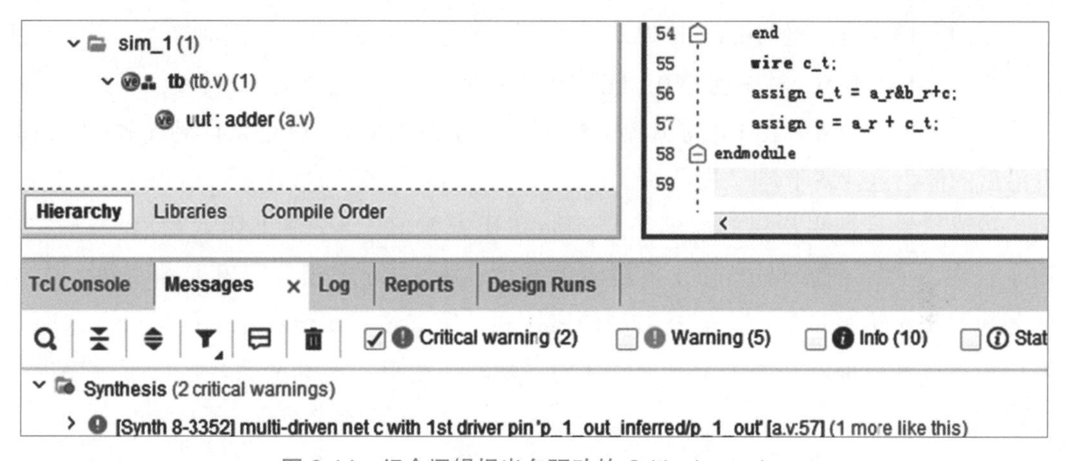

图 3.14　组合逻辑报出多驱动的 Critical warning

另外，Vivado 工程中的 Tcl 命令 report_timing_summary 会检查组合环路，并报出检查结果。遗憾的是，对于图 3.14 的示例，该命令并没有检查出组合环路，很有可能和综合时变成了多驱动有关。

3.2.2.4　越沿采样

越沿采样是指一个被采样的信号在上升沿采样到了其在上升沿后的值，一般情况下认为这是一个错误，是 RTL 里阻塞赋值“=”和非阻塞赋值“<=”使用不当导致的。

越沿采样是一种隐藏较深的错误，往往可能和逻辑错误混在一起。初看起来，其波形是很正常的，而且在发生越沿采样后，要再执行很长时间才会出错。因此，大家可以

先按照逻辑错误进行调试，如果发现数据采样有异常，就需要甄别是否出现了越沿采样的错误。

图 3.15 给出了一个越沿采样的示例。

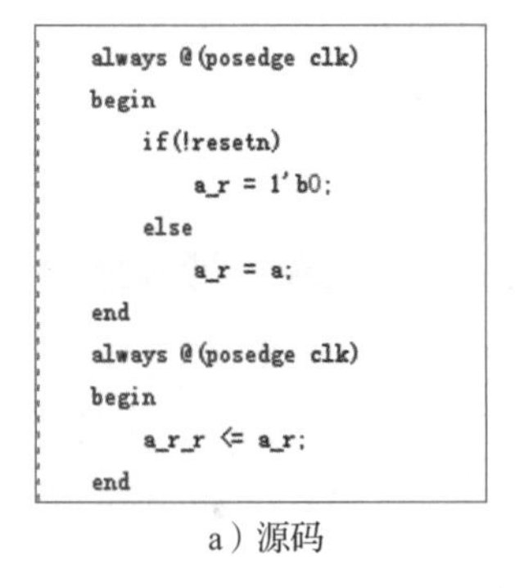

```
always @(posedge clk)
begin
    if(!resetn)
        a_r = 1'b0;
    else
        a_r = a;
end
always @(posedge clk)
begin
    a_r_r <= a_r;
end
```

a）源码

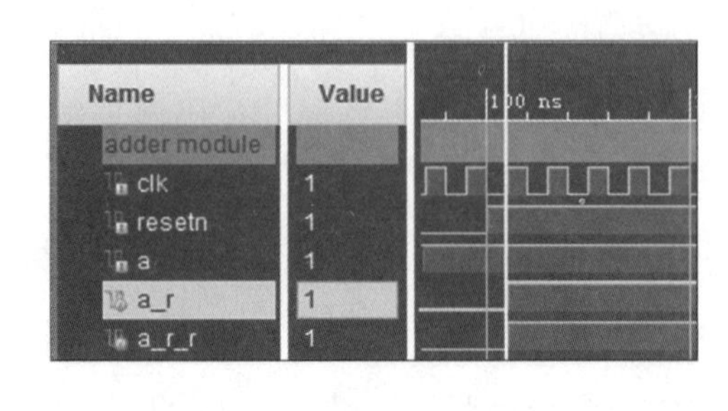

b）波形

图 3.15　越沿采样示例

如图 3.15 所示，在 105ns 时刻，clk 上升沿到来，a_r 和 a_r_r 同时变为 1（也就是 a 的值）。a_r 在 105ns 时刻前是 0，在 105ns 时刻后是 1。从源码来看，a_r_r 是在上升沿采样 a_r 的值，结果在 105ns 时刻采样到 a_r 为 1 的值，也就是采样到 a_r 在同一上升沿后的值。这就属于越沿采样。

造成这一现象更深层的原因是 Verilog 里阻塞赋值“=”和非阻塞赋值“<=”混用了。在图 3.15 的源码中，a_r 采用阻塞赋值，而 a_r_r 采用非阻塞赋值。每一次赋值分为两步：第一步是计算等式右侧的表达式；第二步是赋值给左侧的信号。这两步简记为计算和赋值。在一个上升沿到来时，所有由上升沿驱动的信号按以下顺序进行处理：

1）先处理阻塞赋值，即完成计算和赋值，同一信号完成计算后立刻完成赋值。同一 always 块里的阻塞赋值从上到下按顺序串行执行，不同 always 块里的阻塞赋值根据所用工具实现确定顺序的串行执行，一一完成计算和赋值。

2）进行非阻塞赋值的计算。对于所有非阻塞赋值，其等式右侧的值都同时计算好。

3）上升沿结束时，所有非阻塞赋值同时完成最终的赋值动作。

从以上描述可以看到，非阻塞赋值是在上升沿的最后一个时间步里完成处理的，晚于阻塞赋值的处理。所以在图 3.15 的示例中，a_r_r 的赋值晚于 a_r 的赋值，造成了越沿采样的情况。

除非特意设计，一般认为越沿采样是一个设计错误。针对越沿采样错误，我们有以下两点建议。

- 编写 RTL 时注意代码规范，所有 always 写的时序逻辑只允许采用非阻塞赋值。
- 一旦发现越沿采样的情况，追溯被采样信号，直到追溯到某一个阻塞赋值的信号，随后进行修正。

3.2.2.5 波形怪异

我们将目前未能想到的波形出错的类型都归为波形怪异。当出现波形怪异类的错误时，需要区分是仿真工具出错还是 RTL 代码出错。

1）观察出错的信号，分析其生成原因。如果确认 RTL 没有出错，而波形显示又太怪异（比如始终为 32'hxx?x0x?），则很可能是仿真工具出错。此时，可以重启 Vivado 或计算机，甚至重建工程，看能否解决此类问题。

2）如果实在无法从波形里区分错误的类型，可以尝试先进行综合，看综合后的 Error、Critical warning 和 warning 提示。其中，Error 是必须要修正的，Critical warning 是强烈建议要修正的，warning 是建议尽量修正的。

3）对于某些不符合规范的代码，Vivado 也不会报出 warning，这就需要仔细复核代码。

3.3 任务与实践

完成本章的学习后，读者应完成以下三个实践任务：

1）寄存器堆仿真（具体内容见 3.3.1 节）。

2）同步 RAM 和异步 RAM 仿真、综合与实现（具体内容见 3.3.2 节）。

3）数字逻辑电路的设计与调试（具体内容见下面 3.3.3 节）。

3.3.1 实践任务 2：寄存器堆仿真

本实践任务要求：

对一个寄存器堆设计进行功能仿真，通过观察其仿真波形了解行为特征。

实验环境中提供的寄存器堆源码为“两读一写”的结构，也就是有两个读端口（读端口没有使能位控制，表示永远使能）和一个写端口。接口信号如表 3.1 所示。

表 3.1 寄存器堆接口信号列表

名称	宽度	方向	描述
clk	1	input	时钟信号
raddr1	5	input	寄存器堆读地址 1
rdata1	32	output	寄存器堆读返回数据 1
raddr2	5	input	寄存器堆读地址 2
rdata2	32	output	寄存器堆读返回数据 2
we	1	input	寄存器堆写使能
waddr	5	input	寄存器堆写地址
wdata	32	input	寄存器堆写数据

请参照 2.3.1 节中介绍的方式获取本次实践任务所需的实验开发环境。具体的实验环境位于 dc_env/exp2/ 目录下，其目录结构如下：

```
|--regfile.v                寄存器堆源码文件
|--rf_tb.v                  寄存器堆仿真文件
```

建议参考下列步骤完成本实践任务：

1）使用 Vivado 新建一个工程。

2）点击“Add Sources”，选择添加设计源码（design sources），加入 regfile.v。

3）点击“Add Sources”，选择添加仿真源码（simulation sources），加入 rf_tb.v。

4）对工程进行仿真测试，结合波形观察寄存器堆的读写行为。

3.3.2 实践任务 3：同步 RAM 和异步 RAM 仿真、综合与实现

本实践任务要求：

1）调用 Xilinx 库 IP 实例化一个同步 RAM，进行仿真以观察行为，进行综合和实现后查看时序结果和资源利用率。

2）调用 Xilinx 库 IP 实例化一个异步 RAM，进行仿真以观察行为，进行综合和实现后查看时序结果和资源利用率。

3）对观察到的现象进行对比分析。

请参照 2.3.1 节中介绍的方式获取本次实践任务所需的实验开发环境。具体的实验环境位于 dc_env/exp3/ 目录下，其目录结构如下：

```
|--block_ram_top.v          同步 RAM（Block  RAM）的源码顶层文件
|--distributed_ram_top.v    异步 RAM（Distributed  RAM）的源码顶层文件
|--ram.xdc                  两种 RAM 的仿真约束文件，用于综合和实现
|--ram_tb.v                 两种 RAM 的仿真文件，用于仿真
```

实验环境提供的设计顶层文件用于将两种类型的RAM封装成相同的模块名和接口。包封后的RAM顶层接口信号如表3.2所示。

表3.2 RAM包封后顶层接口信号列表

名称	宽度	方向	描述
clk	1	input	时钟信号
ram_wen	1	input	RAM的写使能信号：为1表示写入操作，为0表示读取操作
ram_addr	16	input	RAM的地址信号，读和写的地址都由该信号指示
ram_wdata	32	input	RAM写入的数据
ram_rdata	32	output	RAM读出的数据

注意：包封后的RAM接口没有片选信号，即片选使能始终有效（其内部实例化的具体RAM的片选使能信号恒为1）。

建立同步RAM工程的参考步骤如下：

1）使用Vivado新建一个工程。

2）点击“Add Sources”，选择添加设计源码（design sources），加入block_ram_top.v。

3）点击“Add Sources”，选择添加约束文件（constraints），加入ram.xdc。

4）点击“Add Sources”，选择添加仿真源码（simulation sources），加入ram_tb.v。

5）参考附录D.1节，调用Xilinx库IP生成同步RAM（Block RAM，深度为65 536，宽度为32，片选使能信号设为一直有效）。

建立异步RAM工程的参考步骤如下：

1）使用Vivado新建一个工程。

2）点击“Add Sources”，选择添加设计源码（design sources），加入distributed_ram_top.v。

3）点击“Add Sources”，选择添加约束文件（constraints），加入ram.xdc。

4）点击“Add Sources”，选择添加仿真源码（simulation sources），加入ram_tb.v。

5）参考附录D.1节，调用Xilinx库IP生成异步RAM（Distributed RAM，深度为65 536，宽度为32）。

在完成工程的创建后，对它们进行仿真，对比读写行为的异同。在完成工程的仿真后，对它们进行综合和实现，参考附录D.1节介绍的方法查看时序结果和资源利用率，并结合读写时序进行分析。

在实践过程中，应特别注意以下几点：

- 生成 IP 时，请将对应 IP 命名为 block_ram 和 distributed_ram，如命名错误，IP 将会报错。若遇到已生成 IP 无法改名的情况，可以删除该 IP，重新生成。
- 生成 IP 时，可以点击窗口左侧的图查看接口信息。当参数正确时，端口名和宽度应与指定的顶层文件中的调用相对应。
- 有兴趣的读者可以自行调研资料、调整同步 / 异步 RAM 定制时的其他选项参数，并根据仿真波形对比参数的作用。
- 对程序进行综合之前请确保已正确加载约束文件（ram.xdc）。
- 添加 testbench 时请注意选择 add simulation source，否则会导致顶层文件错误，综合结果不正确。
- 在进行异步 RAM 的综合实现时，因为所需要使用的 FPGA 资源多，有可能会耗费大量时间，所以应提前计划，安排好时间。
- 时序报告和资源报告的生成需要查看综合和实现完成后的结果。

3.3.3　实践任务 4：数字逻辑电路的设计与调试

本实践任务要求：

1）调试并修正一个给定数字逻辑电路设计中的功能错误。

2）上板后可以实现正确的功能。

请参照 2.3.1 节中介绍的方式获取本次实践任务所需的实验开发环境。具体的实验环境位于 dc_env/exp4/ 目录下，其目录结构如下：

```
|--show_sw.v          数字电路设计的源码文件
|--show_sw.xdc        数字电路设计的约束文件，用于综合和实现
|--tb.v               数字电路设计的仿真文件，用于仿真
```

show_sw.v 中的设计共有 5 个功能错误。该设计的正确功能是：

1）获取开发板最右侧 4 个拨码开关的状态（记为“拨上为 1，拨下为 0”，实际开发板上拨码开关的电平是“拨上为低电平，拨下为高电平”），共有 16 个状态（数字编号是 0 ～ 15）。

2）最左侧数码管实时显示 4 个拨码开关的状态。数码管只支持显示 0 ～ 9，如果拨码开关状态是 10 ～ 15，则数码管的显示状态不更改（显示上一次的显示值）。

3）最右侧的 4 个单色 LED 灯会显示上一次拨码开关的状态，支持显示 0 ～ 15（拨码开关拨上，对应 LED 灯亮）。

比如，初始状态下，4 个拨码开关拨下，按复位键，则数码管显示 0，LED 灯都不亮；拨码开关拨为 1，则数码管显示 1，LED 灯还是都不亮；拨码开关再拨为 3，则数码管显示 3，LED 灯显示 1。

提供的设计源码中包含 5 个 bug，其中 4 个是 3.2.2 节中提到的波形异常的前 4 种情况：波形为“Z”、波形为“X”、波形停止和越沿采样，另外的 1 个 bug 是功能 bug。

本任务提供的示例设计的顶层信号如表 3.3 所示。

表 3.3 示例设计的顶层信号列表

名称	宽度	方向	描述
clk	1	input	时钟信号
resetn	1	input	复位信号
switch	4	input	对应开发板上最右侧 4 个拨码开关
num_csn	8	output	数码管的片选信号
num_a_g	7	output	数码管的 7 段信号
led	4	output	对应开发板上最右侧 4 个单色 LED 灯

请参考下列步骤完成本实践任务：

1）学习本章 3.2 节和附录 C.1 节的内容。

2）使用 Vivado 新建一个工程。

3）点击“Add Sources”，选择添加设计源码（design sources），加入 show_sw.v。

4）点击“Add Sources”，选择添加约束文件（constraints），加入 show_sw.xdc。

5）点击“Add Sources”，选择添加仿真源码（simulation sources），加入 tb.v。

6）理解示例设计的功能，分析仿真顶层 tb.v，并理解仿真的行为。注意，开发板上拨码开关的电平是“拨上为低电平，拨下为高电平”，单色 LED 灯的电平行为是“高电平不亮，低电平亮”。仿真顶层 tb.v 也是按此电平设计的。

7）进行仿真，并充分利用仿真的辅助小技巧（分割、分组、颜色变化、标志等）进行调试，找出所有的 bug。

8）仿真完成后，进行综合和实现并生成二进制码流文件。

9）生成二进制码流文件后，连接开发板，进行上板验证。（如果没有本地或远程 FPGA 实验平台或者不进行上板实验，可以跳过此步骤。）

C H A P T E R 4

第4章

单周期CPU设计

前面我们介绍了相关的实验平台，也对开展CPU设计工作必须掌握的数字逻辑电路和Verilog编程的知识进行了回顾。从这一章开始，我们将进入本书的主体部分——基础CPU设计。我们将从设计实现一个只有5条指令的“迷你”单周期CPU开始，逐步添加指令和其他功能，最终设计出一个支持TLB MMU和Cache、可以运行操作系统的流水线CPU。

这一章我们将关注单周期CPU的设计，具体分为两个阶段，第一阶段设计一个5条指令的单周期CPU，第二阶段将单周期CPU支持的指令增加到20条。本章的编排重点照顾了初学者，而且按照初学者惯常的学习习惯把设计方案讲解和实验环境介绍交织在一起，进度安排比较缓慢。对于已经有一定CPU设计基础的读者，建议还是把本章的内容和实践任务快速过一遍，主要是熟悉本书的术语体系、设计风格以及配套的实验开发环境，以便更顺畅地切入到后续章节的实践任务中。

【本章学习目标】

- 建立设计方案与Verilog代码实现之间的认知联系。
- 形成良好的Verilog代码编写习惯。
- 掌握CPU功能仿真验证中调试错误的一些技术，具备初步的调试能力。

【本章实践目标】

本章有两个实践任务（见4.6节）。读者可以在学习本章内容的基础上完成这些任务，两者之间的对应关系如下：

- 4.1节和4.2节的内容对应实践任务5（4.6.1节）。
- 4.3节和4.4节的内容对应实践任务6（4.6.2节）。

4.1　设计一个 5 条指令的单周期 CPU

万事开头难。为了降低初学者的学习难度，我们通过减少实现的指令数量来控制所设计的 CPU 的复杂度。我们选择了 LoongArch32 位精简版指令集中的 5 条指令：add.w、addi.w、ld.w、st.w 和 bne。5 条指令虽少，但实现之后已能构建起一个单周期 CPU 的基本框架，且已经能够写出一个有用的小程序了。

4.1.1　设计 CPU 的总体思路

在开始 5 条指令的单周期 CPU 设计之前，我们首先来问自己一个问题：设计 CPU 的时候，设计输入是什么，设计输出又是什么？

答案是：设计输入是指令系统规范，设计输出是一个数字逻辑电路，这个数字逻辑电路能够实现指令系统规范所定义的各项功能。明确了这个问题的答案，我们自然就知道接下来的工作首先是要了解指令系统规范，然后基于数字逻辑电路的一般性设计方法设计出 CPU 的电路结构。

4.1.1.1　指令系统规范

指令系统是计算机硬件的语言系统，也叫作机器语言，是计算机软件和硬件的接口，能够反映计算机所拥有的基本功能。指令系统规范是指令系统的规范文件，对指令系统中的各个要素给出明确的定义。本书的 CPU 实验选取了 LoongArch32 精简版指令系统。这套指令系统由 LoongArch32 指令系统精简而来，其功能完备，能够支持主流类 UNIX 操作系统的运行，具体内容请参阅《龙芯架构 32 位精简版参考手册》（本书之后简称其为“指令手册”）。考虑到本书的不少读者是在校学生，平时较少接触此类规范型文档，这里给出一些阅读提示。

指令手册作为一个规范型文档，其中主要是陈述指令集各方面的细节定义，较少会论述为什么这样设计，更少有示例。这种编写风格和教材、论文、技术报告是有显著区别的，导致不少学生读者虽然花了很多时间去看文档，但是看的时候知其然不知其所以然，看过后也不容易记住。我们应该把指令手册当作工具书来使用而不是教科书来学习。要想“用好”指令手册，能力还是需要从系统性的理论学习中获得。譬如我们可以通过学习《计算机体系结构基础》(第 3 版) ㊀中第二部分的内容，了解指令系统的基本组成要素的含义及其用途、RISC 指令系统的设计理念和主要特征、各种典型的 RISC 指

㊀ 书号为 978-7-111-69162-4。——编辑注

令系统之间的相同和差异等各方面知识，形成自己对指令系统的一般性理解，然后再基于这个理解去翻看指令手册，清楚各部分内容在什么位置，等到具体设计时再找到相关章节的内容逐字逐句地阅读，把具体细节弄清楚。本书中也会结合具体的设计需求，提及指令手册中相关的章节，并在必要时介绍其与教科书中所涉基本概念之间的关系，为读者的学习实践提供一些帮助。

《龙芯架构32位精简版参考手册》大致可分为概述（第1章）、用户态相关（第2～3章）、特权态相关（第4～7章）和指令编码（附录B）四个部分。本书的CPU设计实践任务也将按照先实现用户态指令再实现特权态各项功能的步骤展开。在实现用户态指令时，主要将参考指令手册第1章的1.2～1.4节、第2章以及附录B。（第3章涉及浮点指令，本书实践任务不涉及。）指令手册中指令的功能介绍将按照功能特性进行章节划分而不是按指令助记符的字典序排列，这样更利于软件开发者查找；指令编码统一集中在附录B中，将省去读者从指令手册各处收集指令编码信息的工作。在实现特权态相关功能时，特权等级、异常与中断、存储管理这三方面的内容分别在指令手册的4.1节、第6章和第5章中进行定义。软件使用特权态的各项功能需要通过特权指令和控制状态寄存器，这两部分的内容分别在指令手册的4.2节和第7章定义。整个特权部分介绍的风格是极少存在信息冗余，这意味着一个具体的功能点，可能需要将4.1节、第5章、第6章中的内容和4.2节、第7章中与之相关的内容结合在一起进行理解。

4.1.1.2 CPU的一般性设计方法

回到本节开始提出的那个问题。既然我们设计出的CPU是一个数字逻辑电路，那么它的设计就应该遵循数字逻辑电路设计的一般性方法。CPU不但要完成运算，也要维持自身的状态，所以CPU这个数字逻辑电路一定是既有组合逻辑电路又有时序逻辑电路的。CPU输入的、运算的、存储的、输出的数据都在组合逻辑电路和时序逻辑电路上流转，我们常称这些逻辑电路为**数据通路**。因此，要设计CPU这个数字逻辑电路，首要的工作就是设计数据通路。同时，因为数据通路中会有多路选择器、时序逻辑器件，所以还要有相应的控制信号，产生这些控制信号的逻辑称为控制逻辑。所以，从宏观的视角来看，设计一个CPU就是设计它的“数据通路+控制逻辑”。

那么，怎么根据指令系统规范中的定义设计出“数据通路+控制逻辑”呢？基本方法是：对指令系统中定义的指令逐条进行功能分解，得到一系列操作和操作的对象。显然，这些操作和操作的对象必然对应其各自的数据通路。又因为指令间存在一些相同或相近的操作和操作对象，所以我们可以只设计一套数据通路供多个指令公用。对于确实存在差异无法共享数据通路的情况，只能各自设计一套，再用多路选择器从中选择出所需的结果。

4.1.2　5 条指令单周期 CPU 数据通路设计

我们将遵循前面提到的 CPU 的一般性设计方案，逐条分析 add.w、addi.w、ld.w、st.w 和 bne 指令并构建 CPU 的数据通路。

4.1.2.1　add.w 指令

我们来分析一下 add.w 指令需要哪些数据通路部件。

首先，这条指令要从内存里面取出来。怎么取？使用这条指令的 PC 将其作为虚地址进行虚实地址转换，得到访问内存的物理地址。这意味着需要的数据通路部件有 PC、虚实地址转换部件和内存。

1. PC

因为实现的是一个 32 位的处理器，所以 PC 的数据位宽是 32 位。我们用一组 32 位的触发器来存放 PC。（后面为了行文简洁，在不会导致混淆的情况下，我们用 PC 代表这组用于存放 PC 的 32 位触发器。）PC 的输出将送到虚实地址转换部件进行转换。目前来看，PC 的输入有两个，一个是复位值 0x1C000000，一个是复位撤销之后每执行完一条指令更新为当前 PC+4 得到的值。这里的 4 代表寻址 4 字节，即一条指令的宽度，所以 PC+4 就是当前指令之后一条指令的 PC 值。PC 的复位值是 0x1C000000 的定义详见指令手册 6.3 节。

2. 虚实地址转换

刚才讲过，PC 将被输入到虚实地址转换部件进行地址转换。这个部件在大多数教科书中是没有提到的。但是我们希望读者牢记，任何时候 CPU 上运行的程序中出现的地址都是虚地址，而 CPU 本身访问内存、I/O 所用的地址都是物理地址。即使某种指令系统规范中规定物理地址的值永远等于虚地址值，那也只是两者的值相等，并不代表这两个概念是等价可替换的。我们一开始就着重强调虚实地址转换部件，目的是让读者后期实现 TLB MMU 时知道从何处下手。

那么虚实地址如何转换呢？在实现 TLB MMU 之前，我们设计的 CPU 将只实现直接地址翻译模式（见指令手册 5.2 节）。在这种地址翻译模式下，当我们将 CPU 的物理地址也实现为 32 位宽时，物理地址的值直接等于虚地址的值。

3. 指令 RAM

得到取指所需的物理地址后，接下来就要将该地址送往内存。我们沿袭各类教科书中的经典模式，采用片上的 RAM 作为内存，并且将 RAM 进一步分拆为指令 RAM 和数据 RAM 两块物理上独立的 RAM 以简化设计。

（1）异步读的指令 RAM

通过第 3 章的实践任务，读者对 RAM 的时序特性应该有了明确的认识。目前工程实践常用的 RAM 都是“同步读 RAM”[一]，即第 1 拍发读请求和读地址，第 2 拍 RAM 才会输出读数据。但是用这种 RAM 是无法实现单周期 CPU 的，除非不实现任何 load 指令，否则它一定是一个多周期的 CPU。因此，我们在单周期 CPU 设计中暂时使用“异步读 RAM”[二]来实现指令 RAM 和数据 RAM。“异步读 RAM”的读时序行为类似于寄存器堆的读，在给出读使能和读地址的当拍出数据，其写时序行为和同步读 RAM 的一样。

由于所实现 CPU 的指令宽度是 32 位，因此指令 RAM 的宽度至少是 32 位，否则无法保证理想情况下每个周期执行一条指令的需求。因为指令 RAM 实质上是内存，它的寻址单位是字节，所以指令 RAM 自身的地址输入端口不能直接连接虚实地址转换之后的物理地址。在给出的设计中，我们将指令 RAM 的宽度确定为 32 位，此时指令 RAM 的地址输入就是取指地址除以 4 之后取整的结果。

尽管指令 RAM 暂时实现为异步读的行为，但我们还是要为其保留一个读使能输入端口。这是为了后面实现流水线 CPU 的过程中，确保在 RAM 更换为同步读 RAM 时接口的统一。指令 RAM 的读使能作为控制信号将在后面统一介绍。

（2）取出的指令

指令 RAM 输出的 32 位数据就是指令码。LoongArch 指令系统采用小尾端寻址，所以指令 RAM 输出的 32 位数据与指令系统规范中定义的字节顺序是一致的，不需要做任何字节序调整。

4. 指令定义分析

取指部分的数据通路搭建完成，指令也取回来了，该指令剩下的功能就必须根据指令定义来设计了。该指令的定义在指令手册 2.2.1.1 节中，编码格式在附录 B 中。

我们首先来看指令的编码格式定义。可知其采用的是 3R-type 指令编码格式，其中指令码的 31..15 位（opcode 域）必须是 0b00000000000100000（前导字符“0b”表示后

[一] 对应 Xilinx FPGA 中的 block RAM。

[二] 对应 Xilinx FPGA 中的 distributed RAM。

续是二进制数）。一旦取回来的指令码的这个域满足这个值，那么这条指令就是 add.w 指令。此时，指令码的 9..5 位的数值表示 rj 寄存器号，14..10 位的数值表示 rk 寄存器号，4..0 位的数值表示 rd 寄存器号。

我们再来看指令的定义，主要包括**指令格式定义**和**指令功能描述**两部分。

指令格式是指该指令在汇编语言中的格式。这里要记住，目的操作数的寄存器号放在第一位，随后依次是源操作数 rj 和 rk 的寄存器号。大家在后面调试 CPU 的时候，一定会查看测试程序（绝大多数用汇编语言编写）的源代码和编译后可执行文件的反汇编代码，所以读懂每一条指令的含义是必须具备的技能。

指令功能描述包含自然语言和伪代码两种形式。这两种表述形式不是简单重复。通常，伪代码描述不容易出现歧义，而自然语言可以强调更多技术细节，如异常的判定、特殊情况的处理。两者相互补充，形成指令功能的准确定义。这里所采用的伪代码描述表达形式比较直观，大部分操作含义自明，如果想明确各操作符和函数的确切定义，可以查看指令手册的附录 A。

回到 add.w 这条指令的具体分析。我们了解到，add.w 指令是要读出第 rj 号通用寄存器和第 rk 号通用寄存器的数值，将两数相加求和后，将结果写到第 rd 号通用寄存器中。这意味着数据通路中需要添加通用寄存器堆和加法器。

5. 通用寄存器堆

我们在第 3 章回顾数字逻辑电路知识的时候，已经介绍了寄存器堆的概念。根据指令系统规范中的定义（详见指令手册 2.1.2.1 节），我们设计的 CPU 中应该有一个 32 项、每项 32 位宽的寄存器堆。同时，根据 add.w 指令的定义，要想在一个周期内就把 add.w 指令完成，这个寄存器堆至少需要两个读端口和一个写端口。我们在做 CPU 顶层设计时，将通用寄存器堆视为一个子模块。也就是说，在这个层次进行设计时，我们不考虑通用寄存器堆模块内部的设计实现，只关注它的接口和对外体现的功能特性。这里主要关注通用寄存器堆输入 / 输出端口的连接。

我们将寄存器堆读端口 1 的地址输入连接到指令码的 rj 域，读端口 2 的地址输入连接到指令码的 rk 域，写端口的地址输入连接到指令码的 rd 域。我们将读、写端口的使能信号当作控制信号处理，这部分内容将在后面统一介绍。

6. 加法器

add.w 指令的操作需要一个加法器，它接收两个 32 位的输入 src1、src2，输出一个 32 位的结果 result。与上面提到的通用寄存器堆类似，现阶段我们也将加法器视为一个子模块，只关注其输入 / 输出端口的连接。

我们将通用寄存器堆读端口 1 的输出 rdata1（也就是第 rj 号寄存器的值）连接到加法器的 src1，将通用寄存器堆读端口 2 的输出 rdata2（也就是第 rk 号寄存器的值）连接到加法器的 src2，将加法器的输出 result 连接到通用寄存器堆写数据端口 wdata。

介绍到这里，add.w 指令所需的数据通路都已经设计完成了，如图 4.1 所示。

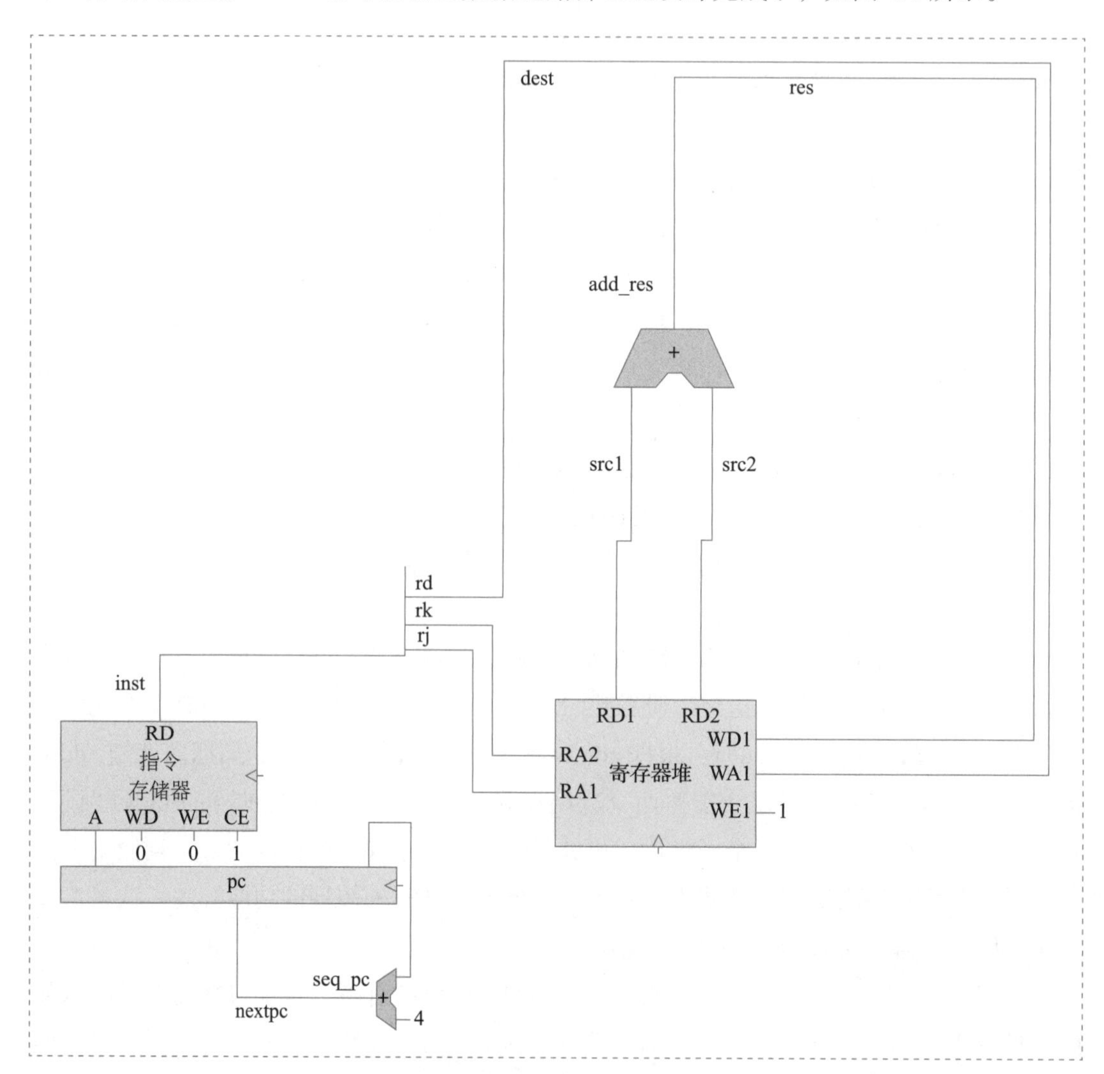

图 4.1　单周期 CPU 数据通路——add.w

4.1.2.2　再谈模块划分

在开始新指令的分析之前，我们再来谈论一下如何划分模块这个问题。前面第 3 章曾经简单提到过，但那里的例子太简单，难以形成有效的理解。

从 add.w 指令的数据通路设计过程中，读者应该能体会到，把 RAM、寄存器堆、加法器封装成模块是有好处的，这样我们在进行 CPU 顶层设计时不需要涉及过多底层的电路细节。那么应该如何划分模块呢？根据自身经验，我们给出如下建议：

1）如果在某个层次的设计细节很多，很难把结构示意图画清楚，那么就可以考虑把一部分逻辑封装成一个模块，从而在结构示意图中把这部分内容替换为一个框。
2）模块的接口不要太复杂。显然，封装的模块不应该有太多接口，否则示意图还是很难画清楚。如果划分出来的模块仍然有近百个甚至数百个接口信号，那么可能划分的位置不是太好。这里针对的主要是偏底层的模块，靠近顶层的模块往往有很多接口。
3）可以在一个设计中被多处使用，或者功能标准、普适，可以在多个设计中复用的逻辑，也适合封装成模块。比如，译码器、多路选择器、寄存器堆、RAM、FIFO 等。如果有余力，还应该尽可能把这些模块开发成参数化配置的，这样就可以在新的设计中复用它们，还可以节省部分模块级验证的工作时间。
4）对于分布在两个模块中的组合逻辑，其间的数据交互应尽量呈现为单方向流动，至多一去一回。如果数据在两个模块的组合逻辑之间往复多次，那么就要审视一下模块划分得是否合理。

4.1.2.3 addi.w 指令

查看指令手册中关于 addi.w 指令的定义，将其与前面的 add.w 指令进行对比可以发现，addi.w 指令和 add.w 指令完成的功能高度相似，差别仅在于 addi.w 指令中参与运算的第二个源操作数不是来自寄存器，而是从指令码中的立即数域直接获得。两条指令的功能相似意味着对于取指、运算、结果写回部分而言，绝大多数的数据通路是可以复用的。但是，addi.w 和 add.w 毕竟是存在差异的，如何既兼顾差异性，又能够最大限度地复用数据通路，是设计过程中考虑 addi.w 指令的主要工作。我们从差异入手进行分析。

首先，加法器完全可复用应该是理所当然的，只不过处理 add.w 指令时，第二个源操作数是通用寄存器堆读端口 2 的输出数据 rdata2，而处理 addi.w 指令时，第二个源操作数是指令码的 21..10 位有符号扩展至 32 位后所形成的数据。加法器的第二个输入数据来源要分情况处理，电路设计上是通过引入一个 32 位的“二选一”部件来体现的。具体来说，我们将这个“二选一”部件的数据输入端口 in0 连接至通用寄存器堆读端口 2 的输出数据 rdata2，数据输入端口 in1 连接至指令码的 21..10 位有符号扩展至 32 位后所形成的数据，数据输出端口 out 连接到加法器的第二个数据输入上。显然，这个“二选一”部件还有一个选择信号输入没有连接。我们将这些多路选择器的选择信号输入都作为控制信号处理，在后面会统一介绍。这里只提示一点，addi.w 和 add.w 的指令编码定义是可区分的，可以利用这一信息来产生多路选择器的控制信号。

至此，在进一步考虑 addi.w 指令后对 CPU 数据通路的设计调整完毕，如图 4.2 所示。

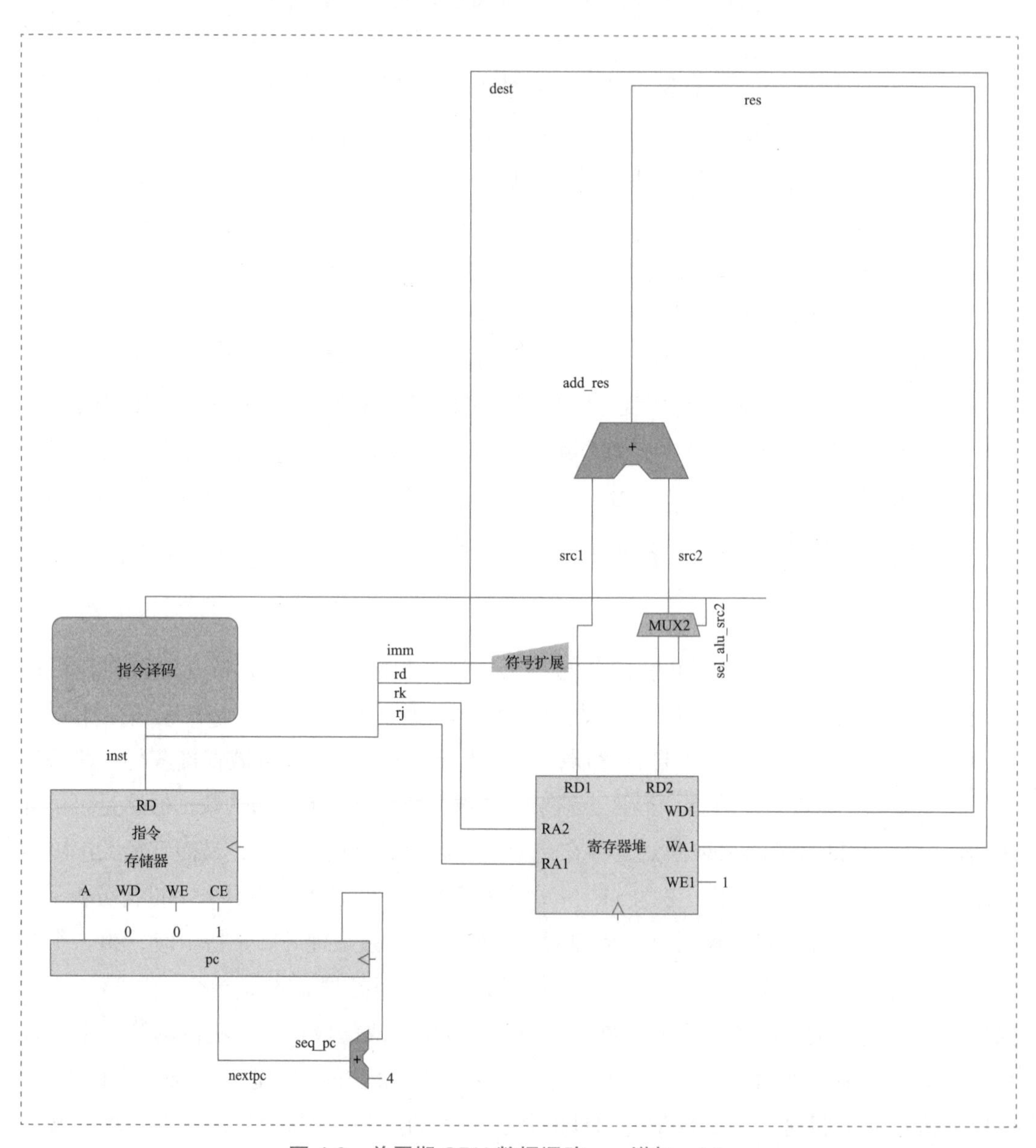

图 4.2　单周期 CPU 数据通路——增加 addi.w

4.1.2.4　ld.w 指令

查看指令系统规范文档中 ld.w 指令的定义，在暂时不考虑异常相关内容的情况下，可知 ld.w 指令在取指方面的功能与 add.w 等运算指令是一样的。继续分析其在执行方面的功能，可以得到如下三个要点：

1）将基址寄存器 rj 的值和指令码中的立即数 si12 相加，得到虚地址 vaddr。

2）将虚地址 vaddr 通过虚实地址映射得到物理地址 paddr。

3）根据 paddr，从内存中读出数据。

1. 访存地址生成

仔细对比上面第 1 点需要完成的计算和 addi.w 指令的计算，会发现两者的功能是完全一样的。这就意味着 ld.w 指令可以完全复用 addi.w 在执行阶段的数据通路，且通路中“二选一”端的控制信号数值也和 addi.w 指令一样。

上面第 2 点中虚实地址的转换过程和取指过程中 PC 转换成物理地址的过程遵循同样的规范。不过，因为此处转换后的访存物理地址将用于取数据而非指令，所以需要一个单独的虚实地址转换部件。其输入连接到加法器的结果输出，输出将连接到内存——具体设计中是数据 RAM。

2. 数据 RAM

此处，为了实现每周期执行一条 ld.w 指令的目的，数据 RAM 采用与指令 RAM 一样的“异步读 RAM”来实现。至于 RAM 的具体规格，由于 ld.w 指令每次要访问一个 32 位宽的字，因此 RAM 的宽度应该不小于 32 位。在给出的设计中，我们将数据 RAM 的宽度确定为 32 位，此时数据 RAM 的地址输入就是访存物理地址除以 4 后取整的值，而数据 RAM 的数据输出即 ld.w 指令执行的结果[㊀]。

尽管数据 RAM 暂时实现为异步读的行为，但我们还是要为其保留一个读使能输入端口。这是为了后面实现流水线 CPU 的过程中，确保在 RAM 更换为同步读 RAM 时接口的统一。数据 RAM 的读使能作为控制信号将在后面统一介绍。

3. 寄存器堆写回结果选择

随着 ld.w 指令的引入，写入通用寄存器堆的结果数据出现了两个来源，一个是加法器的结果（对应于 add.w 和 addi.w 指令），另一个则是数据 RAM 的输出。显然我们可以引入一个“二选一”部件，其数据输入 in0 接入加法器的结果，in1 接入数据 RAM 的输出，选择的结果连接至通用寄存器堆写端口的数据输入 wdata。至于 ld.w 指令写入

㊀ 这里的描述正确需要一个隐含的前提，即 ld.w 的访存地址是 4 的倍数。当地址不是 4 的倍数时，执行 ld.w 会触发地址非对齐异常。

通用寄存器堆的第几项，是由指令码中的rd域决定的，这与addi.w指令一样，所以通用寄存器堆写端口的地址输入的生成逻辑可以复用已有逻辑。

至此，在进一步考虑ld.w指令后对CPU数据通路的设计调整完毕，如图4.3所示。

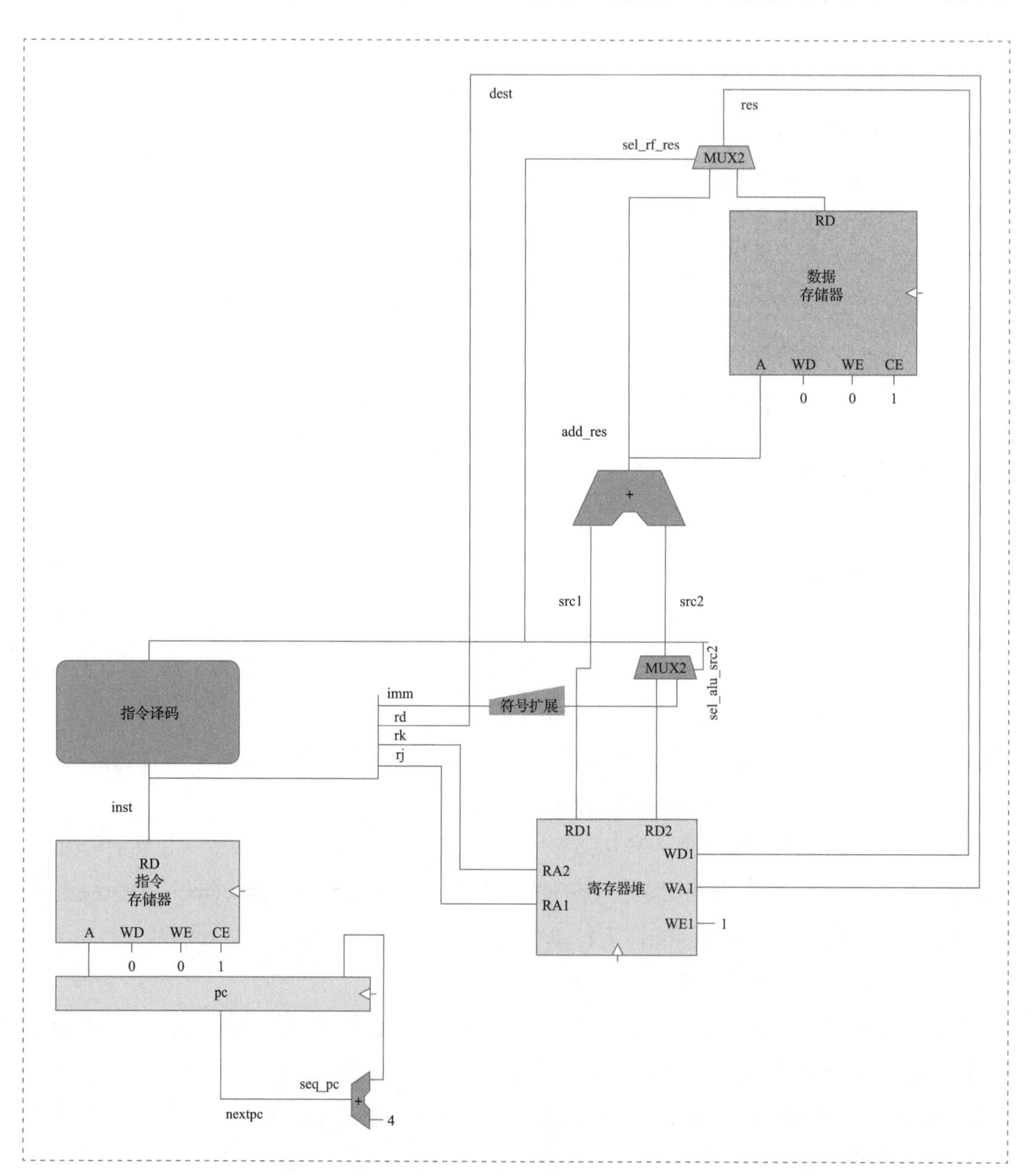

图4.3 单周期CPU数据通路——增加ld.w

4.1.2.5　st.w 指令

查看指令手册中 st.w 指令的定义并将其与 ld.w 指令的定义进行比较，可知两者在取指、地址计算、虚实地址转换部分是完全相同的，区别在于 ld.w 读数据 RAM 写通用寄存器，而 st.w 读通用寄存器写数据 RAM。所以，已有的数据通路基本上都可以复用，仅需要对写数据 RAM 功能增加新的数据通路。

我们将数据 RAM 的写使能作为控制信号放在后面统一介绍，此处主要解决数据 RAM 写端口数据输入数据通路的设计。根据指令定义可知，写入内存的是第 rd 号寄存器的值，即 rd 也将作为一个源操作数。一种非常直接的设计方式是为寄存器堆再增加一个读端口，但这种方案的面积开销太大。这里给出的设计方案是，维持寄存器堆两套读端口不变，同时引入一个“二选一”部件，其数据输入 in0 接入指令码的 rk 域，数据输入 in1 接入指令码的 rd 域，选择的结果输入到寄存器堆读端口 2 的地址输入 raddr2。最后将通用寄存器堆读端口 2 的输出 rdata2 连接到数据 RAM 的写数据输入端口 wdata 上。

至此，在进一步考虑 st.w 指令后对 CPU 数据通路的设计调整完毕，如图 4.4 所示。

4.1.2.6　bne 指令

通过查看指令手册中 bne 指令的定义，我们总结出分支指令具有如下三个功能要点：

1）判断分支条件，决定是否跳转。

2）计算跳转目标。

3）如果跳转，则修改取指 PC 为跳转目标，否则 PC 加 4。

1. 判断分支条件

bne 指令判断分支条件的方式是对来自寄存器的两个源操作数进行数值比较，根据比较结果决定是否跳转。怎样设计分支比较判断逻辑呢？一种思路是**复用 ALU 中的加法器**，对两个源操作数做减法，看结果是否为全 0；另一种思路是**实现独立的分支判断比较逻辑**。如果只看当前这两条指令，且 CPU 实现为单周期，第一种思路其实是可行的。不过，考虑到后续更多转移指令的实现，以及流水线 CPU 中控制相关冲突更为高效的处理，第二种思路将更为合理。我们在这里直接选用第二种设计思路。

这里要说几句题外话。**在真实的工程中，对 CPU 结构设计的思考是一个反复迭代、逐步求精的过程**，不像教科书中讲得那样行云流水、一气呵成。对于初学者来说，这个迭代的过程就更有必要了。读者在进行 AXI、TLB 等实践任务的时候，往往会有

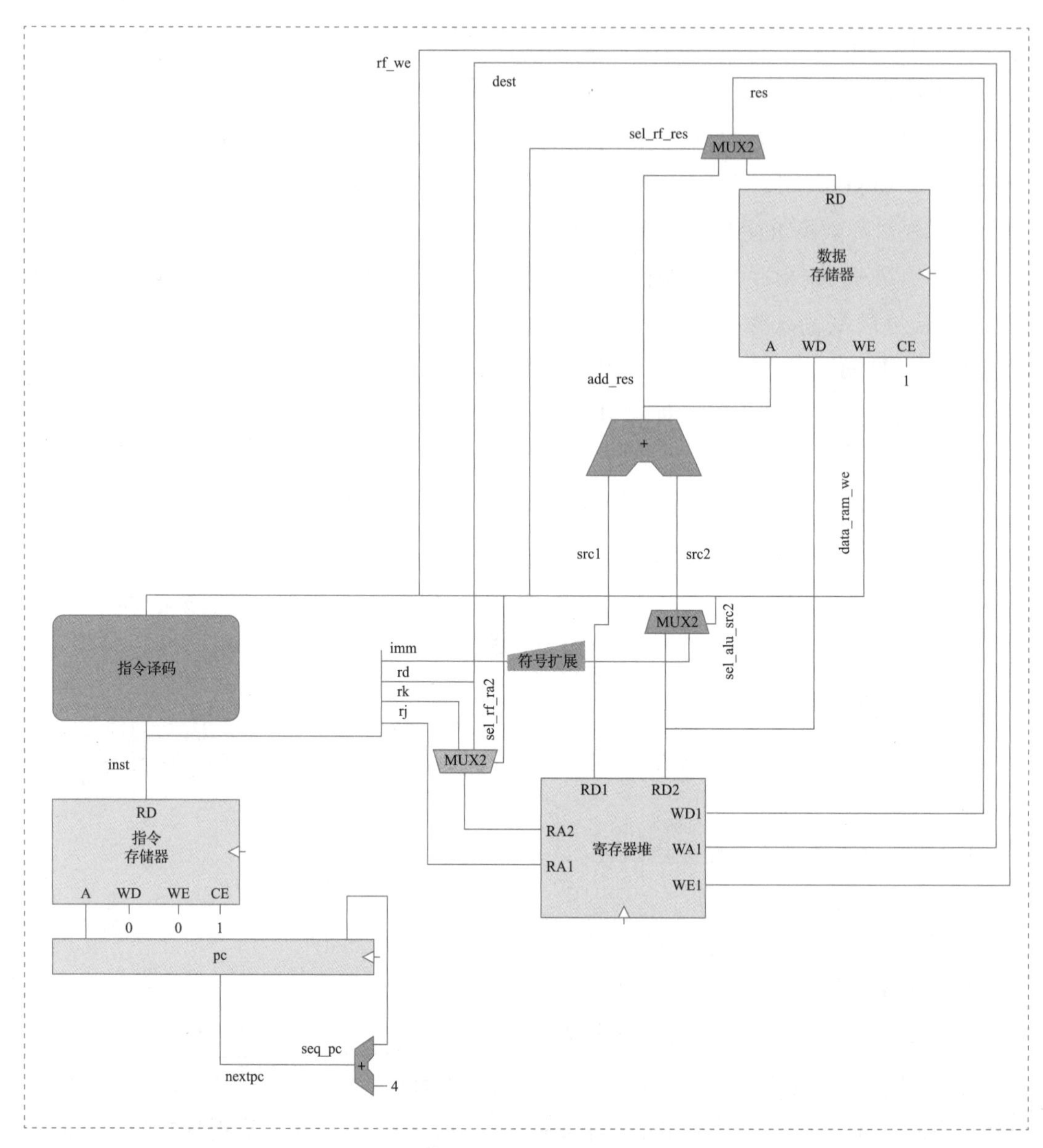

图 4.4　单周期 CPU 数据通路——增加 st.w

将之前的设计推翻重来的冲动。出现这种情况大多是因为卡在一个功能点的实现上，用“头疼医头，脚疼医脚”的打补丁的方式很难得到正确的代码，反而越改越乱，最后恨不得把整个设计推翻重做。其实，出现这种现象是正常的，不要觉得是自己能力不够。我们想提醒大家的是，之所以想推翻重来，就是因为之前顶层设计时考虑的情况不够全面，所以重新设计必须是基于更全面考虑的重构。倘若你还没有那种登高之后一览众山小的豁然开朗的感觉，就不要匆忙地推翻设计。

回到bne指令的分支判断比较逻辑。该逻辑的主体是一个32位的全等比较器，用两数是否相等的结果产生分支跳转条件是否成立的最终结果。

另外需要注意的是，bne指令用于判断比较的第二个源操作数来自第rd项寄存器而不是第rk项寄存器。前面在实现st.w指令数据通路的时候，已经设计了根据rd域的寄存器号从寄存器堆的读端口2读数据的数据通路，可以在这里复用。

2. 计算跳转目标

bne指令是PC相对跳转的转移指令，即它们的跳转目标是相对其自身的PC加上一个偏移量得到的。这个偏移量为固定值，以立即数的形式放在指令码中，根据指令手册可知其位于指令码的25..10位。这一立即数域最低位的起始位置与前面分析过的addi.w、ld.w、st.w指令中的立即数域相同，区别在于其位宽为16位。这里我们需要先考虑这个“PC+offs”的加法运算的数据通路的设计。最直接的设计方案是复用已实现的加法器。如果我们仅考虑单周期CPU设计，这个设计思路是挺好的。不过，考虑到后续流水线CPU设计时为了尽可能降低控制相关带来的阻塞开销，会将转移指令的处理在流水线中尽可能前移，因此若是采用单独的加法器来完成跳转目标的运算，后面优化结构将更为方便。我们在这里采用第二种设计思路。

此外还有一个需要注意的小细节：分支指令的立即数偏移offs是左移两位后再与其自身PC相加的。这是因为LoongArch指令集中所有指令为32位宽且要求PC四字节地址对齐，所以编码在分支指令中偏移值就无须保留最低两位，从而能获得更大的跳转范围。

3. PC更新

在考虑了转移指令之后，处理器中PC的更新就不仅仅是“当前PC加4”这一种情况了，还增加了转移指令跳转时更新为跳转目标这种情况。在设计上，我们引入一个“二选一”部件，将两种情况对应的下一条指令的PC选出来后成为用于更新PC的nextPC，其中PC加4的结果接入“二选一”部件的in0，转移指令跳转目标地址接入“二选一”部件的in1。选择in0有两种情况：一是当前指令不是转移指令；二是当前指令是转移指令，但这条转移指令不跳转。选择in1的条件只有一个：当前指令是转移指令且跳转。

不过，还有另一种PC更新逻辑的设计思路，即nextPC永远来自唯一一个“PC+偏移值”的加法器的结果，没有转移指令或者有不跳转的转移指令时，加法器输入的偏移值为4，否则为转移指令的相对偏移量。对于单周期CPU来说，这种设计思路其实挺好的。不过，当我们考虑到后面的流水线 CPU 设计时，将 PC 更新划分为顺序取指、非顺序取指两大类就更合适，因为前者的更新源局限于 PC 所在位置，而后者则会有多种情况且更新源位于 CPU 的若干其他位置，那么将各个位置的更新值先计算出来然后传到 PC 处进行一个简单的“多选一”处理，无论在电路时延方面还是代码的可阅读性方面都更加合理。

至此，进一步考虑 bne 指令后对 CPU 数据通路的设计调整完毕，如图 4.5 所示。

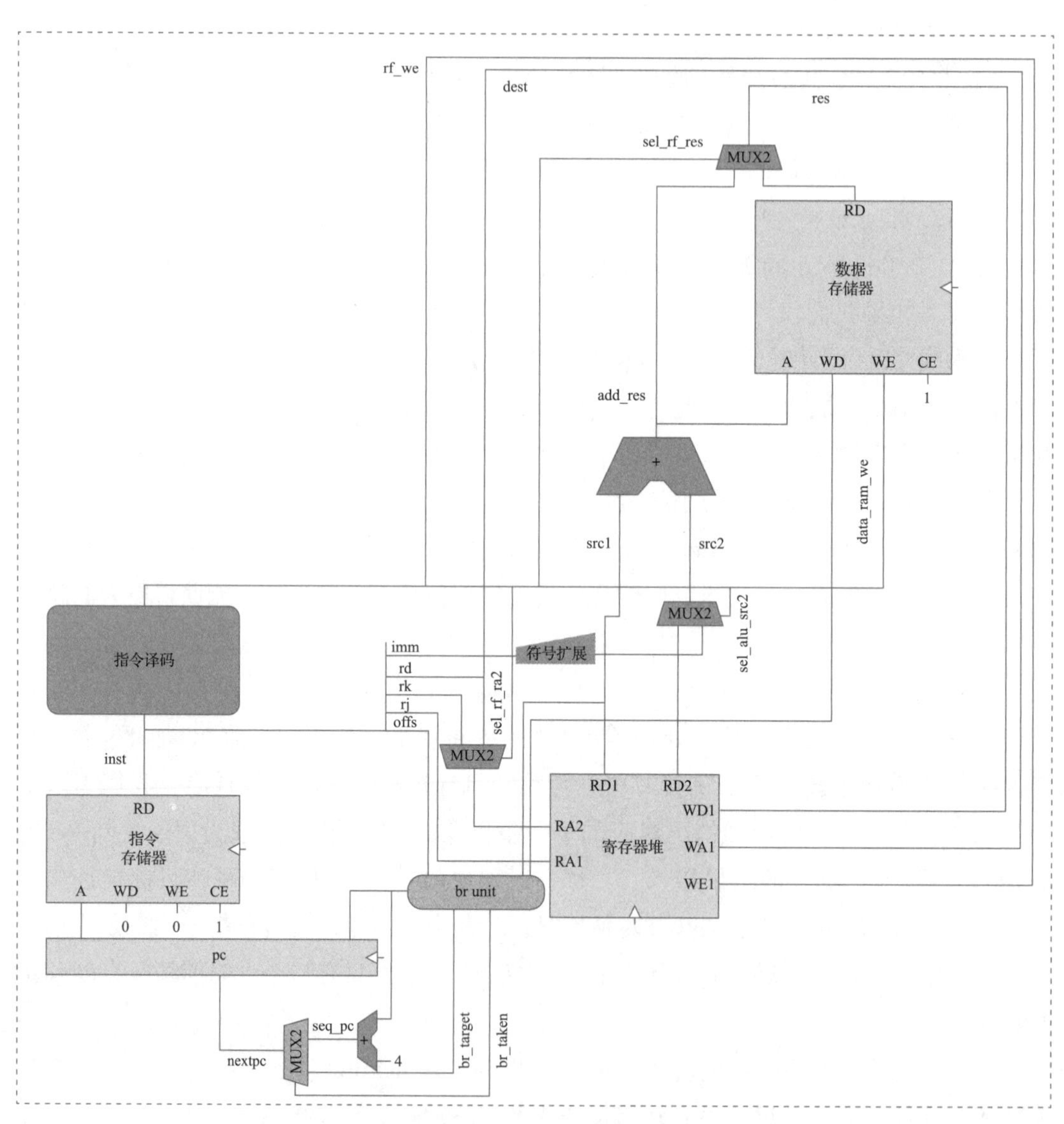

图 4.5 单周期 CPU 数据通路——增加 bne

4.1.3 5条指令单周期CPU控制信号生成

在本节中，我们从PC开始沿着数据通路梳理所有的控制信号。

1）PC的输入生成逻辑GenNextPC中包含一个“二选一”部件。其两个输入依次是：in0对应顺序取指的PC（即PC+4），in1对应bne指令相对PC转移指令的跳转目标。我们用表示转移指令跳转的信号br_taken作为这个“二选一”的选择信号，为1选择in1，否则选择in0。

2）指令RAM的写使能信号inst_ram_we，高电平有效。我们目前的设计暂不考虑自修改代码之类的操作，所以指令RAM不会有来自CPU的写请求。同时，指令RAM内容的初始化是由FPGA内部电路自行加载完成，并不是通过外部设备（如DMA）写入的，所以inst_ram_we信号恒为0。

3）通用寄存器堆读端口2的读地址生成逻辑GenRFRdAddr2中包含一个“二选一”部件，其两个输入分别是：in0对应指令码的rk域，in1对应指令码的rd域。该“二选一”部件的选择信号sel_rf_ra2为1位信号，为1选择in1，否则选择in0。

4）加法器的源操作数输入src2的生成逻辑GenAdderSrc2中包含一个“二选一”部件，其两个输入依次是：in0对应通用寄存器堆读端口2的数据读出，in1对应指令码中si12域符号扩展至32位。该“二选一”部件的选择信号为sel_adder_src2，为1选择in1，否则选择in0。

5）数据RAM的写使能信号data_ram_we，高电平有效。

6）通用寄存器堆的写使能信号为rf_we，高电平有效。

7）通用寄存器堆写数据生成逻辑GenRFRes中包含一个“二选一”部件。其两个输入分别是：in0对应ALU计算结果alu_res，in1对应从RAM读出的load操作返回值ld_res。该“二选一”部件的选择信号sel_rf_res为1位，为1选择in1，否则选择in0。

梳理完5条指令单周期CPU数据通路中所需的控制信号之后形成的设计如图4.6所示。

我们对每条指令逐个分析，得到每条指令与所有控制信号的对应关系，如表4.1所示。

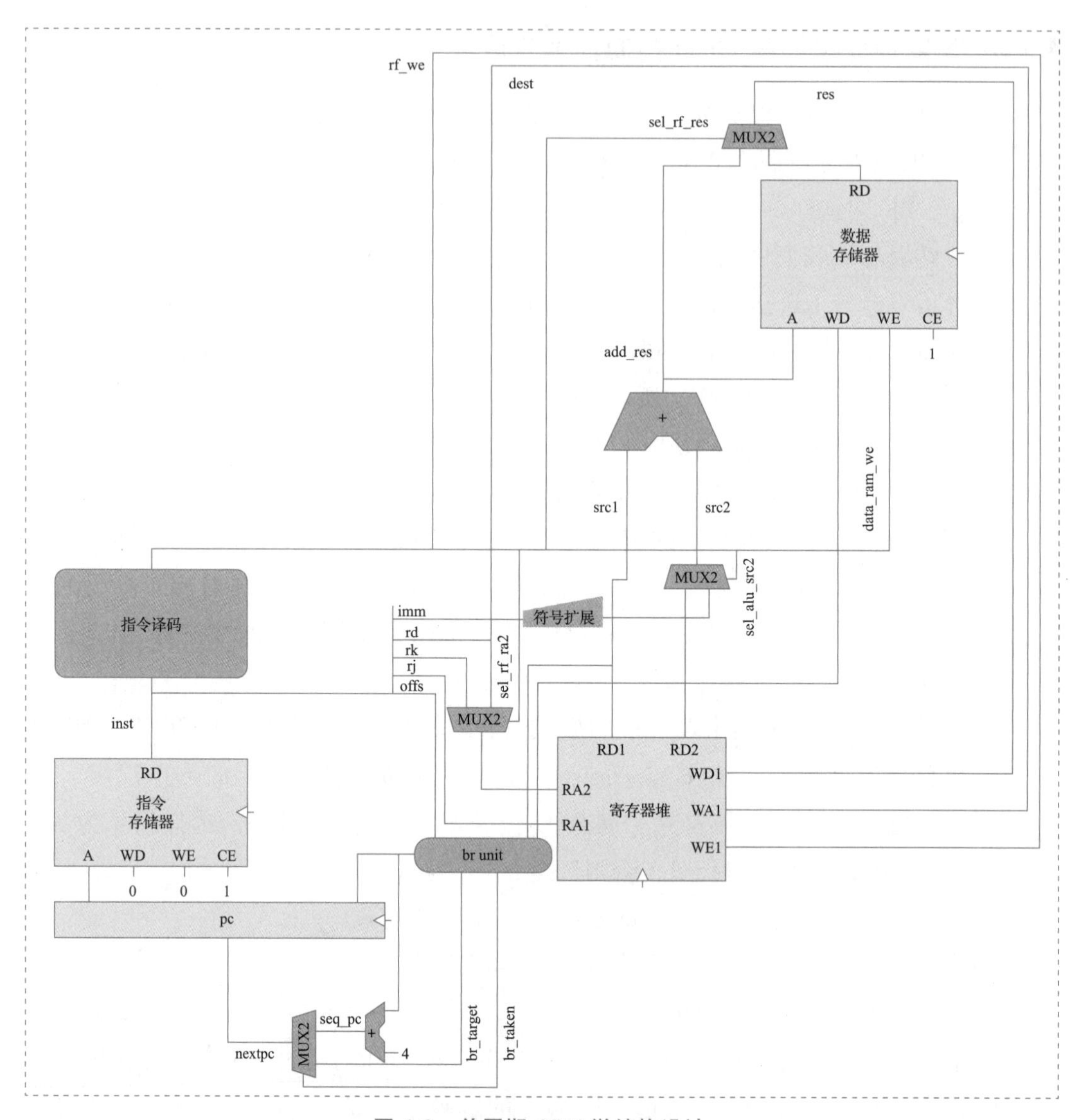

图 4.6　单周期 CPU 微结构设计

表 4.1　5 条指令单周期 CPU 控制信号生成列表

	br_taken	sel_rf_ra2	sel_adder_src2	data_ram_we	rf_we	sel_rf_res
add.w	0	0	0	0	1	0
addi.w	0	0	1	0	1	0
ld.w	0	0	1	0	1	1
st.w	0	1	1	1	0	0
bne	?	1	0	0	0	0

表 4.1 这个指令与控制信号之间对应关系的表是设计控制信号生成逻辑的关键。在后面的实践中，随着指令的不断添加，表的两个维度会进一步扩展，但基本的原理是一样的。各位读者一定要掌握这张表的内容。

有了表 4.1 之后，具体的控制信号生成逻辑是怎样的呢？一种可读性较强的代码风格是：首先根据指令码产生各个指令的 1 位标识信号，然后利用这些指令的标识信号产生最终的控制信号。指令标识信号逻辑的 VerilogHDL 描述如下：

```
assign op_31_26 = inst[31:26];
assign op_25_22 = inst[25:22];
assign op_21_20 = inst[21:20];
assign op_19_15 = inst[19:15];

decoder_6_64 u_dec0(.in(op_31_26), .out(op_31_26_d));
decoder_4_16 u_dec1(.in(op_25_22), .out(op_25_22_d));
decoder_2_4 u_dec2(.in(op_21_20), .out(op_21_20_d));
decoder_5_32 u_dec3(.in(op_19_15), .out(op_19_15_d));

assign inst_add_w  = op_31_26_d[6'h00] & op_25_22_d[4'h0] & op_21_20_d[2'h1]
                   & op_19_15_d[5'h00];
assign inst_addi_w = op_31_26_d[6'h00] & op_25_22_d[4'ha];
......
```

下面给出生成 data_ram_we 信号的 VerilogHDL 描述示例：

```
assign data_ram_we = inst_st_w;
```

通过上面的例子可以看到，只要把指令和控制信号的对应关系梳理清楚，控制信号的生成逻辑写起来就很简单了，即使不使用 case 语句，也能够一目了然。

4.2　验证 5 条指令的单周期 CPU

截至目前我们已经有了一个 5 条指令的单周期 CPU 的设计方案。按照第 1 章中所介绍的芯片设计的工作阶段，接下来我们需要用 Verilog 语言描述出这个设计方案，然后展开功能和性能验证。如何用 Verilog 描述设计方案中呈现的电路，第 3 章已经做了介绍。这里我们将对如何验证 CPU 的功能正确性做更具体的介绍。

4.2.1　5 条指令单周期 CPU 实验开发环境快速上手

俗话说“好马配好鞍”，要顺利完成 CPU 设计实验，离不开合适的实验开发环境，为此本书配套了系列化的 CPU 实验开发环境。这些实验开发环境会随着所验证 CPU 功能的增加而集成更多新的特性。不过它们的构建思路是一脉相承的，读者只要按照我们安排的实验进度正常推进，就不会在学习实验环境上花费太多精力。接下来我们就来接触最简单的5条指令单周期CPU实验开发环境，学习使用它的快速上手步骤。

4.2.1.1　获取实验开发环境

5条指令单周期CPU实验开发环境的获取方式与前面的实践任务相同，若仍不熟悉请回顾2.3.1节中的介绍。再次强调要确保开发环境位于一个路径中没有中文字符的位置上。

5条指令单周期CPU的实验开发环境位于项目的一级子目录minicpu_env下。

4.2.1.2　开发CPU代码

用你习惯使用的文本编辑器[⊖]将所设计的CPU的Verilog代码描述出来。重点注意顶层模块的模块名和接口信号必须按照规定要求定义。

4.2.1.3　集成自己的CPU

在正常的实验步骤中，需要将写好的CPU的Verilog代码拷贝到实验开发环境的指定目录下。不过本书为最大限度降低初学阶段的难度，第一个5条指令单周期CPU实验采用的是提供一套现成的Verilog代码让读者填空的方式。这套待填空的代码已经位于minicpu_env/miniCPU/目录下。

4.2.1.4　打开Vivado工程

建议将Vivado工程建在minicpu_env/soc_verify/run_vivado/目录下。如果该目录下尚未创建工程，请参照附录C介绍的步骤，利用minicpu_env/soc_verify/run_vivado/目录下的create_project.tcl文件创建工程。如果该目录下已按照前述方式创建了工程，可以直接运行minicpu_env/soc_verify/run_vivado/project/目录下的loongson.xpr。

4.2.1.5　仿真验证自己的CPU

在打开的Vivado工程中进行仿真。观察仿真log输出以确定是否出现结果异常。

4.2.1.6　上板验证自己的CPU

若仿真结果正常即可进行综合实现，成功后即上板检测。若上板测试结果与实验要求相符则此次实验成功；否则进行调试排查问题。

⊖ Vivado中集成的文本编辑器功能比较简单，强烈建议各位使用一个专门用于代码开发的文本编辑软件来编写代码。

4.2.2　minicpu_env 实验开发环境组织结构介绍

整个 minicpu_env 实验开发环境的目录结构及各部分功能简介如下所示：

```
|--miniCPU/                 所实现 CPU 的 RTL 代码
|   |--minicpu_top.v        5 条指令单周期 CPU 的顶层模块
|   |--regfile.v            CPU 中的寄存器堆模块
|   |--tools.v              CPU 中的基本功能模块
|
|--func/                    功能验证测试程序
|   |--inst_ram.coe         测试程序对应上板用的二进制纯数据文件
|   |--inst_ram.mif         测试程序对应功能仿真用的二进制纯数据文件
|   |--inst_ram.txt         测试程序汇编代码说明
|
|--soc_verify/              所实现的 CPU 的验证环境
    |--rtl/                 验证用 SoC 设计代码目录
    |   |--soc_mini_top.v   SoC 的顶层文件
    |   |--CONFREG/         confreg 模块，用于访问实验板上的 LED 灯、拨码开关等外设
    |   |--xilinx_ip/       定制的 Xilinx  IP，包含 clk_pll、inst_ram
    |
    |--testbench/           功能仿真验证平台
    |
    |--run_vivado/          Vivado 工程的运行目录
       |--constraints/      Vivado 工程设计的约束
```

4.2.3　功能仿真验证

数字电路的功能验证是为了检查所设计的数字电路在功能上是否符合设计目标。简单来说，就是检查设计的电路功能对不对。读者应该都开发过 C 语言程序，都知道写完的程序要测试一下正确性。我们这里说的功能验证与软件开发里面的功能测试的意图是一样的。所谓数字电路的功能仿真验证，就是用（软件模拟）仿真的方式而非电路实测的方式进行电路的功能验证。图 4.7 给出了数字电路功能仿真验证的一个基本框架。

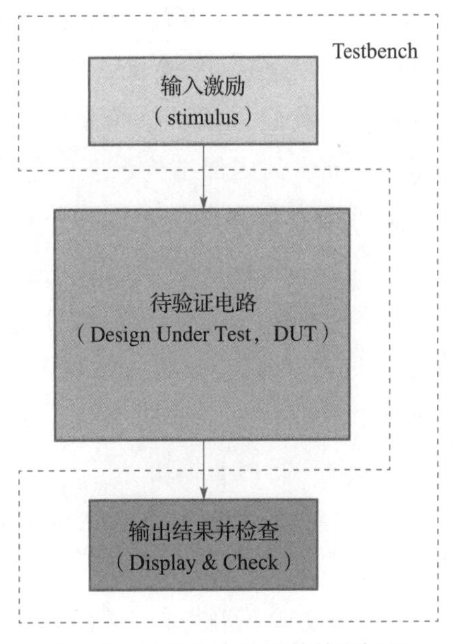

图 4.7　功能仿真验证的基本框架

在这个基本框架中，我们给待验证电路（DUT）一些特定的输入激励，然后观察 DUT 的输出结果是否如我们预期。

我们给 CPU 设计进行功能仿真验证时，沿用的依然是上面的思路，但是在输入激励和输出结

果检查两方面的具体处理方式与简单的数字电路设计存在区别。简单数字电路的功能仿真验证，通常是产生一系列变化的激励信号，输入到被验证的电路的输入端口上，然后观察电路输出端口的信号，判断结果是否符合预期。然而对于CPU来说，其输入输出端口只有时钟、复位和I/O，采用这种直接驱动和观察输入输出端口的方式，验证效率太低。

我们采用测试程序作为CPU功能验证的激励，即输入激励是一段测试指令序列，通常是用汇编语言或C语言编写再用编译器编译出来的机器代码。我们通过观察测试程序的执行结果是否符合预期来判断CPU功能是否正确。这样做验证，效率是大幅度提高了，但是验证过程中出错后定位出错点的调试难度也相应提升了。好在第一个5条指令单周期CPU实验的调试难度相对较低，采用3.2节介绍的调试技术基本就能完成实践任务。后面随着实验难度的提升，我们的实验环境还将提供一套基于trace比对的调试辅助手段，可以帮助在调试过程中更加快速地定位。

1. 验证环境模拟的计算机硬件系统

单纯实现一个CPU没有什么实际使用意义，通常我们需要基于CPU搭建出一个计算机硬件系统。在对CPU进行功能验证时我们遵循同样的思路，即基于所实现的CPU搭建出一个计算机硬件系统，然后通过在这个计算机硬件系统上运行测试程序来完成CPU的功能验证。这个计算机硬件系统将通过FPGA开发板实现。其核心是在FPGA芯片实现的一个片上系统（System on Chip，SoC）。这个SoC通过引脚连接到电路板上的时钟晶振、复位电路，以及LED灯、数码管、按键这些外设接口设备。SoC内部也是一个小系统。在验证5条指令的单周期CPU时，我们采用了一个最简单的SoC——SoC_Mini，其内部结构示意图如图4.8所示，对应的RTL代码均位于minicpu_verify/rtl/目录下。SoC_Mini中的核心是我们将要实现的CPU——miniCPU。这个CPU与指令RAM（inst_ram）进行交互完成取指，与confreg进行交互完成外设的访问。除此之外这个小系统中还包含一个PLL模块。

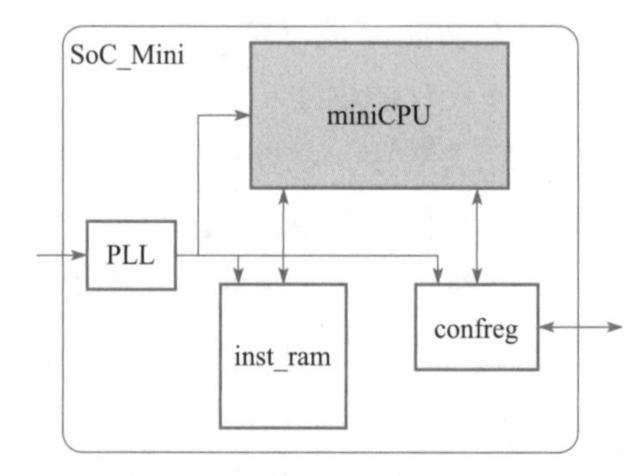

图4.8 SoC_Mini的内部结构

读者应该很清楚指令RAM和CPU之间的关系。这里简单解释一下PLL和confreg的功能。

本地实验箱开发板上给FPGA芯片提供的时钟（来自时钟晶振）主频是100MHz，如果直接用这个时钟作为SoC_Mini中各个模块的时钟，则意味着miniCPU的主频至少要能达到 100MHz。对初学者来说这可能是个比较严格的要求，因此我们添加了一个 PLL IP，让其以 100MHz 输入时钟作为参考时钟，输出一个频率低一些的时钟作为 miniCPU 的时钟输入。

confreg 是“configuration register”的简称，是 SoC 内部的一些配置寄存器。实验开发环境所搭建的 SoC 系统中，CPU 是通过访问 confreg 来驱动板上的 LED 灯、数码管，接收外部按键的输入。简要解释一下这个操控的机理：外部的 LED 灯、数码管以及按键都是导线直接连接到 FPGA 的引脚上的，通过控制 FPGA 输出引脚上的电平的高低就可以控制 LED 灯和数码管，同样，一个按键是否按下也可以通过观察 FPGA 输入引脚上电平的变化来判断。而这些 FPGA 引脚又进一步连接到 confreg 中某些寄存器的某些位上。所以 CPU 可以通过写 confreg 来控制输出引脚的电平进而控制 LED 灯和数码管，也可以通过读 confreg 来知晓连接到按键的引脚是高电平还是低电平。

特别提醒一下，因为整个 SoC_Mini 的设计都要实现到 FPGA 芯片中，所以在进行**综合实现的时候，你所选择的顶层应该是 soc_mini_top，不是你自己写的 minicpu_top。**

2. miniCPU 的顶层接口

为了让各位实现的 CPU 能够直接集成到上述实验开发环境中进行验证，要对 CPU 的顶层接口做出明确的规定。miniCPU 顶层接口信号的详细定义如表 4.2 所示。

表 4.2　miniCPU 顶层接口信号的详细定义

名称	宽度	方向	描述
clk	1	input	时钟信号，来自 clk_pll 的输出时钟
resetn	1	input	复位信号，低电平同步复位
inst_sram_we	1	output	RAM 写使能信号，高电平有效
inst_sram_addr	32	output	RAM 读写地址，字节寻址
inst_sram_wdata	32	output	RAM 写数据
inst_sram_rdata	32	input	RAM 读数据
data_sram_we	1	output	RAM 写使能信号，高电平有效
data_sram_addr	32	output	RAM 读写地址，字节寻址
data_sram_wdata	32	output	RAM 写数据
data_sram_rdata	32	input	RAM 读数据

4.3　设计一个 20 条指令的单周期 CPU

我们已经完成了一个 5 条指令的单周期 CPU。虽然它能运行一些简单的小程序，但功能还是有点弱。从这一节开始，我们试着给 CPU 增加指令实现，让它最终能支持 20 条指令：add.w、addi.w、sub.w、ld.w、st.w、bne、beq、b、bl、jirl、slt、sltu、slli.w、srli.w、srai.w、lu12i.w、and、or、nor、xor。有了这 20 条指令，我们就能开发出更为丰富的测试程序。这 20 条指令中新增的 15 条指令按照功能可以分为 ALU 和 Branch 两大类。我们仍然采用逐条分析的方式先完善数据通路再调整控制信号。

4.3.1　新增 ALU 类指令的数据通路设计

4.3.1.1　sub.w 指令

查看指令手册中 sub.w 指令的定义，基本能得到这样一个认识，即 sub.w 指令与 add.w 指令功能大致相同，区别仅在于后者做加法而前者做减法。这就意味着，除了运算部件外，实现 sub.w 指令所需的其他数据通路都可以复用 add.w 指令的。

对于存在差异的运算部件，最直接的实现方式是添加一个减法器，然后将其结果和加法器的结果经过二选一得到所需的结果。这种实现方式是正确的，但我们还可以进一步优化。补码加减运算中有如下属性[⊖]：

$$[A]_{补}-[B]_{补}=[A-B]_{补}=[A]_{补}+[-B]_{补}=[A]_{补}+(\sim[B]_{补})+1$$

这意味着只要对补码加法器的输入做一些简单的改动，就可以让其既能做加法又能做减法。具体做法是，对加法器的源操作数 2 输入和进位输入分别添加“二选一”部件。源操作数 2 输入在处理加法时是 src2，在处理减法时是 src2 按位取反；进位输入在处理加法时是 0，在处理减法时是 1。这些新增的“二选一”部件的选择信号将在后面作为控制信号统一处理，同样也是通过不同指令间指令码的差异实现控制信号的区分的。

这样 sub.w 指令所需的数据通路就设计好了。

4.3.1.2　slt 和 sltu 指令

查看指令手册中 slt 和 sltu 指令的定义，我们发现这两条指令也是算术运算类指令。如果将它们和 add.w、sub.w 指令相比，差异仅是从源操作数输入到结果的运算过程不一样，其他方面都是一致的。功能一致的部分自然可以复用已有的数据通路。这里主要考虑如何调整数据通路以支持新指令所需的其他功能。

首先，我们来看一种最直观的实现方式，即增加一个能处理两个 32 位有符号和无符号数据大小比较的“比较器”。该比较器的两个数据输入与连接到加法器的数据输入

⊖　$[A]_{补}$表示数值 A 的补码表示。

相同，一个控制信号输入用于标识是有符号比较还是无符号比较，输出比较结果为 0 或 1。然后，在加法器输出端口增加一个 32 位的“二选一”部件，in0 接入原有加法器的输出，in1 接入比较器的结果。

按照上面的设计思路继续考虑如何实现比较器。我们会发现一个问题，如果用“ < ”这个运算符来描述的话，“ < ”只能产生无符号数的比较结果，那么该如何描述有符号数的比较呢？方法肯定有，但需要额外的电路逻辑。此外还有一个问题是，在 Verilog 中写了一个“ < ”来描述两个数的无符号比较的功能后，真正的电路是 EDA 综合工具读到这个表达式后，根据时序、面积的约束条件从自带的电路库中挑选出来的。通常，这个比较器的电路只是比加法器的电路简单一些，也是要消耗一定的逻辑电路资源的。

能利用已有的运算逻辑资源吗？我们细想一下人们是如何判断两个数的大小的。一般是将两个数相减，通过结果的正负情况来确定。那是不是意味着我们能复用加法器的电路进行两个数相减的操作，然后根据相减的结果来生成 SLT 和 SLTU 的结果呢？答案是肯定的。这样我们能节省一个比较器的资源，而且两种设计最终实现的电路延迟相差不大[㊀]。接下来，我们看看如何复用加法器来实现 slt 和 sltu 的运算逻辑。

由于前面已经分析了 sub.w 指令的实现，因此不再赘述如何用加法器做减法，复用已有的数据通路即可。我们先看如何处理有符号数的比较。按照人们的思维，首先会看两个数的正负情况：在一正一负的情况下，肯定是负数小于正数；仅当两个数符号相同的时候才需要看相减的结果，结果是负数表明被减数小于减数。无符号数的处理稍微复杂一些，因为此时两个数都是非负数，所以只能根据相减的结果来判断，但这时候不能通过查看结果的第 31 位来判断正负，因为符号位是在第 32 位。那么第 32 位的值在哪里呢？一种做法是，把 32 位加法器改成 33 位的。当处理非 sltu 指令的时候，32 位的输入数据有符号扩展到 33 位；当处理 sltu 指令的时候，32 位的输入数据零扩展到 33 位。这样，结果的第 33 位就直接体现了结果的正负情况。还有一种做法是，用 32 位加法器的进位结果 Cout 来做判断，Cout 为 1 表示相减结果是正，Cout 为 0 表示相减结果是负。这两套处理方式在逻辑上是等价的，读者可以自行推导一下。

小结一下，通过复用加法器进行 GR[rj]-GR[rk] 的运算，然后根据源操作数的正负、和（Sum）的正负和进位（Cout）的正负就可以得到 slt 和 sltu 的结果了。这些结果和原有的加法器结果通过一个“二选一”部件得到运算类指令的执行结果，然后输入到产生最终写通用寄存器值的那个“二选一”的输入上。这样，slt 和 sltu 所需的数据通路就

㊀ 由于不同工艺、约束条件和 EDA 工具的综合策略都会对最终的电路延迟产生影响，此处电路延迟相差不大的结论是根据我们实践中通常观察到的现象得出的，并非来自严格的数学证明。

设计好了。

4.3.1.3 slli.w、srli.w 和 srai.w 指令

查看指令手册，可知 slli.w、srli.w 和 srai.w 是三条移位指令，分别表示逻辑左移、逻辑右移和算术右移。三条指令的源操作数均有两个，一个来自通用寄存器堆的第 rj 项，另一个是指令码中的 ui5 域的数值。三条指令的结果均写入通用寄存器堆的第 rd 项。读取通用寄存器堆第 rj 项和写通用寄存器堆第 rd 项的数据通路均已经存在，可以复用。余下的移位运算功能显然无法通过加法器实现，我们需要添加一个“移位器”的数据通路。

1. 移位器的输入 / 输出

移位器有两个数据输入，即 32 位的被移位数值 shft_src 和 5 位的移位量 shft_amt，还有一个控制输入用于确定移位操作的类型 shft_op，以及最终输出的 32 位移位结果 shft_res。其中，shft_src 来自通用寄存器堆读端口 1 的输出 rdata1，所以 shft_src 输入和 add.w、sub.w 等指令走相同的数据通路。shft_amt 来自指令码中的 ui5 域，初看上去到目前为止没有这样的源操作数数据通路，但是如果我们仔细看指令编码，会发现 ui5 域的值和 addi.w、ld.w、st.w 等指令的 si12 域的最低 5 位是相同的，而我们的移位运算逻辑也只用 shft_amt 的 4..0 位（意味着此时源操作数 2 的 31..5 位是什么无关紧要），所以我们实际上可以复用前面已实现的指令码 si12 作为源操作数 2 的通路。最后，运算类指令的执行结果的最终选择电路也要从“二选一”扩展为“三选一”，将移位器的输出 shft_res 作为新的数据输入 in2。

2. 移位器的内部实现

移位器内部实现的最直接方式是用“`shft_src << shft_amt`”“`shft_src >> shft_amt`”和“`$signed(shft_src) >>> shft_amt`”分别描述逻辑左移、逻辑右移和算术右移的逻辑，然后将三个结果通过一个“三选一”部件根据 shft_op 选择出最终的结果 shft_res。

由于移位逻辑本质上是译码逻辑和多路选择逻辑，因此 32 位数的移位就是对 32 个 32 位数进行 32 选 1，这套逻辑的面积大、延迟长。采用三个独立的移位运算符的方式来实现通常意味着⊖有三套 32 位的“32 选 1”部件，然后再做一个 32 位的“3 选 1”，

⊖ 某些 EDA 工具已有很强的优化能力，当这三个表达式按照规定的代码风格写出来以后，工具会发现其功能可以通过共用一个桶形移位器来实现，这会只推导出一组桶形移位器的电路。由于这种电路级优化与 EDA 工具自身的特性紧密相关，故我们这里并不将其作为介绍的主要内容，感兴趣的读者可以进一步阅读自身实际工作中所使用工具的使用手册。

面积开销比较大。

本章实践任务 6 的 CPU 参考设计中采用了另一种代码设计，将逻辑右移和算术右移统一为用一个桶形移位器电路来实现，读者可以自行体会。这里再介绍另一种更加面向面积优化的电路设计，其基本思想是将被移位的数据逆序排列后，左移操作就被转换为右移操作。具体的实现示意如下：

```
assign shft_src = op_srl ? {src[ 0], src[ 1], src[ 2], src[ 3],
                            src[ 4], src[ 5], src[ 6], src[ 7],
                            src[ 8], src[ 9], src[10], src[11],
                            src[12], src[13], src[14], src[15],
                            src[16], src[17], src[18], src[19],
                            src[20], src[21], src[22], src[23],
                            src[24], src[25], src[26], src[27],
                            src[28], src[29], src[30], src[31]}
                          : src[31:0];
assign shft_res = shft_src[31:0] >> shft_amt[4:0];
assign sra_mask =~(32'hffffffff >> shft_amt[4:0]);
assign srl_res = shft_res;
assign sra_res = ({32{src[31]}} & sra_mask) | shft_res;
assign sll_res = {shft_res[ 0], shft_res[ 1], shft_res[ 2], shft_res[ 3],
                  shft_res[ 4], shft_res[ 5], shft_res[ 6], shft_res[ 7],
                  shft_res[ 8], shft_res[ 9], shft_res[10], shft_res[11],
                  shft_res[12], shft_res[13], shft_res[14], shft_res[15],
                  shft_res[16], shft_res[17], shft_res[18], shft_res[19],
                  shft_res[20], shft_res[21], shft_res[22], shft_res[23],
                  shft_res[24], shft_res[25], shft_res[26], shft_res[27],
                  shft_res[28], shft_res[29], shft_res[30], shft_res[31]};
```

在上面的描述方式中，只有生成 shft_res 的逻辑是一个完整的 32 位移位器，sra_mask 的生成逻辑虽然也使用了“ >>”运算符，但由于被移位的数据是常值，综合工具会对生成的电路进行常值传递优化，其实际消耗的逻辑资源远少于一个完整的 32 位移位器。生成 shft_src 和 sll_res 的逻辑中均有一个 32 位数据的逆序操作，这些逻辑综合为电路的时候都表示为简单的连线，并不会产生额外的逻辑资源。上述第二种描述方式虽然减少了逻辑资源开销，但是其电路的延迟会略有增加，算是有得亦有失。选择哪种描述方式需要根据具体的设计需求来决定，如果主频要求不高或移位器逻辑并不位于整个 CPU 的关键路径上，那么显然第二种描述方式更好。

至此，进一步考虑 slli.w、srli.w 和 srai.w 指令的数据通路设计调整完毕。

4.3.1.4 lu12i.w、and、or、nor 和 xor 指令

进一步考虑 lu12i.w、and、or、nor 和 xor 指令，除 lu12i.w 外，其他指令均是按位逻辑运算的指令。所有逻辑运算指令的操作模式均是将通用寄存器堆第 rj 项的值和通用

寄存器堆第 rk 项的值按位进行相应的逻辑运算后，将结果写入通用寄存器的第 rd 项。可以看到，这些指令的读、写通用寄存器的功能都可以复用现有的数据通路，要增加的只是完成具体逻辑运算的数据通路。

对于 lu12i.w 指令来说，其源操作数只需要指令码中 24..5 位的立即数 si20，结果写入通用寄存器堆的第 rd 项，这两个功能写入的操作可以复用现有的数据通路，而源操作数送往运算逻辑的数据通路则可以将生成源操作数 2 的“二选一”部件扩展为“三选一”部件。至于 lu12i.w 的具体运算，其实就是将立即数 si20 左移 12 位尾部补 0。

4.3.1.5 ALU

到目前为止，我们可以将 add.w、addi.w、sub.w、slt、sltu、slli.w、srli.w、srai.w、lu12i.w、and、or、nor 和 xor 指令处理运算的逻辑集中到一个模块中。该模块用于处理这些算术、逻辑运算，故称为 ALU（Arithmetic Logic Unit，算术逻辑单元）。引入 ALU 模块这一级划分的主要目的是将 CPU 中部分数据通路所需的控制信号进行两级译码处理，降低设计复杂度，优化电路时序。有关两级译码的具体内容将在后面控制信号生成部分详细介绍。

ALU 模块有两个 32 位的输入 alu_src1 和 alu_src2、一个 32 位的结果输出 alu_res 以及控制信号输入 alu_op。除此之外，还有一个 32 位的输出 mem_addr。该输出直接来自 ALU 内部加法器的计算结果，用于 ld.w 和 st.w 指令访问 RAM 地址。有的读者可能会问，在执行 ld.w 和 st.w 指令的时候，这个 mem_addr 输出和 alu_res 输出的值不是一样吗？为什么不直接用 alu_res 而要用这个 mem_addr 呢？答案是为了优化时序。ALU 模块的 alu_res 输出的延迟比 mem_addr 输出的延迟多几级选择逻辑，而访问 RAM 的地址不可能来自移位器或是其他逻辑，因而 RAM 地址直接采用 mem_addr 能够减少该路径上无谓的延迟开销。

至此，新增了 11 条 ALU 类指令的单周期 CPU 的设计就完成了，其结构如图 4.9 所示。

4.3.2 新增 Branch 类指令的数据通路设计

4.3.2.1 beq 指令

查看指令手册可知，beq 指令和 bne 指令唯一的区别仅在于判断是否跳转的条件上，所以只需要扩展分支判断比较逻辑，使其可以根据指令类型的不同选择不同的判断方式即可。

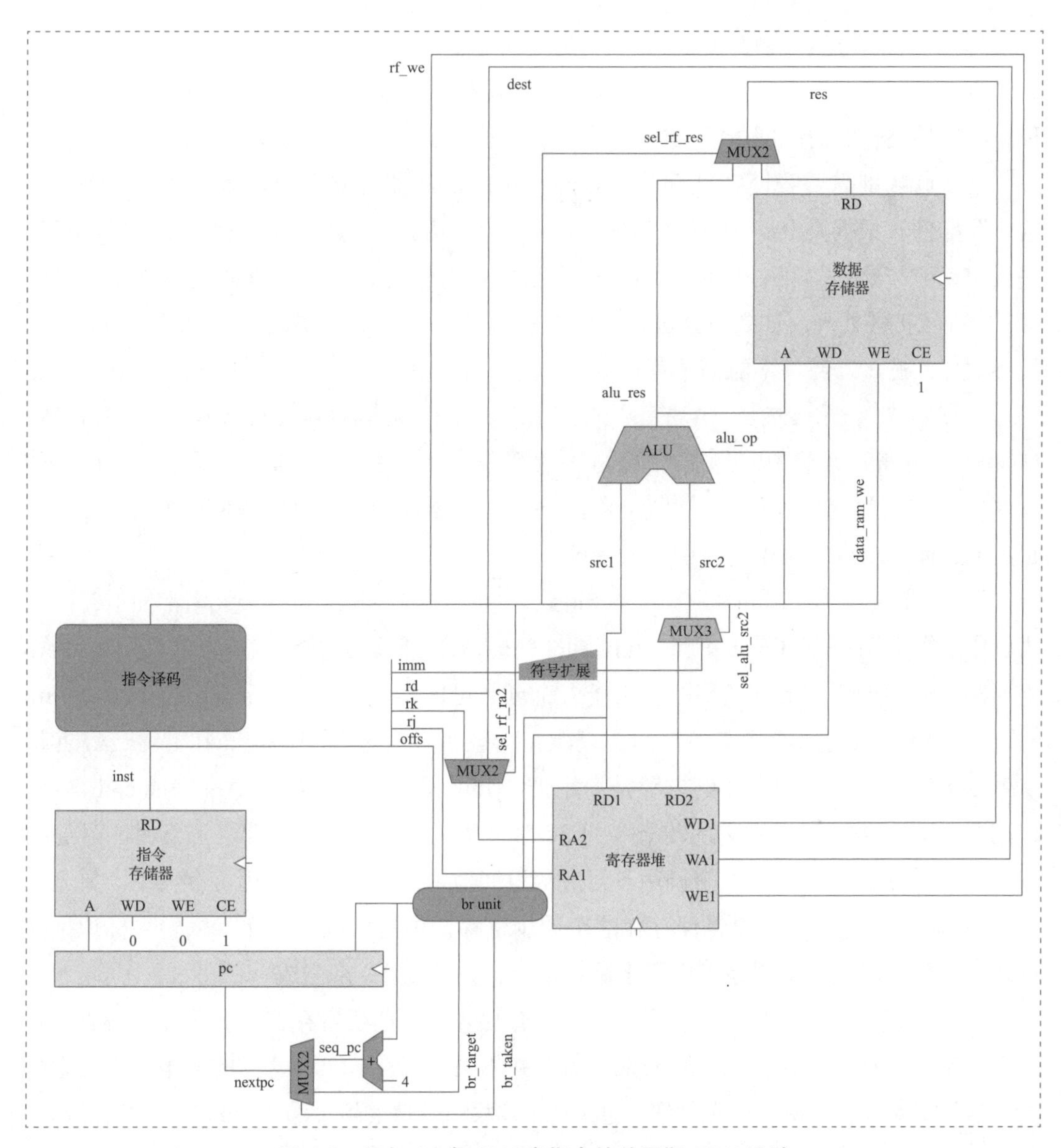

图 4.9　添加 11 条 ALU 类指令的单周期 CPU 设计

4.3.2.2　b 和 bl 指令

我们进一步来看 b 和 bl 这两条转移指令。通过查看其在指令手册中的定义并与 beq 和 bne 指令的定义相比较，可以发现如下三点区别：

1）这两条指令总是跳转，无须进行条件判断。

2）相对 PC 的偏移量增加到了 26 位。

3）bl 指令在进行跳转的同时还会写通用寄存器。

第 1 点区别所带来的设计改动很简单，只需在分支指令跳转条件判断逻辑中加入两种新的总是跳转的情况即可。

第 2 点区别需要我们在计算分支跳转目标的加法器的立即数输入处引入一个“二选一”部件，根据是 beq、bne 还是 b、bl 从 16 位 offs 值或是 26 位 offs 值中进行选择。此处引入“二选一”部件的做法相信读者已经是驾轻就熟了，这里特别提醒要注意对 offs 的符号扩展处理。如果电路设计考虑先进行“二选一”，再进行符号扩展，那么记住使用的“二选一”部件不能简单写成 `assign sel_offs_res = sel_br_offs ? {inst[9:0], inst[25:10]} : inst[25:10];`，然后再将 sel_offs_res 符号扩展。前面这条 assign 语句中，运算符两侧的数据位宽不一样，Verilog 语法会将 : 右边的 inst[25:10] 零扩展至 26 位宽，很显然这会导致最终被加到 PC 的偏移是 inst[25:10] 的零扩展值，而非指令定义中要求的符号扩展。

第 3 点区别对应“ link 操作”这个概念，这里稍微展开说一下。大家都知道，高级语言中的函数调用会引入 call 和 return 两个跳转。call 跳转到被调用函数的入口，return 则回跳到调用点后面的那条指令。由于一个函数可能会在多个地方被调用，因此 return 对应的回跳目标是无法静态确定的，只能在动态执行的过程中确定。在 LoongArch 指令系统中完成这一系列操作的方法是：用带“ link 操作”的跳转指令来完成 call 操作，该指令中的 link 操作会将该跳转指令的 PC 加 4 写入一个通用寄存器（通常是 1 号通用寄存器[㊀]）中，也就是说，这个调用点对应的返回地址被写入一个通用寄存器中。要完成 return 跳转的功能，只需要将保存在这个通用寄存器中的值取出，作为跳转目标地址完成跳转就可以。具体来说是使用间接跳转指令，如 jirl 指令来完成。

bl 指令完成 link 操作时，返回地址默认会写入 1 号通用寄存器。查看指令编码格式定义，就会发现这个目的操作数的寄存器号并不是编码在 rd、rj 这样的域中，它是隐含的。这就需要我们对现有数据通路中通用寄存器堆写端口的地址输入 waddr 的生成逻辑进行调整，增加一个“二选一”部件，其输入 in0 是指令码中的 rd，输入 in1 为固定数值 1。

bl 指令完成 link 操作时，写入到 1 号寄存器的返回地址是 PC 加 4 的数值。在目前的单周期 CPU 设计中，似乎已经有一个现成的计算数据通路（产生 nextPC 中的顺序取指的那一支）。但是，我们不建议这样设计，原因是在流水线 CPU 中这条数据通路无法自然延续下来，强行延续会引入额外开销。我们换一种思路，利用计算 add.w、sub.w

㊀ 在 LoongArch 的 ABI 中，1 号通用寄存器作为返回地址寄存器。

指令结果的加法器来完成这个计算。不过我们需要将这个加法的两个源操作数准备好。当前加法器的源操作数 1 仅来自通用寄存器堆的读端口 1 的输出 rdata1，需要在这中间增加一个 32 位的“二选一”部件，in0 接入通用寄存器堆的输出 rdata1，in1 接入当前指令的 PC。加法器的源操作数 2 输入逻辑的“二选一”部件调整为“三选一”部件，在原有基础上增加一个常值 4 作为新增的输入 in2。

至此，在进一步考虑 b 和 bl 指令后对 CPU 数据通路的设计调整完毕。

4.3.2.3 jirl 指令

jirl 指令是一条间接跳转指令。查看其在指令手册中的定义，可以总结出如下几个特点：

1）不需要进行条件判断，一定会跳转。

2）含有 link 操作，返回地址写入第 rd 项通用寄存器中。

3）跳转的目标地址通过通用寄存器堆的第 rj 项的值与指令码中的立即数偏移值相加得到。

针对第 1 个特点，在分支指令跳转条件判断逻辑中加入一种新的总是跳转的情况即可。

针对第 2 个特点，基本上可以复用前面 bl 指令中建立的计算返回地址的数据通路，只不过此时写入通用寄存器堆的地址来自指令的 rd 域而不是固定常数值 1，不过很显然这个生成寄存器堆写地址的数据通路也是现成可复用的。

针对第 3 个特点，需要我们对生成 nextPC 逻辑做进一步调整。我们建议的设计方案是，增加一个加法器将来自通用寄存器堆读端口 1 的输出 rdata1 与指令码中 25..10 位左移两位后的符号扩展值相加，同时将生成 nextPC 的“二选一”部件整为“三选一”部件，其数据输入 in0、in1 与原有“二选一”部件的 in0、in1 一致，新增的第三个数据输入 in2 来自新增的计算间接跳转目标的结果。

至此，在进一步考虑 jirl 指令后对 CPU 数据通路的设计调整完毕。

进一步新增了 4 条 Branch 类指令后的单周期 CPU 的结构如图 4.10 所示。

4.3.3 新增指令后控制信号的调整

在本节中，我们从 PC 开始沿着数据通路梳理所有的控制信号。

1）PC 的输入生成逻辑 GenNextPC 中包含一个“三选一”部件。其三个输入依次是：in0 对应顺序取指的 PC（即 PC+4），in1 对应 b 和 beq 类相对 PC 转移指令的跳转目标，in2 对应 jirl 这类寄存器间接转移指令的跳转目标。将该“三选一”部件的选择信号 sel_nextpc 设计为“零 – 独热码”，即信号宽 3 位，每位对应一个数据输入，任何合法的选择信号中至多有一位置为 1。

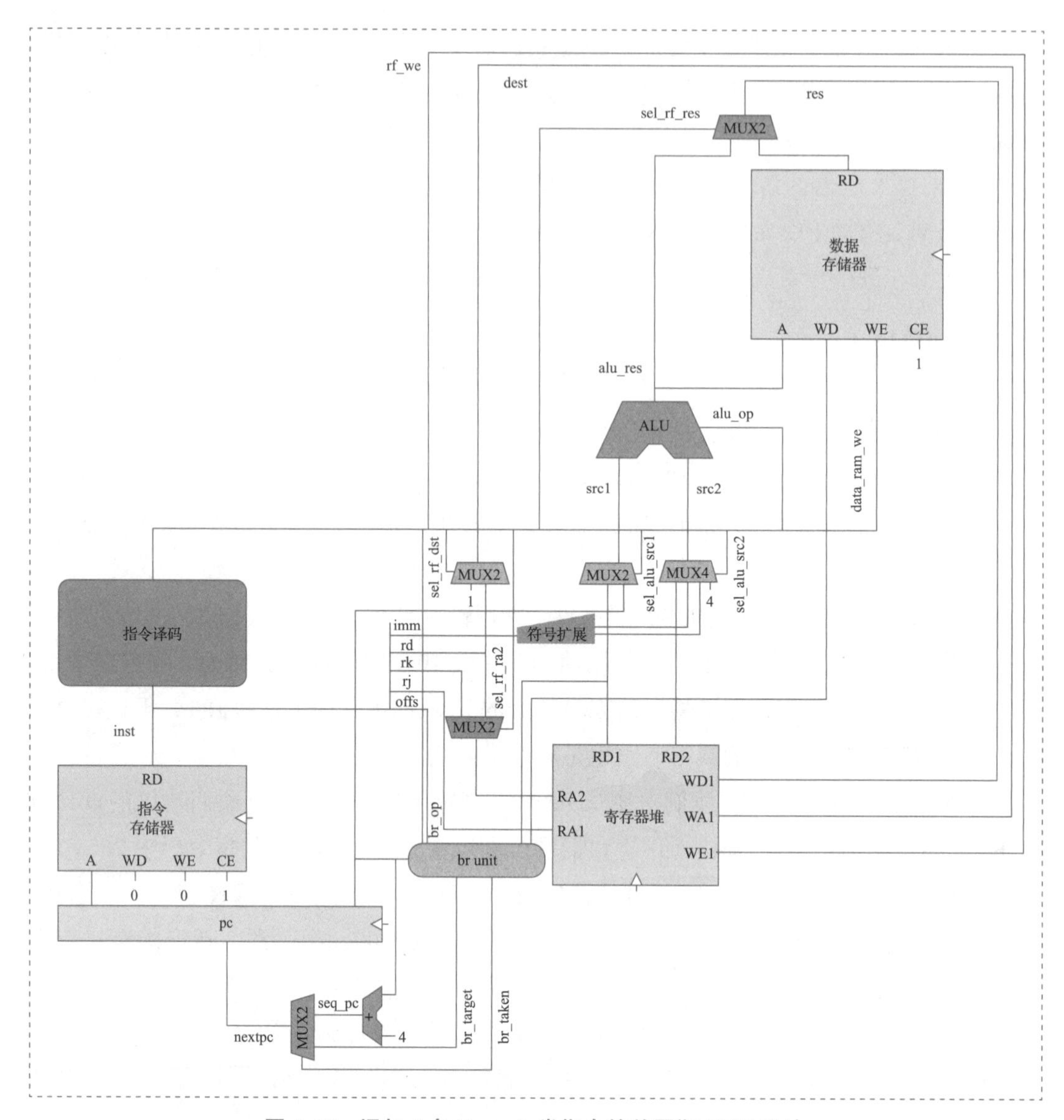

图 4.10　添加 4 条 Branch 类指令的单周期 CPU 设计

2）指令 RAM 的写使能信号 inst_ram_we，高电平有效。我们目前的设计暂不考虑自修改代码之类的操作，所以指令 RAM 不会有来自 CPU 的写请求。同时，指令 RAM 内容的初始化是由 FPGA 内部电路自行加载完成，并不是通过外部设备（如 DMA）写入的，所以 inst_ram_we 信号恒为 0。

3）通用寄存器堆读端口 2 的读地址生成逻辑 GenRFRdAddr2 中包含一个“二选一”部件，其两个输入分别是：in0 对应指令码的 rk 域，in1 对应指令码的 rd

域。该“二选一”部件的选择信号 sel_rf_ra1 为 1 位信号，为 1 选择 in1，否则选择 in0。

4）相对 PC 转移指令的偏移值生成逻辑 GenBROffs 中包含一个“二选一”部件，其两个输入分别是：in0 对应 16 位 offs 左移两位后的符号扩展值，in1 对应 26 位 offs 左移两位后的符号扩展值。该“二选一”部件的选择信号 sel_br_offs 为 1 位信号，为 1 选择 in1，否则选择 in0。

5）ALU 的源操作数输入 alu_src1 的生成逻辑 GenALUSrc1 中包含一个“二选一”部件，其两个输入分别是：in0 对应通用寄存器堆读端口 1 的数据读出，in1 对应 PC。该“二选一”部件的选择信号 sel_alu_src1 为 1 位信号，为 1 选择 in1，否则选择 in0。

6）ALU 的源操作数输入 alu_src2 的生成逻辑 GenALUSrc2 中包含一个“四选一”部件，其四个输入依次是：in0 对应通用寄存器堆读端口 2 的数据读出，in1 对应指令码中 si12 域符号扩展至 32 位，in2 对应常值 32'd4，in3 对应指令码中 si20 域零扩展至 32 位。该“四选一”部件的选择信号 sel_alu_src2 设计为“零－独热码”，共 4 位。

7）ALU 内部的多路选择器的选择信号经由 alu_op 再次译码产生。alu_op 设计为“零－独热码”，每一位对应 ALU 支持的一种操作，共 12 位，每一位与操作之间的对应关系如表 4.3 所示。通过表 4.3 的第 2 和 3 列能够看到，ALU 支持的一种操作可能对应多条指令。通过将不同指令间相同的操作提取出来，可以生成相同的 ALU 操作码。这样做使得在设计 ALU 内部数据通路的控制信号时只关注 ALU 所实现的操作而不再是指令，进而降低了设计的复杂度。这一点将随着后面实践中指令的不断增加而更加明显。

8）对于数据 RAM 的写使能信号 data_ram_we，高电平有效。

9）通用寄存器堆的写使能信号为 rf_we。

10）通用寄存器堆写地址生成逻辑 GenRFDst 中包含一个“二选一”部件，其两个输入分别是：in0 对应指令的 rd 域，in1 对应常值 5'd1。该“二选一”部件的选择信号 sel_rf_dst 为 1 位，为 1 选择 in1，否则选择 in0。

11）通用寄存器堆写数据生成逻辑 GenRFRes 中包含一个“二选一”部件。其两个输入分别是：in0 对应 ALU 计算结果 alu_res，in1 对应从 RAM 读出的 load 操作返回值 ld_res。该“二选一”部件的选择信号 sel_rf_res 为 1 位，为 1 选择 in1，否则选择 in0。

表 4.3 ALU 中 alu_op 与指令的对应关系

位	操作	对应指令
0	op_add	add.w、addi.w、ld.w、st.w、bl、jirl
1	op_sub	sub.w
2	op_slt	slt
3	op_sltu	sltu
4	op_and	and
5	op_nor	nor
6	op_or	or
7	op_xor	xor
8	op_sll	slli.w
9	op_srl	srli.w
10	op_sra	srai.w
11	op_lui	lu12i.w

梳理完单周期 CPU 数据通路中所需的 13 组控制信号之后，我们对每条指令逐个分析，得到每条指令与所有控制信号的对应关系，如图 4.11 所示。

	sel_nextpc	inst_ram_ce	inst_ram_we	sel_rf_ra1	sel_br_offs	sel_alu_src1	sel_alu_src2	alu_op	data_ram_ce	data_ram_we	rf_we	sel_rf_dst	sel_rf_res
add.w	001	1	0	0	0	0	0001	000000000001	0	0	1	0	0
addi.w	001	1	0	0	0	0	0010	000000000001	0	0	1	0	0
sub.w	001	1	0	0	0	0	0001	000000000010	0	0	1	0	0
ld.w	001	1	0	0	0	0	0010	000000000001	1	0	1	0	1
st.w	001	1	0	1	0	0	0010	000000000001	1	1	0	0	0
beq	010	1	0	1	0	0	0001	000000000000	0	0	0	0	0
bne	010	1	0	1	0	0	0001	000000000000	0	0	0	0	0
b	010	1	0	0	1	0	0001	000000000000	0	0	0	0	0
bl	010	1	0	0	1	1	0100	000000000001	0	0	1	1	0
jirl	100	1	0	0	0	1	0100	000000000001	0	0	1	0	0
slt	001	1	0	0	0	0	0001	000000000100	0	0	1	0	0
sltu	001	1	0	0	0	0	0001	000000001000	0	0	1	0	0
slli.w	001	1	0	0	0	0	0010	000100000000	0	0	1	0	0
srli.w	001	1	0	0	0	0	0010	001000000000	0	0	1	0	0
srai.w	001	1	0	0	0	0	0010	010000000000	0	0	1	0	0
lu12i.w	001	1	0	0	0	0	1000	100000000000	0	0	1	0	0
and	001	1	0	0	0	0	0001	000000010000	0	0	1	0	0
nor	001	1	0	0	0	0	0001	000000100000	0	0	1	0	0
or	001	1	0	0	0	0	0001	000001000000	0	0	1	0	0
xor	001	1	0	0	0	0	0001	000010000000	0	0	1	0	0

图 4.11 单周期 CPU 中的控制信号生成列表

完成上述数据通路和控制信号的设计后，我们得到一个 20 条指令的单周期 CPU 结构设计如图 4.12 所示。

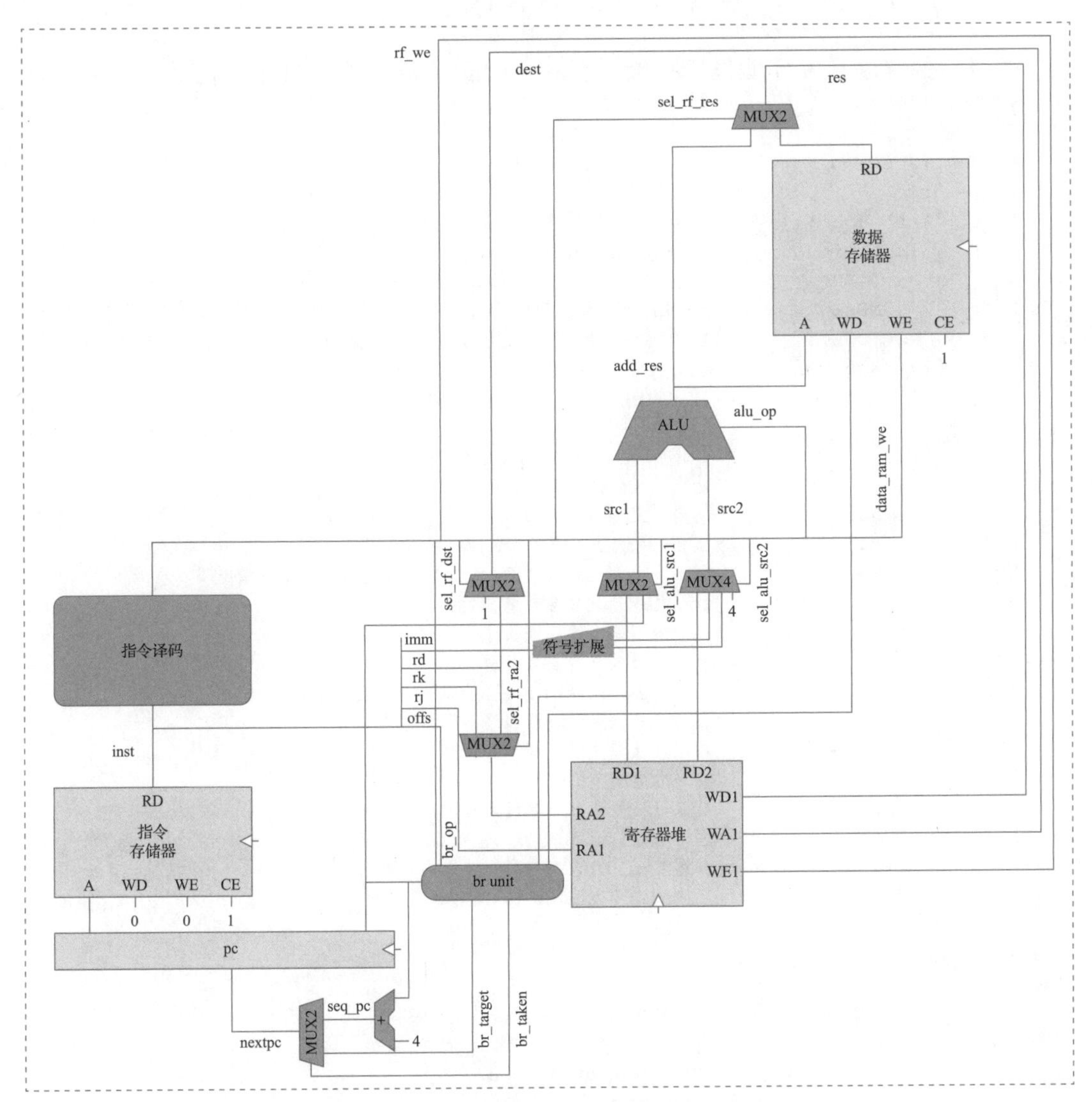

图 4.12　20 条指令的单周期 CPU 结构设计

4.4　验证 20 条指令的单周期 CPU

前面已经提到有了 20 条指令，我们就能开发出更为丰富的测试程序。从 20 条指令的单周期 CPU 的验证开始，我们将升级实验开发环境。可参照 2.3.1 节中介绍的方式获取该实验开发环境。

4.4.1 mycpu_env 实验开发环境组织结构介绍

升级后的实验开发环境位于一级子目录 mycpu_env 下，其目录结构及各部分功能简介如下：

```
|--gettrace/               生成参考 trace 的部分。
|   |--src/                设计代码目录。
|   |   |--tb_top.v        仿真顶层，该模块会抓取 debug 信息生成到 golden_trace.txt 中。
|   |   |--soc_lite_top.v  SoC_Lite 的顶层文件。
|   |   |--refCPU/         产生比对 trace 的参考处理器核设计。
|   |   |--CONFREG/        confreg 模块，用于访问 CPU 与开发板上的数码管、拨码开关等外设。
|   |   |--BRIDGE/         1×2 的桥接模块，CPU 的 data sram 接口同时访问 confreg 和 data_ram。
|   |--gettrace.xpr        Vivado 工程文件。
|   |--golden_trace.txt    运行 func 测试程序所生成的参考 trace。需自行生成。
|
|--func/                   实验任务所用的功能验证测试程序。
|   |--include/            功能验证测试程序共享的头文件所在目录。
|   |   |--sysdep.h        一些 GCC 通用的宏定义的头文件。
|   |   |--asm.h           LoongArch 汇编需用到的一些宏定义的头文件，比如 LEAF(x)。
|   |   |--regdef.h        LoongArch32 ABI 下，32 个通用寄存器的汇编助记定义。
|   |   |--cpu_cde.h       SoC_Lite 相关参数的宏定义，如访问数码管的 confreg 的基址。
|   |   |--inst_test.h     各功能测试点的验证程序使用的宏定义头文件。
|   |--inst/               各功能测试点的汇编程序文件。
|   |   |--Makefile        子目录里的 Makefile，会被上一级目录中的 Makefile 调用。
|   |   |--n*.S            各功能测试点的验证程序，汇编语言编写。
|   |--obj/                功能验证测试程序编译结果存放目录。
|   |   |--*               详见后面小节的说明。
|   |--start.S             功能验证测试的引导代码及主函数。
|   |--Makefile            编译功能验证测试程序的 Makefile 脚本。
|   |--bin.lds             编译 bin.lds.S 得到的结果，可被 make  reset 命令清除。
|   |--convert.c           生成 coe 和 mif 文件的处理工具的 C 程序源码。
|
|--myCPU/                  自己实现的 CPU 的 RTL 代码。
|
|--soc_verify/             自己实现的 CPU 的 SoC 系统验证环境。
    |--soc_dram/           CPU 对外连接 distributed RAM 接口时对应的验证环境。
    |   |--rtl/            SoC_Lite 设计代码目录。
    |   |   |--soc_lite_top.v SoC_Lite 的顶层文件。
    |   |   |--CONFREG/    confreg 模块，用于访问 CPU 与开发板上的数码管、拨码开关等外设。
    |   |   |--BRIDGE/     1×2 的桥接模块，CPU 的 data sram 接口同时访问 confreg 和 data_ram。
    |   |   |--xilinx_ip/  定制的 Xilinx IP，包含 clk_pll、inst_ram、data_ram。
    |   |--testbench/      功能仿真验证平台。
    |   |   |--mycpu_tb.v  功能仿真顶层，该模块会抓取 debug 信息与 golden_trace.txt 进行比对。
    |   |--run_vivado/     Vivado 工程的运行目录。
    |   |--constraints/    Vivado 工程设计的约束。
    |   |--mycpu_dram_prj/ Vivado 工程文件所在目录。
```

顺带说一下，从实践任务 6 开始，本书第二部分的所有实践任务都将使用 mycpu_env 实验开发环境，因此这个实验环境中包含了较多的内容。读者不用一上来把这些内容都掌握，只需要根据实验进度逐步掌握新的内容即可。读者可能会发现 mycpu_env 目录下还有一些内容没有在上面列出并说明。这些没有列出的部分与现阶段的实践任务没有关系，会在后面相关的实验任务中再介绍。下面简单介绍一下 SoC_Lite 片上系统结构。

mycpu_env 实验开发环境中所采用的片上系统也升级为 SoC_Lite，其内部结构示意如图 4.13 所示。

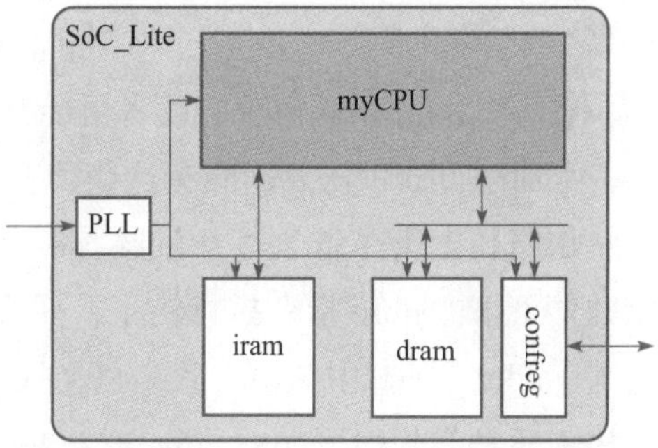

可以看到 SoC_Lite 与之前的 SoC_Mini 相比，主要是多了数据 RAM（data ram）和 myCPU 与 data ram、confreg 之间的“一分二”部件。数据 RAM 和 CPU 之间的关系之前已经说过，这里简单解释一下 myCPU 与 data ram、confreg 之间的“一分二”部件。

图 4.13　用于验证 myCPU 的片上系统

myCPU 和 dram、confreg 之间有一个“一分二”部件。这是因为在 LoongArch 指令系统架构下，所有 I/O 设备的寄存器都是采用 memory mapped 方式访问的。我们这里实现的 confreg 也不例外。memory mapped 的访问方式意味着 I/O 设备中的寄存器各自都有一个唯一的内存编址，所以 CPU 可以通过 load、store 指令对其进行访问。不过 dram 作为内存也是通过 load、store 指令进行访问的。那么对于一条 load 或 store 指令来说，如何知晓它访问的是 confreg 还是 dram？我们在设计 SoC 的时候用地址对其进行区分。因此在设计 SoC 的数据通路时就需要在这里引入一个“一分二”部件，它的选择控制信号生成是通过对访存的地址范围进行判断而得到的。

4.4.2　基于 trace 比对的调试框架

在实践任务 5 中，我们采用的是比较“原始”的调试方式，随着所实现 CPU 的复杂度提升，仅用这种调试方式对初学者无异于是个“灾难”。为此我们提供了一套基于 trace 比对的调试辅助手段，用以帮助在调试过程中更加快速地定位。

4.4.2.1　基于 trace 比对的调试辅助手段

读者在调试 C 程序的时候应该都使用过单步调试这种调试手段。在“慢动作”运行程序的每一行代码的情况下，能够及时看到每一行代码的运行行为是否符合预期，从而能够及时定位到出错点。我们在实验开发环境中提供给读者的这套基于 trace 比对的调试辅助手段，借鉴的就是这种“单步调试”的策略。

其具体实现方式是：我们先用一个已知的功能正确的 CPU 运行一遍测试指令序列，将每条指令的 PC 和写寄存器的信息记录下，记为 golden_trace；然后在验证 myCPU 的时候运行相同的指令序列，在 myCPU 每条指令写寄存器的时候，将 myCPU 中的 PC 和写寄存器的信息同之前的 golden_trace 进行比对，如果不一样，那么立刻报错并停止仿真。

熟悉 LoongArch 指令的读者可能马上就会问：有些转移指令和 store 指令不写寄存器，上面的方式没法判断啊？这些读者提的问题相当对。不过一旦分支跳转的不对，那么错误路径上第一条会写寄存器的指令的 PC 就会和 golden_trace 中的不一致，就会报错并停下来。store 指令执行错了，后续从这个位置读数的 load 指令写入寄存器的值就会与 golden_trace 中的不一致，也会报错并停下来。虽然报错的位置稍微有些靠后，但总体上还是有规律可循的。分支指令和 store 指令的及时报错不是不可以实现，只不过它会进一步增加 myCPU 上调试接口的复杂度，也会在一定程度上限制 myCPU 实现分支指令和 store 指令的自由度，权衡利弊后，我们采取了用少量投入解决大部分问题的设计思路。

上面我们介绍了利用 trace 进行功能仿真验证错误定位的基本思路，下面我们再具体介绍一下如何生成 golden_trace，以及 myCPU 验证的时候是如何利用 golden_trace 进行比对的。

4.4.2.2　利用参考模型生成 golden_trace

功能验证程序 func 编译完成后，就可以使用验证平台里的 gettrace 工程运行仿真生成参考 trace 了。gettrace 这个工程中里所用的 SoC_Lite 和验证 myCPU 所用的 SoC_Lite 架构几乎一样，主要区别就是里面集成了一个已验证过的功能完备的参考处理器核。

仿真顶层为 gettrace/src/tb_top.v，与抓取 golden_trace 相关的重要代码如下：

```
......
`define TRACE_REF_FILE "../../../../golden_trace.txt"    //参考 trace 的存放目录
`define END_PC 32'h1c000100        //func 测试完成后会在 32'h1c000100 处死循环
......
assign debug_wb_pc          = soc_lite.debug_wb_pc;
assign debug_wb_rf_we       = soc_lite.debug_wb_rf_we;
```

```
assign debug_wb_rf_wnum      = soc_lite.debug_wb_rf_wnum;
assign debug_wb_rf_wdata     = soc_lite.debug_wb_rf_wdata;
......
//打开 trace 文件;
integer trace_ref;
initial begin
    trace_ref = $fopen(`TRACE_REF_FILE, "w");
end

//生成 trace 文件
always @(posedge soc_clk)
begin
    if(|debug_wb_rf_we && debug_wb_rf_wnum!=5'd0)      //trace 采样时机
    begin
        $fdisplay(trace_ref, "%h %h %h %h", `CONFREG_OPEN_TRACE ,
            debug_wb_pc, debug_wb_rf_wnum, debug_wb_rf_wdata_v); //trace 采样信号
    end
end
......
```

trace 采样的信号包括：

1）写回（Write Back，WB）指令的 PC。

2）写回指令的写使能。

3）写回指令的目的寄存器号。

4）写回指令的写回值。

显然并不是每时每刻 CPU 都有写回，因此 trace 采样需要有一定的时机。写回指令的写使能有效是指：该指令对通用寄存器堆的写使能信号有效且写回的目的寄存器号非 0。大家可以思考一下，为什么此处判断写回的目的寄存器非 0 时才采样？

4.4.2.3　使用 golden_trace 监控 myCPU

myCPU 功能验证所使用的 SoC_Lite 与 gettrace 工程中的架构一致，但 testbench 有所不同，见 mycpu_verify/soc_verify/soc_XXX/testbench/mycpu_tb.v，重点部分代码如下：

```
......
`define TRACE_REF_FILE  "../../../../../../../../gettrace/golden_trace.txt"
                                                //参考 trace 的存放目录
`define CONFREG_NUM_REG soc_lite.confreg.num_data //confreg 中数码管寄存器的数据
`define END_PC 32'h1c000100                     //func 测试完成后会在 32'h1c000100
                                                 处死循环
......
assign debug_wb_pc           = soc_lite.debug_wb_pc;
assign debug_wb_rf_we        = soc_lite.debug_wb_rf_we;
assign debug_wb_rf_wnum      = soc_lite.debug_wb_rf_wnum;
assign debug_wb_rf_wdata     = soc_lite.debug_wb_rf_wdata;
```

```
......
reg [31:0] ref_wb_pc;
reg [4 :0] ref_wb_rf_wnum;
reg [31:0] ref_wb_rf_wdata_v;
always @(negedge soc_clk)          //下降沿读取参考 trace
begin
    if(|debug_wb_rf_we && debug_wb_rf_wnum!=5'd0 && !debug_end && `CONFREG_OPEN_TRACE)
    //读取 trace 的时机与采样时机相同
    begin
        $fscanf(trace_ref, "%h %h %h %h", trace_cmp_flag ,
                ref_wb_pc, ref_wb_rf_wnum, ref_wb_rf_wdata);  //读取参考 trace 信号
    end
end

always @(posedge soc_clk)          //上升沿将 debug 信号与 trace 信号对比
begin
    if(!resetn)
    begin
        debug_wb_err <= 1'b0;
    end
    else if(|debug_wb_rf_we && debug_wb_rf_wnum!=5'd0 && !debug_end &&
    `CONFREG_OPEN_TRACE)
    //对比时机与采样时机相同
    begin
        if (  (debug_wb_pc!==ref_wb_pc) || (debug_wb_rf_wnum!==ref_wb_rf_wnum)
            ||(debug_wb_rf_wdata_v!==ref_wb_rf_wdata_v) ) //对比时机与采样时机相同
        begin
            $display("--------------------------------------------------------------");
            $display("[%t] Error!!!",$time);
            $display("    reference: PC = 0x%8h, wb_rf_wnum = 0x%2h, wb_rf_wdata
                      = 0x%8h", ref_wb_pc, ref_wb_rf_wnum, ref_wb_rf_wdata_v);
            $display("    mycpu    : PC = 0x%8h, wb_rf_wnum = 0x%2h, wb_rf_wdata =
                      0x%8h", debug_wb_pc, debug_wb_rf_wnum, debug_wb_rf_wdata_v);
            $display("--------------------------------------------------------------");
            debug_wb_err <= 1'b1;   //标记出错
            #40;
            $finish;                //对比出错，则结束仿真
        end
    end
end
......
//监控测试
initial
begin
    $timeformat(-9,0,"ns",10);
    while(!resetn) #5;
  $display("==============================================================");
    $display("Test begin!");
    while(`CONFREG_NUM_MONITOR)
    begin
        #10000;  //每隔 10000ns，打印一次写回级 PC，帮助判断 CPU 是否死机或死循环
```

```
            $display (" [%t] Test is running, debug_wb_pc = 0x%8h", debug_wb_pc);
        end
    end

    //测试结束
    wire global_err = debug_wb_err || (err_count!=8'd0);
    always @(posedge soc_clk)
    begin
        if (!resetn)
        begin
            debug_end <= 1'b0;
        end
        else if(debug_wb_pc==`END_PC && !debug_end)
        begin
            debug_end <= 1'b1;
          $display("==============================================================");
          $display("Test end!");
          $fclose(trace_ref);
          #40;
            if (global_err)
            begin
                $display("Fail!!!Total %d errors!",err_count);  //全局出错，打印 Fail
            end
            else
            begin
                $display("----PASS!!!");    //全局无错，打印 PASS
            end
          $finish;
        end
    end
    ......
```

4.4.3　func 功能测试程序

除了新增的 gettrace 功能，读者还会发现 mycpu_env/func/ 目录下的内容比之前 minicpu_env/func/ 目录下的增加了许多。这里对新的 func 程序做一些简要说明。

4.4.3.1　func 测试程序说明

func 程序分为 func/start.S 和 func/inst/*.S，都是 LoongArch32 汇编程序：

1）func/start.S：主函数，执行必要的启动初始化后调用 func/inst/ 下的各汇编程序。

2）func/inst/*.S：针对每条指令或功能点有一个汇编测试程序。

3）func/include/*.h：测试程序的配置信息和宏定义。

主函数 func/start.S 中主体部分的代码如下，分为三大部分，具体请查看注释。

```
......
# 以下是设置程序开始的 LED 灯和数码管显示，单色 LED 全灭，双色 LED 灯一红一绿。
    LI (a0, LED_RG1_ADDR)
    LI (a1, LED_RG0_ADDR)
    LI (a2, LED_ADDR)
    LI (s1, NUM_ADDR)

    LI (t1, 0x0002)
    LI (t2, 0x0001)
    LI (t3, 0x0000ffff)
    lu12i.w s3, 0
    NOP4

    st.w t1, a0, 0
    st.w t2, a1, 0
    st.w t3, a2, 0
    st.w s3, s1, 0
# 以下是运行各功能点测试，每个测试完成后执行 idle_1s 等待一段时间，且数码管显示加 1。
inst_test:
    bl n1_lu12i_w_test   #lu12i.w
    bl idle_1s

    bl n2_add_w_test     #add.w
    bl idle_1s
......
# 以下是显示测试结果，PASS 则双色 LED 灯亮两个绿色，单色 LED 不亮；
#Fail 则双色 LED 灯亮两个红色，单色 LED 灯全亮。
test_end:
    LI  (s0,  TEST_NUM)
    NOP4
    beq s0, s3, 1f

    LI (a0, LED_ADDR)
    LI (a1, LED_RG1_ADDR)
    LI (a2, LED_RG0_ADDR)

    LI (t1, 0x0002)
    NOP4

    st.w zero, a0, 0
    st.w t1, a1, 0
    st.w t1, a2, 0
......
```

inst/ 目录下每个功能点的测试代码程序名为 n#_*_test.S，其中“#”为编号，如有 15 个功能点测试，则从 n1 编号到 n15。每个功能点的测试代码大致如下。请重点关注其中维护功能点编号（s0 寄存器高 8 位）和通过功能点数（s3 寄存器低 8 位）的相关代码。

```
......
LEAF(n1_lu12i_w_test)
    addi.w   s0, s0 ,1          # 加载功能点编号 s0++
    addi.w   s2, zero, 0x0
    lu12i.w  t2, 0x1
    ###test inst
    addi.w   t1, zero, 0x0
    TEST_LU12I_W(0x00000, 0x00000)
    ......                      # 测试程序，省略
    TEST_LU12I_W(0xff0af, 0xff0a0)
    ###detect exception
    bne      s2, zero, inst_error
    ###score ++                 #s3 存放功能测试计分，每通过一个功能点测试，则 +1
    addi.w   s3, s3, 1
    ###output (s0<<24)|s3
inst_error:
    slli.w   t1, s0, 24
    NOP4
    or       t0, t1, s3         #s0 高 8 位为功能点编号，s3 低 8 位为通过功能点数
                                # 相或结果显示到数码管上

    NOP4
    st.w     t0, s1, 0          #s1 存放数码管地址
    jirl     zero, ra, 0
END(n1_lu12i_w_test)
```

从以上代码可以看到，测试程序的行为是：当通过第一个功能测试后，数码管会显示 0x0100_0001，随后执行 idle_1s；执行第二个功能点测试，再次通过数码管会显示 0x0200_0002，执行 idle_1s……依此类推。显然，每个功能点测试通过，应当数码管高 8 位和低 8 位永远一样。如果中途数码管显示从 0x0500_0005 变成了 0x0600_0005，则说明运行第 6 个功能点测试出错。

最后来看 start.S 文件中 idle_1s 函数的代码，它使用一个循环来暂停测试程序执行。其主体部分代码如下：

```
idle_1s:
    ......
    #initial  t3          // 读取 confreg 模块里的 switch_interleave 的值
    ld.w   t2, t0, 0      #switch_interleave: {switch[7],1'b0, switch[6],1'b0...
                          switch[0],1'b0}
    NOP4
    xor    t2, t2, t1     // 拨码开关拨上为 0，故要 xor 来取反
    NOP4
    slli.w t3, t2, 9      #t3 = switch interleave << 9
    NOP4

sub1:
    addi.w t3,  t3,  -1 //t3 累减 1
```

```
    #select min{t3, switch_interleave} //获取t3和当前switch_interleave的最小值
    ld.w    t2, t0, 0      #switch_interleave:{switch[7],1'b0,switch[6],1'b0...s
                            witch[0],1'b0}
    NOP4
    xor     t2, t2, t1
    NOP4
    slli.w t2,  t2,  9     #switch interleave << 9
    NOP4                   //以上ld.w-xor-slli.w的3条指令再次获取switch_interleave
    sltu    t4, t3, t2     //无符号比大小，如果t3比switch_interleave小则置t4=1
    NOP4
    bne     t4, zero, 1f   //t4!=0，意味着t3比switch_interleave大，则跳1f
    nop
    addi.w t3, t2, 0       //否则，将t3赋值为更小的switch_interleave
    NOP4
1:
    bne     t3,zero, sub1 //如果t3没有减到0，则返回循环开头
    jirl    zero, ra, 0   //结束idle_1s
```

从以上代码可以看到，idle_1s会依据拨码开关的状态设定循环次数。在仿真环境下，我们会模拟拨码开关为全拨下的状态，以使idle_1s循环次数最小。之所以这样设置，是因为FPGA运行远远快于仿真的速度，假设CPU运行一个程序需要10^6个CPU周期，再假设CPU在FPGA上运行频率为10MHz，那其在FPGA上运行完一个程序只需要0.1s；同样，我们仿真运行这个程序，假设我们仿真设置的CPU运行频率也是10MHz，那我们仿真运行完这个程序也是只需要0.1s吗？显然这是不可能的，仿真是软件模拟CPU运行情况的，也就是它要模拟每个周期CPU内部的变化，运行完这一个程序，需要模拟10^6个CPU周期。我们在一台2016年产的主流X86台式机上进行实测发现，Vivado自带的Xsim仿真器运行SoC_Lite的仿真，每模拟一个周期大约需要600μs，这意味着Xsim上模拟10^6个周期所花费的实际时间约10 min。

同一程序，运行仿真测试大约需要10 min，而在FPGA上运行只需要0.1s（甚至更短，比如CPU运行在50MHz主频则运行完程序只需要0.02s）。所以如果不控制好仿真运行时的idle_1s函数，则我们可能会陷入idle_1s长时间等待中；类似地，如果我们上板时设定idle_1s函数很短（比如拨码开关全拨下），则idle_1s时间太短导致我们无法看到数码管累加的效果。

如果大家在自实现CPU上板运行的过程中，发现数码管累加跳动太慢，请调小拨码开关代表的数值；如果发现数码管累加跳动太快，请调大拨码开关代表的数值。

4.4.3.2 func功能点配置

mycpu_env/func/inst/目录下包含所有的功能点测试，读者在进行具体实验时，

需要根据实践任务编号配置 mycpu_env/func/include/test_config.h 文件。该文件内容如下：

```
// ==========================================================================
// exp6            : n1~n20  SHORT_TEST1 1 NOP_INSERT 0 TEST1 1 TEST2 0 TEST3 0
//                              TEST4 0 TEST5 0 TEST6 0 TEST7 0 TEST8 0 TEST9 0
// exp7            : n1~n20  SHORT_TEST1 0 NOP_INSERT 1 TEST1 1 TEST2 0 TEST3 0
//                              TEST4 0 TEST5 0 TEST6 0 TEST7 0 TEST8 0 TEST9 0
// exp8~9          : n1~n20  SHORT_TEST1 0 NOP_INSERT 0 TEST1 1 TEST2 0 TEST3 0
//                              TEST4 0 TEST5 0 TEST6 0 TEST7 0 TEST8 0 TEST9 0
// exp10           : n1~n36  SHORT_TEST1 0 NOP_INSERT 0 TEST1 1 TEST2 1 TEST3 0
//                              TEST4 0 TEST5 0 TEST6 0 TEST7 0 TEST8 0 TEST9 0
// exp11           : n1~n46  SHORT_TEST1 0 NOP_INSERT 0 TEST1 1 TEST2 1 TEST3 1
//                              TEST4 0 TEST5 0 TEST6 0 TEST7 0 TEST8 0 TEST9 0
// exp12           : n1~n47  SHORT_TEST1 0 NOP_INSERT 0 TEST1 1 TEST2 1 TEST3 1
//                              TEST4 1 TEST5 0 TEST6 0 TEST7 0 TEST8 0 TEST9 0
// exp13~16        : n1~n58  SHORT_TEST1 0 NOP_INSERT 0 TEST1 1 TEST2 1 TEST3 1
//                              TEST4 1 TEST5 1 TEST6 0 TEST7 0 TEST8 0 TEST9 0
// exp18           : n1~n70  SHORT_TEST1 0 NOP_INSERT 0 TEST1 1 TEST2 1 TEST3 1
//                              TEST4 1 TEST5 1 TEST6 1 TEST7 0 TEST8 0 TEST9 0
// exp19, 21~22    : n1~n72  SHORT_TEST1 0 NOP_INSERT 0 TEST1 1 TEST2 1 TEST3 1
//                              TEST4 1 TEST5 1 TEST6 1 TEST7 1 TEST8 0 TEST9 0
// exp23           : n1~n79  SHORT_TEST1 0 NOP_INSERT 0 TEST1 1 TEST2 1 TEST3 1
//                              TEST4 1 TEST5 1 TEST6 1 TEST7 1 TEST8 1 TEST9 0
// ===============================================================================
   ==============

//===================================================================
//SHORT_TEST1: less test case for n1~n20.
//             Only set for exp6.
//===================================================================
#define SHORT_TEST1 0
//===================================================================
//NOP_INSERT: Insert 4 nop insts between every alu operation.
//            Only set for exp7.
//===================================================================
#define NOP_INSERT 0

#define TEST1 0
#define TEST2 0
#define TEST3 0
#define TEST4 0
#define TEST5 0
#define TEST6 0
#define TEST7 0
#define TEST8 0
#define TEST9 0
```

开始一个新的实践任务前，请根据 test_config.h 头部的注释信息查明该实验对应的

SHORT_TEST1、NOP_INSERT（包括 NOP_INSERT 0 和 NOP_INSERT 1）、TEST1 ~ TEST9 这 12 个配置宏的数值，修改该文件下部各个宏变量的定义值。

4.4.3.3 LoongArch32R GCC 交叉编译工具的安装

自行编译 func 程序需要使用 LoongArch32R 的 GCC 交叉编译工具。该工具链可以从 https://gitee.com/loongson-edu/la32r-toolchains 下载源码自行编译、安装，也可以直接从 https://gitee.com/loongson-edu/la32r-toolchains/releases 下载安装包。我们这里主要介绍后一种方式的安装步骤。

下载安装包时请根据所用机器是 X86 还是 LoongArch 选择对应的版本。下载压缩包“loongarch32r-linux-gnusf-*.tar.gz”至 Linux 操作系统自身的文件系统中。需要特别提醒的是，目前 X86 版本 LoongArch32R 的 GCC 交叉编译工具只支持 64 位系统（在系统下运行 uname -a 命令显示架构为 x86_64）。接下来：

1）打开一个 terminal，进入压缩包所在目录，进行解压：

```
$ sudo tar zxvf loongarch32r-linux-gnusf-*.tar.gz -C /opt/
```

2）确保目录 /opt/loongarch32r-linux-gnusf-*/bin/ 存在，随后执行：

```
$ echo "export PATH=/opt/loongarch32r-linux-gnusf-*/bin/:$PATH">>~/.bashrc
```

3）重新打开一个 terminal，输入 loongarch32 然后敲击 tab 键，如果能够提示出现 loongarch32r-linux-gnusf- 之类的补全，就说明工具链已经安装成功。此时可以编写一个 hello.c 然后用工具链进行编译看其是否可以工作。

```
$ loongarch32r-linux-gnusf-gcc hello.c
```

4.4.3.4 func 测试程序编译脚本说明

func 测试程序的编译脚本为验证平台目录下的 func/Makefile，了解 Makefile 的读者可以去看一下该脚本。该脚本支持以下命令：

- make help：查看帮助信息。
- make：编译得到仿真下使用的结果。
- make clean：删除 *.o、*.a 和 ./obj/ 目录。

4.4.3.5 func 测试程序编译结果说明

func 测试程序编译结果位于 func/obj/ 下，与本书第二部分实践任务相关的共有 3 个文件，各文件的具体解释见表 4.4。

表 4.4　func 测试程序编译生成文件

文件名	解释
inst_ram.coe	重新定制 inst ram 所需的 coe 文件
inst_ram.mif	仿真时 inst ram 读取的 mif 文件
test.s	对 main.elf 反汇编得到的文件

4.4.3.6　func 测试程序的装载

我们开发的测试程序用 GCC 工具编译之后形成一个 ELF 格式的可执行文件——main.elf。那么我们是要在自己设计的 CPU 上直接运行这个 ELF 格式的可执行文件吗？显然不是。我们测试的环境俗称“裸机”，它是一台没有运行任何操作系统或者监控环境的单纯的硬件系统，所以文件系统、可执行程序的加载器等软件统统都没有。

我们真正需要的其实是 main.elf 的代码和初始数据[㊀]。我们只要能把这些代码和初始数据提取出来，将代码放到指令 RAM 中，将初始数据放到数据 RAM，那么就可以把 CPU 跑起来了。所以我们用工具链中的 objcopy 工具，将 main.elf 文件中的 .text 段提取出来生成二进制格式的纯数据文件 main.bin，将 main.elf 文件中的 .data 段提取出来生成二进制格式的纯数据文件 main.data。

接下来就是把这些信息怎么“装”到 RAM 中去了。我们利用的是 Xilinx FPGA 中 block RAM IP 的初始内容加载功能。该功能需要将加载的内容按照规定的格式生成文本文件。于是我们进一步将前面得到的 main.bin 和 main.data 转换为所需的文本文件。每个二进制纯数据文件都生成一个 .coe 后缀的文件和一个 .mif 后缀的文件。这两个文件的数据内容其实完全相同，只是文档的其他格式信息存在差异。coe 文件是用于生成上板配置文件的，而 mif 文件是用于功能仿真的。我们建议读者在调试过程中**不要通过直接修改 coe 文件或是 mif 文件的方式来调整测试激励，除非你真的搞清楚了修改会影响哪个环节的验证结果。**

4.4.3.7　func 测试仿真验证结果判断

判断仿真结果是否正确有两种方法。

第一种方法，也是最简单的方法，就是看 Vivado 控制台打印 Error 还是 PASS。正确的控制台打印信息如图 4.14 所示。

㊀ 在后期的某些实验中，测试程序需要一定量的输入数据，如果采用立即数加载的方式将耗费较多的 CPU 执行时间，届时我们会将这些输入数据以赋了初值的全局静态变量的形式传给测试程序。这些全局变量的初值将记录在 ELF 文件的只读数据段中。

```
[1662000 ns] Test is running, debug_wb_pc = 0x1c06a19c
[1672000 ns] Test is running, debug_wb_pc = 0x1c06b208
[1682000 ns] Test is running, debug_wb_pc = 0x1c06c274
[1692000 ns] Test is running, debug_wb_pc = 0x1c06d2d4
[1702000 ns] Test is running, debug_wb_pc = 0x1c06e340
[1712000 ns] Test is running, debug_wb_pc = 0x1c06f3ac
----[1714705 ns] Number 8'd19 Functional Test Point PASS!!!
[1722000 ns] Test is running, debug_wb_pc = 0x1c088120
[1732000 ns] Test is running, debug_wb_pc = 0x1c08920c
[1742000 ns] Test is running, debug_wb_pc = 0x1c08a348
[1752000 ns] Test is running, debug_wb_pc = 0x1c08b48c
[1762000 ns] Test is running, debug_wb_pc = 0x1c08c570
[1772000 ns] Test is running, debug_wb_pc = 0x1c08d678
[1782000 ns] Test is running, debug_wb_pc = 0x1c08e768
[1792000 ns] Test is running, debug_wb_pc = 0x1c08f8a0
[1802000 ns] Test is running, debug_wb_pc = 0x1c0909a8
[1812000 ns] Test is running, debug_wb_pc = 0x1c091ac8
[1822000 ns] Test is running, debug_wb_pc = 0x1c092bd0
[1832000 ns] Test is running, debug_wb_pc = 0x1c093cc0
[1842000 ns] Test is running, debug_wb_pc = 0x1c094df8
----[1845535 ns] Number 8'd20 Functional Test Point PASS!!!
==============================================================
Test end!
----PASS!!!
```

每隔10 000ns，打印一次debug_wb_pc。

第19个测试功能点PASS。

第20个测试功能点PASS。

测试程序结束，没有错误，打印PASS！

图 4.14　仿真验证通过的控制台打印信息

第二种方法，是通过波形窗口观察程序执行结果 func 正确的执行行为，抓取 confreg 模块的信号 led_data、led_rg0_data、led_rg1_data、num_data：①开始时，单色 LED 写全 1 表示全灭，双色 LED 写 0x1 和 0x2 表示一红一绿，数码写全 0；②执行过程中，单色 LED 全灭，双色 LED 灯一红一绿，数码管高 8 位和低 8 位同步累加；③结束时，单色 LED 写全 1 表示全灭，双色 LED 均写 0x1 表示亮两绿，数码管高 8 位和低 8 位数值（十六进制）相同，对应测试功能点数目。如图 4.15 所示。

4.4.3.8　func 测试 FPGA 上板验证结果判断

在 FPGA 上板验证时其结果正确与否的判断只有一种方法，func 正确的执行行为是：

1）开始时，单色 LED 全灭，双色 LED 灯一红一绿，数码管显示全 0。

2）执行过程中，单色 LED 全灭，双色 LED 灯一红一绿，数码管高 8 位和低 8 位同步累加。

3）结束时，单色 LED 全灭，双色 LED 灯亮两绿，数码管高 8 位和低 8 位数值相同，对应测试功能点数目。

如果 func 执行过程中出错了，则数码管高 8 位和低 8 位第一次不同处即为测试出错的功能点编号，且最后的结果是单色 LED 全亮，双色 LED 灯亮两红，数码管高 8 位和低 8 位数值不同。

最后 FPGA 验证通过的效果类似图 4.16，数码管高 8 位和低 8 位显示为运行的功能点数目。

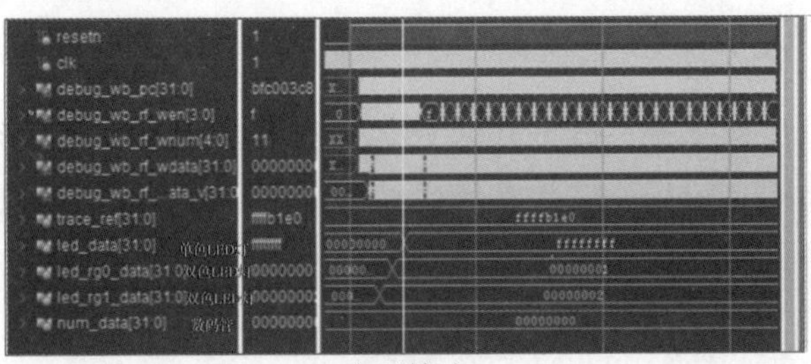

a）开始时

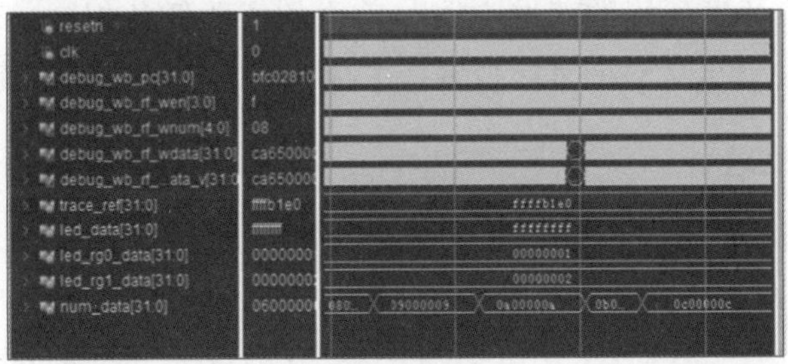

b）执行过程中

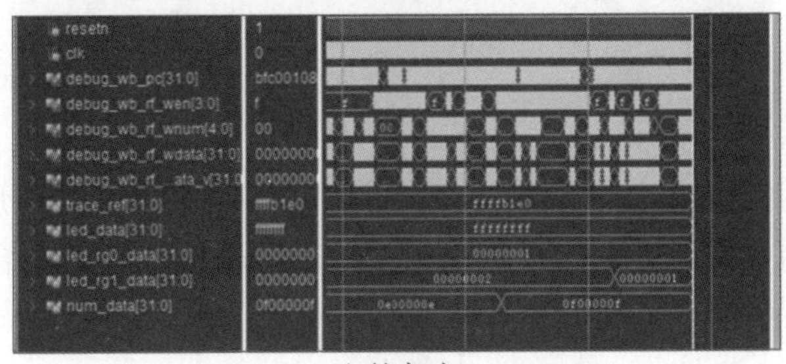

c）结束时

图 4.15 正确的仿真波形图

图 4.16 上板验证正确效果图

4.4.4 基于 mycpu_env 实验开发环境的实验流程

mycpu_env 实验开发环境丰富了 func 测试程序并引入了 trace 比对调试机制，整个实验流程比基于 minicpu_env 实验开发环境的增加了编译测试程序、生成比对 trace 两个步骤。我们来小结一下。

4.4.4.1 获取实验开发环境

mycpu_env 实验开发环境的获取方式与前面的实践任务相同，若仍不熟悉请回顾 2.3.1 节中的介绍。该开发环境的具体位置位于项目的一级子目录 mycpu_env 下。

4.4.4.2 开发 CPU 代码

该步骤的操作与基于 mini_cpu 实验开发环境的一致。

4.4.4.3 集成自己的 CPU

该步骤的操作与基于 mini_cpu 实验开发环境的基本一致，只不过代码需更新至 mycpu_env/myCPU/ 目录下。

4.4.4.4 编译测试程序

这是新增的步骤。如果你获取实验环境采用的是直接下载并解压指定实验的压缩包 expXX.zip 这种方式且实验过程中不考虑调整测试程序，那么这个步骤会直接跳过，因为所提供的压缩包中已经包含了事先编译好的结果。否则的话，需要进入 func 目录，根据将要进行的实验修改 include 目录下测试功能点配置文件 test_config.h，然后先运行 make clean，再运行 make。

如果是在 Windows 操作系统下运行 Vivado：先确保你的虚拟机中运行着一个已经安装了 LoongArch32R GCC 交叉编译工具的 Linux 操作系统，将 func 目录设置为虚拟机共享目录[⊖]。在虚拟机的 Linux 操作系统中进行上述编译操作，回到 Windows 操作系统下，确认 func/obj/ 整个目录下的内容确实是最新编译更新的。

有关 LoongArch32R GCC 交叉编译工具的安装，请参看 4.4.3.3 节的内容。

4.4.4.5 生成比对 trace

进入 gettrace/ 目录，打开 Vivado 工程 gettrace.xpr，进行仿真，生成参考结果

⊖ 针对本书中实验所涉及的程序编译工作，Windows 操作系统自带的 Windows Subsystem for Linux 2（WSL2）就已经完全够用。WSL2 无须进行此操作，即可通过访问 /mnt/XXX 完成对 Windows 系统下 XXX 目录的访问。

golden_trace.txt。重点关注此时 inst_ram 加载的确实是前一个步骤编译出的结果。要等仿真运行完成，golden_trace.txt 才有完整的内容。

4.4.4.6　仿真验证自己的 CPU

该步骤的操作与基于 mini_cpu 实验开发环境的一致。

4.4.4.7　上板验证自己的 CPU

该步骤的操作与基于 mini_cpu 实验开发环境的基本一致。若仿真结果正常即可进入上板检测环节。回到 mycpu 这个工程中，进行综合实现，成功后即上板进行检测，观察实验箱上数码管显示结果是否与要求的一致。若一致则此次实验成功；否则转到下面的调试阶段进行问题排查。

4.4.4.8　调试自己的 CPU

该步骤在基于 mini_cpu 实验开发环境中也应有，不过因为最初的实验难度低，故未重点强调。调试时请按照下列步骤排查，然后重复仿真验证、上板验证、调试三个过程直至正确。

1）复核生成、下载的 bit 文件是否正确。

- 如果判断生成的 bit 文件不正确，则重新生成 bit 文件。
- 如果判断生成的 bit 文件正确，转步骤 2。

2）复核仿真结果是否正确。

- 如果仿真验证结果不正确[1]，则回到前面的仿真验证步骤。
- 如果仿真验证结果正确，转步骤 3。

3）检查实现（Implementation）后的时序报告（Vivado 界面左侧“IMPLEMENTATION”→“Open Implemented Design”→“Report Timing Summary”）。

- 如果发现时序不满足，则在 Verilog 设计里调优不满足的路径，然后回到前面的仿真验证环节依序执行各项操作；或者降低 SoC_Lite 的运行频率，即降低 clk_pll 模块的输出端频率，然后回到前面的上板验证环节依序执行各项操作。
- 如果实现时时序是满足的，转步骤 4。

4）认真排查综合和实现时的 warning。

- Critical warning 是强烈建议要修正的，warning 是建议尽量修正的，然后回到前面的上板验证环节依序执行各项操作。

[1] 如果仿真验证都没有通过就上板，我们只能表扬你勇气可嘉。

- 如果没有可修正的 warning 了，转步骤 5。

5）人工检查 RTL 代码，避免多驱动、阻塞赋值乱用、模块端口乱接、时钟复位信号接错、模块调用处的输入输出接反，查看那些从别处模仿来的“酷炫”风格的代码，查找有没有在仿真环境中用 force 语句固定了某些信号的值导致仿真和上板不一致。如果怎么看代码都看不出问题，转步骤 6。

6）参考附录 D.5 节进行板上在线调试；如果调试了半天仍然无法解决问题，转步骤 7。

7）反思。真的，现在除了反思还能干什么？

根据我们的教学和培训经验，在此重点提醒读者，很多“仿真通过，上板不过”都是以下问题之一导致的：

1）多驱动。

2）模块的 input/output 端口接入的信号方向不对。

3）时钟复位信号接错。

4）代码不规范，阻塞赋值乱用，always 语句随意使用。

5）仿真时控制信号有“X”。仿真时，有“X”调“X”，有“Z”调“Z”。特别是设计的顶层接口上不要出现“X”和“Z”。

6）时序违约。

7）模块里的控制路径上的信号未进行复位。

4.4.5　mycpu_env 实验开发环境使用进阶

4.4.5.1　重新生成 golden_trace.txt

每当我们更新 func 程序并重新编译后，切记在 gettrace 里重新生成 golden_trace.txt，具体步骤如下：

1）打开 gettrace 工程，确保 soc_lite_top.v 中的 INST_COE 宏定义指向更新后 func 生成的 mif 文件。

2）运行仿真，仿真结束后 gettrace 目录下的 golden_trace.txt 会被更新。

4.4.5.2　重新定制 inst_ram

每当我们更新 func 程序并重新编译后，需要重新定制 inst_ram 使其应用 func/obj/ 目录下的最新内容。

注意，只有 soc_verify 目录下的工程需重新定制 inst_ram。gettrace 目录下的工程在此情况下无须重新定制 inst_ram，因为该环境下 soc_lite_top.v 中的 INST_COE 宏定义直接指向了 func/obj/ 目录下的 mif 文件。重新定制 inst_ram 的流程如下：

1）在 Sources 窗口中找到 inst_ram IP，双击或者点击鼠标右键后选择“Re-customize IP...”，进入定制界面。

2）在弹出的重新定制 IP 界面中（如图 4.17 所示）选择 Other Options 选项卡，勾选 Load Init File，并且在 Coe File 中通过点击“Browse”选择新生成的 inst_ram.coe，点击 OK。

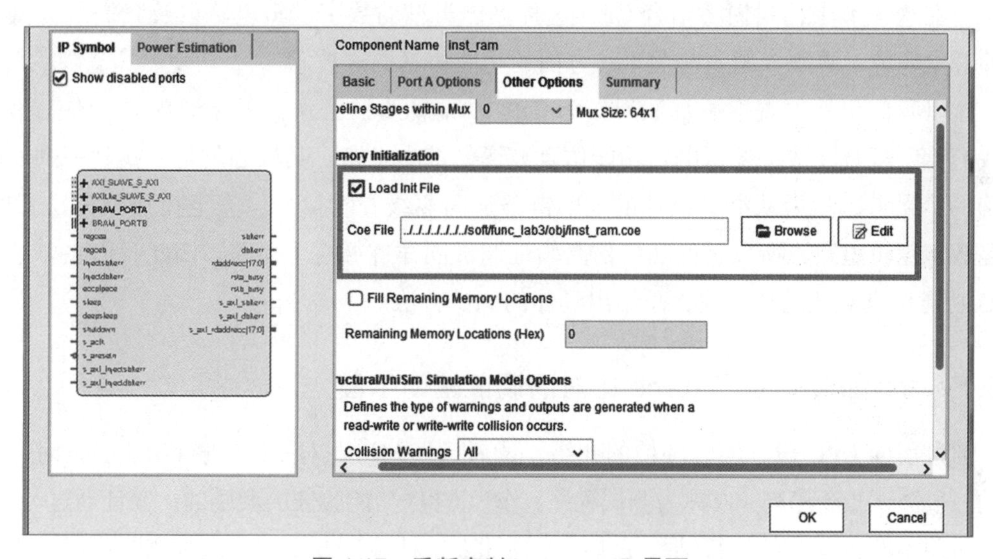

图 4.17　重新定制 inst_ram IP 界面

3）在弹出的 Generate Output Product 窗口中点击 Generate（根据需要选择 global 或 ooc 模式），完成 inst_ram 的重新定制。

4.4.5.3　替换 mif 文件快速仿真

本小节内容仅供参考，如果未掌握本节内容，完全不影响实践任务的开展。

前面讲到的重新定制 inst_ram 比较耗时，如果只进行仿真的话可以选择直接替换 Vivado 项目中所用 mif 文件的方法来达到更改 inst_ram 初始值的目的。以单周期 CPU 的实验开发环境为例，在启动仿真界面后，会发现工程文件中出现下面的目录：`soc_verify/soc_dram/run_vivado/mycpu_prj1/mycpu.sim/sim_1/behave/xsim/`

将该目录中的 inst_ram.mif 替换成软件环境 obj 目录下的 inst_ram.mif（`CPU_CDE/func/obj/inst_ram.mif`），再点击“Restart”（注意：不是“**Relaunch Simulation**”）回到

零时刻，点击“run all”开始仿真，此时inst_ram的初始值就会变成更新后的inst_ram.mif中的数据。

注意：每当新打开仿真或者点击“Relaunch Simulation”时，inst_ram.mif文件会根据先前定制好的inst_ram来重新生成。

4.5 CPU设计实验功能仿真调试技术

上一章我们已经介绍过数据逻辑电路设计在功能仿真过程中常用的一些调试方法和技术。在这一节中，我们将结合CPU这种具体类型的数字逻辑电路以及我们所提供的实验开发环境，再来介绍一些关于这方面的功能仿真调试技术。

这里我们仍然以观察仿真波形作为CPU功能仿真验证调试的主要手段。在上一章中我们给出过观察数字逻辑电路功能仿真波形的基本思路，其核心就是“找到一个你能明确的错误点，然后从沿着设计的逻辑链条逆向逐级查看信号，直至找到源头。”CPU也是数字逻辑电路，所以它的功能仿真验证调试同样遵循这个思路。因此我们主要结合CPU功能仿真验证的特殊性，总结出具体的调试方法。

4.5.1 为什么要用基于trace比对的调试辅助手段

通过前面CPU设计实验环境的介绍，读者已经知道在对CPU进行功能验证时，是采用一段测试指令序列（或称为测试程序）作为CPU功能验证的激励的；验证通过与否，是通过观察测试程序的执行结果是否符合预期。这种验证方式的优点是它既可以用于仿真验证也可以用于实际机器的测试，缺点是验证者看到出错现象时往往离出错源头相隔很远了。对于这里所说的缺点，大家可能没有直观的概念。我们接下来举例说明一下。

譬如说，我们想通过测试程序验证CPU有没有把add.w指令实现正确，那么很自然地会用这样的流程开发测试程序：首先，分别向两个寄存器存入操作数；然后执行一条add.w指令，将这两个寄存器作为源寄存器，同时向不同于add.w指令目的寄存器的另一个寄存器存入正确的结果；最后，将存有期望结果的寄存器和add.w指令的目的寄存器进行比较，如果不相等则调用打印函数向终端输出一条出错信息，否则继续进行后续其他测试。按照这个流程，假设CPU设计中出现了错误，导致add.w指令出错，那么等到验证人员从终端中看到出错信息时，其实这中间CPU已经执行了比较指令和打印出错信息的函数的所有指令。如果整个系统的输出函数有自己内部的软件缓存，那么出错信息真正写入到输出设备中的时间还要更靠后。也就是说，从add.w指令出错，到你看到提示出错，CPU 可能又执行了成百上千条指令。这会造成什么问题呢？就是你打开仿真波形后，从最后时刻开始向前的数百乃至数千个周期中 CPU 都是行为的正常，也就是说你查看这数百乃至数千个周期中的任何信号都是徒劳的。如果没有一种方法让你快速定位到出错的 add.w 指令的执行时刻，那么就会花费相当多无用的调试时间。

有读者会说，这个好办，我们在错误信息中把这是第几个测试程序的第几个测试用例打印出来，然后按照这个信息定位被测试的指令就可以了。这个方法不错，但是不能解决所有问题。因为你要知道现在出错不是软件写错了，而是 CPU 设计出错了，那么出错的原因就可能五花八门。还是刚才的例子，检验 add.w 指令执行正确的测试中可不是只有 add.w 指令，还有其他指令。一旦这些指令执行出错了，你还是看到提示说 add.w 指令测试出错了，但事实上并非如此。有的读者可能会想，如果我们在测试里面用的其他指令都是前面的测试用例已经测试过的，那么就不应该会错在其他指令上了。我们只能说这是一个美好的愿望。我们暂且不论第一条指令的测试该如何写（这意味着只用一条指令写一段测试程序），就说已经测试过的指令后面再使用就不会出错这个假设也是不成立的。CPU 设计的调试有时候之所以困难就在于，同样一条指令，它在这种执行序列下可能会做对但是换一种执行序列就有可能会做错。因此一条指令在前面测试通过了未必在后面的测试序列中就不会出错。

上面所说的内容小结一下就是：**CPU 执行出错的错误源头，可以通过测试程序的逻辑路径传递很远之后才被验证者发现。**采用测试程序测试 CPU 设计的验证方法，其调试过程中最大的工作量就是找到错误源头对应的那条指令。

解释到这里，也许读者就能真正理解，为什么我们要在实验开发环境中提供一套基于 trace 比对的调试辅助手段。因为**通过这个手段，在大多数情况下，仿真验证平台都能在错误源头的那条指令刚刚执行完的时候立刻报错。**具体到波形中，你们可以将 mycpu_tb 这个模块中的 debug_wb_err 信号抓到波形中，它从 0 变为 1 的时刻，就是 trace 比对不通过的那条指令在写回级写寄存器的时刻。是不是特别简单？瞬间就定位到出错的指令了。

4.5.2　基于 trace 比对调试手段的“盲区”及对策

不过 trace 比对机制也不是万能的，就是说还是存在 trace 比对无法及时发现的错误。我们总结了一下，主要有下面三种情况：

1）被测 CPU 死机了。波形上体现为时钟信号还在随着时间增加而增长，但是 CPU 一直没有指令写回。

2）被测 CPU 执行一段死循环，且这段死循环中没有写寄存器的指令。譬如像“1: b 1b; nop”这样的程序片段。

3）被测 CPU 执行 store 指令出错。

针对前两种情况，我们在实验开发环境中引入了另一套监控机制：通过在验证平台 mycpu_tb 中每隔 10 000ns 利用 Verilog 的 $display 系统调用直接向终端输出 CPU 写回级的 PC。如果发现终端不再输出写回级 PC 或者输出的都是同一 PC，则说明 CPU 死机了；如果终端输出的 PC 具有很明显的规律，是在一个很小的范围内不停地重复，则说明陷入了死循环。这时候就需要你找到这串提示异常的输出的第一条，找到该条提示开头的仿真时间。你的波形是要从这个仿真时间开始往前找（后面的就不用看了），找到第一个写回级有写寄存器信号的时刻。那么错误肯定是在这个时刻开始之后的某个时刻出现的。

对于第三种情况，执行出错的 store 指令会被后面访问相关地址[㊀]的 load 指令报出来，所以你会看到 trace 比对机制报错并停在一条 load 指令上。当你检查完这条 load 指令的执行过程，发现 load 指令自身的执行都没有问题，那么问题十有八九就是前面访问相关地址 store 指令执行出问题了。要么是该写这个地址的 store 指令把写入的数值搞错了，要么就是该向这个地址写入数值的 store 指令没有写进去，要么就是不该访问这个地址的 store 指令，因为把地址搞错了，错误地更改了这个位置的数值。具体是哪种原因，需要结合程序的行为和波形的反馈来调试。应该说，这种 store 指令执行错的情况是最难调的。为了调好这类错误，就必须掌握接下来介绍的阅读反汇编代码的技能。

4.5.3 学会阅读汇编程序和反汇编代码

在进行 CPU 设计实验时，为了验证自己写的 CPU 的功能，我们需要让 CPU 运行一段验证程序。这种验证程序通常是用 C 语言或汇编语言编写的。C 语言编写比较方便、快捷，适合编写复杂的程序；汇编语言编写虽然稍微烦琐点，却可以明确控制指令顺序、编译结果。比如，有时候我们需要验证 CPU 对特定指令序列流的处理是否正确，此时就适合使用汇编语言编写。另外，C 语言中也可以内嵌汇编进行编程，这种汇编与 C 语言混合编程的写法适合提升程序的性能或实现特定的功能。

接下来，我们将简单介绍 LoongArch32 汇编程序和反汇编代码的阅读，帮助读者初步阅读 LoongArch32 汇编程序和反汇编代码。想要了解具体的工具链编译流程，以

㊀ 之所以用“相关地址”而不是“相同地址”，是因为只要 store 写的地址区域和 load 读的地址区域有重叠就会有体现，而此时两条地址相关的 load、store 指令的地址未必严格相同。

及围绕 elf 文件的底层原理，可以参考《程序员的自我修养》一书。该书是以 x86 指令集为基础介绍的，所以在具体的例子上会和 LoongArch32 有所差异，但是所阐述的原理是一致的，只需要稍加变通完全可以应用到 LoongArch32 指令集上。同样，*See MIPS Run*[㊀]一书尽管针对的是 MIPS 指令集，但它仍然是介绍指令集相关底层编程模式和其上软件栈如何运行的经典入门著作，值得一读。

一般地，程序员编写的汇编程序，会将其后缀名记为“.S”，比如我们经常在一个编译目录里看到的文件名“start.S”就是一个人为编写的汇编程序；对编译工具链自动生成的汇编 / 反汇编文件，将其后缀名记为“.s”。

4.5.3.1　常见的汇编代码

常见的汇编代码格式如下：

```
##s4, exception pc
    .globl   _start
    .globl   start
    .globl   __main
_start:
start:
    li.w     $t0, 0xffffffff
    addi.w   $t0, $zero, -1
    b        locate

    ##avoid "j locate"not taken
    lu12i.w  $t0, -0x80000
    addi.w   $t1, $t1, 1
    or       $t2, $t0, $zero
    add.w    $t3, $t5, $t6
    ld.w     $t4, $t0, 0

##avoid cpu run error
    .org   0x0ec
    lu12i.w  $t0,  -0x80000
```

这段代码中有 4 类功能语句：

1）注释代码：比如“##…”，参见 4.5.3.2 节的介绍。

2）标号（label）：比如“_start:”和“start:”，参见 4.5.3.3 节的介绍。

3）伪指令：比如“.globl”和“.org”，参见 4.5.3.4 节的介绍。

4）汇编指令：比如“b locate”（locate 是一处标号）、“li.w”“addi.w”等，参见 4.5.3.5 节的介绍。

㊀ 中文版《MIPS 体系结构透视》已由机械工业出版社出版，书号为 978-7-111-23362-6。——编辑注

4.5.3.2 注释代码

在 LoongArch32 汇编中，通常汇编器支持两类注释代码：

1）#：表示从当前字符到行尾为注释；

2）/*…*/：同 C 语言语法，之间的内容为注释。

值得说明的是，“#”还有其他用途，即用于预处理的引导字符。比如“#define”“#if”和“#include”，它们都不是注释，而是预处理的指示语句，和 C 语言类似。

“#if”配合“#elif”“#else”和“#endif”可以实现条件编译的功能，如下：

```
run_test:
#if CMP_FUNC==1
    bl  shell1
#elif CMP_FUNC==2
    bl  shell2
#elif CMP_FUNC==3
    bl  shell3
#elif CMP_FUNC==4
    bl  shell4
#else
    b  go_finish
#endif
go_finish:
```

4.5.3.3 标号

标号用于代替该条汇编指令的起始地址，其实相当于定义了一个变量，该变量指向该汇编指令的起始地址。其定义格式是：“标号”+“:”。

标号的命名遵循汇编中的变量命名的格式，可以是 C 语言中任意合法的标识符（大小写字符、数字和下划线），同时还可以包含字符“.”，比如“.t0”可以作为一个合法的标号。

有一类特殊的标号是数字标号，如下面示例中的“1:”和“2:”是数字标号的定义，“2b”是对数字标号“2”的引用。

```
    slli.w  $t0, $t0, 16
1:
    addi.w  $t0, $t0, 1
2:
    addi.w  $t0, $t0, -1
    bne     $t0, $zero, 2b
    jr      $ra
```

数字标号具有局部标号的作用：引用的格式为“数字标号 +‘f’”表示在将来的程

序（forward）中找寻最近的该数字标号；引用的格式为“数字标号 + ‘b’”表示在过去的程序（backward）中找寻最近的该数字标号。比如：“1f”表示在将来的程序中找寻最近的数字标号“1”，也就是代码界面里向下找最近的“1”；“2b”表示在过去的程序中找寻最近的数字标号“1”，也就是代码界面里向上找最近的“2”，在上面的代码中“2b”就是引用“ addi.w$t0,$ t0, –1”这条指令处定义的标号“2”。由于数字标号的引用遵循就近原则，所以数字标号可以重复定义、引用，而不会导致混乱，极大地方便了汇编程序的编写（程序员不需要绞尽脑汁命名一些临时或简单的跳转标号）。

4.5.3.4　伪指令

在 LoongArch32 汇编中还经常看到伪指令，比如“ `.globl`”“ `.text`”“ `.org`”和“ `.align`”等。伪指令的功能是指导汇编器的工作。

- “ `.globl`”声明该变量是全局变量，可以供其他文件引用。
- “ `.text`”告诉汇编器后续代码放在“ `.text`”段（代码段），除非遇到其他说明。与“ `.text`”类似的功能还有“ `.section .rodata`”（只读数据段）、“ `.data`”(数据段)、“ `.section .sdata, "aw"`”(小数据段，用于优化生成代码，s 前缀是 small 的意思）等。
- “ `.org`”和“ `.align`”指示对齐格式：“ `.org n`”表示从起始地址偏移 n，“ `.align n`”表示以 2^n 字节对齐。比如：“ `.org 0x100`”表示要求地址低位为 0x100（也就是起始地址偏移 n）；“ `.align 2`”表示以 2^2 字节对齐，也就是要求地址末两位为 0。

4.5.3.5　汇编指令与机器指令

汇编指令是机器指令的超集，也就是一条机器指令一定也属于汇编指令。汇编指令是我们可以直接在汇编文件中编写的指令，作为汇编器的输入；机器指令则是作为汇编器的输出，每条机器指令对应一个唯一的指令编码，供机器识别并执行。不同的汇编器支持的汇编指令可能有所不同，但是它们支持的同一架构版本的机器指令一定是相同的。

机器指令也是我们实现的 CPU 中直接支持的指令，我们在指令手册的指令列表中看到的指令都是机器指令。比如，“ add.w”指令就直接是一条机器指令，通常一条汇编指令对应一条机器指令。

但有些汇编指令是一条对应多条机器指令。为什么要有这类汇编指令？答案是为了汇编代码更好的可读性与易编写性，比如非常常用的加载立即数或者加载变量的地址的编程需求。如果立即数或者变量地址是一个“不规则”的32位数，一条机器指令显然就没办法将其编码进去，例如：汇编语句“`li.w t0, 0x12345678t0` 寄存器加载入 `0x12345678`”这个32位二进制数，就对应于两条机器指令，见表4.5的第3种情况。而即便是有些情况下（如表4.5的前两种情况）能对应于一条指令，我们仍然倾向于用像“li.w”这样非机器指令的汇编指令，因为这样程序的行为更加一目了然。

表4.5　一条“li.w”汇编宏指令对应一或多条机器指令

汇编宏指令	对应的机器指令
li.w t0, 0x12340000	lu12i.w $t0, 0x12340
li.w t0, 0xfffff865	addi.w $t0, $zero, 0x865-0x1000
li.w t0, 0x12348765	lu12i.w $t0, 0x12348; ori $t0, $t0, 0x765

表4.5中有一点需要注意，addi.w指令这里不能写作“addi.w $t0, $zero, 0x865”。这是因为addi.w指令会将0x865当作有符号数，但这已经超出了addi.w立即数域的表示范围，想要表示0x865这个二进制数，就要先将其减去0x1000转换为有符号下的表示。通常我们把像“li.w”这样的在指令手册中并不存在但汇编器可以识别出来并转换成相应具体机器指令序列（一条或多条）的汇编指令称为宏指令。**而一旦遇到新的宏指令，要善于积累总结，不要因为指令手册上没有而感到困惑。**（思考：前面的示例中出现过一条指令“jr $ra”，它是不是宏指令？如果是，它对应哪条具体情况下的机器指令？）

4.5.3.6　通用寄存器的习惯命名和用法

我们实验中使用的ABI为ilp32，其对通用寄存器的命名和使用约定如表4.6所示。

表4.6　ilp32 ABI通用寄存器命名约定及用法

寄存器编号	助记符	用法	函数调用过程中的保存情况
$r0	$zero	Constant zero	Unused
$r1	$ra	Return address	No
$r2	$tp	TLS	Unused
$r3	$sp	Stack pointer	Yes
$r4-$r11	$a0-a7	Argument register	No
$r12-$r20	$t0-$t8	Temporary register	No
$r21	$x	Reserved	Unused
$r22	$fp	Frame pointer	Yes
$r23-$r31	$s0-$s8	Subroutine register variables	Yes

4.5.3.7　反汇编命令和代码阅读

汇编或 C 语言编写程序，对其进行编译得到的可执行文件是 elf 格式的文件，对 elf 文件使用 objdump 命令可以进行反汇编，通常约定反汇编后的文件后缀为“.s”。

比如，假设 elf 文件为 main.elf，对该文件进行反汇编可以在 linux 命令行执行以下命令：

```
$ loongarch32r-linux-gnusf-objdump  -ald  main.elf  >  test.s
```

或

```
$ loongarch32r-linux-gnusf-objdump  -alD  main.elf  >  test.s
```

上述命令中“loongarch32r-linux-gnusf-objdump”为交叉编译工具 objdump 的命令，“-ald”或“-alD”为命令参数，“main.elf”为 elf 文件的名字，“>”为重定向命令（表示将终端输出重定向到后续的文件 test.s 中），“test.s”为输出重定向后的文件名。

关于命令参数的具体含义如下：

1）-a：显示 elf 文件的文件头信息。

2）-l：显示源码中的行号，通常与 -d 或 -D 联合使用，并且需要在编译生成 elf 文件时使用编译参数 -g（编译结果中保留调试信息）。

3）-d：只反汇编 .text 段（代码段）的内容，比如数据段的内容就不会被反汇编。

4）-D：反汇编所有段的内容。

反汇编后的文件打开的格式如图 4.18 所示。其中每条指令占据一行，主要包含指令地址、指令编码和指令汇编格式三部分信息。

图 4.18　反汇编文件格式示例

除了对 elf 文件进行反汇编，我们还可以使用 readelf（交叉编译工具则是 loongarch32r-linux-gnusf-readelf）命令对 elf 文件进行读取，显示 elf 文件的结构，比如 .text 段（代码段）的起始地址和大小等。

4.6　任务与实践

完成本章的学习后，希望读者能够完成以下 2 个实践任务：

1）补充缺失代码，完成一个 5 条指令单周期 CPU 的设计与验证，参见 4.6.1 节。

2）调试并修正已有实现中的错误，完成一个 20 条指令单周期 CPU 的设计与验证，参见 4.6.2 节。

4.6.1　实践任务5：5条指令单周期CPU

本实践任务要求：

阅读并理解实验环境中提供的代码，补充代码中缺失的部分，使设计可以通过仿真和上板验证。

请参照2.3.1节中介绍的方式获取本次实践任务所需的实验开发环境。具体的实验环境位于mini_env/目录下，其组织结构和使用方式已在本章4.2节介绍过，此处不再重复。

实验环境准备就绪后，请参考下列步骤完成本实践任务：

1）在minicpu_env/soc_verify/run_vivado/目录下打开miniCPU工程。如需要，请参考附录D.4节进行工程和IP核升级。

2）对miniCPU工程中的inst_ram重新定制，选择对应func的coe文件（minicpu_env/func/inst_ram.coe）。

3）运行miniCPU工程的仿真（进入仿真界面后，直接点击run all），开始调试。可以修改minicpu_env/soc_verify/testbench/目录下的minicpu_tb.v文件中的switch值观察led输出值是否符合预期（每次修改switch值之后都要重新仿真）。因为本实验的测试程序为斐波那契数程序，斐波那契数列是：0，1，1，2，3，5，……从第三项开始，每一项都等于前两项之和。规定数列第三项为f(1)，即f(1)=1，f(2)=2，f(3)=3，f(4)=5，……修改拨码开关switch值相当于修改n，led输出值对应f（n）。

4）myCPU仿真通过后，综合实现后生成二进制码流文件，进行上板验证。（如果无硬件实验平台，请跳过该步骤。）

4.6.2　实践任务6：20条指令单周期CPU

本实践任务要求：

1）结合本章中讲述的设计方案，阅读并理解mycpu_env/myCPU/目录下提供的代码。

2）完成代码调试。我们提供的代码中加入了若干错误，请大家通过仿真波形的调试修复这些错误，使设计可以通过仿真和上板验证。

请参照2.3.1节中介绍的方式获取本次实践任务所需的实验开发环境。具体的实验环境位于mycpu_env/目录下，其组织结构和使用方式已在4.4节介绍过，此处不再重复。

实验环境准备就绪后，请参考下列步骤完成本实践任务：

①修改func配置文件——mycpu_env/func/include/test_config.h，选择exp6的配置，编译。（如果是通过压缩包exp6.zip获取实验开发环境的，请跳过该步骤。）

②打开gettrace工程——mycpu_env/gettrace/gettrace.xpr。（该Vivado工程中的IP核是使用Vivado 2019.2创建的，如果使用更高版本的Vivado打开，请参考附录D.4节进行IP核升级。）运行gettrace工程的仿真（进入仿真界面后，直接点击run all等待仿真运行完成），生成新的参考trace文件golden_trace.txt（mycpu_env/gettrace/golden_trace.txt）。要等仿真运行完成，golden_trace.txt才有完整的内容。（如果是通过压缩包exp6.zip获取实验开发环境的，请跳过该步骤。）

③进入mycpu_env/soc_verify/soc_dram/run_vivado/目录下启动验证myCPU的工程。如果该目录下尚未创建工程，请参照附录D.2节介绍的步骤，利用该目录下的create_project.tcl文件创建工程。如需要，请参考附录D.4节进行IP核升级。

④参考4.4.5.2节，对工程中的inst_ram重新定制。（如果是通过压缩包exp6.zip获取实验开发环境的，请跳过该步骤。）

⑤在验证myCPU的工程中运行仿真（进入仿真界面后，直接点击run all），进行功能验证与调试，直至仿真测试通过。

⑥在验证myCPU的工程中综合实现后生成二进制码流文件，进行上板验证。（如果无硬件实验平台，请跳过该步骤。）

C H A P T E R 5

第 5 章

简单流水线 CPU 设计

通过前一章的学习实践，我们设计并实现了一个支持 20 条指令的单周期 CPU。本章我们将学习如何将单周期 CPU 改造成单发射五级流水线 CPU。从单周期 CPU 到流水线 CPU，对初学者来说还是有些难度的。为了让学习曲线不过于陡峭，我们进一步将简单流水线 CPU 的设计工作分解成三个逐级递进的小任务。

- 第一阶段：我们将尝试在单周期 CPU 的基础上引入流水线，但是暂时不考虑处理各类相关所引发的冲突。
- 第二阶段：我们会介绍流水线中各类相关所引发的冲突，并给出用阻塞方式解决冲突的设计方案。在本章的实践任务中，读者可根据我们给出的设计方案，基于第一阶段的 CPU 实现进行改进。
- 第三阶段：我们会介绍流水线前递技术，并给出一种设计方案。在本章的实践任务中，读者可根据我们给出的设计方案，基于第二阶段的 CPU 实现进行设计和调整。

【本章学习目标】

- ❑ 继续建立设计方案与 Verilog 代码实现之间的认知联系。
- ❑ 形成良好的 Verilog 代码编写习惯。
- ❑ 进一步提升 CPU 功能仿真验证中调试错误的能力。

【本章实践目标】

本章有三个实践任务（见 5.5 节）。读者可以在学习本章内容的基础上完成这些任务，两者之间的对应关系如下：

- ❑ 5.1 节的内容对应实践任务 7（5.5.1 节）。
- ❑ 5.2 节的内容对应实践任务 8（5.5.2 节）。

❑ 5.3 节的内容对应实践任务 9（5.5.3 节）。

5.1 不考虑相关冲突的流水线 CPU 设计

我们进入流水线 CPU 设计的阶段。这一节我们只解决两个设计问题：一是把单周期 CPU 的数据通路切分成多个阶段，二是让多个阶段“流起水”来。所谓“流起水”，就是在理想情况下，流水线每一级都有指令且每个时钟周期都能处理完一条指令。

5.1.1 添加流水级间缓存

回想一下前面第 3 章提到的流水线电路的一般性设计，我们知道将电路流水线化的初衷是缩短时序器件之间组合逻辑关键路径的时延，在不降低电路处理吞吐率的情况下提升电路的时钟频率。从电路设计最终的实现形式来看，是将一段组合逻辑按照功能划分为若干阶段，在各功能阶段的组合逻辑之间插入时序器件（通常是触发器），前一阶段的组合逻辑输出接入时序器件的输入，后一阶段的组合逻辑输入来自这些时序器件的输出。

5.1.1.1 流水线的划分

由于我们设计的 CPU 是一个数字逻辑电路，因此 CPU 电路的流水化也遵循上面的设计思路。在真实的 CPU 设计过程中，最困难的地方是决定将单周期 CPU 中的组合逻辑划分为多少个阶段以及各个阶段包含哪些功能。这个设计决策需要结合 CPU 产品的性能（含主频）、功耗、面积指标以及具体采用的工艺特性来完成。对初学者而言，这部分设计涉及的内容过多、过细、过深，因此我们将直接采用经典的单发射五级流水线划分。所划分的五级流水线从前往后依次为：**取指**（IF）阶段、**译码**（ID）阶段、**执行**（EXE）阶段、**访存**（MEM）阶段和**写回**（WB）阶段。取指阶段的主要功能是将指令取回，译码阶段的主要功能是解析指令生成控制信号并读取通用寄存器堆生成源操作数，执行阶段的主要功能是对源操作数进行算术逻辑类指令的运算或者访存指令的地址计算，访存阶段的主要功能是取回访存的结果，写回阶段的主要功能是将结果写入通用寄存器堆。结合这个流水线阶段的划分方案，我们将之前设计的单发射 CPU 的数据通路拆分为五段，并在各段之间加入触发器作为流水线缓存。

这里要解释下各级流水线间缓存数据所用的触发器如何命名。很多教科书都是以两级流水线的名字来标识这些触发器，例如，位于取指阶段和译码阶段之间的触发器记作“IF/IDreg”。为了编码时命名简洁，本书中通常将触发器归到它的输出对应的那一个流水线阶段。因此，位于取指阶段和译码阶段之间的触发器记作“IDreg”。这种命名风格来自我们进行仿真波形调试时的观察习惯，即除了触发器时钟采样边沿附近那段建立保持时间（当采用零延迟仿真时，这段时间可以看作瞬时、无穷小）外，触发器中存储的内容都是与它输出那一级流水线的组合逻辑相关联的。这里所说的只是一种命名的习惯，没有对错、优劣之分。本书后面将统一采用这种单级流水线标识的方式。

5.1.1.2　流水线缓存中存放的内容

流水线缓存的内容分为控制内容和数据内容。

目前我们设计的流水线 CPU 只需要考虑各级流水线缓存是否有效，所以缓存中的控制内容只需要 1 位缓存有效位（valid）就可以了。其值为 0 表示这一级流水线缓存中存放的数据内容无效，其值为 1 表示存放的数据内容有效。

接下来的主要设计工作是考虑每一级缓存中有哪些数据内容。显然，原有单周期 CPU 中的信号线（既包括数据信号也包括控制信号）如果被插入了流水线缓存，那么**这些**流水线缓存的数据内容肯定要包含将被隔断的信号。我们加粗着重标识“这些”二字，是为了提醒各位一根信号线可能会被多级流水线缓存多次隔断。那么，这几级缓存的数据部分都要包含这根信号线所携带的数据信息。下面举三个例子来说明一下。

【例一】 指令在译码阶段得到其对通用寄存器的写使能信号和写地址信号，但是这些信号直到指令位于 WB 阶段才被使用，即这些信号被 EXE、MEM、WB 三级流水线缓存隔断，所以这些信号在这三级流水线的缓存中都要存放。

【例二】 指令在译码阶段生成 ALU 的控制信号 alu_op，在 EXE 阶段使用，中间被 EXE 级流水线缓存隔断，所以 EXE 级流水线缓存中需要存放 alu_op。

【例三】 ALU 的结果 alu_res 在 EXE 阶段产生，数据 RAM 读出的 load 访问结果在 MEM 阶段产生，那么从 ALU 结果和 load 访问结果中选出通用寄存器堆写入值的逻辑最早只能是在 MEM 阶段完成，所以 MEM 级流水线缓存中需要存放 alu_res。

总结一下，**插入流水线缓存后，从信号产生的流水线阶段开始到使用它的流水线阶段，途经的各级流水线缓存中都要存放该信号。**

5.1.2　同步读 RAM 的引入

前面在讲述单周期 CPU 数据通路设计时曾说过，为了保证单周期能完成一条指令，暂时使用“异步读RAM”来实现指令RAM和数据RAM，等到设计流水线CPU的时候再调整回“同步读RAM”。我们现在就来讨论这个设计调整。

首先我们回顾一下同步读RAM与异步读RAM在时序特性上的不同之处——同步读RAM一次读数操作需要跨越两个时钟周期，第一个时钟周期向RAM发出读使能和读地址，第二个时钟周期RAM才能返回读结果。

在使用异步读RAM的时候，CPU在取指阶段向指令RAM发出读使能和读地址，同一时钟周期内就能得到指令RAM的返回结果（指令码），因此可以在时钟上升沿到来时将指令码写入译码阶段的流水线缓存中。显然，当我们把指令RAM从异步读RAM换为同步读RAM后，时钟上升沿到来时还无法得到指令码，所以需要调整CPU的数据通路设计。

一种设计考虑是，将取指阶段设计为占用两个时钟周期，第一个周期发送读使能和读地址，第二个周期获得RAM返回数据后再进入译码阶段。这显然是个笨办法。最理想的情况下，这个CPU也只能做到每两个周期处理一条指令，性能损失非常严重。

另一种设计考虑是，流水线缓存的触发器都采用时钟上升沿触发，而指令RAM采用时钟下降沿触发。这种设计属于“听上去不错”的解决方案。感兴趣的读者可以在FPGA上实现一下，就会发现最终实现的电路的频率会大幅度下降。其原因与FPGA的底层电路实现机制有关，此处就不深入解释了。其实不仅是FPGA，即便是ASIC实现的时候，我们也要尽量避免在同一个设计中使用同一个时钟的上升沿和下降沿，以减轻物理设计的负担。

在否定了上面两种设计考虑后，我们考虑将指令RAM的访问分布到流水线中连续的两个阶段，这样既能满足同步读RAM的时序特性，也能达到每周期处理一条指令的吞吐率理论峰值。在不增加流水级数的情况下，只有两种设计方案：

- **方案一**：将指令RAM的读请求发起放在取指阶段，这样指令RAM的输出是在指令位于译码阶段时完成的。
- **方案二**：在“更新PC的阶段”发起指令RAM的读请求（也就是以nextPC为指令RAM的读地址，而不是以PC为指令RAM的读地址），这样指令RAM的输出是在指令位于取指阶段时完成的。

在方案二中，所谓“更新PC的阶段”并不是一个真正的流水线阶段，可以说它是一个“伪流水线阶段”，因为这个阶段自身没有流水线缓存，它的组合逻辑的输入来自IF、ID等阶段的流水线缓存，输出为nextPC，我们记为pre-IF阶段。这一设计可以理解为将取指阶段拆分为pre-IF和IF两个阶段，pre-IF阶段只负责生成nextPC，nextPC

被送到IF阶段更新PC寄存器。习惯上，我们还是将pre-IF和IF阶段合称为取指阶段。

那么这两种方案又该如何选择呢？如果是采用ASIC方式实现，第二种方案更好。因为对于ASIC实现来说，同步读RAM的clk-to-Q延迟比它的输入端口的Setup延迟大，也会远大于触发器的clk-to-Q延迟。如果采用第一种方案，译码阶段就会出现“RAM读出→通用寄存器堆读出”和“RAM读出→指令译码→ALU源操作数选择”这两条路径，两条路径上的通用寄存器读出和指令译码的时延已经不短，再加上RAM读出所需的RAM的clk-to-Q延迟，会导致整条路径的延迟变得非常大。如果采用FPGA来实现，情况就有所不同了。由于FPGA上同步时序行为的RAM是用所谓的“block RAM”来实现的，其对应的底层电路实现与前面提到的ASIC设计中的RAM是相同的。对于Xilinx7系列及更先进的FPGA来说，这些RAM的最高频率通常在数百兆赫兹，我们用FPGA实现一个像CPU这样略有些复杂的电路时，RAM以外的逻辑部分至多达到200MHz，此时block RAM自身的clk-to-Q延迟就不再是主要矛盾了。如果说所使用的RAM容量不是特别大，那么FPGA使用的block RAM数目并不会很多，其引入的走线距离也不是很远，那么RAM读出这一过程的总延迟也并不大。考虑到这种FPGA上的特殊情况，第一种方案也有一些合理性。

本书中我们推荐采用第二种设计方案。虽然第一种设计方案在当前设计要求下比较容易实现，但是在后续的实践中会带来一定的麻烦，因为译码阶段的指令直接来自RAM的读出端口，当译码阶段的指令因为阻塞需要持续多拍时，如何维护RAM读出的指令不变是一个令人头疼的问题。如果读者愿意在实践中尝试第一种设计方案，我们也不反对，但是前提是对同步读RAM的时序行为已经了然于胸。我们还要特别提醒的是，如果采用第一种方案，一定不要把指令RAM读出的内容保存到译码阶段的流水线缓存中再去实现译码、读寄存器堆，必须直接用指令RAM读出的内容去实现译码、读寄存器堆。

讨论完指令RAM的同步读RAM设计调整之后，数据RAM的设计调整完全可以采用同样的思路来完成。提示一下，数据RAM的读请求或写请求是在指令位于EXE阶段时发出的，数据RAM的读数据是在指令位于MEM阶段时返回的。

同步读RAM的读保持功能

这里要讨论的“同步读RAM的读保持功能”是指对于有的RAM来说，从采样到上一个有效的读命令的时钟沿开始，RAM的Q端将保持这个读操作对应的数据，直至采样到下一个有效的命令。请注意，这里的命令必须是有效的，例如，读命令只有在RAM的片选使能信号有效的情况下才可能有效，所以当RAM的片选使能信号无效时，即使 RAM 的地址不停地发生变化，RAM 也没有接收到任何新的读命令。

对不同 IP 厂商提供的 RAM 来说，这里所说的 RAM 读保持功能在细节上可能存在差异。譬如，有的情况下 RAM 的 Q 端保持是在相邻的两个读命令之间实现的，也就是说，如果先发送一个读命令，过一会儿再发送一个写命令的话，RAM 的 Q 端还是保持前一个读的结果。又譬如，有的情况下要想实现 RAM 的 Q 端保持，在发送完读命令之后，RAM 的时钟必须一直提供不能关断功能。虽然目前各 IP 提供厂商提供的 RAM 大多都具有读保持功能，但如果要使用这个特性，务必在使用前查阅 RAM 的技术文档，明确相关行为。

虽然在本节所涉及的范围内不会用到 RAM 读保持功能，但是，在后续的实践中，流水线 CPU 是可以被阻塞停顿的。这就意味着，指令有可能在这一拍发出了 RAM 的读请求，但是在下一拍无法进入后一个流水阶段，此时就需要保证指令最终到达后一个流水阶段的时候，仍然能够从 RAM 的输出端口上得到需要的正确内容。如果利用 RAM 的读保持功能，可以适度简化 RAM 地址输入的生成逻辑，只是 RAM 的片选使能信号需要控制得更精细一些。

5.1.3　调整更新 PC 的数据通路

因为计算跳转目标地址的信息来自指令码和通用寄存器堆，所以转移指令最早在译码阶段就能够计算出正确的跳转方向和目标。为了尽可能减少控制相关带来的流水线阻塞，我们将跳转的转移指令修改 PC 的时机安排在其处于译码阶段。此时应该注意，pre-IF 阶段的 nextPC 生成逻辑中，来自 PC 相对转移指令跳转目标的那一支，其跳转目标计算所用的 PC 是处在译码阶段的转移指令的 PC，不是此时取指阶段的 PC。

5.1.4　不考虑相关冲突情况下流水线控制信号的设计

前面我们给出了流水线电路的一般性设计方法。这里我们结合不考虑相关冲突的流水线的实际情况，对电路中与流水线相关的控制信号予以调整，主要涉及各级 ready_go 信号如何设置。

- 对于 IF 阶段来说，由于目前只从指令 RAM 中取回指令，因此当指令位于取指阶段的时候，指令 RAM 一定可以返回指令码，于是取指阶段的 ready_go 信号恒为 1。
- 对于 ID 流水阶段来说，由于译码、读寄存器堆都是一拍之内一定可以完成的，所以译码阶段的 ready_go 信号恒为 1。

- 对于EXE阶段来说，由于目前处理的所有指令在这一阶段均只需要一拍就可以完成，所以EXE阶段的ready_go信号恒为1。
- 对于MEM阶段来说，由于目前只从数据RAM中取回数据，因此当load类指令位于MEM阶段的时候，数据RAM一定可以返回数据，于是MEM阶段的ready_go信号恒为1。
- 对于WB阶段来说，由于写回寄存器堆在一拍之内一定可以完成，因此WB阶段的ready_go信号恒为1。

综上所述，五个阶段的ready_go信号都是1。这里特意逐个说明一遍的目的有两个：一是提醒大家对这些信号为什么恒置1要心中有数；二是提醒大家不要急着把这些常值1带到生成其他控制信号的逻辑中进行化简。随着设计复杂度的提升，这些ready_go信号将变得越来越复杂。

至此，在不考虑相关冲突的情况下，一个支持20条LoongArch指令的流水线CPU就设计完成了。这个CPU虽然具备了流水处理的特点，但是它上面还只能运行特殊处理后的LoongArch可执行程序。

5.1.5　复位的处理

这里讨论教科书中较少涉及的一个话题——复位。既然是复位信号，那么在其有效期间就应该将CPU中所有软件可感知的状态都初始化到一个唯一确定的状态。这句话听起来有些绕，但实际上复位要达到的效果就是，无论一个CPU重启多少次，它每次运行同一个程序的行为都是一致的。例如，CPU上电复位之后第一条指令从哪里取，这个状态就必须确定，指令手册在6.3节对此进行了明确规定。那么通用寄存器堆的状态呢？内存的状态呢？我们发现指令手册中对这些问题没有明确规定，这就意味着CPU的电路不用在复位信号有效期间将这些存储中的值置为某个确定的值，它们的复位（初始化）将由软件完成。

本书中的设计建议只考虑复位信号是同步复位的情况。对于CPU这样的数字逻辑电路来说，复位信号是采用同步复位还是异步复位，就如同考虑大尾端好还是小尾端好一样，是一个没有必要争论的问题，每个用户按照自己的喜好选择就可以。但是切记，一旦决定了，那么在一个设计中就只能[㊀]使用所选择的那种方式。

最后，我们要讨论一个初学者最容易犯的错误——在复位信号有效期间就对外发起

㊀ 事实上，更严谨的措辞应该是“尽可能”，但是这就会导致一个度的把握问题，对于初学者来说，或者在本书所涉及的实践范围内，我们给出更严格的限制以降低难度。

第一条指令的取指请求。就目前我们所接触的设计场景来说，这种设计是可行的，因为指令 RAM 多读一次或少读一次都不会产生副作用。但是，在绝大多数真实系统中，处理器核复位后的第一条指令不是从内部的指令 RAM 取回来的，而是从处理器核外部的片上 ROM 甚至是 CPU 芯片外部的 Flash 芯片中取回来的。处理器核访问这些 ROM 或 Flash 通常是通过发起（片上）总线访问请求来实现的。处理器核通常是整个 CPU 芯片上较晚结束复位的部件，所以在处理器核硬件复位的后期，外部总线和设备模块大多已经复位结束，并进入可以工作的状态，如果这个时候处理器核已经开始持续向外部总线发起访问请求，总线和外设就会响应这些访问请求，但是此时处理器核却还在复位过程中。等到复位撤销后，处理器核所认为的外部总线的工作状态和总线实际的工作状态会发生不一致，进而导致出错。

5.2 指令相关与流水线冲突

现在我们进入简单流水线 CPU 设计的第二阶段。我们将在第一阶段设计的基础之上，分析指令相关对流水线 CPU 设计带来的影响，进而对我们的 CPU 设计进行调整。有关指令相关和流水线冲突的原理性阐述，请参考《计算机体系结构基础》(第 3 版）的 9.3 节或其他相关文献。这里略去分析过程，总结几个要点如下：

1）单发射静态流水线上只需要解决围绕寄存器的写后读数据相关所引发的流水线冲突，围绕寄存器的写后写和读后写数据相关不会引发流水线冲突，围绕内存的所有类型的数据相关也不会引发流水线冲突。

2）对于单发射静态流水线 CPU，如果所实现的指令集没有转移延迟槽，那么由于转移指令最早也只能在译码阶段进行处理（执行），在没有实现诸如**分支目标缓存**（Branch Target Buffer，BTB）的情况下，必须考虑控制相关所引发的流水线冲突。

3）单发射静态流水线上的结构相关所引发的流水线冲突的处理可以简化为：后一级流水线的指令无法运行，则前一级流水线的指令也无法运行。

针对第 3 点，前面给出的流水线 CPU 设计中所采用的逐级互锁控制机制能够确保任何一级流水线指令无法运行时，它前面的各级流水线的指令都可以及时停止，同时不丢失数据，所以结构相关引发的流水线冲突也已经得到解决。

我们接下来主要解决寄存器写后读数据相关所引发的流水线冲突以及控制相关所引发的流水线冲突。

5.2.1　处理寄存器写后读数据相关引发的流水线冲突

产生由寄存器写后读数据相关所引发的流水线冲突的场景是：产生结果的指令（“写者”）尚未将结果写回到通用寄存器堆中，而需要这个结果的指令（“读者”）已经在译码阶段了，此刻它从通用寄存器堆中读出的数值是旧值而非新值。

如何避免产生这种错误呢？一种直观的解决思路是：让需要结果的指令在译码阶段一直等待，直到产生结果的指令将结果写入到通用寄存器堆，才可以进入到下一级的执行阶段中。这一节我们就采用这种思路来调整设计。

这套设计思路中的关键点在于控制译码阶段指令前进还是阻塞的条件如何生成，其核心是判断处于流水线不同阶段的指令是否存在会引发冲突的“写后读”相关关系。结合我们设计的五级流水线CPU的结构，这个判断可以具体描述为：处于译码阶段的指令具有来自非0号寄存器的源操作数，那么如果这些源操作数中任何一个的寄存器号与当前时刻处于执行阶段、访存阶段或写回阶段的指令的目的操作数的寄存器号（非0号）相同，则表明处于译码阶段的指令与执行阶段、访存阶段或写回阶段的指令存在会引发冲突的“写后读”相关关系。

在上面给出的具体描述中，有些读者可能不理解为什么译码阶段指令的源寄存器号也要和写回阶段指令的目的寄存器号进行比较。出现这个问题的原因是，没有正确理解寄存器堆同时读写同一项时读出数据的行为。请回想一下第3章实践任务2中所分析的寄存器堆的行为，在写使能有效的这个时钟周期（写使能将被这个时钟周期与下一个时钟周期之间的上升沿采样），读端口的地址若和写地址一样，那么读出数据的端口上只能出现这一项的旧值而非此时写端口的写入数据。只要理解这个时序特性，自然就会知道译码阶段的指令与写回阶段的指令是要比较寄存器号的。

在把前面给出的描述落实到具体代码实现的过程中，还有一个隐含的细节容易被初学者忽视，那就是一定要保证被比较的两个寄存器号都是有效的。这体现为三个方面。第一，参与比较的指令到底有没有寄存器的源操作数或是寄存器的目的操作数。比如，addi.w指令只有rj一个寄存器的源操作数，没有rk寄存器的源操作数。再比如，bl指令压根就没有寄存器的源操作数，beq和bne这两条转移指令则没有寄存器的目的操作数。第二，如果指令的定义确实有寄存器的源操作数或目的操作数，但是寄存器号为0，那么也不用进行比较。因为在LoongArch架构下，0号寄存器的值恒为0，所以对这个寄存器存在的相关关系不需要做特殊处理。第三，用来进行比较的阶段上到底有没有指令，如果没有指令，那么这一阶段流水线缓存中的寄存器号、指令类型等信息都是无效的。如果在写比较逻辑的时候没有考虑到这些特例，那么写出来的处理器虽然不会出错，但是会在某些情况下出现不必要的阻塞，导致性能损失。

完成了会引发冲突的“写后读”相关关系的判断后，最后一个步骤就是在判断条件成立的时候，把这条指令阻塞在译码阶段。还记得我们每一阶段流水线的 ready_go 信号吗？在这里，只需要对译码阶段的 ready_go 信号进行调整就可以了。显然，它不是恒为 1，如果发现译码阶段的指令与后面执行、访存、写回三个阶段的指令间存在会引发冲突的“写后读”相关关系，那么就要把 ready_go 信号置为 0。

5.2.2　处理控制相关

我们在前面进行 CPU 的流水线切分的时候，已经将转移指令操作中与 nextPC 相关的处理逻辑（判断是否跳转、跳转目标）放在译码阶段，因此处理控制相关的关键设计点就是：取消可能处在取指阶段的、错误执行路径上的指令，不能让这条错误取回的指令进入到 CPU 流水线中执行。

为了理解为何进行上述处理就能解决控制相关问题，我们建议读者：

1）回顾一下同步读 RAM 的时序特性，进而明确指令 RAM 的读请求和读地址是在 pre-IF 阶段发出的，指令处于取指阶段时已经是在等待指令 RAM 返回读数据了；

2）画一个流水线时空图来帮助理解。

有了这些准备，我们接下来将“推演”一下转移指令在已有的五级流水线 CPU 上的执行情况。假设有一条转移指令，其 PC 是 0x1000。在第 1 个时钟周期，它位于取指阶段，此时 pre-IF 阶段同时在计算 nextPC 了。此时 nextPC 是不可能根据处在取指阶段的转移指令的情况来设置的，因为此时转移指令的指令码刚刚从指令 RAM 中读出，CPU 还不知道这条指令是不是转移指令，更不知道它是否跳转以及跳转到哪里，这两方面信息都是在译码阶段处理后才能获得的。所以，在第 1 个时钟周期，nextPC 只能是按照顺序取指这一默认情况置为 0x1004。在第 2 个时钟周期，PC 为 0x1000 的转移指令来到译码阶段，**PC 为 0x1004 的指令来到取指阶段**，如果转移指令在译码阶段处理后发现自己并不跳转，那么 pre-IF 阶段继续顺序发出 PC=0x1008 的取指请求，并且取指阶段的 PC=0x1004 的指令也是程序期望执行路径上的指令，它将留在流水线继续执行；如果转移指令在译码阶段处理后发现自己需要跳转（假设跳转目标地址为 0x2000），那么即使立刻将 pre-IF 阶段生成的 nextPC 置为 0x2000，也无法改变 PC=0x1004 的指令处在取指阶段的现状了，很显然 PC=0x1004 的指令不是程序期望执行路径上的指令，它是不能被执行的（否则会错误地修改处理器的状态）。怎么对待这个溜进来的“不速之客”呢？一种方式是让它不要惹麻烦（即一些教科书中给出的将该指令处理成nop指令的解决方案），另一种方式是把它请出去（即我们这里建议的将该指令取消掉的方案）。

我们不推荐将误取指令处理成nop指令的方案。缺点有二：其一，这条nop指令不能被标记上任何异常，否则将违反精确异常的要求[⊖]，要处理好这一点，就要把这种硬件自动转换的nop指令和程序中正常的nop区分开，徒增负担；其二，将指令转换成nop指令需要修改32根线，与我们推荐的方案相比，控制信号的扇出变大了，延迟会变差。此外，还要提醒一下，LoongArch指令集中全0编码不是nop指令，不要采用把指令码全抹0的方式来置nop指令。

我们为什么推荐将指令取消掉的方案呢？请读者回忆一下我们给出的流水线设计参考中，是如何表示流水线上有没有指令的。我们是通过各级流水线的那个valid位来实现的。所以，取消一条指令，就是把**伴随着这条指令的**valid抹成0就可以了。请注意，这里我们强调的是“伴随着这条指令的valid”，而没有说是取指阶段的valid。我们来看下面初学者常犯的一种错误。假设在没有考虑跳转转移指令取消的情况下取指阶段的valid的代码如下：

```
always @(posedge clock) begin
    if (reset)
      fs_valid <= 1'b0;
    else if (fs_allowin)
        fs_valid <= to_fs_valid;
end
```

假设输入到取指阶段的转移指令跳转取消信号是br_taken_cancel，于是有的初学者是这样实现取消误取入指令功能的：

```
always @(posedge clock) begin
    if (reset)
        fs_valid <= 1'b0;
    else if (br_taken_cancel)
        fs_valid <= 1'b0;
    else if (fs_allowin)
        fs_valid <= to_fs_valid;
end
```

我们猜测写出上面的代码的思路应该是，需要被取消的指令在取指阶段，所以当

⊖ 有些读者可能对异常相关的内容还不理解，可以在后面增加异常支持的实验中回过头来思考一下。

br_taken 有效时需要将其清 0。上面的代码是错误的。读者可以试着推演一下，这段代码对应的电路逻辑在位于取指阶段的指令没有被阻塞的情况下，非但不能将误取入的指令取消掉，而且还可能导致转移指令跳转目标处的指令没有取入到流水线中。如果对照比较我们上面强调的“将伴随着误取入指令的 valid 置 0”的设计方案，应该就能看出问题出在哪里了。在误取入指令没有被阻塞在取指阶段时，下一个时钟周期，它将来到译码阶段，所以我们需要把从取指阶段到译码阶段的 valid 置为 0 而不是将进入取指阶段的 valid 置为 0。所以，应该对译码阶段的 valid 写入逻辑进行调整：

```
always @(posedge clock) begin
    if (reset)
        ds_valid <= 1'b0;
    else if (br_taken_cancel)
        ds_valid <= 1'b0;
    else if (ds_allowin)
        ds_valid <= fs_to_ds_valid;
end
```

不过，仅是上面这样的代码调整就完备了吗？在目前的场景中，仅这样改是对的。因为指令 RAM 总是能在读请求发出的下一个时钟周期返回读数据，所以位于取指阶段的指令肯定不会因为等待指令取回而停留，那么当位于取指阶段的误取入指令要进入译码阶段时，br_taken_cancel 一定还是有效的。（这个推演请读者自行完成。）但是，一旦取指不会立即返回，即位于取指阶段的指令可能因为等待指令取回而停留时，仅调整 ds_valid 的写入逻辑就不够了，还需要同时调整 fs_valid 的写入逻辑，具体修改如下：

```
always @(posedge clock) begin
    if (reset)
        fs_valid <= 1'b0;
    else if (fs_allowin)
        fs_valid <= to_fs_valid;
    else if (br_taken_cancel)
        fs_valid <= 1'b0;
end
```

看上去这个改动和之前那个有错的改动很像，只不过把 br_taken_cancel 清 0 这个 if 分支挪到下面去了。这看似简单的位置调整后含义却发生了很大的变化。我们将最后一行 fs_valid 清 0 的条件展开来写，就是 !reset && !fs_allowin && br_taken_cancel，而 !reset && !fs_allowin 蕴含着 fs_valid && (!fs_ready_go || !ds_allowin)，这句代码用自然语言解读一下就是“当取指阶段有一条指令且无法在下一个时钟周期进入下一流

水线阶段”。在这种情况下，如果有转移指令发生跳转，那么需要将取指阶段的指令取消。

最后再补充一个关于br_taken_cancel信号有效时机的注意事项。由于转移指令可能需要对源操作数进行运算处理后才能得到是否跳转以及跳转目标的提示，所以这类指令即使到达了译码阶段，也可能因为存在寄存器的写后读相关而被阻塞住，那么在其获得正确的源操作数之前（也即写后读相关阻塞解除之前），**一定不能将br_taken_cancel信号置为有效**。

至此，我们就完成了一个能够正确处理各类相关所引发流水线冲突的CPU。尽管它在某些时候性能还有些偏低，但是至少能够正确地执行一个正常的LoongArch可执行程序了。

5.3　流水线数据前递设计

现在我们进入简单流水线CPU设计的最后一个阶段。我们将继续针对流水线CPU中“写后读”相关所引起的冲突的处理，探讨一种更高性能的解决方案——前递（forward）技术。

我们介绍了用阻塞译码级指令的方式来解决寄存器“写后读”相关所引发的流水线冲突。读者在实践任务8中应该会观察到一个现象，那就是需要结果的指令在译码级等待的过程中，前面产生结果的指令其实已经生成出结果了，只不过是还没有写入到寄存器堆中。有没有可能让前面的指令直接把已经生成出来的结果直接转给后面的指令，这样后面的指令不就不再需要等待了吗？答案是可以的。基于这个思路设计的就是流水线CPU的前递技术，也叫旁路（bypass）技术。基本原理不难理解，可参看《计算机体系结构基础》（第3版）的9.3.1节或其他相关文献。接下来对具体如何设计展开分析。我们仍采用先设计数据通路再处理控制信号的设计流程。

5.3.1　前递的数据通路设计

5.3.1.1　运算结果的前递路径

我们先来看产生结果的指令如果是add.w的话，该如何处理。add.w指令执行流水线产生的结果，原先只能进入到访存级流水线缓存中，因此需要增加一条专门的路径，将结果直接传递给后面的指令。那么是不是只增加这一条前递路径就够了呢？显然不够。当 add.w 指令位于访存级流水线时，它的结果目前只能进入写回级流水线缓存中，所以还要增加另一条专门的路径用于结果的传递，否则后面的指令还将因无法及时获得结果而陷入等待状态。继续分析下去，我们还会发现 add.w 指令位于写回级流水线的时候，也需要添加另一条独立的前递路径。

在考虑前递路径设计时，add.w 指令代表那些在执行级就能产生结果的指令。但是 ld.w 指令不属于这一类指令，它直到访存级才能生成结果。不过分析之后我们发现 ld.w 指令完全可以复用那些为了前递 add.w 类指令结果而在访存级和写回级增加的前递路径。因为前递路径只是把结果送出去，有寄存器号和数值这两个信息就够了，与产生结果的指令具体是做什么的没有关系。

上述前递路径落实到 CPU 的结构设计框图上，体现为 3 条带箭头的连线。那么各条连线的起点和终点在哪里？我们先来看执行流水级所产生的结果如何前递。先说两种初学者中常见的错误设计方案。

第一种错误方案：起点位于执行级 ALU 的结果输出处，终点位于执行级 ALU 输入数据生成逻辑处。

第二种错误方案：起点位于访存级流水线缓存中存放执行级 ALU 结果的触发器的 Q 端口输出处，终点位于译码级寄存器堆读出结果生成逻辑处。

如果在结构图上画出这两种设计方案的前递路径，你会立刻发现它不正确。对于错误方案一，电路中居然出现了一条从 ALU 的输出连接到 ALU 输入的组合环路。对于错误方案二，位于执行级的指令根本拿不到它前一条指令的结果。为什么有些人会犯这么直观的错误呢？往往是因为他们并没有遵循“先设计再编码”的步骤，还没有想清楚设计就急急忙忙地去改代码，导致出现了一种逻辑混乱的设计。所以这里再强调一遍，不要轻视设计环节，设计时不要图省事不画结构设计图。

这里给出两种可行的设计方案。

方案一：起点位于执行级 ALU 的结果输出处，终点位于译码级寄存器堆读出结果生成逻辑处。

方案二：起点位于访存级流水线缓存中存放 ALU 结果的触发器的 Q 端口输出处，终点位于执行级 ALU 输入数据生成逻辑处。

两种方案在功能上都是对的。读者可以用“ add.w r2, r1, r1 ； sub.w r3, r2, r2”这两条指令的序列在流水线上推演一下，将会发现当 sub.w 指令紧跟着 add.w 指令在流水线中前进时，它在 ALU 中进行计算时源操作数 r2 的值一定是 add.w 指令算出的结果值。我们把方案一的特点总结为“流水级组合逻辑结果前递到译码级寄存器读出”，把方案二的特点总结为“流水线缓存保存的前一级结果前递到执行级ALU输入”，两种方案的一个重要区别在于终点是在译码级的组合逻辑末端还是在执行级的组合逻辑始端。

哪种方案好呢？现在还看不出来，我们需要沿着两套方案的思路继续考虑余下的前递路径的起点和终点位置。对于方案一，访存级结果的前递路径起点就是数据RAM返回结果和访存级缓存所存的ALU结果经过二选一之后的结果输出处，写回级结果的前递路径起点就是写回级将要写入到寄存器堆中的结果处。一切都很和谐。对于方案二，访存级结果的前递路径起点是写回级流水线缓存中存放访存级流水线执行结果的触发器的Q端输出处，写回级结果的前递路径……是不是突然发现写回级的结果没有路径可以前递了？如果这一拍写回级是“add.w r2, r1, r1”指令，译码级是“sub.w r3, r2, r2”指令，执行和访存级上没有写r2寄存器的指令。那么除非你将前递路径的起点放在写回级将要写入到寄存器堆中的结果处，终点放到译码级寄存器堆读出结果生成逻辑处，否则下一拍“sub.w r3, r2, r2”指令是不能进入到执行级的。为了尽可能多地通过前递来消除指令阻塞带来的性能损失，我们会发现无论哪套方案，都需要有前递路径的终点在译码级寄存器堆读出结果生成逻辑处。那么以个人的喜好而言，我们倾向于方案一，这样所有的前递路径终点一致，使得由前递结果生成正确的寄存器源操作数的逻辑可以在一个地方集中处理。

如果说上面选择方案一多少还带有一些主观色彩，那么我们再来看另一个情况。还记得为了解决控制相关引发的流水线冲突，我们将所有转移指令的处理都放到译码级了吗？目前实现的转移指令中，beq、bne、jirl三条都有寄存器源操作数。如果它们和它们前面的指令存在“写后读”的相关关系，那么除非前递路径的终点是在译码级，否则它们就必须阻塞自己直到结果写到寄存器堆中。分析到这儿，是不是觉得选择方案一更合理一些了。以我们的经验来看，对于初学者，方案一实现起来遇到的“陷阱”要少一些，所以接下来的介绍将只基于方案一展开。

5.3.1.2　前递结果的多路选择

前递路径构建好了，整个流水线CPU前递的数据通路设计还有一个尾巴，那就是译码级产生寄存器读结果的逻辑该怎么调整。从空间上看，译码级指令的寄存器源操作数1的数值，可以来自通用寄存器堆读端口1的输出，也可以来自执行级、访存级、写回级三处前递来的结果；同样，译码级指令的寄存器源操作数2的数值，可以来自通用寄存器堆读端口2的输出，也可以来自执行级、访存级、写回级三处前递来的结果。所以我们需要添加两个“四选一”，而且是两个具有选择优先级的“四选一”。为什么这里的“四选一”需要有优先级？我们来看一个极端的例子，对于指令序列“add.w r4, r1, r1; add.w r4, r2, r2; add.w r4, r3, r3; sub.w r6, r5, r4”，请问当“add.w r4, r1, r1”位于写回级、“add.w r4, r2, r2”位于访存级、“add.w r4, r3, r3”位于执行级时，此时位于译码级的“sub.w r6, r5, r4”的源操作数2应该选择哪个数值？很显然应该选择执行级前递过来的结果。所以你会看到选择哪个前递结果，不仅要看源操作数的寄存器号与前递来的结果的寄存器号是否一致，还要考虑不同级流水线之间的优先级关系。

这里插段题外话。在前面的分析过程中，读者已经看到我们经常会假设出一段指令序列，然后推演它们在所设计的流水线CPU中的执行情况，以此来对不同的设计预案进行对比评估，进而得到一个更简洁、更合理的设计方案。读者也要逐步掌握这种方法。还记得前面我们反复强调的电路设计要做到“谋定而后动”吗？那么设计CPU的时候具体怎么“谋”呢？就是用这里介绍的假想指令序列进行执行过程推演的方式完成的。为什么要用“思维推演”的场景而不是采用验证用例体现的场景呢？因为任何基于测试用例的验证方式，最大的风险都在于验证激励覆盖的情形是否完备。尽管验证人员会有一系列技术和工程手段来降低这个风险，但是作为设计者，尤其是结构设计者，我们不能把设计的正确性完全寄托在验证用例是否完备上。结构设计人员在设计时对各种可能情况进行严谨推演，是保证最终设计正确可靠的“第一把锁”，而验证人员的验证工作则是保证设计正确可靠的“第二把锁”。我们要上“双保险”！

5.3.2　前递的流水线控制信号调整

到目前为止，我们已经把前递相关所新增的数据通路以及通路中“四选一”部件的控制信号都设计完毕了。如果按照这个设计对具有阻塞功能的CPU进行改造，然后运行所有测试用例，你会高兴地看到测试都通过了。但是，很不幸地告诉你，此时你设计的这个带前递功能的流水线CPU并不正确。因为你会发现同样的程序，在这个带前递功能的流水线CPU上运行，时间和原先只具有阻塞功能的CPU完全一样。我们引入前递技术不就是为了提升性能吗？费了半天劲，性能一点没改善，岂不是白忙活了？问题出在哪里？是译码级的阻塞控制信号还没有修改。它还是以最严格的方式在阻塞。那么是不是大笔一挥，直接将译码级的ready_go改成恒为1呢？请冷静。看这样一个指令序列：“ld.w r2, r1, 0x0; add.w r4, r3, r2”。如果在这一拍，ld.w指令位于执行级，add.w指令位于译码级，请问add.w指令下一拍能进入执行级吗？显然不能，因为此刻位于执行级的ld.w指令没有生成最终的结果，所以纵使你有前递的通路，但是没有正确的数据，add.w指令就必须在译码级停着，等到前面的ld.w指令到达访存级时，它才能通过访存级至译码级的前递通路拿到正确的数值，从而在下一拍进入到执行级。所以碰到这种情况，即译码级的指令与当前位于执行级的ld.w指令在写后读相关时，译码级的ready_go信号还是要置为0。在目前CPU只实现了20条指令的情况下，引入前递技术之后，译码级的阻塞条件仅有这种情况。随着后面实现指令的不断增多，读者一定要及时关注ready_go置为0的条件是否需要调整。

5.3.3　前递引发的主频下降

这一节给大家介绍的流水线CPU的前递设计方案比较容易正确实现而且能够最大限度地减少因为写后读相关而引起的流水线阻塞。但是天下没有免费的午餐，这套设计方案的一个不足之处在于它会增加CPU关键路径的延迟，导致CPU主频下降。我们接下来给大家分析一下，目的是向各位展示如何分析设计中的关键路径延迟。

CPU前递的设计改动就是译码级修改了ready_go信号的生成逻辑、增加了几组连线、增加了两个“四选一”。对于第一处改动，ready_go信号的生成逻辑是改简单而非改复杂了，所以这里的修改不应该造成主频下降。对于第二处改动，执行、访存、写回三级流水线的组成逻辑结果增加了旁路确实会增加这些逻辑最后一两级逻辑器件的输出负载，由此导致这些逻辑器件的延迟增加，但是目前的设计规模很小，新增走线的距离也没那么远，所以这里的延迟增加应该不是主频下降的主要原因。所以译码级增加的那两个“四选一”部件就成为我们的重点怀疑对象了，但是当阅读最终的时序报告时，我们发现关键路径延迟的增加量可不止一个“四选一”部件的延迟。因此这个时候我们基本上能判定，一定是这两个“四选一”部件参与并引入了一条新的延迟特别长的组合逻辑路径。

于是我们回到设计，梳理途经这两个“四选一”部件的所有组合逻辑路径，答案就逐渐浮出水面了。这条新出现的路径是：执行级流水线缓存的触发器Q端→ALU→前递路径→译码级四选一→转移指令跳转方向的判定逻辑→GenNextPC的四选一→取指请求的虚实地址转换→指令RAM的地址输入端口。

我们希望读者掌握上面这种基于梳理设计而不仅仅是看EDA工具提供的时序报告来确定设计中关键路径的方法。时序报告要看，但那只是给你一个提示和反馈，从设计出发进行分析才是正道。我们并不将上述关键路径的时序优化作为本书的指导目标，因此接下来也只是简单地提供一些解决思路供学有余力的读者参考。

完全舍弃前递，主频最高，流水线效率低；最大限度地进行前递，流水线效率最高，但主频低。这里进行性能优化要在主频和流水线效率之间寻求一个平衡点。通过分析，我们发现矛盾的焦点在于对转移指令进行前递了。再进一步分析，我们又发现如果不是直接把 ALU 的组合逻辑输出结果前递给译码级的转移指令，而是将存下来的 ALU 结果（在访存级流水线缓存中）传递过去，那么也能够消除关键路径。这样我们只是在有些情况下将转移指令阻塞一拍，如果所运行的程序中这种情况出现并不频繁，那么程序在流水线上的整体执行效率并不会下降多少，同时又由于 CPU 的主频得到提升，所以整体性能就得到了提升。

5.4　CPU 设计实验功能仿真调试技术进阶

本节介绍流水线 CPU 调试该抓哪些信号以及如何看这些信号。

5.4.1　valid 和 PC 信号不能少

从前面的内容可知，调试 CPU 的时候必须要结合测试程序的指令序列进行。我们通过阅读测试程序及其反汇编代码来了解 CPU 所执行的指令序列。如何快速地将它们与抓取的信号联系起来呢？核心纽带就是指令的 PC。这也是为什么现阶段设计的 CPU 还没有支持异常功能，而我们仍然建议将 PC 从取指阶段沿着各级流水线一路传递下去。因为这样每一级流水线的缓存中都会保存有这一级流水线当前正在处理的指令的 PC，将各级的 PC 信号抓到波形窗口中，就可以一目了然地看出一条指令是如何在流水线中前进的。

除了各级的 PC 信号外，在采用本书推荐风格的代码中，每一级流水线的 valid 位也是要抓出来的。对于任意一级流水线，不要在其 valid 为 0 的周期内分析该级流水线的其他信号，除非你的设计意图是希望这个周期 valid 为 1 而你正在分析为什么它没有置为 1。

其余较为常抓的信号有：指令在写回级写通用寄存器堆的使能、地址、数据，指令 RAM 和数据 RAM 访问接口上的信号，以及取指或译码级上的指令码。不过这些信号并不一定每次都要抓出来，要视你调试的需求而定。

5.4.2　各流水线信号分组有序摆放

对于流水线 CPU，强烈建议大家将同一级流水线的信号放在同一组中，然后按照各级流水线的顺序将各组自上而下或自下而上依次摆放。

随着设计逐步成熟固化以及大家调试经验的积累，建议将各级流水线基础的、常用的信号抓出来，按照上面的建议分好组并摆放好，然后将这些分组摆好的基本信号存成信号文件。这样再重新启动仿真时，仿真一结束就可以把这些基本信号显示出来，节省了再添加一遍的时间。

5.4.3 先遍历指令再遍历流水线

假定信号波形都按照上面建议的那样摆放好了，那么这样花花绿绿的一片又该怎么看呢？前面的调试方法介绍中我们说过，得先找到源头错误对应的那条指令，再分析这条指令具体错在电路的哪个部分。

第一步定位指令的过程，建议你只盯着流水线的一级来看，通常我们选择写回级。根据写回级的 valid 和 PC 信号，结合反汇编中查明的指令序列，在波形中前后移动以确定出错指令。再提醒一下，如果移动跨度超过视界，可以考虑用查找信号值来加快移动速度和精确度。

找到可疑指令之后，根据它的 PC 看反汇编代码，明确它是写通用寄存器堆的、写内存的，还是分支跳转类的。如果是写通用寄存器堆的，那就从这条指令在写回级时访问寄存器堆的信号开始查看；如果是写内存的，那就从这条指令在执行级时访问数据 RAM 的信号开始查看；如果是分支跳转类的，那就从这条指令在译码级时生成出的影响 nextPC 的 taken 和 target 信号开始查看。之后再查看什么信号就按照 CPU 设计中的数据通路逆向一路追查下去。

当一条可疑指令在 CPU 的执行过程中被逆向梳理一遍以后，要么已经能够明确 CPU 设计中存在的错误，要么会发现这条指令还不是错误的源头，那就回到定位指令的过程继续沿时间轴向前或向后定位指令。

5.5 任务与实践

完成本章的学习后，希望读者能够完成以下 3 个实践任务：

1）不考虑相关引发的冲突的简单流水线 CPU，参见 5.5.1 节。

2）阻塞技术解决相关引发的冲突，参见 5.5.2 节。

3）前递技术解决相关引发的冲突，参见 5.5.3 节。

5.5.1　实践任务 7：不考虑相关引发的冲突的简单流水线 CPU

本实践任务要求在实践任务 6 实现的单周期 CPU 基础上完成以下工作：

1）调整 CPU 顶层接口，增加指令 RAM 的片选信号 inst_sram_en 和数据 RAM 的片选信号 data_sram_en。

2）调整 CPU 顶层接口，将 inst_sram_we 和 data_sram_we 都从 1 位的写使能调整为 4 位的字节写使能。

3）设计一个不考虑相关引发的冲突的单发射五级流水线 CPU。

4）运行 exp7 对应的 func，要求成功通过仿真和上板验证。

请参照 2.3.1 节介绍的方式获取本次实践任务所需的实验开发环境。具体的实验环境仍位于 mycpu_env/ 目录下，不过**验证时不再使用 soc_dram/ 子目录，而应使用 soc_bram/ 子目录**。

伴随着 CPU 访问的指令 RAM 和数据 RAM 的实现形式从 distributed RAM 更换为 block RAM，实验开发环境也需要有所调整：仍然是 mycpu_env 实验环境，gettrace/、func/ 和 myCPU/ 子目录的位置和用途依然维持不变，只是 soc_verify/ 子目录下不再使用 soc_dram/ 子目录而是改为使用 soc_bram/ 子目录，soc_bram/ 子目录中的文件组织结构和用途与 soc_dram/ 子目录中的相似。调整后的实验开发环境的目录结构及各部分功能简介如下：

```
|--gettrace/                  生成参考 trace 的部分。
|--func/                      实验任务所用的功能验证测试程序。
|--myCPU/                     自己实现的 CPU 的 RTL 代码。
|--soc_verify/                自己实现的 CPU 的 SoC 系统验证环境。
    |--soc_bram/              CPU 对外连接 block RAM 接口时对应的验证环境。
      |  |--rtl/              SoC_Lite 设计代码目录。
      |  |  |--soc_lite_top.v SoC_Lite 的顶层文件。
      |  |  |--CONFREG/       confreg 模块，用于访问 CPU 与开发板上的数码管、拨码开关等外设。
      |  |  |--BRIDGE/        1×2 的桥接模块，CPU 的 data  sram 接口同时访问 confreg 和 data_ram。
      |  |  |--xilinx_ip/     定制的 Xilinx  IP，包含 clk_pll、inst_ram、data_ram。
      |  |--testbench/        功能仿真验证平台。
      |  |  |--mycpu_tb.v     功能仿真顶层，该模块会抓取 debug 信息与 golden_trace.txt 进行比对。
      |  |--run_vivado/       Vivado 工程的运行目录。
      |  |--constraints/      Vivado 工程的设计约束。
      |  |--mycpu_bram_prj/   Vivado 工程文件所在目录。
```

从实践任务 7 开始的指令 RAM 和数据 RAM 均采用 block RAM 实现，访问时需要给出片选信号。为此 myCPU 顶层接口中增加指令 RAM 的片选信号 inst_sram_en 和数据 RAM 的片选信号 data_sram_en。两个信号均为 1 位，均为高电平有效。

尽管实践任务7中存数指令仅实现了st.w，但考虑后续实践任务的需求，myCPU顶层接口中的inst_sram_we和data_sram_we都从1位改为4位，其含义也从RAM的写使能调整为RAM的字节写使能。

实验环境准备就绪后，请参考下列步骤完成本实践任务：

1）将所实现CPU的代码更新至mycpu_env/myCPU/目录中。

2）修改func配置文件——mycpu_env/func/include/test_config.h，选择exp7的配置，编译。（如果是通过压缩包exp7.zip获取实验开发环境的，请跳过该步骤。）

3）打开gettrace工程——mycpu_env/gettrace/gettrace.xpr。（该Vivado工程中的IP核是使用Vivado 2019.2创建的，如果使用更高版本的Vivado打开，请参考附录D.4节进行IP核升级。）运行gettrace工程的仿真（进入仿真界面后，直接点击run all等待仿真运行完成），生成新的参考trace文件golden_trace.txt（mycpu_env/gettrace/golden_trace.txt）。要等仿真运行完成，golden_trace.txt才有完整的内容。（如果是通过压缩包exp7.zip获取实验开发环境的，请跳过该步骤。）

4）进入mycpu_env/soc_verify/soc_bram/run_vivado/目录下启动验证myCPU的工程。如果该目录下尚未创建工程，请参照附录D.2节介绍的步骤，利用该目录下的create_project.tcl文件创建工程。如需要，请参考附录D.4节进行IP核升级。

5）参考4.4.5.2节，对工程中的inst_ram重新定制。（如果是通过压缩包exp7.zip获取实验开发环境的，请跳过该步骤。）

6）在验证myCPU的工程中运行仿真（进入仿真界面后，直接点击run all），进行功能验证与调试，直至仿真测试通过。

7）在验证myCPU的工程中综合实现后生成二进制码流文件，进行上板验证。（如果无硬件实验平台，请跳过该步骤。）

5.5.2　实践任务8：阻塞技术解决相关引发的冲突

本实践任务要求在实践任务7实现的CPU基础上完成以下工作：

1）使用阻塞和取消技术处理寄存器写后读数据相关和控制相关所引发的流水线冲突。

2）运行exp8对应的func，要求成功通过仿真和上板验证。

请参照2.3.1节介绍的方式获取本次实践任务所需的实验开发环境。具体的实验环境仍位于 mycpu_env/ 目录下，且仍使用 soc_bram/ 子目录。

实验环境准备就绪后，请参考下列步骤完成本实践任务：

1）将所实现 CPU 的代码更新至 mycpu_env/myCPU/ 目录中。

2）修改 func 配置文件——mycpu_env/func/include/test_config.h，选择 exp8 的配置，编译。（如果是通过压缩包 exp8.zip 获取实验开发环境的，请跳过该步骤。）

3）打开 gettrace 工程——mycpu_env/gettrace/gettrace.xpr。（该 Vivado 工程中的 IP 核是使用 Vivado 2019.2 创建的，如果使用更高版本的 Vivado 打开，请参考附录 D.4 节进行 IP 核升级。）运行 gettrace 工程的仿真（进入仿真界面后，直接点击 run all 等待仿真运行完成），生成新的参考 trace 文件 golden_trace.txt（mycpu_env/gettrace/golden_trace.txt）。要等仿真运行完成，golden_trace.txt 才有完整的内容。（如果是通过压缩包 exp8.zip 获取实验开发环境的，请跳过该步骤。）

4）进入 mycpu_env/soc_verify/soc_bram/run_vivado/ 目录下启动验证 myCPU 的工程。如果该目录下尚未创建工程，请参照附录 D.2 节介绍的步骤，利用该目录下的 create_project.tcl 文件创建工程。如需要，请参考附录 D.4 节进行 IP 核升级。如果该目录下已有前一实践任务创建过的工程，可以在打开工程后，参照附录 D.3 节介绍的步骤，更新项目中 CPU 实现文件的列表。

5）参考 4.4.5.2 节，对工程中的 inst_ram 重新定制。（如果是通过压缩包 exp8.zip 获取实验开发环境的，请跳过该步骤。）

6）在验证 myCPU 的工程中运行仿真（进入仿真界面后，直接点击 run all），进行功能验证与调试，直至仿真测试通过。

7）在验证 myCPU 的工程中综合实现后生成二进制码流文件，进行上板验证。（如果无硬件实验平台，请跳过该步骤。）

5.5.3 实践任务 9：前递技术解决相关引发的冲突

本实践任务要求在实践任务 8 实现的 CPU 基础上完成以下工作：

1）加入适当的数据前递通路来减少阻塞。

2）运行 exp9 对应的 func，要求成功通过仿真和上板验证，并且仿真运行时间较 exp8 的结果有下降。

请参照 2.3.1 节介绍的方式获取本次实践任务所需的实验开发环境。具体的实验环境仍位于 mycpu_env/ 目录下，且仍使用 soc_bram/ 子目录。

实验环境准备就绪后，请参考下列步骤完成本实践任务：

1）将所实现 CPU 的代码更新至 mycpu_env/myCPU/ 目录中。

2）修改 func 配置文件——mycpu_env/func/include/test_config.h，选择 exp9 的配置，编译。（如果是通过压缩包 exp9.zip 获取实验开发环境的，请跳过该步骤。）

3）打开 gettrace 工程——mycpu_env/gettrace/gettrace.xpr。（该 Vivado 工程中的 IP 核是使用 Vivado 2019.2 创建的，如果使用更高版本的 Vivado 打开，请参考附录 D.4 节进行 IP 核升级。）运行 gettrace 工程的仿真（进入仿真界面后，直接点击 run all 等待仿真运行完成），生成新的参考 trace 文件 golden_trace.txt（mycpu_env/gettrace/golden_trace.txt）。要等仿真运行完成，golden_trace.txt 才有完整的内容。（如果是通过压缩包 exp9.zip 获取实验开发环境的，请跳过该步骤。）

4）进入 mycpu_env/soc_verify/soc_bram/run_vivado/ 目录下启动验证 myCPU 的工程。如果该目录下尚未创建工程，请参照附录 D.2 节介绍的步骤，利用该目录下的 create_project.tcl 文件创建工程。如需要，请参考附录 D.4 节进行 IP 核升级。如果该目录下已有前一实践任务创建过的工程，可以在打开工程后，参照附录 D.3 节介绍的步骤，更新项目中 CPU 实现文件的列表。

5）参考 4.4.5.2 节，对工程中的 inst_ram 重新定制。（如果是通过压缩包 exp9.zip 获取实验开发环境的，请跳过该步骤。）

6）在验证 myCPU 的工程中运行仿真（进入仿真界面后，直接点击 run all），进行功能验证与调试，直至仿真测试通过。

7）在验证 myCPU 的工程中综合实现后生成二进制码流文件，进行上板验证。（如果无硬件实验平台，请跳过该步骤。）

C H A P T E R 6

第 6 章 在流水线中添加普通用户态指令

在本章中，我们将介绍如何在已有的简单流水线 CPU 上添加更多的普通用户态指令。具体包括：

- 算术逻辑运算类指令：slti、sltui、andi、ori、xori、sll、srl、sra、pcaddu12i，见 6.1 节。
- 乘除法运算类指令：mul.w、mulh.w、mulh.wu、div.w、mod.w、div.wu、mod.wu，见 6.2 节。
- 转移指令：blt、bge、bltu、bgeu，见 6.3 节。
- 访存指令：ld.b、ld.h、ld.bu、ld.hu、st.b、st.h，见 6.4 节。

【本章学习目标】

❑ 加深对流水线结构与设计的理解。

❑ 掌握在 CPU 中增加普通用户态指令的方法。

【本章实践目标】

本章有两个实践任务（见 6.5 节）。读者可以在学习本章内容的基础上完成这些任务，两者之间的对应关系如下：

❑ 6.1 ～ 6.2 节的内容对应实践任务 10（6.5.1 节）。

❑ 6.3 ～ 6.4 节的内容对应实践任务 11（6.5.2 节）。

6.1 算术逻辑运算类指令的添加

添加指令的设计过程一般包括三个步骤：

1）认真阅读指令系统规范，明确待实现指令的功能定义。

2）根据指令的功能定义考虑数据通路的设计调整，能复用的尽量复用，该新增的就新增。

3）根据调整后的数据通路，梳理所有指令（包括原有的指令和新增的指令）对应的控制信号。

对于本章即将要添加的 slti、sltui 等算术逻辑运算指令的功能定义，请读者先自行阅读指令手册，接下来的分析将假定各位读者已经熟知这部分内容了。

6.1.1　slti 和 sltui 指令的添加

我们将 slti 和 slt 指令进行比较，会发现两者对两个源操作数的比较运算以及写回的目的寄存器是完全一致的，差异仅在于两者的操作数来源。不过，若将 slti 和 addi.w 指令进行比较，则会发现两者的操作数来源是一样的。这就意味着 slti 指令的处理一方面可以复用 slt 指令在执行、访存和写回流水阶段的数据通路，另一方面可以复用 addi.w 指令在译码流水阶段的数据通路。相应地，slti 指令在上述各阶段所需的控制信号也与所复用数据通路对应指令的控制信号一致。

采用相同的思路将 sltui 和 sltu、addi.w 指令进行比较分析，可以得到设计思路是：sltui 指令的处理一方面可以复用 sltu 指令在执行、访存和写回流水阶段的数据通路，另一方面可以复用 addi.w 指令在译码流水阶段的数据通路。相应地，sltui 指令在上述各阶段所需的控制信号也与所复用数据通路对应指令的控制信号一致。

6.1.2　andi、ori 和 xori 指令的添加

我们将 andi、ori、xori 指令和 and、or、xor 指令进行功能定义的比较，发现它们进行的逻辑运算以及写回的目标寄存器号来源是相同的。因此，andi、ori 和 xori 指令可以复用 and、or 和 xor 指令在执行、访存和写回阶段的数据通路。相应地，这些指令在这些流水阶段所需的控制信号与所复用数据通路对应指令的控制信号一致。

不过，andi、ori 和 xori 的第二个源操作数是对 12 位立即数 ui12 进行零扩展，没有现成的数据通路可以复用，需要对译码阶段的数据通路进行调整，在生成第二个源操作数的多路选择器中添加一个“指令码立即数域 ui12 零扩展至 32 位”的输入。由于生成第二个源操作数的多路选择器的规格发生了变化，因此不仅是 andi、ori 和 xori，原先已实现的指令也要针对这个更新规格的多路选择器生成正确的控制信号。

6.1.3 sll.w、srl.w 和 sra.w 指令的添加

对于 sll.w、srl.w 和 sra.w 指令的添加，我们仍然采用上面与具有相似操作的指令进行比较分析的思路。分析后可知，sll.w、srl.w、sra.w 指令在执行、访存、写回阶段的数据通路可以分别复用 slli.w、srli.w 和 srai.w 指令的数据通路，而这三条指令在译码阶段的数据通路可以复用 add.w 指令的数据通路。余下的工作就是将这些指令在各阶段的控制信号置为与其所复用数据通路的指令一致。

6.1.4 pcaddu12i 指令的添加

通过分析 pcaddu12i 指令的定义，会发现该指令完成了一个加法运算且运算结果写入第 rd 项通用寄存器，这部分功能与 add.w 指令一致；该指令源操作数一 PC 的处理与 bl 指令计算 PC+4 时源操作数一的一致，源操作数二 {si20, 12'b0} 的处理与 lu12i.w 的一致。因此，pcaddu12i 指令一方面可以复用 add.w 指令在执行（不包含源操作数准备）、访存和写回流水阶段的数据通路，另一方面可以分别复用 bl 和 lu12i.w 指令在译码和执行（其中的源操作数准备）流水阶段的数据通路。相应地，pcaddu12i 指令所需的控制信号也与所复用数据通路对应指令的控制信号一致。

6.2 乘除法运算类指令的添加

对于整数补码乘法运算而言，两个 32 位的二进制数相乘之后会产生一个 64 位的二进制结果，由于通用寄存器堆每一项的宽度为 32 位，因此乘法的结果无法放入寄存器堆的一项中。因此，LoongArch32 精简版指令集中为完成整数乘法运算定义了 mul.w、mulh.w 和 mulh.wu 三条指令。其中 mulh.w 和 mul.w 指令均进行两个 32 位有符号整数的乘法运算，分别将乘积的高 32 位和低 32 位写入目的通用寄存器 rd 中；mulh.wu 和 mul.w 指令均进行两个 32 位无符号整数的乘法运算，分别将乘积的高 32 位和低 32 位写入目的通用寄存器 rd 中。之所以有符号数乘法和无符号数乘法乘积的低 32 位都是用 mul.w 指令，是因为当输入数据的二进制值一致时，有符号数乘和无符号乘的结果的低半部分的二进制值是相同的。

对于整数补码除法运算而言，两个 32 位的二进制数相除之后会产生一个 32 位的商和一个 32 位的余数。LoongArch32 精简版指令集中定义了 div.w、mod.w 指令，分别计算两个有符号数相除的商和余数，定义了 div.wu、mod.wu 指令，分别计算两个无符号

数相除的商和余数。

上述乘除法指令，两个源操作数均分别来自 rj 和 rk 寄存器，计算的结果都是写入到 rd 寄存器，与 add.w 指令比较可知其相同，因此在译码、写回级流水阶段可以复用 add.w 的数据通路并生成相同的控制信号。数据通路中主要的设计调整是增加乘、除运算部件。我们接下来将给出两种不同实现难度的乘、除法运算部件的设计方法。第一种方法是采用调用 Xilinx IP 的方法（见 6.2.1 节），第二种方法是在逻辑门电路层次自行实现乘法运算单元（见 6.2.2 节）和除法运算单元（见 6.2.3 节）。显然，后者需要花费的设计和调试时间远高于前者，不过能学到的东西也更多，读者可根据个人喜好及学习进度决定是否采用第二种方法。

6.2.1　调用 Xilinx IP 实现乘除法运算部件

6.2.1.1　调用 Xilinx IP 实现乘法运算部件

调用 Xilinx IP 实现乘法运算部件的最简单方法是采用如下形式的代码：

```
wire [31:0] src1, src2;
wire [63:0] unsigned_prod, signed_prod;

assign unsigned_prod = src1 * src2;
assign signed_prod   = $signed(src1) * $signed(src2);
```

Vivado 中的综合工具遇到上面代码中的“*”运算符时，会像遇到“+”“>>”运算符一样，将根据设计给出的时序等约束情况，从自身的 IP 库中找到一个适合的乘法器电路，将其嵌入到你的设计中。根据我们的实验，对于 Artix-7 系列的 FPGA，目前 Vivado 实现“*”运算符时会默认采用 DSP48 器件（内含固化的 16 位乘法器电路），所以最终实现的电路的时序通常不错，也几乎不消耗 LUT 资源。采用这种方式推导出的乘法器电路有两个 32 位数输入、一个 64 位输出，具有单周期延迟，即输入数据之后当拍就能输出结果。

不过，从给出的参考代码中大家也会发现，其中推导出的 Xilinx 的乘法器 IP 要么只能做有符号乘法，要么只能做无符号乘法，所以为了实现 mulh.w 和 mulh.wu 指令，我们要实例化两个乘法器 IP。这个方法看起来不那么“高大上”。其实 32 位有 / 无符号乘法可以统一转化为 33 位有符号乘法，方法是将 32 位有 / 无符号数转化为 33 位有符号数：对 32 位有符号数，最高位扩展为符号位；对 32 位无符号数，最高位补 0。这样处理后得到的 66 位乘积结果的最高 2 位可以不管，仍然根据指令的定义选取结果的

[63:32] 或 [31:0] 位。

6.2.1.2　调用 Xilinx IP 实现除法运算部件

我们这里不使用“/”和“%”这类运算符来让综合工具推导实现除法运算部件，主要原因是 Vivado 综合工具将用 LUT 实现一个单周期的除法运算部件，其时序会非常差。接下来介绍的是基于交互界面定制除法器 IP 的方法。

在工程导航栏中点击“IP Catalog”，然后在右侧出现的窗口中搜索 div，如图 6.1 所示。

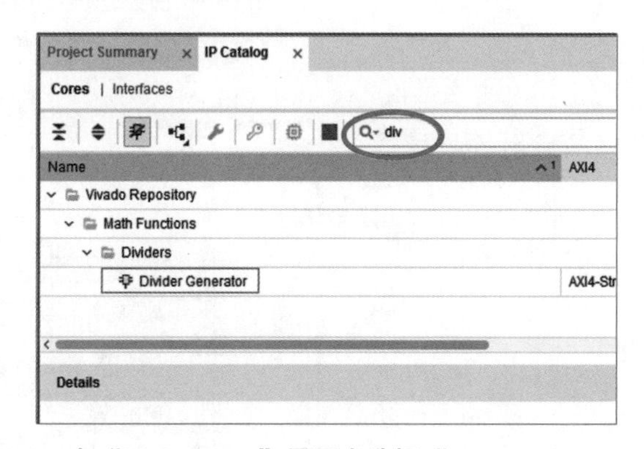

图 6.1　在“IP Catalog”界面中选择“Divider Generator”

在搜索结果中双击“Divider Generator”项，打开除法器 IP 设置界面，依次设置参数，如图 6.2 所示。

对于除法器 IP 设置选项中需要大家关注的地方，我们在图中做了标记和说明。对于除法器的名字，读者可以根据自己的喜好进行调整，并不一定要采用图中的示例名。在“Channel Settings”选项卡中，我们首先要对除法器 IP 的算法进行选择，这里建议采用 Radix2 算法。采用 Radix2 算法实现的除法器的优点是资源消耗少，缺点是完成运算需要的迭代周期数多。通常，应用程序中出现定点除法运算的比例很低，而且编译器一般会尽可能用加、减、移位等指令来实现除法运算，所以除法指令实现的周期数略多一些，但对应用的平均性能不会造成太大的影响。在“Channel Settings”选项卡中还可以选择除法运算是有符号除法还是无符号除法。与前面介绍的乘法器 IP 类似，这里也需要生成有符号和无符号两个除法器 IP，才能分别用于实现 div.w/mod.w 和 div.wu/mod.wu 指令。接下来的 5、6 两处分别定义被除数和除数的位宽为 32 位。在 7 处，一定要将 Remainder Type 选择为 Remainder，以确保余数类型是整型。我们不用勾选 8 处的除 0 检测，因为 LoongArch 指令规范中规定除法指令自身是不需要对除数为 0 进行特

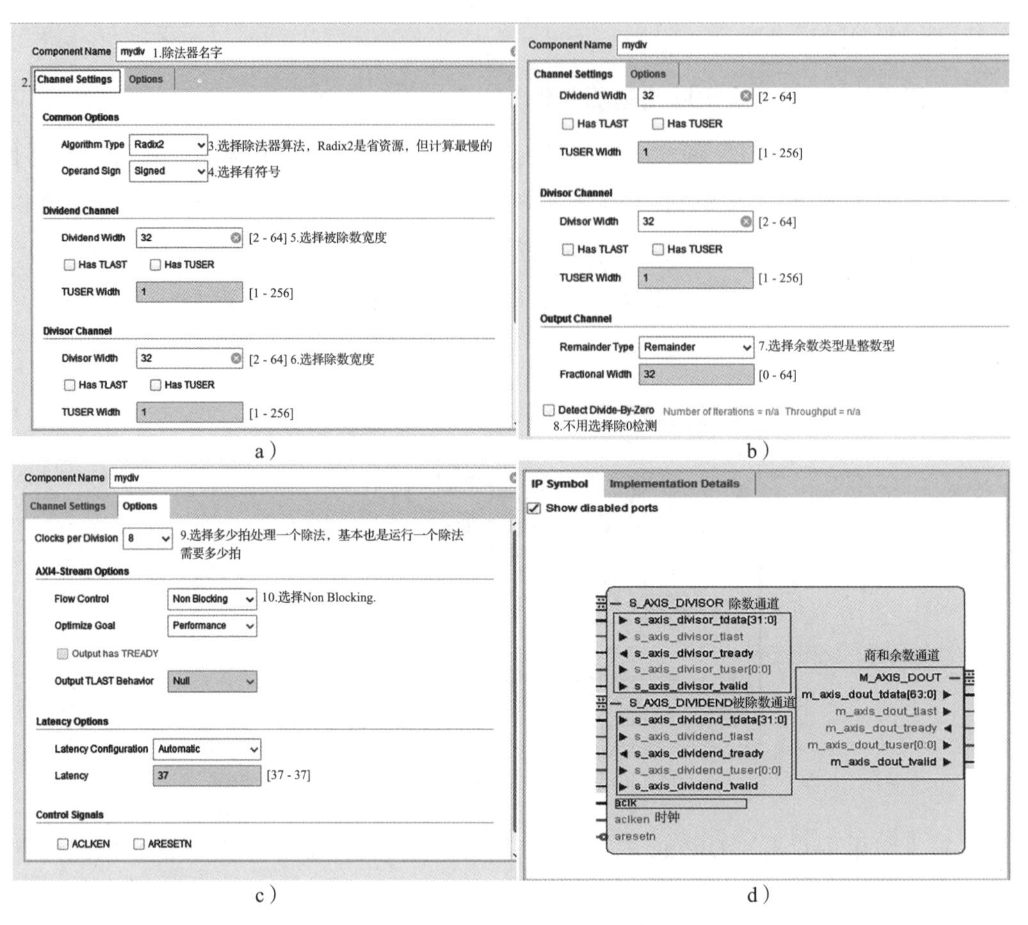

图 6.2　设置除法器 IP 核的参数

殊处理的，这项工作交给软件去做。在“Options”选项卡中，9 处选择多少周期处理一个除法，这个拍数是连续处理多个除法运算之间的间隔周期数，不是完成一个除法运算的周期数。完成一个除法运算完成的周期数由图 6.2c 中的“Latency Options”参数决定。10 处 AXI 接口上的流控可以按照我们的建议选择 Non Blocking，这样选择意味着除法器产生计算结果后，外部一定能够取走这个结果，不会阻塞结果的输出。在我们的单发射静态流水线中，这个条件是始终成立的。（请读者自己想一想其中的原因。）

尽管选择 Non Blocking 的流控策略，但由于目前 Vivado 中提供的除法器 IP 一定是 AXI 接口的，因此接下来我们还是要对模块顶层接口的相关信号进行一些介绍。观察图 6.2d，总体上我们会看到被除数、除数通道以及商和余数通道。其中，被除数通道中的 32 位输入信号 s_axis_dividend_tdata 对应计算时输入的被除数数据；除数通道中的 32 位输入信号 s_axis_divisor_tdata 对应计算时输入的除数数据；计算得到的商和余数结果统一从商和余数通道中的 64 位信号 m_axis_dout_tdata 中输出，其中第 [63:32] 位存放的是商，第 [31:0] 位存放的是余数。

对于两个输入通道和一个输出通道，除了有上述数据信号外，每个通道都有一对 tvalid、tready 信号。这是一对“握手”控制信号，其工作原理类似于我们在 CPU 流水线之间使用的 valid、allowin 信号。tvalid 是请求信号，tready 是应答信号。在时钟上升沿到来时，如果采样得到 tvalid 和 tready 都等于 1，则请求发起方和接收方之间完成一次成功的握手。如果假想接收方有一组触发器缓存，那么所谓的成功握手是指发送方的数据写入接收方的缓存中，也就是在握手成功的这个上升沿之后，触发器缓存会变为发送方的数据。

假设在执行流水阶段调用所生成的除法器 IP。在除法指令处于执行流水级且没有对除法器成功输入数据的时候，同时将 s_axis_dividend_tvalid 和 s_axis_divisor_tvalid 置为 1。当发现 s_axis_dividend_tready 和 s_axis_divisor_tready 反馈为 1 后（此时在一个时钟上升沿同时看到 tvalid 和 tready 为 1，表示握手成功），需要将 s_axis_dividend_tvalid 和 s_axis_divisor_tvalid 清 0，也就是确保握手成功的那个时钟上升沿之后的 s_axis_dividend_tvalid 一定同时置为 1，那么这里生成的除法器 IP 反馈的 s_axis_dividend_tready 和 s_axis_divisor_tready 一定也同时置为 1。这里再次强调，被除数和除数输入的 tready 置起后（也就是握手成功后），tvalid 一定要撤销，否则除法器 IP 会认为又有一个新的除法运算。

完成输入数据的握手之后，除法指令就需要在执行流水级等待除法器 IP 最终输出结果。当 m_axis_dout_tvalid 置为 1 时，表示除法计算完成。此时除法指令就可以从 m_axis_dout_tdata 上取出计算结果，进入流水线的后续阶段。由于前面我们将流控策略设置为 Non Blocking，因此输出通道上不需要外部反馈 tready 信号，换言之，不管产生多少结果、什么时候产生，外部都要能够及时处理。

采用本小节介绍的实现方案，尽管除法是在 CPU 的执行流水阶段开始执行并产生运算结果，但由于其运算会花费多个时钟周期，所以流水线的控制上要做一些针对性的调整。具体来说，就是当执行流水阶段上是一条除法指令时，仅当除法运算部件返回结果完成的信号（Xilinx 除法器 IP 的 m_axis_dout_tvalid 信号为 1）之后这一级流水的 ready_go 才能置为有效。

如果读者不想在 CPU 设计中将更多的时间花费在乘除法运算电路的设计实现上，那么按照这一节介绍的方法去实现就可以了，然后直接跳过接下来的 6.2.2 节和 6.2.3 节。

6.2.2 电路级实现乘法器

移位乘法器和我们平时使用的列竖式计算乘法的方式相同，即将32位乘法转化为32个64位数的加法，再计算出结果。值得注意的是，两个数的补码的积并不等于积的补码。如果 $[Y]_{补}=y_{31}y_{30}\cdots y_1y_0$，则

$$[X\times Y]_{补}=[X]_{补}\times(-y_{31}\times 2^{31}+y_{30}\times 2^{30}+\cdots+y_1\times 2^1+y_0\times 2^0)$$

也就是说 $[X\times Y]_{补}$ 并不等于 $[X]_{补}\times[Y]_{补}$，而是等于把 $[Y]_{补}$ 的最高位取反，其他位不变的数和 $[X]_{补}$ 相乘的结果。更详细的推导过程请参看《计算机体系结构基础》（第3版）的8.3节。以一个4位的乘法器为例：0101（5）×1001（−7）= 1011101（−35）。简单补码的乘法运算如图6.3所示（每个部分积均要做符号扩展）：

				0	1	0	1
			×	1	0	0	1
+	0	0	0	0	1	0	1
+	0	0	0	0	0	0	
+	0	0	0	0	0		
−	0	1	0	1			
	1	0	1	1	1	0	1

图6.3 简单补码乘法运算过程举例

在补码乘法运算过程中，只要对 Y 的最高位乘积项做减法，对其他位乘积项做加法即可。但在做加法和减法操作时，一定要扩充符号位，使乘积项对齐。

可以使用1位Booth算法进行补码乘法，将各部分积统一成相同的形式。

6.2.2.1 2位Booth编码

对32位乘法而言，无论是上述简单的补码乘法器还是1位Booth算法实现的乘法器，都需要将32个部分积相加才能得到结果，延迟和硬件的开销都很大。引入2位Booth编码可以显著减少加法的次数。

对

$$(-y_{31}\times 2^{31}+y_{30}\times 2^{30}+\cdots+y_1\times 2^1+y_0\times 2^0)$$

做如下变换：

$$\begin{aligned}&(-y_{31}\times 2^{31}+y_{30}\times 2^{30}+\cdots+y_1\times 2^1+y_0\times 2^0)\\=&(y_{29}+y_{30}-2\times y_{31})\times 2^{30}+(y_{27}+y_{28}-2\times y_{29})\times 2^{28}+\cdots+\\&(y_1+y_2-2\times y_3)\times 2^2+(y_0-2\times y_1)\times 2^0\\=&(y_{29}+y_{30}-2\times y_{31})\times 2^{30}+(y_{27}+y_{28}-2\times y_{29})\times 2^{28}+\cdots+\\&(y_1+y_2-2\times y_3)\times 2^2+(y_{-1}+y_0-2\times y_1)\times 2^0\end{aligned}$$

其中 y_{-1} 取值为0。

根据上式，可以先将 Y 的 −1 位补0，然后每次扫描 Y 的3位来确定乘积项，这样乘积项减少了一半，32位的乘法只需15次加法。2位Booth编码的规则如表6.1所示。

表 6.1 2 位 Booth 乘法运算编码规则

y_{i+1}	y_i	y_{i-1}	操作
0	0	0	不需要加（+0）
0	0	1	补码加 X（$+[X]_补$）
0	1	0	补码加 X（$+[X]_补$）
0	1	1	补码加 $2X$（$+[X]_补$左移）
1	0	0	补码减 $2X$（$-[X]_补$左移）
1	0	1	补码减 X（$-[X]_补$）
1	1	0	补码减 X（$-[X]_补$）
1	1	1	不需要加（+0）

比如，0101（5）×1001（−7），其中 $[X]_补 = +0101$，$2[X]_补 = +01010$，$-[X]_补 = -0101 = +1011$，$-2[X]_补 = -01010 = +10110$，计算过程如图 6.4 所示。

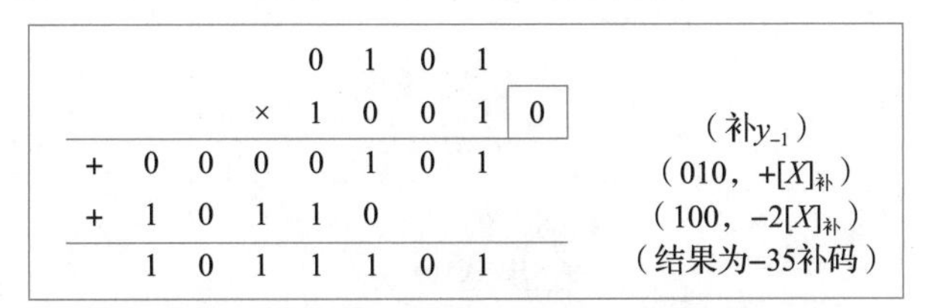

图 6.4 2 位 Booth 编码补码乘法运算过程举例

可以看到，对 4 位乘法使用 2 位 Booth 编码之后，部分积由原来的 4 个减少为 2 个，需要加法的次数由原来的 3 次减少为 1 次，极大地提高了效率。

6.2.2.2 保留进位加法器

对于 32 位乘法，即使使用了 2 位 Booth 编码，16 个部分积仍然需要进行 15 次接近 64 位的加法操作。一般做一次 65 位加法已经会有很大延迟了。如果做 15 次加法，使用累加的形式，则效率会更低。对于多个数的相加，可以考虑使用不需要等待进位信号的保留进位加法器。

保留进位加法器就是使用全加器将三个加数的加法转化成两个加数的加法的装置，转化后的两个加数中，有一个是所有的本地和组成的，另一个是所有的向高位的进位信号组成的。图 6.5 给出了保留进位加法器的运算过程。

```
      1 0 1 1 0 1 0 1
      1 1 1 0 1 1 1 0
    + 1 0 1 1 1 1 0 0
    -----------------
    1 1 1 1 0 0 1 1 1   高位补符号位
  + 1 0 1 1 1 1 0 0 0   低位补0
```

图 6.5 补码乘法运算保留进位加法举例

10110101(−75) + 11101110(−18) + 10111100(−68) = 111100111(−25) + 101111000(−136)

保留进位加法器的每一位的计算都是独立的，不会依赖其他位的信息，所以不会产生进位延迟。例子中的最低位的3个加数为1、0、0，结果为1，进位为0；最高位的3个加数为1、1、1，结果为1，进位为1，其他位也是一样，最后还需将进位结果左移一位。

6.2.2.3 华莱士树

对于要将很多个加数相加得到一个结果的运算，可以先使用一层保留进位加法器（也就是一组全加器）将其转化为约2/3个加数相加，再使用一层保留进位加法器转换为约4/9个加数相加，直到最后转化为2个加数相加。这样的构造叫作**华莱士树**。

使用2位Booth编码后，32位乘法被转化为16个64位的部分积相加。可以使用六层华莱士树将加数减少为2个，图6.6是16个部分积中，针对某1位构建的华莱士树。

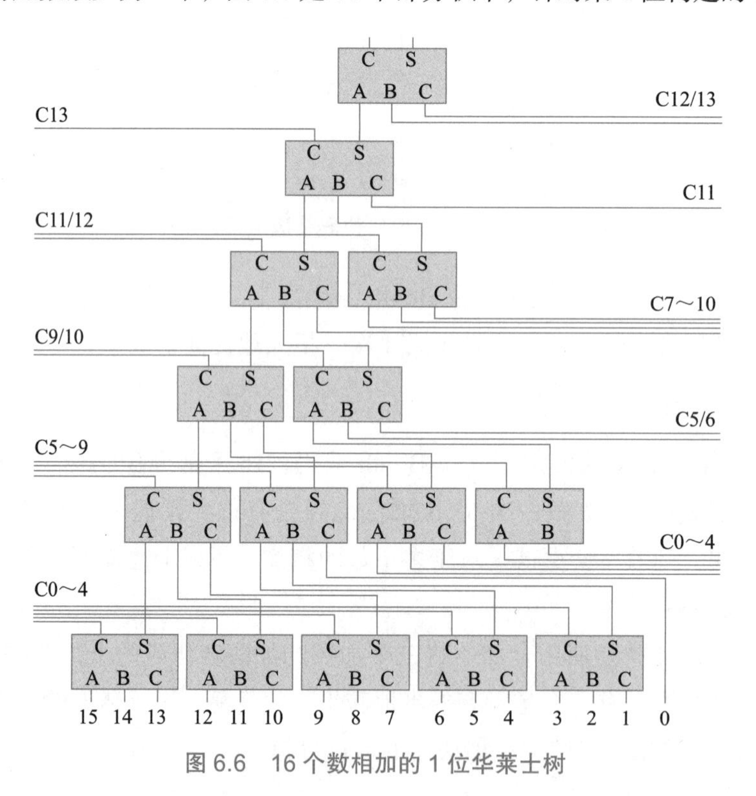

图6.6 16个数相加的1位华莱士树

6.2.2.4 使用2位Booth编码+华莱士树的32位补码乘法器

在Booth编码和华莱士树的基础上不难设计出32位定点补码乘法器，其结构如图6.7所示。

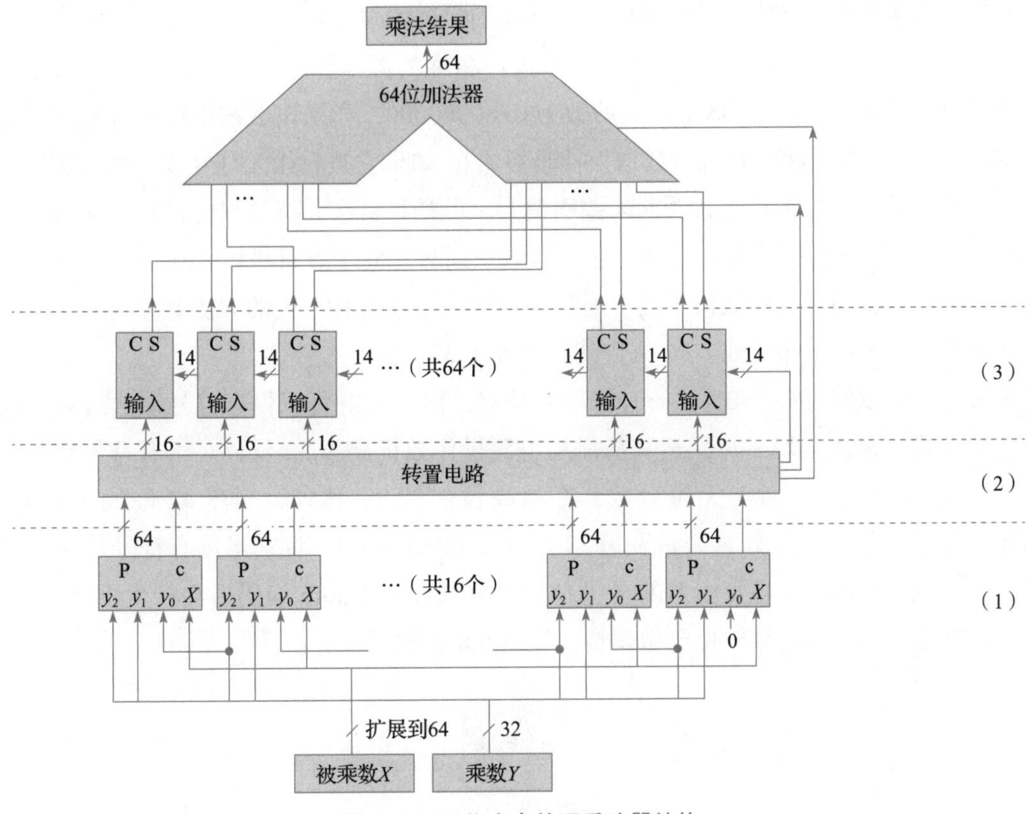

图 6.7　32 位定点补码乘法器结构

图 6.7 中的第 1 部分采用 2 位 Booth 算法得到 16 个部分积，其中 P 为 64 位，是部分积的主体；c 为 1 位，表示对被乘数取反。

第 2 部分类似矩阵转置，将 16 个 64 位部分积转置为 64 个 16 位等宽的数，用作华莱士树每位处的输入，这一部分在电路中的体现就是连线，没有任何多余的电路单元。

第 3 部分为华莱士树，是 64 个 1 位的华莱士树的集合。需要注意的是，每 1 位的华莱士树有来自低位的进位信号，而最高位处的华莱士树向高位的进位则被忽略了。这是因为 32 位有符号数乘以 32 位有符号数能得到的最大的数是 $-2^{31} \times -2^{31} = 2^{62}$，用 64 位有符号数完全可以容纳这个结果，就算将最高位处的华莱士树向高位的进位代入运算，得到的也是符号位的扩展，所以可以直接省略。

6.2.2.5　对乘法器的进一步优化

1. 用定点补码乘法器实现无符号乘法

上述几节介绍的都是补码乘法器，显然这是针对有符号乘法的。而在指令集里，除了有符号乘法之外，还有无符号乘法，所以我们实现的乘法器还需要支持无符号乘法。

所谓有符号乘法和无符号乘法，是指进行相乘的源操作数是被当作有符号数还是无符号数，比如32位寄存器里存放的数为0x80000000，如果该数被看作有符号数，则是 -2^{31}（计算机里存储的有符号数均为补码形式）；如果它被看作无符号数，则是 2^{31}。

虽然无符号数与有符号数看起来差别很大，但是只要在无符号数的最高位前再补一个0，就可以把它看作符号位为0的有符号数。同时，对于有符号数，在最高位前再扩展一位符号位，则表示的数值不变。通过这种最高位前再补一位的方法就可以将有符号数和无符号数统一，相应地，32位数就扩展成了33位数。

因此，可以实现一个33位的有符号乘法器，使得它既可以做有符号乘法运算，又可以做无符号乘法运算。每次运算前需要将源操作数扩展为33位，对于有符号数，在最高位前补符号位；对于无符号数，在最高位前补0。比如，对于32位数0x8000_0000，将它当作无符号数时需扩展为33位0x0_8000_0000，将它当作有符号数时需扩展为0x1_8000_0000。需要注意的是，33位数经过2位Booth编码后会产生17个部分积，相应的华莱士树的结构也要做调整，如图6.8所示。

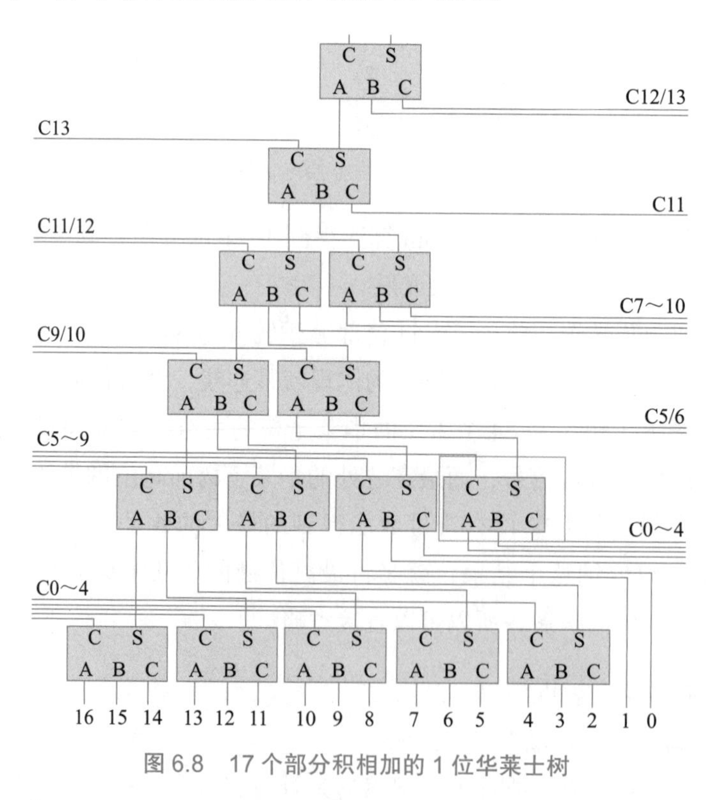

图6.8　17个部分积相加的1位华莱士树

2. 流水化改进

按照上面的描述设计出的单周期 32 位补码乘法器，经过 Vivado 工具综合得到的最长延迟时间约为 36ns，延时过长，所以可以考虑将该乘法器进行流水化改进，即将其切分为前后相连的多个流水级。流水化改进后，在能基本保证每个周期执行一条乘法的前提下[㊀]，提高整个乘法器的运行频率。

切分流水线要尽量做到均衡，即被流水线分隔的几个部分的延迟时间差距不能太大。比如，将乘法器切分成两级流水结构，应该尽量使切分流水之后的最长延迟时间接近单周期时的一半。可以先根据乘法器的结构来确定流水线的位置，切分完成后再使用综合工具进行评估。两级流水线的乘法器可以在 CPU 中占据执行级和访存级的位置，并不会拖延整个 CPU 的运行节奏。

虽然要求乘法器切分为两级，但建议还是将乘法器写为一个单独的模块，这样，替换整个乘法器、对乘法器进行模块级验证也很方便。推荐乘法器模块实现的主要接口如表 6.2 所示。

表 6.2　推荐实现的乘法器模块的主要接口

信号	位宽	方向	功能
mul_clk	1	input	乘法器模块时钟信号
resetn	1	input	复位信号，低电平有效
mul_signed	1	input	控制有符号乘法和无符号乘法
x	32	input	被乘数
y	32	input	乘数
result	64	output	乘法结果

切分的流水级也包含在乘法器模块中，该模块的输入信号均来自执行级，输出信号在访存级被获取，进行前递或传入到写回级，故乘法器模块内部只有一组流水级间的寄存器。

6.2.2.6　乘法器模块级验证

在实现乘法模块后，最好对其进行模块级随机验证，确保功能正确。

对于切分成两级流水结构的乘法器模块，可以使用 mycpu_env/module_verify/mul_verify/ 目录下的模块级验证环境来验证，其 testbench 顶层 mul_tb 如下：

```
`timescale 1ns / 1ps
```

㊀ 基本保证是因为如果相邻乘法操作之间存在写后读相关，那么无法每个时钟周期都开始一个新的执行。

```
module mul_tb;

    //输入
    reg mul_clk;
    reg resetn;
    reg mul_signed;
    reg [31:0] x;
    reg [31:0] y;

    //输出
    wire signed [63:0] result;

    //实例化UUT(Unit Under Test )
    mul uut (
        .mul_clk(mul_clk),
        .resetn(resetn),
        .mul_signed(mul_signed),
        .x(x),
        .y(y),
        .result(result)
    );

    initial  begin
        //初始化输入
        mul_clk = 0;
        resetn = 0;
        mul_signed = 0;
        x = 0;
        y = 0;
        #100;
        resetn = 1;
    end
    always #5 mul_clk =~mul_clk;

//产生随机乘数和有符号控制信号
always @(posedge mul_clk)
begin
    //$random为系统任务，产生一个随机的32位有符号数
    x                  <= $random;
    y                  <= $random;
    //加了拼接符，{$random}产生一个非负数，除2取余得到0或1
    mul_signed         <= {$random}%2;
end

//寄存乘数和有符号乘控制信号，因为是两级流水，故存一拍
reg [31:0] x_r;
reg [31:0] y_r;
reg          mul_signed_r;
```

```
always @(posedge mul_clk)
begin
    if (!resetn)
    begin
        x_r            <= 32'd0;
        y_r            <= 32'd0;
        mul_signed_r   <= 1'b0;
    end
    else
    begin
        x_r            <= x;
        y_r            <= y;
        mul_signed_r   <= mul_signed;
    end
end

//参考结果
wire signed [63:0] result_ref;
wire signed [32:0] x_e;
wire signed [32:0] y_e;
assign x_e          = {mul_signed_r & x_r[31],x_r};
assign y_e          = {mul_signed_r & y_r[31],y_r};
assign result_ref   = x_e * y_e;
assign ok           = (result_ref == result);

//打印运算结果
initial  begin
    $monitor("x = %d, y = %d, signed = %d, result = %d,OK=%b",
             x_e,y_e,mul_signed_r,result,ok);
end

//判断结果是否正确
always @(posedge mul_clk)
begin
    if (!ok)
    begin
        $display("Error : x = %d, y = %d,result = %d, result_ref = %d, OK=%b",
                 x_e,y_e,result,result_ref,ok);
        $finish;
    end
end

endmodule
```

注意，声明和计算有关的变量时必须写上 signed 以表示有符号数。testbench 中如果显示 OK=1，则说明结果正确，否则说明运算有错，同时仿真会停止。

6.2.3　电路级实现除法器

根据是否将源操作数转换为绝对值，除法器可分为绝对值除法器和补码除法器。通常，绝对值除法器的结果是商和余数的绝对值，因而最后需要计算商和余数的补码；而补码除法器虽然得到的结果是补码，但计算过程中可能存在多减除数的情况，所以需要对余数进行调整。

6.2.3.1　迭代除法器

除法器通常是需要迭代进行的，简单的迭代除法是试商法，32位除法的商最多也是32位，故可以依次从商的第31位到第0位试0或1，这和笔算除法的方法类似。

根据迭代过程中，在不够减时（商为0）是否恢复余数可分为恢复余数法（循环减法）和不恢复余数法（加减交替）。加减交替是指将不够减的情况视为减多了，但此时并不恢复余数，而是在下一次迭代改为加法，以补回多减的。该方法的具体操作是，假设第二轮迭代采用加法余数为 r_2+x，其中 r_2 为第一轮迭代中通过减法得到的余数 r_1-2x，所以第二轮迭代的余数就相当于是 r_1-x，与采用恢复余数法得到的结果是一样的。对于为什么前一次减法减去的是 $2x$（是后一次的两倍），可以假设被除数是 *abcd*（四位），除数是 *yz*（两位），那么从高位向低位迭代，开始是 *ab*–*yz*，相当于 *ab*00–*yz*00；第二次是 *bc*–*yz*，相当于 *bc*0–*yz*0。也就是说，第一次是 $2x$，第二次是 x。这也是迭代除法实现时使用移位器的道理。

其实，对于所有迭代除法器，绝对值、补码除法器，或者循环减法、加减交替等都是基于一个原理：判断剩余被除数和除数的大小，确定商，更新剩余被除数。只是在具体实施中，根据不同的处理方法得到上述除法器分类。

比如，对于补码除法器，在有符号除法的情况下，假设被除数为0xffff_ffff，除数为0x1111_1111，也就是被除数是负数，除数是正数。显然，比较被除数和除数的大小是需要使用加法操作的。这时如果采用恢复余数法，那就是循环加法补码除法器；如果采用不恢复余数法，在迭代过程中，如果将余数加成了正数，那就说明加多了（绝对值减多了），就需要改为减法，这就是加减交替补码除法器。

以1位恢复余数绝对值迭代除法器为例，运算过程分为三步。

步骤1：根据被除数和除数确定商和余数的符号，并计算被除数和除数的绝对值。

根据指令手册中指令的定义，余数的符号要和被除数的符号保持一致，这样商和余数的符号就可以由表6.3确定。

表 6.3　除法结果的符号位规则表

被除数	除数	商	余数
正	正	正	正
正	负	负	正
负	正	负	负
负	负	正	负

对于无符号数，计算机里保存的数就是其原码，故绝对值就是该数。对于有符号数，如果该数为正数，则计算机里保存的数为其补码，也是其原码，故绝对值就是该数；如果该数是负数，则计算机里保存的为其补码，直接对该补码（含符号位）取反加 1 即得到其绝对值。

步骤 2：迭代运算得到商和余数的绝对值。

迭代运算的过程如下：

1）在 32 位的被除数前面补 32 个 0，记为 A[63:0]，并记除数为 B[31:0]，得到的商记为 S[31:0]，余数记为 R[31:0]。

2）第一次迭代，取 A 的高 33 位，即 A[63:31]，与 B 的高位补 0 的结果 {1'b0, B[31:0]} 做减法：如果结果为负数，则商的相应位（S[31]）为 0，被除数保持不变；如果结果为正数，则商的相应位记为 1，将被除数的相应位（A[63:31]）更新为减法的结果。

3）进行第二次迭代，此时就需要取 A[62:30] 与 {1'b0, B[31:0]} 做减法，依据结果更新 S[30]，并更新 A[62:30]。

4）依此类推，直到算完第 0 位。

步骤 3：调整最终的商和余数。

步骤 2 中得到的商和余数为对应的绝对值，根据步骤 1 中确定的商和余数符号将商和余数转化为有符号数，提交结果。

下面以 8 位补码除法 10010101（−107）÷ 00011101（29）为例介绍迭代除法。

首先，因为被除数为负、除数为正，所以确定商为负、余数为负，并且计算得到被除数的绝对值为 01101011，除数的绝对值为 00011101。之后进入迭代减法的操作。

第 1 次迭代得到商的最高位，如图 6.9 所示。

```
                  0
  0 0 0 0 0 0 0 0 0 1 1 0 1 0 1 1   （被除数扩展8个0）
- 0 0 0 0 1 1 1 0 1                 （减除数）
  1 1 1 1 0 0 0 1 1                 （不够减，商上0）
  0 0 0 0 0 0 0 0 0 1 1 0 1 0 1 1   （调整剩余被除数）
```

图 6.9　除法运算举例第 1 次迭代

图 6.9 中第 1 行为商的绝对值，第 2 行为第一拍执行之前被除数的绝对值，第 3 行为除数的绝对值，第 4 行为减法的结果，最后一行是第一拍执行之后被除数的绝对值。

在前 6 次迭代中，被除数的绝对值都没有发生变化，所以略去这些迭代过程。直接看第 7 次迭代，结果如图 6.10 所示。

```
                    0 0 0 0 0 0 1
  ---------------------------------
  0 0 0 0 0 0 0 0 0 1 1 0 1 0 1 1
-             0 0 0 0 1 1 1 0 1      （减除数）
  ---------------------------------
              0 0 0 0 1 1 0 0 0      （够减，商上1）
  ---------------------------------
  0 0 0 0 0 0 0 0 0 0 1 1 0 0 0 1    （调整剩余被除数）
```

图 6.10　除法运算举例第 7 次迭代

第 8 次迭代，得到最终商和余数的绝对值，如图 6.11 所示。

```
                    0 0 0 0 0 0 1 1
  ---------------------------------
  0 0 0 0 0 0 0 0 0 0 1 1 0 0 0 1
-               0 0 0 0 1 1 1 0 1    （减除数）
  ---------------------------------
                0 0 0 0 1 0 1 0 0    （够减，商上1）
  ---------------------------------
  0 0 0 0 0 0 0 0 0 0 0 1 0 1 0 0    （调整剩余被除数）
```

图 6.11　除法运算举例第 8 次迭代

于是得到商的绝对值为 00000011，余数的绝对值为 00010100（取低 8 位）。

最后，将商和余数转为补码。因为前面已经确定了商为负数，余数也为负数，所以得到商 11111101（–3）和余数 11101100（–20）。

这里要提醒读者的是：**对一个负的有符号数取绝对值就是将这个数“取反加 1”得到的结果，对一个正的有符号数取绝对值的结果就是其本身；对一个绝对值求其负的有符号数的结果也是“取反加 1”，对一个绝对值求其正的有符号数的结果就是其本身。**

从上述计算过程可以看到，除法的商的寄存器是从高位到低位依次得到，这和一个 32 位左移寄存器等效，每次迭代得到的商放在第 0 位上；被除数从高到低依次取 33 位与除数相减，并更新这 33 位，等效于一个 64 位左移寄存器，每次取高 33 位与除数进行相减判断并更新这 33 位。

可以根据以上描述画出迭代除法器的结构示意图。

6.2.3.2　用迭代除法器进行无符号除法

如果仅仅让迭代除法器执行第 2 步的操作，它就是一个无符号除法器。所以，只需在迭代除法器中加入一个控制信号，使除法在第 1 步和第 3 步中不做数值调整，那么得到的结果就是无符号除法的结果。这样除法器就可以进行无符号运算。

6.2.3.3　迭代除法器中的控制信号

迭代除法器运算的第 1 步为获取操作数和控制信号，第 3 步为输出结果到下一流水级，这两步各需要一拍。第 2 步为迭代运算，需要 32 拍。这样，一次除法需要 34 拍。可以在除法器中内置一个计数器，该计数器在除法开始时从 0 开始计数，当计数到 33 时，将除法完成信号置为 1 并停止计数，直到下一个除法开始。

同乘法器一样，建议将除法器也单独封装为一个模块，推荐实现的主要接口如表 6.4 所示。

表 6.4　推荐实现的除法器模块的主要接口

信号	位宽	方向	功能
div_clk	1	input	除法器模块时钟信号
resetn	1	input	复位信号，低电平有效
div	1	input	除法运算命令，在除法完成后，如果外界没有新的除法进入，必须将该信号置为 0
div_signed	1	input	控制有符号除法和无符号除法的信号
x	32	input	被除数
y	32	input	除数
s	32	output	除法结果，商
r	32	output	除法结果，余数
complete	1	output	除法完成信号，除法内部 count 计算达到 33

6.2.3.4　除法器进一步优化

在以上例子中，除法都是一位试商，其实可以考虑两位试商，但代价就是时序变差、资源消耗更多。

可以观察以下除法：

1）0x7777_7777/0x7777_7776，会发现前面 31 位商都是 0。

2）0x2000_0001/0x2，会发现后面 30 位商都是 0。

3）0x2000_0003/0x2，会发现中间 29 位商是 0。

我们看到，迭代除法中经常会出现一串 0，在软件程序中，商的首部出现一串 0 的情况十分普遍。所以，可以考虑提前开始或提前结束的除法，中间有一串 0 的情况有可能加速迭代，但需要一定的设计技巧。

注意，所有的除法实现方法考虑的主要因素都是便于在硬件上实现，我们认为很简单的很多操作，其硬件实现却比较复杂。比如，在一个32位数中确定首部连续0的个数，也就是查找一个32位数的前导0，这个问题看起来很简单，但其硬件实现要花费很多资源。

6.2.3.5 除法器模块级验证

在除法模块实现后，最好对其进行模块级随机验证，确保功能正确。可以使用mycpu_env/module_verify/div_verify/目录下的模块级验证环境来验证，其testbench顶层div_tb如下：

```
`timescale 1ns / 1ps

module div_tb;

    //输入
    reg div_clk;
    reg resetn;
    wire div;
    reg div_signed;
    reg [31:0] x;
    reg [31:0] y;

    //输出
    wire [31:0] s;
    wire [31:0] r;
    wire complete;

    //实例化UUT (Unit Under Test)
    div uut (
        .div_clk(div_clk),
        .resetn(resetn),
        .div(div),
        .div_signed(div_signed),
        .x(x),
        .y(y),
        .s(s),
        .r(r),
        .complete(complete)
    );
    initial  begin
        //初始化输入
        resetn = 0;
      #100;
        resetn = 1;
    end
initial
begin
    div_clk = 1'b0;
```

```
    forever
    begin
        #5 div_clk = 1'b1;
        #5 div_clk = 1'b0;
    end
end

//产生除法命令，正在进行除法
reg div_is_run;
integer wait_clk;
initial
begin
    div_is_run <= 1'b0;
    forever
    begin
        @(posedge div_clk);
        if (!resetn || complete)
        begin
            div_is_run <= 1'b0;
            wait_clk <= {$random}%4;
        end
        else
        begin
            repeat (wait_clk)@(posedge div_clk);
            div_is_run <= 1'b1;
            wait_clk <= 0;
        end
    end
end
//随机生成有符号除法控制信号、除数和被除数
assign div = div_is_run;
always @(posedge div_clk)
begin
    if (!resetn || complete)
    begin
        div_signed  <= 1'b0;
        x           <= 32'd0;
        y           <= 32'd1;
    end
    else if (!div_is_run)
    begin
        div_signed  <= {$random}%2;
        x           <= $random;
        y           <= $random; //被除数随机产生0的概率很小，基本可忽略
    end
end

//-----{计算参考结果}begin
//第一步，求x和y的绝对值，并判断商和余数的符号
wire x_signed = x[31] & div_signed; //x的符号位，做无符号除法时认为是0
```

```
wire y_signed = y[31] & div_signed; //y 的符号位，做无符号除法时认为是 0
wire [31:0] x_abs;
wire [31:0] y_abs;
// 此处异或运算必须加括号，因为 verilog 中 + 的优先级更高
assign x_abs = ({32{x_signed}}^x) + x_signed;
assign y_abs = ({32{y_signed}}^y) + y_signed;
// 运算结果商的符号位，做无符号除法时认为是 0
wire s_ref_signed = (x[31]^y[31]) & div_signed;
// 运算结果余数的符号位，做无符号除法时认为是 0
wire r_ref_signed = x[31] & div_signed;

// 第二步，求得商和余数的绝对值
reg [31:0] s_ref_abs;
reg [31:0] r_ref_abs;
always @(div_clk)
begin
    s_ref_abs <= x_abs/y_abs;
    r_ref_abs <= x_abs-s_ref_abs*y_abs;
end

// 第三步，依据商和余数的符号位调整
wire [31:0] s_ref;
wire [31:0] r_ref;
// 此处异或运算必须加括号，因为 Verilog 中加法的优先级更高
assign s_ref = ({32{s_ref_signed}}^s_ref_abs) + {30'd0,s_ref_signed};
assign r_ref = ({32{r_ref_signed}}^r_ref_abs) + r_ref_signed;
//-----{ 计算参考结果 }end

// 判断结果是否正确
wire s_ok;
wire r_ok;
assign s_ok = s_ref==s;
assign r_ok = r_ref==r;
reg [5:0] time_out;

// 输出结果，将各 32 位（不论是有符号还是无符号数）扩展成 33 位有符号数，
// 以便以十进制形式打印
wire signed [32:0] x_d     = {div_signed&x[31],x};
wire signed [32:0] y_d     = {div_signed&y[31],y};
wire signed [32:0] s_d     = {div_signed&s[31],s};
wire signed [32:0] r_d     = {div_signed&r[31],r};
wire signed [32:0] s_ref_d = {div_signed&s_ref[31],s_ref};
wire signed [32:0] r_ref_d = {div_signed&r_ref[31],r_ref};
always @(posedge div_clk)
begin
    if (complete && div) // 除法完成
    begin
        if (s_ok && r_ok)
        begin
            $display("[time@%t]: x=%d, y=%d, signed=%d, "
```

```
                                "s=%d, r=%d, s_OK=%b, r_OK=%b",
                                $time,x_d,y_d,div_signed,s_d,r_d,s_ok,r_ok);
            end
            else
            begin
                $display("[time@%t]Error:  x=%d,  y=%d,  signed=%d,  s=%d, "
                         "r=%d, s_ref=%d, r_ref=%d, s_OK=%b, r_OK=%b",
                         $time,x_d,y_d,div_signed,s_d,
                         r_d,s_ref_d,r_ref_d,s_ok,r_ok);
                $finish;
            end
        end
    end
    always @(posedge div_clk)
    begin
        if (!resetn || !div_is_run || complete)
        begin
            time_out <= 6'd0;
        end
        else
        begin
            time_out <= time_out + 1'b1;
        end
    end
    always @(posedge div_clk)
    begin
        if (time_out == 6'd34)
        begin
            $display("Error: div no end in 34 clk!");
            $finish;
        end
    end

    endmodule
```

至此，LoongArch32 精简版中用户态指令中所有的运算类指令都已经实现完毕。

6.3　转移指令的添加

在进行转移指令的添加工作之前，我们简要回顾一下简单流水线中与转移指令相关的设计要点：

1）转移指令的功能有两个要素：一是决定是否跳转，二是决定跳转时的跳转目标。

2）LoongArch 指令集中的转移指令包括分支指令和跳转指令，前者是否跳转需要进行判断，后者一定跳转。

3）LoongArch 指令集中转移指令的跳转目标的计算方式有两种：一是转移指令 PC 加上转移指令中的偏移立即数，二是通用寄存器中的值加上转移指令中的偏移立即数。

4）LoongArch 指令集中除了 Link 类转移指令外，均不会产生寄存器写动作。Link 类转移指令会将自身 PC 加 4（即返回地址）写入通用寄存器中。

5）在单发射五级流水 CPU 中，将转移指令的处理放在译码级进行，当发生跳转时，在更新下一拍取指请求（nextPC）为跳转目标的同时，取消取指级可能取回的错误执行路径上的指令，以解决控制相关引起的流水线冲突。

上面的第 5 点告诉我们，对于新增的转移指令，其参与生成下一拍取指 PC 的操作还是要放到译码流水级进行。至于如何生成是否跳转的控制信号、如何生成跳转目标，以及是否需要向通用寄存器写入返回地址，现有的 CPU 中已经有处理框架。接下来，我们将梳理待实现的指令，分析它们如何在现有的处理框架下进行处理。

blt、bge、bltu 和 bgeu 指令的添加

通过分析 blt、bge、bltu 和 bgeu 指令的功能定义，可以得知它们的功能与 beq、bne 非常相似，区别仅在于是否跳转的判断条件。因此添加 blt、bge、bltu 和 bgeu 指令只需要对流水线中已有的转移指令是否跳转的判断逻辑进行扩展即可，即在 GR[rj] = GR[rd]、GR[rj] ≠ GR[rd] 条件判断的基础上，增加 $GR[rj] <_{signed} GR[rd]$、$GR[rj] \geqslant_{signed} GR[rd]$、$GR[rj] <_{unsigned} GR[rd]$、$GR[rj] \geqslant_{unsigned} GR[rd]$ 的条件判断支持，其余功能均可直接复用实现 beq 和 bne 的数据通路，相关控制信号的生成也可以参照 beq 和 bne 的控制信号进行。

至此，LoongArch32 精简版中所有的转移指令均已实现完毕。

6.4　访存指令的添加

6.4.1　ld.b、ld.h、ld.bu、ld.hu 指令的添加

分析 ld.b、ld.h、ld.bu、ld.hu 指令的功能定义并将其与 ld.w 的定义进行比较，可知：

1）它们计算虚地址的操作数来源、地址计算方法、虚实地址映射的规则是完全一样的。

2）它们得到的访存结果都是写回第 rd 项寄存器中。

3）它们和 ld.w 指令的差异仅在于从内存取回的数据位宽不同。

再来考虑微结构方面的设计因素。因为数据 RAM 的位宽是 32 位，所以这些指令访问数据 RAM 的地址都是用指令访存地址去掉最低两位得到的。

综上，这四条指令在译码、执行、写回级的数据通路、控制逻辑可以完全复用 ld.w 指令的设计实现。下面讨论如何处理指令间存在的差异。

6.4.1.1　从数据 RAM 输出结果中选择所需内容

既然数据 RAM 的宽度是 4 字节，那么 ld.b 和 ld.bu 访问的内容可以出现在这四个字节的任一个中，ld.h 和 ld.hu 访问的内容可以是其中的低 2 字节或高 2 字节。也就是说，这些指令需要的数据并不总是出现在数据 RAM 输出数据的最低位置上。因此，我们需要引入一个多路选择器。读者可能会问：这应该是个右移字节的操作吗？但请大家想一想，移位器在实现时本质上是不是就是多路选择器？

这个多路选择器的选择信号是通过指令访存地址的最低两位以及访存操作的类型信息共同生成的。其设计原理是直截了当的，请读者自行推导一下。

6.4.1.2　将选取内容扩展至 32 位

ld.b、ld.bu、ld.h 和 ld.hu 指令从数据 RAM 取回的数据宽度比通用寄存器的宽度要小，所以这些数据需要扩展到 32 位才能成为最终写入寄存器的结果。进行符号扩展还是零扩展是根据指令来确定的，ld.b、ld.h 是符号扩展，ld.bu、ld.hu 是零扩展。那么为什么要分为符号扩展装载（load）和零扩展装载呢？因为 C 语言里面有 signed char、unsigned char 以及 signed short、unsigned short，但是加减等数值运算指令只有操作 32 位源操作数的版本，所以数据从内存装载到寄存器中，必须根据数据的 signed/unsigned 属性将其符号 / 零扩展至 32 位后才能进行后续的数值运算。尽管理论上可以定义字节、半字的符号扩展、零扩展指令来完成这里需要的扩展操作，但是由于实际应用程序中这种扩展操作可能频繁出现，而在内存取数之后顺带进行扩展处理资源开销也并不大，所以实际上不少指令集都分别定义了符号扩展和零扩展的装载指令。

上述从数据 RAM 返回值中选取需要的内容以及将内容扩展至 32 位的数据通路都是要在 CPU 中新增加的。我们建议将这个数据通路放在访存流水级，因为这些指令与 ld.w 一样都是最早在访存级向译码流水级进行前递，这样译码流水级的阻塞控制信号几乎不用调整。从时间的角度来看，新增的多选逻辑的电路延迟不是很大，即使它位于关键路径上，也不至于造成频率的大幅度下降。就本书希望读者达到的设计精细程度而言，这种程度的频率损失就不需要进行设计上的调整了，我们尽量保证设计的简洁。

最后提醒一下，在目前的设计中，访存地址的最低两位和访存操作的类型信息并没有从译码级或执行级传递到访存级，需要在数据通路中添加。

6.4.2 st.b、st.h 指令的添加

分析 st.b 和 st.h 指令的功能定义并将其与 st.w 的定义进行比较，可知：

1）它们计算虚地址的操作数来源、地址计算方法、虚实地址映射规则是完全一样的。

2）要存入数据 RAM 的数据都来自第 rd 项寄存器。

3）st.b 指令只向数据 RAM 写入 1 个字节，st.h 指令只向数据 RAM 写入 2 个字节。

根据上面的总结，实现 st.b 和 st.h 指令的关键在于如何在一块 4 字节宽的 RAM 上完成字节或半字的写入，这可以通过 RAM 的字节写使能来实现。所谓字节写使能，就是 RAM 每一项（或行）的每个字节都有自己单独的写使能。可知，在实现 st.b 指令写数据 RAM 的时候，如果地址最低两位等于 0b00，那么字节写使能就是 0b0001；如果地址最低两位等于 0b01，那么字节写使能就是 0b0010……在实现 st.h 指令的时候，如果地址的最低两位等于 0b00，那么字节写使能就是 0b0011。对于 st.w，字节写使能恒为 0b1111。

确定了字节写使能，接下来就是生成写数据了。以 st.b 指令为例，它写入内存的永远是第 rd 项寄存器的最低字节，但是它存入的未必是数据 RAM 中那一项的最低字节。有些读者马上想到可以把数据按字节为单位移动一下，于是下面的代码就出现了。

```
assign st_data = op_st_b ? (vaddr[1:0]==2'b00 ? {24'b0, rd_value[7:0]} :
                             vaddr[1:0]==2'b01 ? {16'b0, rd_value[7:0], 8'b0} :
                             vaddr[1:0]==2'b10 ? {8'b0, rd_value[7:0], 16'b0} :
                                                 {rd_value[7:0], 24'b0}
                            ) :
                 op_st_h ? (vaddr[1:0]==2'b00 ? {16'b0, rd_value[15:0]} :
                                                 {rd_value[15:0], 16'b0}
                            ) :
                            rd_value;
```

上面的代码对不对？对。上面的代码效果好不好？一般。

其实，下面这样的代码也是对的。读者可以自行推演一下。提示一下，要考虑字节写使能。

```
assign st_data = op_st_b ? {4{rd_value[ 7:0]}} :
                 op_st_h ? {2{rd_value[15:0]}} :
                              rd_value[31:0];
```

后面这段代码是不是简洁多了？而且这段代码逻辑更少，时序也更好。所以，写代码和写文章是一样的，好的作品都需要花心思推敲、琢磨。

至此，本章所要添加的普通用户态指令已经都实现完毕。

6.5　任务与实践

完成本章的学习后，希望读者能够完成以下 2 个实践任务：

1）算术逻辑运算指令和乘除法运算指令添加，参见 6.5.1 节。

2）转移指令和访存指令添加，参见 6.5.2 节。

6.5.1　实践任务 10：算术逻辑运算指令和乘除法运算指令添加

本实践任务要求在实践任务 9 实现的 CPU 基础上完成以下工作：

1）添加算术逻辑运算类指令 slti、sltui、andi、ori、xori、sll、srl、sra、pcaddu12i。

2）添加乘除运算类指令 mul.w、mulh.w、mulh.wu、div.w、mod.w、div.wu、mod.wu。

3）运行 exp10 对应的 func，要求成功通过仿真和上板验证。

请参照 2.3.1 节中介绍的方式获取本次实践任务所需的实验开发环境。具体的实验环境仍位于 mycpu_env/ 目录下，且仍使用 soc_bram/ 子目录。

实验环境准备就绪后，请参考下列步骤完成本实践任务：

1）将所实现 CPU 的代码更新至 mycpu_env/myCPU/ 目录中。

2）修改 func 配置文件——mycpu_env/func/include/test_config.h，选择 exp10 的配置，编译。（如果是通过压缩包 exp10.zip 获取实验开发环境的，请跳过该步骤。）

3）打开 gettrace 工程——mycpu_env/gettrace/gettrace.xpr。（该 Vivado 工程中的 IP 核是使用 Vivado 2019.2 创建的，如果使用更高版本的 Vivado 打开，请参考附录 D.4 节进行 IP 核升级。）运行 gettrace 工程的仿真（进入仿真界面后，直接点击 run all 等待仿真运行完成），生成新的参考 trace 文件 golden_trace.txt（mycpu_env/gettrace/golden_trace.txt）。要等仿真运行完成，golden_trace.txt 才有完整的内容。（如果是通过压缩包 exp10.zip 获取实验开发环境的，请跳过该步骤。）

4）进入 mycpu_env/soc_verify/soc_bram/run_vivado/ 目录下启动验证 myCPU 的工程。如果该目录下尚未创建工程，请参照附录 D.2 节介绍的步骤，利用该目录下的 create_project.tcl 文件创建工程。如需要，请参考附录 D.4 节进行 IP 核升级。如果该目录下已有前一实践任务创建过的工程，可以在打开工程后，参照附录 D.3 节介绍的步骤，更新项目中 CPU 实现文件的列表。

5）参考 4.4.5.2 节，对工程中的 inst_ram 重新定制。（如果是通过压缩包 exp10.zip 获取实验开发环境的，请跳过该步骤。）

6）在验证 myCPU 的工程中运行仿真（进入仿真界面后，直接点击 run all），进行功能验证与调试，直至仿真测试通过。

7）在验证 myCPU 的工程中综合实现后生成二进制码流文件，进行上板验证。（如果无硬件实验平台，请跳过该步骤。）

6.5.2 实践任务 11：转移指令和访存指令添加

本实践任务要求在实践任务 10 实现的 CPU 基础上完成以下工作：

1）添加转移指令 blt、bge、bltu、bgeu。

2）添加访存指令 ld.b、ld.h、ld.bu、ld.hu、st.b、st.h。

3）运行 exp11 对应的 func，要求成功通过仿真和上板验证。

请参照 2.3.1 节中介绍的方式获取本次实践任务所需的实验开发环境。具体的实验环境仍位于 mycpu_env/ 目录下，且仍使用 soc_bram/ 子目录。

实验环境准备就绪后，请参考下列步骤完成本实践任务：

1）将所实现 CPU 的代码更新至 mycpu_env/myCPU/ 目录中。

2）修改 func 配置文件——mycpu_env/func/include/test_config.h，选择 exp11 的配置，编译。（如果是通过压缩包 exp11.zip 获取实验开发环境的，请跳过该步骤。）

3）打开 gettrace 工程——mycpu_env/gettrace/gettrace.xpr。（该 Vivado 工程中的 IP 核是使用 Vivado 2019.2 创建的，如果使用更高版本的 Vivado 打开，请参考附录 D.4 节进行 IP 核升级。）运行 gettrace 工程的仿真（进入仿真界面后，直接点击 run all 等待仿真运行完成），生成新的参考 trace 文件 golden_trace.txt（mycpu_env/gettrace/golden_trace.txt）。要等仿真运行完成，golden_trace.txt 才有完整的内容。（如果是通过压缩包 exp11.zip 获取实验开发环境的，请跳过该步骤。）

4）进入 mycpu_env/soc_verify/soc_bram/run_vivado/ 目录下启动验证 myCPU 的工程。如果该目录下尚未创建工程，请参照附录 D.2 节介绍的步骤，利用该目录下的 create_project.tcl 文件创建工程。如需要，请参考附录 D.4 节进行 IP 核升级。如果该目录下已有前一实践任务创建过的工程，可以在打开工程后，参照附录 D.3 节介绍的步骤，更新项目中 CPU 实现文件的列表。

5）参考 4.4.5.2 节，对工程中的 inst_ram 重新定制。（如果是通过压缩包 exp11.zip 获取实验开发环境的，请跳过该步骤。）

6）在验证 myCPU 的工程中运行仿真（进入仿真界面后，直接点击 run all），进行功能验证与调试，直至仿真测试通过。

7）在验证 myCPU 的工程中综合实现后生成二进制码流文件，进行上板验证。（如果无硬件实验平台，请跳过该步骤。）

C H A P T E R 7

第 7 章

异常和中断的支持

在前面的几章中，我们已经实现了一个支持 46 条 LoongArch 指令的流水线 CPU。不过，到目前为止，我们实现的都是指令系统的用户态部分。为了最终可以基于所实现的 CPU 搭建出一个小型的计算机系统，我们还要逐步添加指令系统中的特权态部分。这一章我们先介绍如何在 CPU 中支持异常（Exception）和中断（Interrupt）功能。

【本章学习目标】

- ❑ 理解异常和中断的软硬件协同处理机制。
- ❑ 理解精确异常的概念和处理方法。
- ❑ 掌握在流水线 CPU 中添加异常和中断支持的方法。

【本章实践目标】

本章有两个实践任务（见 7.5 节）。读者可以在学习本章内容的基础上完成这些任务。

7.1 异常和中断的基本概念

有关异常和中断的基本概念，读者可以参考《计算机体系结构基础》（第 3 版）的 3.2 节或其他资料学习。这里我们将根据 CPU 设计的需要梳理其中的关键概念。从 CPU 实现的角度来看，中断也是一种特殊的异常，所以在下文的表述中，除非专指中断，否则我们将统一用“异常”一词代指“异常”和“中断”。

7.1.1　异常是一套软硬件协同处理的机制

首先我们必须明确，异常是一套软硬件协同处理的机制。“异常”不是常态，其对应的情况发生频度不高，但处理起来比较复杂。本着“好钢用在刀刃上”的设计原则，我们希望尽可能由软件程序而不是硬件逻辑来处理这些复杂的异常情况。这样做既能保证硬件的设计复杂度得到控制，又能确保系统的实际运行性能没有太大的损失。

异常处理的绝大多数工作是由异常处理程序（软件）完成的，但是异常处理的开始和结束阶段必须要由硬件来完成。

异常处理的开始阶段

异常触发条件的判断由硬件完成，异常的类型、触发异常的指令的 PC 等供异常处理程序使用的信息由硬件自动保存。此外，硬件需要跳转到异常处理程序的入口执行，并保证跳转到异常入口后，处理器处于高特权等级。随后，异常处理程序接管后续处理过程。

异常处理的结束阶段

异常处理程序完成所有处理之后，需要返回发生异常的指令（或者一个事前指定的程序入口）处重新开始执行，这个过程除了要执行一次跳转外，还需要将处理器的特权等级调整回最初发生异常的指令所处运行环境的特权等级。

7.1.2　精确异常

为了在 CPU 中正确地实现异常功能，我们有必要强调一下“**精确异常**”这个概念。什么叫精确异常呢？它要达到的效果是：当系统软件处理完异常返回后，对于发生异常的指令和它后面的指令，就好像异常没有发生过一样。这里的“前后”是根据程序中定义的顺序来判定的。

在上面这个表述中，是让谁觉得“像没有发生过异常一样”？是指令，所以说，内容没有发生变化是从指令的视角来看的。这里我们用“看”这个拟人的修辞方式来表述，虽然生动，但从概念的角度难免不够精准。我们还需要再唠叨几句。

指令能“看”到的内容有什么？它只能看到 ISA 中定义的那些内容，看不到那些不包含在 ISA 定义范畴内的微结构层面的内容。举个例子来说，PC、通用寄存器、内存、处理器所处特权等级属于指令能看到的，而处理器中每一级流水的状态则属于指令看不到的。

指令又是怎么“看”的呢？这个过程的严谨而全面的表述抽象且冗长，这里我们表述得稍微工程化一些，通过几个典型的例子来说明。

【例一】 如果一条指令有寄存器的源操作数，那么它在 CPU 流水线中要到译码级生成源操作数的时候才开始“看”到这个寄存器。

【例二】 如果是一条 load 指令，那么它在 CPU 流水线中直到访存级[㊀]才开始“看”到内存这个地址。

【例三】 如果是一条特权指令，即它只有在 CPU 处于特权状态下才能执行，假设有关特权指令合法性的检查是在译码级进行的，那么这条指令直到译码级才能“看”到 CPU 的特权等级状态。

【例四】 假设某些地址空间只有特权态的程序才能访问，那么任何指令必须在取指阶段发起访存请求的时候就“看”到 CPU 的特权等级状态。

从这四个例子中，读者多少能体会到指令的“看”在一个 CPU 中是如何进行的。之所以需要关注这个过程，是因为仅从程序员的角度来看，每条指令对处理器的状态更新都应该是原子的、瞬时完成的，但是程序在处理器中真实运行的时候，一条指令涉及的处理器的状态的更新却是分布的、有延迟的。作为处理器的设计人员，我们需要用这个分布的、有延迟的真实处理器给软件人员构造出一个原子的、瞬时的抽象处理器。

7.2 LoongArch 指令系统中与异常相关的功能定义

在了解了异常的一般性概念的基础之上，我们再来具体分析 LoongArch 指令系统中与异常相关的功能定义，以形成我们的最终设计。

7.2.1 控制状态寄存器

前面提到，异常是一个软硬件协同的处理过程。在这个过程中，硬件逻辑电路和异常处理软件需要进行必要的信息交互。为了实现精确异常，这些交互的信息不能放在用户态程序可见的软件上下文中。（请读者思考一下为什么。）LoongArch 指令系统中定义了一组独立的寄存器用于这类信息的交互，统称为控制状态寄存器（Control Status Register，CSR）。

㊀ 也许读者会说执行级发出数据 RAM 读请求的时候才是最早“看”到该地址内存值的时机。如果 load 指令在访存级获得访存结果只来自数据 RAM 的 Q 端输出，那么这种看法就是完全正确的。如果 load 指令在访存级还有可能获得 store 指令直接前递过来的数值，那么正文中的表述就更为合适。正文中给出的是一种在大多数情况下都正确的表述。

就本章中涉及异常和中断的处理而言，相关的CSR有：CRMD、PRMD、ECFG、ESTAT、ERA、BADV、EENTRY、SAVE0～3、TID、TCFG、TVAL、TICLR。这些寄存器的详细定义请参看指令手册第7章。初次接触LoongArch指令系统的读者在学习这部分内容时，建议首先快速浏览一遍指令手册第7章中相关寄存器的内容，这一遍可以“不求甚解”，对几个寄存器有个初步印象即可。然后阅读指令手册第6章熟悉处理器硬件响应异常的一般性处理过程以及中断处理的相关内容。最后在敲定设计方案时，如果遇到与CSR相关的内容，再仔细查阅指令手册第7章的内容，掌握具体细节。

此外补充说明一点，指令手册中CSR定义描述中的“读写”属性是从软件程序的视角来说明的，与具体硬件实现时这些寄存器的读、写属性有联系，但并不是直接对应的。硬件实现时所看到的读写属性在本章后面进行设计细节讲解时将会具体讲述。

7.2.2　异常产生条件的判定

本章需要实现的异常包括中断INT、取指地址错ADEF、地址非对齐ALE、系统调用SYS、断点BRK和指令不存在INE，共计6种。考虑到除了中断之外，指令手册中其他异常产生条件分散在可能与之相关的各指令定义处，为了方便读者理解，这里对各异常产生条件的判定进行总结。

7.2.2.1　处理器核内部判定接收到中断的过程

注意，请将本小节内容与指令手册6.1节、7.4.4节和7.4.5节的内容结合起来阅读。

根据LoongArch32精简版指令集的定义，每个处理器核内部可以记录12个线中断。除去应用于多核场景下的核间中断目前暂不考虑，还包括8个硬中断、2个软中断和1个定时器中断。

硬件中断的源头来自处理器核外部，读者可以认为每个处理器核都有8个中断输入引脚，设备或中断控制器将高电平有效的中断信号连接到这8个输入引脚上，而处理器核内部ESTAT控制状态寄存器IS（Interrupt State）域的9..2这8位（RTL上对应8个触发器）则直接对中断输入引脚的信号采样。软件中断顾名思义是由软件来设置的，通过CSR写指令对ESTAT状态控制寄存器IS域的1..0这两位写1或写0就可以完成两个软件中断的置起和撤销。定时器中断的状态记录在ESTAT控制状态寄存器IS域的第11位。（在后面的7.2.2.2节将有关于定时器中断的更进一步介绍。）

ESTAT状态控制寄存器IS的11和9..0位记录了上述11个中断的状态，且均是高电平表示有效。不过，处理器核内部判断是否接收到中断不仅要看这些位中是否存在有效值，还要看中断的使能情况。中断的使能情况分两个层次：低层次是与各中断一一对应的局部中断使能，通过ECFG控制寄存器的LIE（Local Interrupt Enable）域的11和9..0位来控制；高层次是全局中断使能，通过CRMD控制状态寄存器的IE（Interrupt Enable）位来控制。

综合上述情况，处理器核内部判定接收到中断的标志信号has_int可以实现为：

```
assign has_int = ((csr_estat_is[12:0] & csr_ecfg_lie[12:0]) != 13'b0) && (csr_
            crmd_ie == 1'b1);
```

很显然无论是接收到一个外部中断还是多个外部中断，has_int信号都可以置为有效，即CPU硬件并不考虑这其中的细节差异[㊀]。当确实同时接收到多个中断时，后续的处理交给软件的中断处理函数进行。

7.2.2.2 核内定时器中断产生过程

定时器中断经常用于操作系统的调度和计时功能的实现。该中断源来自定时器，通常分为核外和核内两种实现方式。LoongArch指令系统采用了核内实现定时器中断源的方式。简单来说，在每个LoongArch32处理器核内部实现一个32位的计数器，在开启定时功能后每个时钟周期减1，当减到0值即可触发一次定时器中断。接下来介绍其定义细节：

1）定时器的软件配置集中在TCFG（Timer Config）控制状态寄存器，包括它的启动使能、倒计时初始值和倒计时模式。其中倒计时模式分为两种，一种是减到0后即停止计数，另一种是减到0后自动装载倒计时初始值再次开始新一轮倒计时。

2）定时器与rdcntv{l/h}.w指令所访问的计时器使用同一时钟，这个时钟要求频率固定。在本书的实践任务范围内，我们尚不考虑处理器核的变频和关停，所以可以采用处理器核流水线的时钟。

3）定时器当前的计数值仅可以通过读取TVAL状态寄存器近似[㊁]获得，它与rdcntv{l/h}.w指令读取的计时器值来自两个截然不同的对象。

4）当定时器倒计时到0时硬件将ESTAT控制状态寄存器IS域的第11位置1，软件通过把TICLR控制寄存器的CLR位写1将ESTAT控制状态寄存器IS域的

㊀ 仅在LoongArch精简版才是这样处理的，LoongArch商用版本中硬件可以按照固定优先级处理同时接收的多个中断。

㊁ 这里说“近似”是因为定时器的每个时钟周期都在自减1，软件用来读取TVAL寄存器的CSR读指令的执行需要多个时钟周期，所以它只能反映执行这条CSR指令的这段时间中某个时钟周期的定时器数值。

第 11 位清 0。请读者特别注意这一句描述的措辞。它不是“ESTAT 控制状态寄存器 IS 域的第 11 位一直采样定时器数值是否等于 0 的判定结果”，也没有说“将定时器数值置为非 0 值即可将 ESTAT 的 IS 域第 11 位清 0”。前面引号里面的两段描述是不对的，部分初学者容易想当然地将指令手册的描述理解成这样。如果读者还是不懂前面加粗的话，那么我们再来看下面的代码对比：

```
always @(posedge clock) begin
    csr_estat_is[11] <= (timer_cnt[31:0]==32'b0);
end
```

上面的写法就是基于错误认识写出的代码，而下面的代码才是正确的。

```
always @(posedge clock) begin
    if (csr_tcfg_en && timer_cnt[31:0]==32'b0)
        csr_estat_is[11] <= 1'b1;
    else if (csr_we && csr_num==`CSR_TICLR
                    && csr_wmask[`CSR_TICLR_CLR]
                    && csr_wvalue[`CSR_TICLR_CLR])
        csr_estat_is[11] <= 1'b0;
end
```

请读者对比上面两段代码，仔细体会一下其中的差别，然后再想一想，为什么定时器中断状态位的设置和清除要定义得这么“绕”？(提示两个关键词：脉冲信号、电平中断。)

此外，有经验的读者可能会从上面第二段正确的代码中看出一个小问题：如果 if 和 else if 的条件同时有效怎么办？是的，理论上这种情况是存在的。我们给出的代码其实是在考虑了这种情况之后才特意将置 1 调整为更高的优先级，其出发点是——尽量不漏掉中断。不过，硬件方面也只能努力到这个程度了，相信读者很容易举出其他定时器中断被漏掉的场景。其实，只有在软件考虑不周的情况下，才有可能出现这种一次定时器中断的软件处理过程“慢”到下一轮（甚至是更晚的轮次）定时器中断都来了，软件才执行到清除当前定时器中断状态位的不合理场景。

7.2.2.3　取指地址错异常 ADEF 判定条件

LoongArch 指令系统要求所有指令的 PC 都是字对齐的（地址最低两位为全 0），当违反这一规定时，将触发取指地址错误异常。错误的 PC 值将被硬件记录在 BADV 控制状态寄存器中。此时记录异常返回地址的 ERA 控制状态寄存器中应记录出错的 PC。不过，由于取指地址错误异常处理结束后通常不会直接返回到出错的 PC 处继续执行，所以此时 ERA 控制状态寄存器中记录的信息意义不大，软件在诊断过程中通常将读取

BADV状态控制寄存器中的信息。

7.2.2.4 地址非对齐异常ALE判定条件

地址非对齐异常仅针对load、store这类访存指令。当ld.h、ld.hu和st.h指令的地址最低位不为0时，或者当ld.w、st.w、ll.w[一]和sc.w指令的最低两位不为全0时，触发地址非对齐异常。此时出错的访存"虚"地址将被硬件记录在BADV控制状态寄存器中，其余按照异常的一般处理过程进行处理。

7.2.2.5 指令不存在异常INE判定条件

当取回的指令码不属于任何一条已实现[二]的指令时，将触发指令不存在异常，余下的按照异常的一般处理过程进行处理。

7.2.2.6 系统调用SYS和断点异常BRK判定条件

当执行syscall指令时触发系统调用异常，当执行break指令时触发断点异常，余下的按照异常的一般处理过程进行处理。

7.2.3 响应异常后硬件的一般处理过程

除了前面具体指出的特殊处理操作外，处理器响应异常后硬件的一般处理过程在指令手册的6.2.3节已有明确定义，请读者自行参看。提醒读者，有关异常入口的定义在指令手册6.2.1节有明确定义。

7.2.4 异常处理返回指令

7.1节中提到了在异常处理的结束阶段，异常处理程序要完成两个操作：一是回到异常出现的位置，二是恢复出现异常时的特权等级。这两个操作需要同步完成，即它们最好通过一条指令完成。在LoongArch指令系统规范中，定义了ERTN指令来原子地[三]完成这两个操作。ERTN指令一方面将ERA寄存器中存放的指针值作为目标地址跳转过去，同时将PRMD控制状态寄存器中的PPLV和PIE域的值分别写入CRMD控制状态寄存器的PLV和IE域中。

[一] ll.w和sc.w指令截至目前尚未实现，但仍列举在此处以便让读者建立正确的印象。

[二] 严格来说是指令集中已定义的。这里采用这样的描述是为了配合本书中的进阶实践进度，否则译码部件需要按照LoongArch32位精简版指令集定义的所有指令进行译码判断。

[三] 这里的原子性是指从软件视角来看已不再可分。对软件程序而言，一条机器指令已经是一个不可再分的最小执行单元了。

7.2.5　CSR 读写指令

LoongArch 指令系统中并没有定义直接操作 CSR 的算术逻辑运算类指令，而是定义了三条 CSR 读写指令用于在通用寄存器和 CSR 之间交互数据。这三条指令的具体定义请参看指令手册的 4.2.1 节。需要提醒初学者的是，csrwr 指令会将被写入 CSR 的旧值写入到第 rd 项通用寄存器中，事实上，实现者可以把 csrwr 指令理解为一个写掩码固定为全 1 的 csrxchg 指令。为什么要定义这种 CSR 读写指令以及 CSR 读写指令如何使用的具体举例，感兴趣的读者可以阅读《计算机体系结构基础》(第 3 版）的第 3 章。

7.3　流水线 CPU 实现异常和中断的设计要点

在了解了 LoongArch 指令系统关于异常和中断的具体规定之后，我们接下来进一步从处理器微结构设计的视角来分析相关的设计要点。

7.3.1　异常检测逻辑的实现

通过前面的基本概念梳理，我们已经知道异常发生条件的检测是由硬件完成的。因此，首先我们来逐一考虑各个异常的检测逻辑该如何生成。

7.3.1.1　取指地址错异常检测逻辑

通过对 7.2.2.3 节的学习，可知需对取指所用的 PC 的最低两位进行判断，如果不是 2'b00 的话，则置起取指地址错异常标志。我们推荐在 pre-IF 级就进行这一判断。从严格意义上讲，出现异常的取指地址不应该用来发起取指的请求，因为此时这个 PC 可能已经完全不正确，所以它的访存行为也不在软件人员的预想之内，最严重时可能导致死机等错误。不过截至目前的实践任务中，我们只从指令 RAM 中取指令（意味着任何取指请求都只被指令 RAM 响应)，而且访问地址已经将 PC 的最低两位抹为全 0，所以即使将检测到存在取指地址错异常的 PC 作为取指请求发出也不会造成无法恢复的负面效果。我们在这里说的这些内容，算是埋下一个伏笔，本书后面讲到 AXI 总线接口实现的时候还会再谈及这个初学者容易忽视的设计要点。

7.3.1.2　地址非对齐异常检测逻辑

通过对 7.2.2.4 节的学习，可知需要对 load、store 指令的地址进行判断，当访存地址出现非对齐情况时，则置起地址非对齐异常标志。与前一节的设计思路一致，我们推荐在发起访存请求的EXE级进行上述判断，这样可以在发现异常情况的时候停止用错误地址发起访存请求。

7.3.1.3 指令不存在异常检测逻辑

通过对7.2.2.5节的学习，可知指令不存在异常需要对指令译码后才能得到检测结果。由于我们需要在译码阶段对每一条实现的指令进行解码生成控制信号，因此自然就可得到“不是任何一条实现的指令”的条件。

7.3.1.4 系统调用和断点异常检测逻辑

通过对7.2.2.6节的学习，可知系统调用和断点异常的检测是最直接的，即译码发现是syscall指令就置起系统调用异常标志，译码发现break指令就置起断点异常标志。

7.3.1.5 中断异常检测逻辑

中断异常检测首先要在处理器核内产生“接收到中断”这样一个标志信号，其判定方式在7.2.2.1节已有介绍。至于在处理器核内部如何产生定时器中断，请读者回顾一下7.2.2.2节的内容。这一小节重点讲述接收到的中断信号如何被标记到指令上这方面的设计。

我们会发现，前面所有的异常产生是指令（或程序）自身的属性造成的，而中断是由外部事件触发的，它与指令之间并无直接对应关系。既然我们将中断视作一种特殊的异常，那就意味着我们希望能通过一套异常的处理框架，同时处理非中断和中断这两种属性的异常。我们采取的设计方法是，将异步的中断事件动态地标记在某一条指令上，被标记的指令随后就被赋予了中断这种异常，那么随后的处理就和其他异常非常类似了。那么五级流水线CPU中同一时刻可能会有多条指令，将中断标记在哪一条指令上合适呢？理论上讲，任一级流水线上的指令都可以选出来被标记上中断异常。出于精确异常实现开销和中断响应延迟两方面的折中，我们通常将中断标记在译码级的指令上。但请了解这并不是唯一的设计方案。

有些心细的读者可能会问，既然LoongArch只能接收电平中断输入，那么CPU内部生成的是否有中断的信号也会维持很多拍，会不会将很多指令都标记上中断异常，这是否会导致什么问题？答案是不会有问题。首先，对于被中断异常打断的程序段来说，即使出现了多条指令被标记上中断异常，但是根据接下来会讲到的精确异常实现的需要，只有程序顺序在最前面的那条指令才能报出中断异常，而程序顺序在它后面的那些指令会被取消掉，不会出现一个中断被多次报出来的情况。至于说硬件报出中断异常，进入到中断异常处理程序之后，CRMD 控制状态寄存器的 IE 位已被硬件置为 0（请参看指令手册 7.4.1 节），此时处理器核内部“接收到中断”的信号就不会再有效了。

7.3.2　精确异常的实现

我们从指令系统规范的定义中知道，异常发生之后，处理器硬件需要设置一些控制状态寄存器、进入最高特权等级并跳转到相应的异常入口。同时，我们通过 7.3.1 节的分析也了解到不同类型的异常检测逻辑可以出现在处理器核的不同流水级。那么是不是一旦发生异常，处理器就要立即产生诸如修改控制状态寄存器、跳转到异常处理入口的动作呢？如果这样处理，那么这些控制状态寄存器和取指 PC 因异常而更新的来源就会有多个，而同一时刻我们又只能选择一个来源对其进行更新，于是我们又会碰到如何选择的问题。事实上，为了实现精确异常，我们发现并不需要一发生异常就着急地修改控制状态寄存器和取指 PC。

回顾一下 7.1.2 节中关于精确异常的分析，我们发现，发生异常时仅需要考虑如何处理那些在流水线中的指令。因为很显然，对于那些程序顺序在发生异常指令之前的指令，如果它们都已经执行完毕并退出流水线，那么必然都已经产生了执行效果；而那些程序顺序在发生异常指令之后且还没有取进流水线的指令，等到它们真正取进流水线的时候，一定是在异常处理返回之后了。这些指令自然都遵循精确异常的语义。

那么发生异常时，那些已经在流水线中的指令该如何处理呢？具体的方法有很多种，这里介绍一种常用的设计思路：**异常发生的判断逻辑分布在各流水级，靠近与之相关的数据通路；发现异常后将异常信息附着在指令上沿流水线一路携带下去，直至写回级才真正报出异常，此时才会根据所携带的异常信息更新控制状态寄存器；写回指令报出异常的同时，清空所有流水级缓存的状态，并将 nextPC 置为异常入口地址。**当然，报出异常的流水级不一定要设定为最后一级（写回级），设定在执行级或访存级也可以，这样还会减少设计负担。但是要注意：**选择报出异常的流水级的原则是，在该级之后的流水级不能产生新的异常（比如报出异常的流水级设定为执行级，则要求访存级和写回级不能产生或标记上新的异常），否则就违反了精确异常的要求。**

简单分析一下上面这种做法的合理性。发生异常的指令到达写回级的时候，程序序在它前面的指令都已经退出流水线了，所以这些指令的执行效果都已经产生。写回级指令报异常时清空所有流水线，意味着那些已经进入 CPU 流水线、在异常指令之后（含异常指令）的指令都不会产生执行效果。异常入口地址最早是在报异常的下一拍才能进入 CPU 流水线，所以它“看”到的处理器状态都是更新完成的状态。

上面的描述中，之所以将“都不会”三个字加粗着重标记，是因为这样的特性并不是显然可得的。虽然所有对通用寄存器的写都放在写回级进行，但是 store 类指令对数据 RAM 的写命令也是在执行级就发出了。因此，如果当前拍写回级有指令要报异常而访存级是一条 store 指令，则上一拍若没有在执行级对这些指令做任何处理，那么在报出异常的时候，内存就已经被异常之后的指令修改了，这就违反了精确异常。那么该如何处理呢？现阶段一种简单有效的方式是：store 指令若想在执行级发出写命令，那么需要检查当前访存级和写回级上是否存在已标记为异常或可能标记为异常的指令，也要检查自己有没有产生异常或标记异常。庆幸的是，就目前支持的指令和异常类型来说，指令在访存级和写回级不会再判断出新的异常了。也就是说，位于执行级的 store 指令只需要检查当前访存级和写回级上有没有已标记为异常的指令就可以了，当然，它也会在执行级检查自己有没有被标记上异常。这种情况下，异常信息都保存在流水线缓存触发器中，所以不会对数据 RAM 的写使能信号的时序造成特别大的影响。在真正实用的处理器中，store 指令不会在执行级就真的发出可修改内存的命令，而是要等到 store 指令从写回级执行完毕之后才真正发出修改内存的动作。这套功能通常需要 store buffer 或 store queue 这样的结构来支持。

7.3.3　控制状态寄存器的实现

本章前面的分析过程连续出现了涉及控制状态寄存器操作的内容。考虑到这部分实现在一般的教科书中很少涉及，而不少初学者在实现时也有一种无从下手的感觉，因此在这里专门介绍其实现过程需要注意的一些问题。

控制状态寄存器与大家一般学习到的通用寄存器、浮点寄存器有一个最大的区别就是，它不仅能被软件用指令直接读、写，而且能够被硬件直接更新或是直接控制硬件的行为。尽管说指令手册的第 7 章对各个控制状态寄存器集中进行了描述，不过要理解其每个域的工作机制，尤其是其与处理器硬件如何交互控制和状态信息，要从特权等级、异常、内存管理等指令集核心态部分的工作原理入手，厘清处理过程中软硬件是如何协同工作的。

7.3.3.1　控制状态寄存器实现代码的组织形式

控制状态寄存器要被 csrrd、csrwr、csrxchg 这样的 CSR 指令访问，又要和处理器核中各级流水线以及接口交互，前一个需求倾向于集中实现，而后一个需求似乎又倾向于分散实现，那么具体实现时代码该如何组织才合适呢？尽管最合理的回答是：该集中就集中，该分散就分散，视情况而定。相信初学者看着这种建议不免腹诽，因此我们给出明确的建议如下：

1）把所有控制状态寄存器集中到一个模块中实现；
2）模块接口分为用于指令访问的接口和与处理器核内部硬件电路逻辑直接交互的控制、状态信号接口两类；
3）指令访问接口包含读使能（csr_re）[1]、寄存器号（csr_num）、寄存器读返回值（csr_rvalue）、写使能（csr_we）、写掩码（csr_wmask）和写数据（csr_wvalue）；
4）与硬件电路逻辑直接交互的接口信号视需要各自独立定义，无须再统一编码，如送往预取指（pre-IF）流水级的异常处理入口地址（ex_entry）、送往译码流水级的中断有效信号（has_int）、来自写回流水级的 ertn 指令执行的有效信号（ertn_flush）、来自写回流水级的异常处理触发信号（wb_ex）以及异常类型（wb_ecode 和 wb_esubcode）等。

上面的建议虽然未必是最优雅的实现方案，但至少界面清晰，便于增量式开发过程中的代码维护和错误定位。至于说控制状态寄存器模块是实例化在某一级流水线模块内部还是与各流水级模块处于并列地位，并无严格限定，尽管我们倾向于后一种方式。

7.3.3.2　控制状态寄存器读、写来源梳理

根据前面的介绍，控制状态寄存器模块中将实现各个 CSR。通过分析指令集中关于 CSR 的定义，我们将发现一个特点：单个 CSR 可能包含多个域，而且同一个 CSR 中不同域的维护规则可能不一样。基于这个发现，我们建议读者将 CSR 中的各个域作为代码实现的基本单位，而不要以一个 CSR 整体作为基本单位。下面将对 CSR 的不同域逐个分析并给出实现举例。

1. CRMD 的 PLV 域

从指令手册的定义可知 CRMD 的 PLV 域可以通过 CSR 指令更新，而且在触发异常和 ertn 指令执行时也将被更新。那么它的 Verilog 代码可以实现如下：

```
always @(posedge clock) begin
    if (reset)
        csr_crmd_plv <= 2'b0;
    else if (wb_ex)
        csr_crmd_plv <= 2'b0;
```

[1] 本书后面的实现建议都是采用类似寄存器堆读取的异步读，所以读使能实际上可以省略。

```
    else if (ertn_flush)
        csr_crmd_plv <= csr_prmd_pplv;
    else if (csr_we && csr_num==`CSR_CRMD)
        csr_crmd_plv <= csr_wmask[`CSR_CRMD_PLV]&csr_wvalue[`CSR_CRMD_PLV]
                     | ~csr_wmask[`CSR_CRMD_PLV]&csr_crmd_plv;
end
```

上面的实现中表示复位时需要将CRMD的PLV域置为全0（最高优先级），这是在指令手册的6.3节定义的。另外，在被CSR写操作（对应csrwr和csrxchg指令）更新时，需要考虑写掩码。这段代码应该比较好理解，每一个写入条件和写入的值基本上都可以与指令手册中的定义一一对应。实现时，重点关注CSR模块的各个输入信号没有接错即可。

不过，上面这种代码风格虽然很直观，但它有一个最容易引入出错的风险点，那就是“`if...else if...else if`”形式上是存在优先级的。这就意味着，你不能只盯着单个if后面的条件来检查它是否会被正确执行。举个例子来说，如果代码是“`if (cond_A) do_A else if (cond_B) do_B else if (cond_C) do_C`”，那么“`do_C`”这个操作发生的条件实际上是“`!cond_A && !cond_B && cond_C`”，而不是简单的“`cond_C`”。

2. CRMD的IE域

从指令手册的定义可知CRMD的IE域维护与PLV域很相似，其Verilog代码可以实现如下：

```
always @(posedge clock) begin
    if (reset)
        csr_crmd_ie <= 1'b0;
    else if (wb_ex)
        csr_crmd_ie <= 1'b0;
    else if (ertn_flush)
        csr_crmd_ie <= csr_prmd_pie;
    else if (csr_we && csr_num==`CSR_CRMD)
        csr_crmd_ie <= csr_wmask[`CSR_CRMD_PIE]&csr_wvalue[`CSR_CRMD_PIE]
                    | ~csr_wmask[`CSR_CRMD_PIE]&csr_crmd_ie;
end
```

对比CRMD的IE域和PLV域的代码，可以发现各if分支的条件是一样的，而且各分支下的操作处理代码也很相似，那么这种情况下，最好将一个CSR的多个域的赋值集中到一个always块中。

3. CRMD的DA、PG、DATF、DATM域

目前我们设计的处理器还没有实现MMU的全部功能，仅支持直接地址翻译模式，

所以 CRMD 的 DA、PG、DATF、DATM 域可以暂时置为常值。等到第 9 章的实践任务中可完善 DA 和 PG 域的功能，等到第 10 章的实践任务中可进一步完善 DATF 和 DATM 域的功能。

```
assign csr_crmd_da   = 1'b1;
assign csr_crmd_pg   = 1'b0;
assign csr_crmd_datf = 2'b00;
assign csr_crmd_datm = 2'b00;
```

4. PRMD 的 PPLV、PIE 域

分析指令手册中的定义，可知 PRMD 的 PPLV 和 PIE 域的维护很相似，所以将其 Verilog 代码实现如下：

```
always @(posedge clock) begin
    if (wb_ex) begin
        csr_prmd_pplv <= csr_crmd_plv;
        csr_prmd_pie  <= csr_crmd_ie;
    end
    else if (csr_we && csr_num==`CSR_PRMD) begin
        csr_prmd_pplv <= csr_wmask[`CSR_PRMD_PPLV]&csr_wvalue[`CSR_PRMD_PPLV]
                      | ~csr_wmask[`CSR_PRMD_PPLV]&csr_prmd_pplv;
        csr_prmd_pie  <= csr_wmask[`CSR_PRMD_PIE]&csr_wvalue[`CSR_PRMD_PIE]
                      | ~csr_wmask[`CSR_PRMD_PIE]&csr_prmd_pie;
    end
end
```

有的读者看了上述代码后可能会问为什么没有复位有效时置初值的逻辑。由于指令手册中并未定义上述 CSR 域需要进行复位，所以将代码写成上面这样仍是符合指令集规范的。换言之，是由软件人员来保证在读取这些值之前一定发生过对这些 CSR 域的更新。譬如，处理器核复位后，如果还没有发生过任何异常或者软件还没有设置 PRMD 的 PPLV 和 PIE 域，是不能执行 ertn 指令的。

5. ECFG 的 LIE 域

从指令手册的定义可知 ECFG 的 LIE 域仅会被 CSR 指令更新。其 Verilog 代码实现如下：

```
always @(posedge clock) begin
    if (reset)
        csr_ecfg_lie <= 13'b0;
    else if (csr_we && csr_num==`CSR_ECFG)
        csr_ecfg_lie <= csr_wmask[`CSR_ECFG_LIE]&13'h1bff&csr_wvalue[`CSR_ECFG_LIE]
                     | ~csr_wmask[`CSR_ECFG_LIE]&13'h1bff&csr_ecfg_lie;
end
```

6. ESTAT的IS域

ESTAT的IS域中，1..0位、9..2位、11位、12位的更新来源存在区别，其依次仅被CSR指令更新、仅通过采样处理器核硬件中断输入引脚更新、仅根据定时器计数器和TICLR.CLR域的写更新、仅通过采样处理器核的核间中断输入引脚更新。第10位没有定义，保险起见我们将其恒置为0。其Verilog代码实现如下：

```
always @(posedge clock) begin
    if (reset)
        csr_estat_is[1:0] <= 2'b0;
    else if (csr_we && csr_num==`CSR_ESTAT)
        csr_estat_is[1:0] <= csr_wmask[`CSR_ESTAT_IS10]&csr_wvalue[`CSR_ESTAT_
                             IS10]
                           | ~csr_wmask[`CSR_ESTAT_IS10]&csr_estat_is[1:0];

    csr_estat_is[9:2] <= hw_int_in[7:0];

    csr_estat_is[10] <= 1'b0;

    if (timer_cnt[31:0]==32'b0)
        csr_estat_is[11] <= 1'b1;
    else if (csr_we && csr_num==`CSR_TICLR && csr_wmask[`CSR_TICLR_CLR]
             && csr_wvalue[`CSR_TICLR_CLR])
        csr_estat_is[11] <= 1'b0;

    csr_estat_is[12] <= ipi_int_in;
end
```

有关IS域第11位的设计在7.2.2.2节已经讨论过，这里请对比看一下IS域的1..0位和9..2位的更新逻辑，并与指令手册中两者的读写属性定义对照着分析一下，加深对CSR寄存器域读写属性“RW”和“R”的理解。

7. ESTAT的Ecode和EsubCode域

ESTAT的Ecode和EsubCode域需要在触发异常时填入异常的类型代号。前面在讲述精确异常的实现时，提到了在流水线各相关处进行异常检测，生成发生异常的标志信号后随流水线逐级传递直至写回级再触发异常。那么，代码编写时沿流水线逐级传递的是每个异常一个单独的标志信号，还是已经根据指令手册定义进行编码之后的Ecode和EsubCode值呢？对初学者来说，我们推荐采用每个异常单独一个标志信号的传递方式，最后在写回级编码为Ecode和EsubCode值送到CSR模块。这样代码的可阅读性是最容易保证的。按照这一思路，得到的Verilog代码实现如下：

```
always @(posedge clock) begin
    if (wb_ex) begin
```

```
            csr_estat_ecode    <= wb_ecode;
            csr_estat_esubcode <= wb_esubcode;
        end
    end
```

8. ERA 的 PC 域

当位于写回级指令触发异常时，需要记录到 ERA 寄存器的 PC 就是当前写回级的 PC。其 Verilog 代码实现如下：

```
always @(posedge clock) begin
    if (wb_ex)
        csr_era_pc <= wb_pc;
    else if (csr_we && csr_num==`CSR_ERA)
        csr_era_pc <= csr_wmask[`CSR_ERA_PC]&csr_wvalue[`CSR_ERA_PC]
                   | ~csr_wmask[`CSR_ERA_PC]&csr_era_pc;
end
```

9. BADV 的 VAddr 域

BADV 的 VAddr 域和 ERA 的 PC 域的维护有相似之处，都是在写回级指令触发异常时，记录该指令的一些信息。这里需要注意一点，在支持异常处理之前，处理器流水线中在访存级和写回级是不需要保存 load、store 指令完整的虚地址的。那么此处为了正确维护 BADV 的 VAddr 域，我们就需要在执行级、访存级和写回级增加与之对应的数据通路。至于说在访存级和写回级的流水线缓存中是新增一个 VAddr 域还是复用其他域，只是一个具体实现的小细节，读者可以凭自己喜好选择实现方案。这里给出 Verilog 代码实现如下：

```
assign wb_ex_addr_err = wb_ecode==`ECODE_ADE || wb_ecode==`ECODE_ALE;

always @(posedge clock) begin
    if (wb_ex && wb_ex_addr_err)
        csr_badv_vaddr <= (wb_ecode==`ECODE_ADE &&
                           wb_esubcode==`ESUBCODE_ADEF) ? wb_pc : wb_vaddr;
end
```

10. EENTRY 的 VA 域

EENTRY 的 VA 域仅能被 CSR 指令更新，其实现比较简单，示例 Verilog 代码如下：

```
always @(posedge clock) begin
    if (csr_we && csr_num==`CSR_EENTRY)
        csr_eentry_va <= csr_wmask[`CSR_EENTRY_VA]&csr_wvalue[`CSR_EENTRY_VA]
                      | ~csr_wmask[`CSR_EENTRY_VA]&csr_eentry_va;
end
```

11. SAVE0~3

SAVE0 ～ 3 就是提供给特权态软件临时存放数值用的，其实现比较简单，示例 Verilog 代码如下：

```
always @(posedge clock) begin
    if (csr_we && csr_num==`CSR_SAVE0)
        csr_save0_data <= csr_wmask[`CSR_SAVE_DATA]&csr_wvalue[`CSR_SAVE_DATA]
                        | ~csr_wmask[`CSR_SAVE_DATA]&csr_save0_data;
    if (csr_we && csr_num==`CSR_SAVE1)
        csr_save1_data <= csr_wmask[`CSR_SAVE_DATA]&csr_wvalue[`CSR_SAVE_DATA]
                        | ~csr_wmask[`CSR_SAVE_DATA]&csr_save1_data;
    if (csr_we && csr_num==`CSR_SAVE2)
        csr_save2_data <= csr_wmask[`CSR_SAVE_DATA]&csr_wvalue[`CSR_SAVE_DATA]
                        | ~csr_wmask[`CSR_SAVE_DATA]&csr_save2_data;
    if (csr_we && csr_num==`CSR_SAVE3)
        csr_save3_data <= csr_wmask[`CSR_SAVE_DATA]&csr_wvalue[`CSR_SAVE_DATA]
                        | ~csr_wmask[`CSR_SAVE_DATA]&csr_save3_data;
end
```

12. TID

TID 寄存器的维护也比较简单，其示例 Verilog 代码如下：

```
always @(posedge clock) begin
    if (reset)
        csr_tid_tid <= coreid_in;
    else if (csr_we && csr_num==`CSR_TID)
        csr_tid_tid  <= csr_wmask[`CSR_TID_TID]&csr_wvalue[`CSR_TID_TID]
                     | ~csr_wmask[`CSR_TID_TID]&csr_tid_tid;
end
```

13. TCFG 的 En、Periodic 和 InitVal 域

TCFG 中各个域的更新维护比较简单，其复杂性体现在各个域对 timer_cnt 的计数控制上，这些将在下面讲述 TVAL 时说明。这里给出 TCFG 自身的示例 Verilog 如下：

```
always @(posedge clock) begin
    if (reset)
        csr_tcfg_en <= 1'b0;
    else if (csr_we && csr_num==`CSR_TCFG)
        csr_tcfg_en <= csr_wmask[`CSR_TCFG_EN]&csr_wvalue[`CSR_TCFG_EN]
                    | ~csr_wmask[`CSR_TCFG_EN]&csr_tcfg_en;

    if (csr_we && csr_num==`CSR_TCFG) begin
        csr_tcfg_periodic <= csr_wmask[`CSR_TCFG_PERIOD]&csr_wvalue[`CSR_TCFG_
        PERIOD]
                          | ~csr_wmask[`CSR_TCFG_PERIOD]&csr_tcfg_periodic;
        csr_tcfg_initval  <= csr_wmask[`CSR_TCFG_INITV]&csr_wvalue[`CSR_TCFG_
        INITV]
```

```
                          | ~csr_wmask[`CSR_TCFG_INITV]&csr_tcfg_initval;
    end
end
```

14.TVAL 的 TimeVal 域

TVAL 的 TimeVal 域是一个软件只读域，它返回定时器计数器的值，所以可以将其实现为 wire 而非 reg。此处的设计关键点在于用作定时器的计数器 timer_cnt 的实现。这里先给出 Verilog 代码实现如下：

```
reg         csr_tcfg_en;
reg         csr_tcfg_periodic;
reg  [29:0] csr_tcfg_initval;
wire [31:0] tcfg_next_value;
wire [31:0] csr_tval;
reg  [31:0] timer_cnt;

assign tcfg_next_value =  csr_wmask[31:0]&csr_wvalue[31:0]
                       | ~csr_wmask[31:0]&{csr_tcfg_initval,
                                           csr_tcfg_periodic, csr_tcfg_en};

always @(posedge clock) begin
    if (reset)
        timer_cnt <= 32'hffffffff;
    else if (csr_we && csr_num==`CSR_TCFG && tcfg_next_value[`CSR_TCFG_EN])
        timer_cnt <= {tcfg_next_value[`CSR_TCFG_INITVAL], 2'b0};
    else if (csr_tcfg_en && timer_cnt!=32'hffffffff) begin
        if (timer_cnt[31:0]==32'b0 && csr_tcfg_periodic)
            timer_cnt <= {csr_tcfg_initval, 2'b0};
        else
            timer_cnt <= timer_cnt - 1'b1;
    end
end

assign csr_tval = timer_cnt[31:0];
```

上面的代码可能有两处理解起来有点难度，解释一下：

1）我们在软件对 timer 进行配置（也就是更新 TCFG 控制状态寄存器的时候）的同时发起 timer_cnt 的更新操作。具体来说，就是当软件开启 timer 的使能时（即将 TCFG 的 En 域置 1），将此时写入的 timer 配置寄存器的定时器初始值更新到 timer_cnt 中；当软件关闭 timer 的使能时，timer_cnt 不更新。因为是在软件写 TCFG 的同时更新 timer，所以要看当前写入 TCFG 寄存器的值“tcfg_next_value”，而不是用 TCFG 寄存器已有的值。

2）当 timer_cnt 减到全 0 且定时器不是周期性工作模式的情况下，代码中没有专门处理的逻辑，所以 timer_cnt 会继续减 1 变成 32'hffffffff。不过，因为此时定时器是非周期性的，所以它应该停止计数，这就是为何 timer_cnt 自减的使能条件除了看 csr_tcfg_en 是否为 1 外还会看“timer_cnt!=32'hffffffff”这个条件。

15. TICLR 的 CLR 域

TICLR 的 CLR 域很特殊，它的读写属性是“W1”，意味着软件只有对它写 1 才会产生执行效果（即硬件只捕获对 TICLR 的 CLR 域写 1 这个动作），写 0 无效，同时软件读出的值永远是 0。所以，TICLR 的 CLR 域并不需要定义一个 reg 与之对应，我们只需要定义一个恒为 0 的 wire 用于后面的 CSR 读出即可。

```
assign csr_ticlr_clr = 1'b0;
```

16. CSR 的读出逻辑

前面为了代码的可读性和易维护性，将 CSR 的各个域拆分后实现其更新维护逻辑，不过在 CSR 指令读取值的时候，每个 CSR 需要重新拼合出一个 32 位宽的值返回。以下给出 Verilog 代码片段示意：

```
    wire [31:0] csr_crmd_rvalue = {23'b0, csr_crmd_datm, csr_crmd_datf, csr_crmd_
pg, csr_crmd_da, csr_
    wire [31:0] csr_prmd_rvalue = {29'b0, csr_prmd_pie, csr_prmd_pplv};
    wire [31:0] csr_ecfg_rvalue = {19'b0, csr_ecfg_lie};
    ......
    assign csr_rvalue = {32{csr_num==`CSR_CRMD}} & csr_crmd_rvalue
                      | {32{csr_num==`CSR_PRMD}} & csr_prmd_rvalue
                      | {32{csr_num==`CSR_ECFG}} & csr_ecfg_rvalue
                      ......
```

7.3.4 处理控制状态寄存器相关引发的冲突

指令手册 7.3 节提到了“控制状态寄存器相关所引发的冲突”这样一个概念，并且说在 LoongArch 指令系统中，由硬件来负责维护。由于这个概念在一般的教科书中较少涉及，我们在这里进行一些解释。

前面在介绍流水线 CPU 设计的时候，曾经专门分析过围绕通用寄存器的数据相关以及由此而产生的数据相关冲突。这里将要分析的控制状态寄存器相关引发的冲突与之类似，它是由围绕 CSR 的“写后读”相关引起的，因 CPU 采用了多级流水线结构设计而显现出来。

最典型的 CSR 写后读相关是 csrwr 或 csrxchg 指令修改一个 CSR 后又有 csrrd、csrwr 或 csrxchg 指令读取同一个 CSR。为了解决这个相关所引起的冲突，最简单有效的方式是将所有 CSR 读写指令访问 CSR 的操作放到同一级流水线处理。这种解决方案有效且实现简单，缺点是会造成一定的性能损失。这里性能损失的原因是，我们如果将 CSR 指令写 CSR 的动作放到写回级处理，那么后续将 CSR 指令返回值作为源操作数的指令与 CSR 指令之间就存在 2 拍的执行延迟，即读取 CSR 指令返回值的第二条指令必须将自身阻塞在译码级直至前面的 CSR 指令到达写回级。那么我们为什么不用前递的方式来解决这种写后读相关引发的冲突呢？主要是因为 CSR 指令是特权指令，只有内核之类的特权软件中才使用，而且即使用也并不多见写入一个 CSR 立即又要将其读出来的情况。对于这种小概率场景进行性能优化，对整体性能的提升作用微乎其微，投入产出比太低，因此我们并不考虑。

除了上面 CSR 指令之间的写后读相关外，还有其他类型的 CSR 写后读相关。通过前面 7.3.3 节的分析，我们已知 CSR 的各个域有不同的读者、写者。这些存在写后读相关的写者和读者，只要不是在同一级流水级，就会引发冲突。主要有如表 7.1 所示的四种情况。

表 7.1　其他可能引发冲突的控制状态寄存器相关情况

序号	写者	相关对象	读者
1	csrwr 或 csrxchg	CRMD.IE、ECFG.LIE、ECFG.IS[1:0]、TCFG.En、TICLR.CLR	译码级的指令（标记中断）
2	csrwr 或 csrxchg	ERA、PRMD.PPLV、PRMD.PIE	ertn
3	ertn	CRMD.IE	译码级的指令（标记中断）
4	ertn	CRMD.PLV	取指的 PC

解决相关所引发的冲突，思路无外乎“阻塞 + 前递”。我们这里仍然不引入前递，只单纯地利用阻塞来解决。表 7.1 中提到的前面三种情况用阻塞来解决的实现方式很直接，即判断执行、访存、写回级有没有这几种情况中的写相关对象的写者，如果有就把读者阻塞在译码级且什么都不做（什么都不做意味着不要进行中断标记，不要修改取指 PC）。最大的实现困难似乎体现在表 7.1 中的第 4 种情况，因为流水线中最早只有在译码级才可以知晓写者和相关对象，但是此时取指级很可能已经有一条指令了，pre-IF 级也很可能把不合适的 PC 取指请求发出去了[1]，也就说单纯靠阻塞是没办法彻底解决问题的。为此，我们引入一种特殊的解决方案：ertn 指令直到写回级才修改 CRMD，与此同时**清空流水线并更新取指 PC**。这也就是前面提到的 `ertn_flush` 信号的由来。对于流水级缓存来说，这个信号与异常信号 `wb_ex` 的作用是一样的，所不同的是它不是一个软件可见的异常。为什么这种方案能解决表 7.1 中的第 4 种情况呢？请读者思考一下。

[1] 初学者对这句话可能很难理解，请等完成 AXI 总线接口实现的学习实践后再来理解这一句。

7.4 其他指令的实现

在实现了定时器中断的支持后，我们在这一部分再实现3条计时器相关的指令：rdcntvl.w、rdcntvh.w和rdcntid。这里rdcntvl.w和rdcntvh.w两条指令分别读取计时器的低32位和高32位值写入到第rd项寄存器中。这里的计时器通过一个64位的计数器实现，复位为0，复位结束后每个时钟周期自增1，且该计数器软件无法修改，只能通过rdcntvl.w和rdcntvh.w指令读取。**它是一个独立的计数器，不是产生定时器中断时所用的那个倒计时计数器**。不过，这两个计数器所用的时钟是同一个恒定频率的时钟。本书实践任务涉及范围内，可以不考虑这个恒定频率的时钟如何实现，直接使用流水线的时钟。rdcntid指令读取的就是TID控制状态寄存器中的内容。

由于64位的计时器并不会被软件修改，所以rdcntvl.w和rdcntvh.w指令在执行、访存、写回级读取它的值都是没有问题的，我们推荐在执行流水级读取，可以减少不需要的阻塞。rdcntid指令所读的TID控制状态寄存器可以被CSR指令修改，所以简单起见可以将其读取CSR的操作推迟到写回级进行。

另外需要说明的是，LoongArch32精简版中“rdcntvl.w rd”“rdcntvh.w rd”和“rdcntid rj”三条指令的编码分别对应LoongArch指令集中的“rdtimel.w rd, zero”“rdtimeh.w rd, zero”和“rdtimel.w zero, rj”，因此在反汇编中你将看到对应LoongArch指令集的汇编助记形式。

7.5 任务与实践

完成本章的学习后，希望读者能够完成以下2个实践任务：

1）添加系统调用异常支持，参见7.5.1节。

2）添加其他异常与中断支持，参见7.5.2节。

7.5.1 实践任务12：添加系统调用异常支持

本实践任务要求在实践任务11实现的CPU基础上完成以下工作：

1）为CPU增加csrrd、csrwr、csrxchg和ertn指令。

2）为CPU增加控制状态寄存器CRMD、PRMD、ESTAT、ERA、EENTRY、SAVE0～3。

3）为CPU增加syscall指令，实现系统调用异常支持。

4）运行exp12对应的func，要求成功通过仿真和上板验证。

请参照 2.3.1 节中介绍的方式获取本次实践任务所需的实验开发环境。具体的实验环境仍位于 mycpu_env/ 目录下，且仍使用 soc_bram/ 子目录。

实验环境准备就绪后，请参考下列步骤完成本实践任务：

1）将所实现 CPU 的代码更新至 mycpu_env/myCPU/ 目录中。

2）修改 func 配置文件——mycpu_env/func/include/test_config.h，选择 exp12 的配置，编译。（如果是通过压缩包 exp12.zip 获取实验开发环境的，请跳过该步骤。）

3）打开 gettrace 工程——mycpu_env/gettrace/gettrace.xpr。（该 Vivado 工程中的 IP 核是使用 Vivado 2019.2 创建的，如果使用更高版本的 Vivado 打开，请参考附录 D.4 节进行 IP 核升级。）运行 gettrace 工程的仿真（进入仿真界面后，直接点击 run all 等待仿真运行完成），生成新的参考 trace 文件 golden_trace.txt（mycpu_env/gettrace/golden_trace.txt）。要等仿真运行完成，golden_trace.txt 才有完整的内容。（如果是通过压缩包 exp12.zip 获取实验开发环境的，请跳过该步骤。）

4）进入 mycpu_env/soc_verify/soc_bram/run_vivado/ 目录下启动验证 myCPU 的工程。如果该目录下尚未创建工程，请参照附录 D.2 节介绍的步骤，利用该目录下的 create_project.tcl 文件创建工程。如需要，请参考附录 D.4 节进行 IP 核升级。如果该目录下已有前一实践任务创建过的工程，可以在打开工程后，参照附录 D.3 节介绍的步骤，更新项目中 CPU 实现文件的列表。

5）参考 4.4.5.2 节，对工程中的 inst_ram 重新定制。（如果是通过压缩包 exp12.zip 获取实验开发环境的，请跳过该步骤。）

6）在验证 myCPU 的工程中运行仿真（进入仿真界面后，直接点击 run all），进行功能验证与调试，直至仿真测试通过。

7）在验证 myCPU 的工程中综合实现后生成二进制码流文件，进行上板验证。（如果无硬件实验平台，请跳过该步骤。）

7.5.2　实践任务 13：添加其他异常与中断支持

本实践任务要求在实践任务 12 实现的 CPU 基础上完成以下工作：

1）为 CPU 增加取指地址错（ADEF）、地址非对齐（ALE）、断点（BRK）和指令不存在（INE）异常的支持。

2）为 CPU 增加中断的支持，包括 2 个软件中断、8 个硬件中断和定时器中断。

3）为 CPU 增加控制状态寄存器 ECFG、BADV、TID、TCFG、TVAL、TICLR。

4）为CPU增加rdcntvl.w、rdcntvh.w和rdcntid指令。

5）运行exp13对应的func，要求成功通过仿真和上板验证。

请参照2.3.1节中介绍的方式获取本次实践任务所需的实验开发环境。具体的实验环境仍位于mycpu_env/目录下，且仍使用soc_bram/子目录。

实验环境准备就绪后，请参考下列步骤完成本实践任务：

1）将所实现CPU的代码更新至mycpu_env/myCPU/目录中。

2）修改func配置文件——mycpu_env/func/include/test_config.h，选择exp13的配置，编译。（如果是通过压缩包exp13.zip获取实验开发环境的，请跳过该步骤。）

3）打开gettrace工程——mycpu_env/gettrace/gettrace.xpr。（该Vivado工程中的IP核是使用Vivado 2019.2创建的，如果使用更高版本的Vivado打开，请参考附录D.4节进行IP核升级。）运行gettrace工程的仿真（进入仿真界面后，直接点击run all等待仿真运行完成），生成新的参考trace文件golden_trace.txt（mycpu_env/gettrace/golden_trace.txt）。要等仿真运行完成，golden_trace.txt才有完整的内容。（如果是通过压缩包exp13.zip获取实验开发环境的，请跳过该步骤。）

4）进入mycpu_env/soc_verify/soc_bram/run_vivado/目录下启动验证myCPU的工程。如果该目录下尚未创建工程，请参照附录D.2节介绍的步骤，利用该目录下的create_project.tcl文件创建工程。如需要，请参考附录D.4节进行IP核升级。如果该目录下已有前一实践任务创建过的工程，可以在打开工程后，参照附录D.3节介绍的步骤，更新项目中CPU实现文件的列表。

5）参考4.4.5.2节，对工程中的inst_ram重新定制。（如果是通过压缩包exp13.zip获取实验开发环境的，请跳过该步骤。）

6）在验证myCPU的工程中运行仿真（进入仿真界面后，直接点击run all），进行功能验证与调试，直至仿真测试通过。

7）在验证myCPU的工程中综合实现后生成二进制码流文件，进行上板验证。（如果无硬件实验平台，请跳过该步骤。）

C H A P T E R 8

第 8 章

AXI 总线接口设计

从这一章开始，我们将进入一个新的阶段——为设计出的 CPU 增加 AXI 总线接口。在大多数真实的计算机系统中，CPU 通过总线与系统中的内存、外设进行交互。没有总线，CPU 就是个“光杆司令”，什么工作也做不了。总线接口可以自行定义，也可以遵照工业界的标准。显然，遵照工业界的标准有助于与大量第三方的 IP 进行集成。因此，本书选用 AMBA AXI 总线协议作为 CPU 总线接口的协议规范。

本章的设计任务有两个难点：一是 CPU 内部要如何调整以适应总线接口下的访存行为，二是如何设计出一个遵循 AXI 总线协议的接口。为了降低设计的难度，我们按照工程实践的经验，将这部分设计工作划分为如下三个阶段。

- 阶段一：将原有 CPU 访问 SRAM 的接口调整为类 SRAM 总线接口。类 SRAM 总线只是在 SRAM 接口的基础上增加了握手信号，可以降低直接实现 AXI 总线的设计复杂度。
- 阶段二：设计实现一个“类 SRAM–AXI”的转接桥，拼接上阶段一完成的 CPU，运行 AXI 固定延迟验证。读者将从这个阶段开始学习并实现 AXI 总线协议。
- 阶段三：完善阶段二的 CPU，完成 AXI 随机延迟验证。

【本章学习目标】

❑ 理解片上总线的一般性原理。

❑ 掌握总线接口与 CPU 内部流水线之间的交互设计。

【本章实践目标】

本章有三个实践任务（见 8.5 节）。读者可以在学习本章内容的基础上完成这些任务，两者之间的对应关系如下：

- 8.1 节和 8.2 节的内容对应实践任务 14（8.5.1 节）。
- 8.3 节和 8.4 节的内容对应实践任务 15（8.5.2 节）和实践任务 16（8.5.3 节）。

8.1　类 SRAM 总线

我们为什么要定义一套类 SRAM 的总线协议呢？出发点有两个：

1）一部分初学者完全不知道如何从现有取指和访存的 SRAM 接口改出 AXI 接口。

2）一部分初学者过于激进地使用 AXI 协议的特性，把设计改得太复杂，容易出现大量错误。

如果用一句话来介绍我们的类 SRAM 总线协议，那就是：添加了握手机制的 SRAM 接口。

8.1.1　主方和从方

首先，总线是处理器和内存、外设交互的通道，交互行为具体体现为读和写两种类型的操作。既然是交互，至少要有两个参与主体，我们将发起方称为“主方”（Master），响应方称为“从方”（Slave）。对于读操作来说，主方提出读请求，从方接收请求并返回数据；对于写操作来说，主方提出写请求并发出数据，从方接收请求和数据。

8.1.2　类 SRAM 总线接口信号的定义

表 8.1 中列出了类 SRAM 总线接口信号的说明。

表 8.1　类 SRAM 总线接口信号

信号	位宽	方向	功能
clk	1	input	时钟
req	1	master—>slave	请求信号，为 1 时有读写请求，为 0 时无读写请求
wr	1	master—>slave	为 1 表示该次是写请求，为 0 表示该次是读请求
size	2	master—>slave	该次请求传输的字节数，0: 1 字节；1: 2 字节；2: 4 字节
addr	32	master—>slave	该次请求的地址
wstrb	4	master—>slave	该次写请求的字节写使能
wdata	32	master—>slave	该次写请求的写数据
addr_ok	1	slave—>master	该次请求的地址传输 OK，读：地址被接收；写：地址和数据被接收

（续）

信号	位宽	方向	功能
data_ok	1	slave—>master	该次请求的数据传输 OK，读：数据返回；写：数据写入完成
rdata	32	slave—>master	该次请求返回的读数据

表 8.1 中除了信号 size、addr_ok 和 data_ok 外，其余信号都与原有的 SRAM 接口信号一一对应。其中，req 对应 en，wr 对应（|wen），wstrb 对应 wen。存在对应关系的信号的含义没有任何改变，因此不再解释。我们重点说明新增的 size、addr_ok、data_ok 三个信号。

对于 size 信号，因为 AXI 总线协议上有 arsize 和 awsize 信号，所以需要把这个信号通过类 SRAM 接口传送给 AXI 接口。类 SRAM 总线接口中 size 信号和不同访存操作之间的对应关系如表 8.2 所示。

表 8.2 类 SRAM 总线接口中 size 信号与访存操作的对应关系

流水线里的指令	计算得到的地址	送到类 SRAM 的地址	size	含义
取指	addr[1:0]==0	addr[1:0]==0	2	访问 4 字节
ld.w、st.w	addr[1:0]==0	addr[1:0]==0	2	访问 4 字节
ld.h、ld.hu、st.h	addr[1:0]==0	addr[1:0]==0	1	访问 2 字节
ld.h、ld.hu、st.h	addr[1:0]==2	addr[1:0]==2	1	访问 2 字节
ld.b、ld.bu、st.b	addr[1:0]==0	addr[1:0]==0	0	访问 1 字节
ld.b、ld.bu、st.b	addr[1:0]==1	addr[1:0]==1	0	访问 1 字节
ld.b、ld.bu、st.b	addr[1:0]==2	addr[1:0]==2	0	访问 1 字节
ld.b、ld.bu、st.b	addr[1:0]==3	addr[1:0]==3	0	访问 1 字节

另外，对于写事务，size 和 addr[1:0] 与 wstrb 之间的对应关系如表 8.3 所示。

表 8.3 类 SRAM 总线接口中 size、addr 与 wstrb 的对应关系

	data[31:24]	data[23:16]	data[15:8]	data[7:0]	wstrb
size=0，addr=0	–	–	–	valid	0b0001
size=0，addr=1	–	–	valid	–	0b0010
size=0，addr=2	–	valid	–	–	0b0100
size=0，addr=3	valid	–	–	–	0b1000
size=1，addr=0	–	–	valid	valid	0b0011
size=1，addr=2	valid	valid	–	–	0b1100
size=2，addr=0	valid	valid	valid	valid	0b1111

addr_ok 信号用于和 req 信号一起完成读写请求的握手。只有在 clk 的上升沿同时看

到 req 和 addr_ok 为 1 才是一次成功的请求握手。

data_ok 信号有双重身份。对应读事务的时候，它是数据返回的有效信号；对应写事务的时候，它是写入完成的有效信号。无论 data_ok 表达的是对读事务的响应还是对写事务的响应，统称为数据响应。在类 SRAM 接口中，主方对于数据响应总是可以接收，所以不再设置主方接收 data_ok 的握手信号。也就是说，如果存在未返回数据响应的请求，则在 clk 的上升沿看到 data_ok 为 1 就可以认为是一次成功的数据响应握手。

8.1.3　类 SRAM 总线的读写时序

图 8.1 和图 8.2 分别展示了类 SRAM 总线上一次读事务和一次写事务的时序关系。

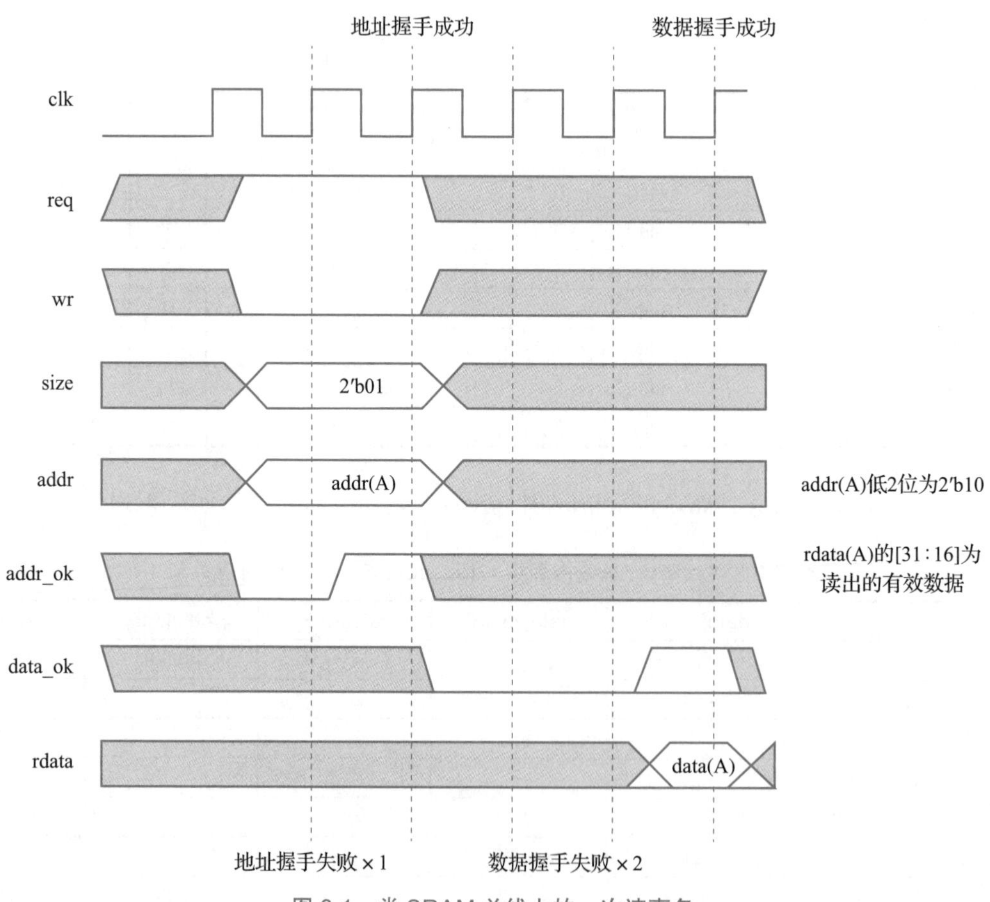

图 8.1　类 SRAM 总线上的一次读事务

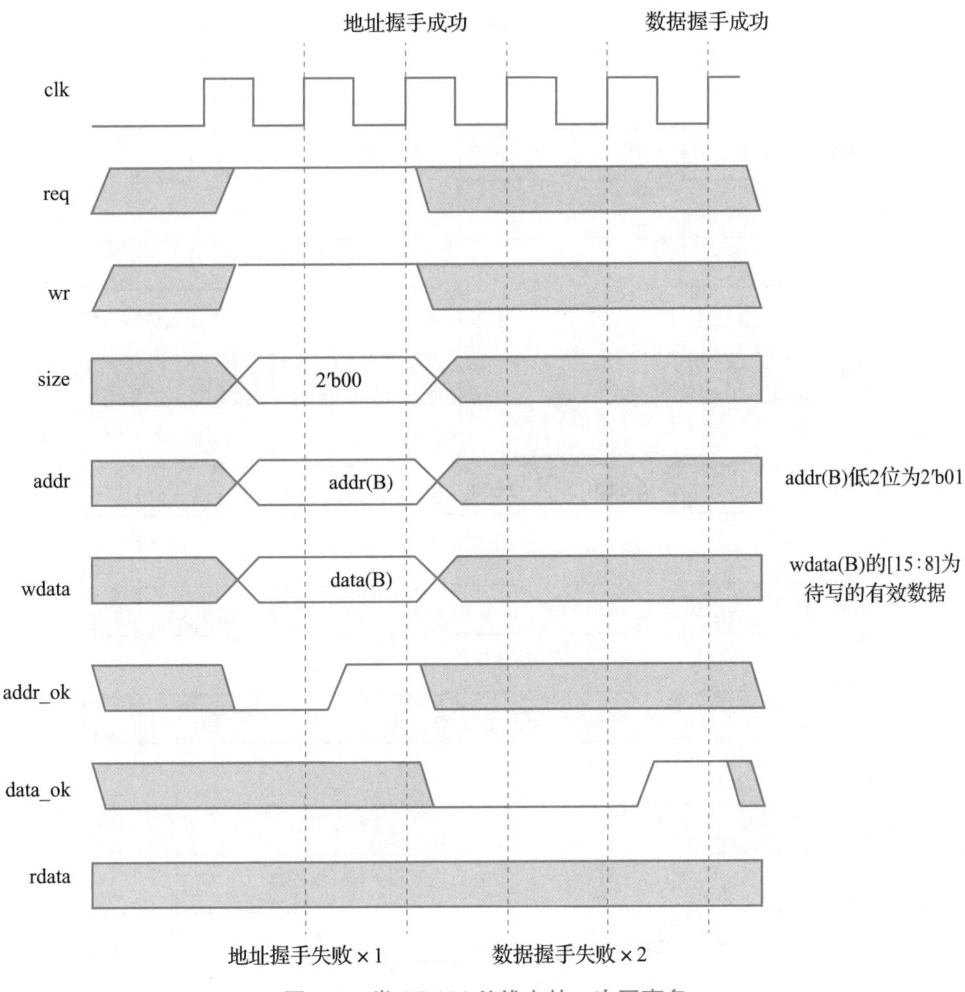

图 8.2 类 SRAM 总线上的一次写事务

图 8.3 给出了类 SRAM 总线上的连续写读的时序关系。连续写读时，从方返回的 data_ok 是严格按照请求发出的顺序返回的。在这幅图中，因为先发出写请求后发出读请求，所以必定先返回写事务的 data_ok，再返回读事务的 data_ok。但是，在一次读或写事务的请求握手成功之后至其响应返回之前，有可能再多次完成其他读写事务的请求握手。也就是说，在接口的信号上，有可能出现（req1&addr_ok）→（req2&addr_ok）→（req3&addr_ok）→（req4&addr_ok）→…→data_ok1 这样的握手信号序列。在考虑设计的时候，这种已发出请求但尚未响应的事务越多，设计就越复杂。要想控制这类事务的数目以简化设计，可以在主方通过拉低 req 信号来暂停发送新事务的请求，在从方则可以通过拉低 addr_ok 信号来暂停接收新事务的请求。

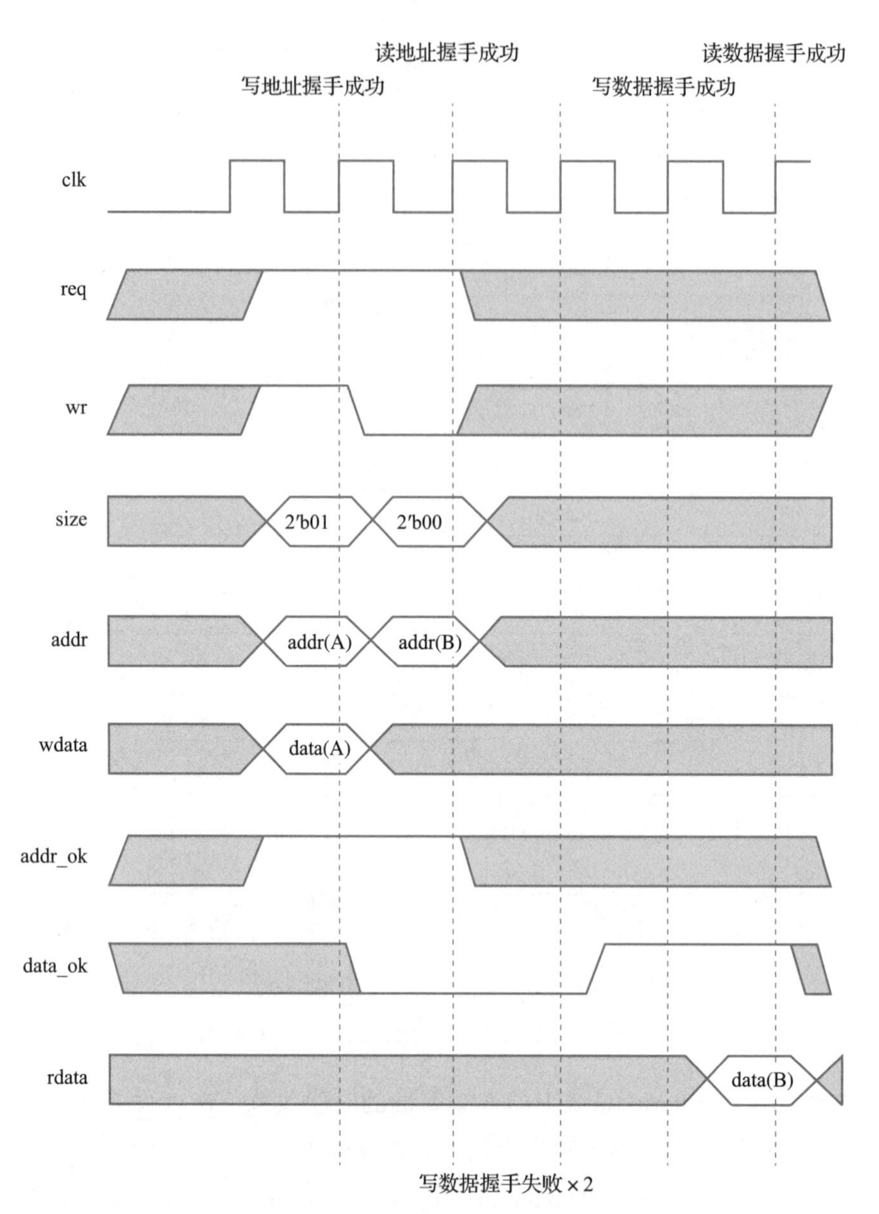

图 8.3 类 SRAM 总线上的连续写读事务

图 8.4 给出了类 SRAM 总线连续读写的时序关系示意。请注意，当 addr_ok 和 data_ok 同时有效时，它们各自对应不同的总线事务：addr_ok 表示当前传输事务的请求握手成功，data_ok 表示之前传输事务的数据响应握手成功。另外，图中读数据响应握手成功是有可能在写请求握手成功前完成的。

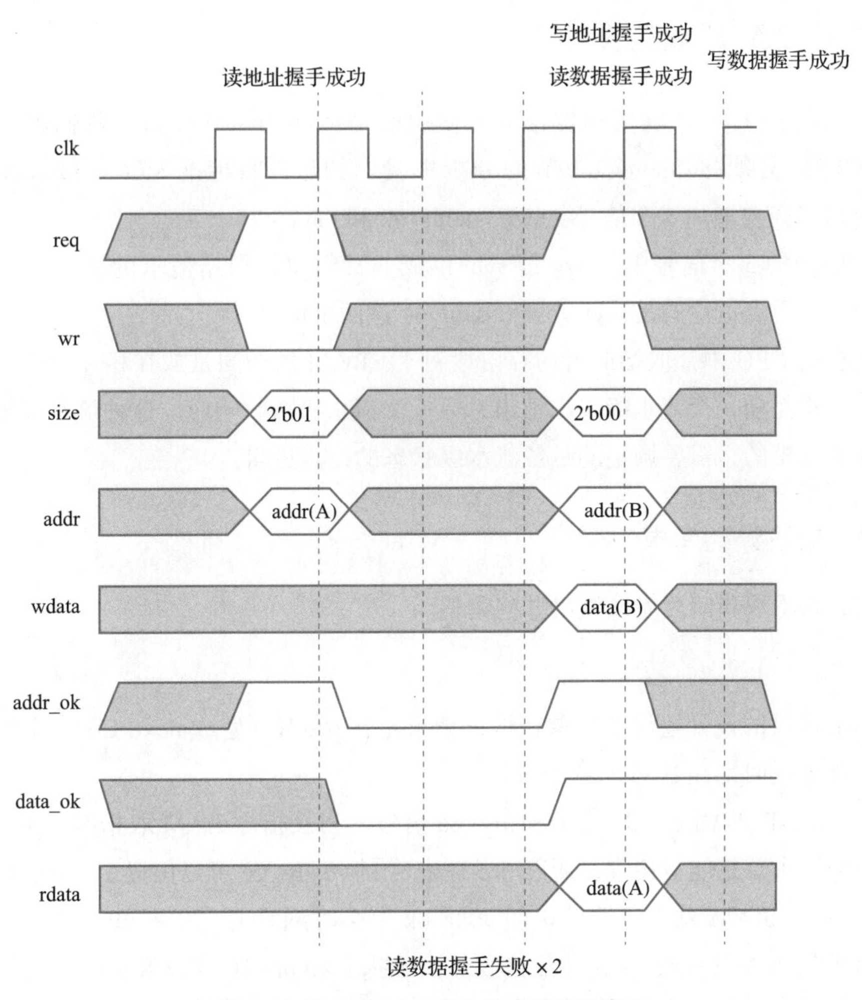

图 8.4　类 SRAM 总线上的连续读写事务

8.1.4　类 SRAM 总线的约束

为降低类 SRAM 总线的设计复杂度，我们对类 SRAM 总线做出以下约束：

1）从方发出的 addr_ok 的值不能依赖于主方发起的 req 的值。也就是说，生成 addr_ok 的逻辑中不能看 req 信号。

2）在 req 为 1 且 addr_ok 为 0 时，允许主方更改 wr、size、addr、wstrb 和 wdata。也就是说，类 SRAM 总线运行地址请求置起但未被接收时，可以更换请求类型和地址。这一点和后续要介绍的 AXI 总线不一样，AXI 总线要求主方一旦发起某一地址或数据的传输，在该传输握手成功前，不得更改传输的地址或数据。

8.2　类 SRAM 总线的设计

在现有的CPU中，取指和访存部分使用的是标准SRAM接口，我们需要将其改造成类SRAM总线接口。从8.1节的分析中我们知道，将标准SRAM接口改造为类SRAM接口只需要增加3个信号：size、addr_ok和data_ok。

在要增加的3个信号中，size信号的生成非常简单，根据请求的属性直接生成即可，我们需要重点讨论的是addr_ok和data_ok这两个信号。

在现有的CPU中，取指或者访存阶段对于SRAM的访问是放在相邻两个流水级完成的，而且都是前一个流水级发出请求，后一个流水级接收响应。这种流水线划分的格局是不需要调整的，需要调整的是各流水级状态的控制逻辑。

8.2.1　取指设计的考虑

我们先来看取指阶段应该做出哪些调整。

8.2.1.1　考虑 ready_go

在本书提供的设计建议中，取指地址请求是在pre-IF（生成nextPC）这个伪流水级发出的，指令返回是在IF流水级完成的。

首先，pre-IF也需要维护一个ready_go信号。当从指令RAM取指时，pre-IF伪流水级发出的请求总是能被接收，所以pre-IF指令的ready_go可以恒置1。但是现在情况不同了，从类SRAM总线反馈回来的addr_ok未必时刻为1。如果addr_ok为0，意味着取指地址请求并没有被CPU外部接收。由于指令在pre-IF这级流水要做的处理就是发请求，既然请求都没有被接收，那么ready_go自然就是0。仅当req & addr_ok置为1的时候，ready_go才能置为1。

对于IF流水级来说，原本从指令RAM取指时，请求接收的下一拍开始指令码就一定能够返回了，所以指令在IF流水级的唯一任务——拿到指令码——也能顺利完成，因此ready_go恒为1。当我们引入类SRAM总线之后，情况就复杂了，只有data_ok返回1的时候，指令码才真正出现在接口上，也只有在这种情况下IF这一级的ready_go信号才能置为1。

总结而言，取指地址请求和指令码返回这两个动作都需要进行握手，其对取指阶段两个流水级的影响体现在pre-IF级和IF级的ready_go信号上。是不是再次感受到了流水线控制信号ready_go“包治百病”的神奇功效？

8.2.1.2　考虑 allowin

上一小节中只是考虑了 pre-IF 和 IF 级的 ready_go 信号，对于流水线逐级互锁控制机制，还需要考虑 IF 级和 ID 级的 allowin 信号。

我们先考虑 pre-IF 级。pre-IF 级生成 nextPC，并对外发起取指的地址请求，等 addr_ok 来置 ready_go，当 ready_go 为 1 且 IF 级 allowin 为 1 时，pre-IF 级的指令流向 IF 级，pre-IF 级维护下一条指令的取指地址请求。根据 pre-IF-ready_go 和 IF-allowin 的组合情况，有 4 种可能：

1）pre-IF-ready_go=0，IF-allowin=0：显然，pre-IF 级继续发地址请求即可。

2）pre-IF-ready_go=0，IF-allowin=1：显然，和第 1 种情况一样，pre-IF 级继续发地址请求即可。

3）pre-IF-ready_go=1，IF-allowin=1：表明 pre-IF 级发出的取指请求已被接收且正好 IF 级 allowin 为 1，当前指令就流进 IF 级。此情况也很简单。

4）pre-IF-ready_go=1，IF-allowin=0：表明 pre-IF 级发出的取指请求已被接收但是 IF 级 allowin 为 0，这种情况最复杂，它会碰到两个问题，这里详细讨论一下：

- 问题一。当“pre-IF-ready_go=1，IF-allowin=0”时，被堵在 pre-IF 级的指令下一拍还能不能继续把 req 信号置起来（也就是继续发该 PC 取指地址请求）？显然不能，因为在这一拍，类 SRAM 接口上的 req 和 addr_ok 同时为 1，对于 CPU 外部来说，这个请求已经被接收，如果下一拍再置起 req，类 SRAM 总线会把它当作一个新请求去处理。CPU 外部接收了多少个读请求，就会一个不漏地返回同样数目的数据。除非你已经非常清楚地知道这一点，然后通过设计严格地过滤掉多余的返回数据，否则你一定会在 IF 级把指令码和 PC 的对应关系弄乱。典型的错误现象是，你会看到连续执行的几条指令 PC 轨迹正确，但是指令却一样。所以，**一定要注意，如果取指请求在 pre-IF 级被类 SRAM 接口接收了，但是该指令无法在下一拍进入下一级流水，那么从下一拍开始就不能再发这个 PC 的取指请求了。**
- 问题二。当“pre-IF-ready_go=1，IF-allowin=0”时，pre-IF 级的地址请求已经被外部接收，那么外部就随时可能返回这个请求对应的指令。如果在 IF-allowin 为 1 之前就收到了外部返回的 pre-IF 级要取的指令，该怎么办？显然，此时 pre-IF 级取回的指令还无法进入 IF 级（因为 IF-allowin=0），但是所取回的指令只会在类 SRAM 总线接口的 rdata 端维持一拍。如果我们选择丢弃当前拍返回的指令，就要让 pre-IF 级重新发起地址请求，外部对一次请求只会返回一次数据，如果不重新发请求，外部就不会重新返回 pre-IF 的指令，CPU 就会进入死机状态；如果我们不想丢弃当前拍返回的指令，就需要设置一个指令缓存来保存这个已经取回但还无法进入 IF 级的指令码，并且 pre-IF 级也要暂停发送取指请求（否则新的被接收的请求又会返回新的指令码，将覆盖掉缓存中保存的指令）。当这个指令缓存有效时，指令从 pre-IF 级进入 IF 级后，将无须再等待指令 RAM 的 data_ok，而是直接从指令缓存中取指令。

在上面两个问题的分析过程中给出的解决方式虽然解决了问题但是设计略有些复杂。对于初学者来说，我们这里再介绍一个更简单的解决方案——**仅当 IF 级 allowin 为 1 时 pre-IF 级才可以对外发出地址请求**。这样处理后，pre-IF 级 ready_go=1 的时候，IF 级发来的 allowin 一定为 1，就不会出现“pre-IF-ready_go=1, IF-allowin=0”这种情况了，所以也就不会碰到上面分析的问题一和问题二了。不过，天下没有免费的午餐，这种简单的解决方案的电路延迟比较差。如果读者在实现过程中试图放弃这种方案来提升主频，那么就要考虑如何解决前面分析的问题一和问题二了。此时需要注意 pre-IF 级的 ready_go 不能仅看 addr_ok 信号，还要考虑请求已经被接收的情况。

考虑完 pre-IF 级，我们来考虑 IF 级的情况。IF 级等待 data_ok 来置 ready_go，当 ready_go 为 1 且 ID 级 allowin 为 1 时，IF 级的指令流向 ID 级，IF 级维护下一条指令的取指返回或进入无效状态（IF-valid 为 0）。按 IF-ready_go 和 ID-allowin 的组合情况，有以下 4 种可能（以下情况默认 IF-valid 为 1，表示 IF 级存在有效指令，如果 IF 级没有有效指令，自然不会流向 ID 级）：

1）IF-ready_go=0，ID-allowin=0：显然 IF 级继续等待指令返回即可。

2）IF-ready_go=0，ID-allowin=1：这和第 1 种情况一样，IF 继续等待指令返回即可。

3）IF-ready_go=1，ID-allowin=1：表明 IF 级接收到指令了且正好 ID 级也允许进入，那么当前指令就在下一拍进入 ID 级，此情况很简单。

4）IF-ready_go=1，ID-allowin=0：表明 IF 级接收到指令了但是 ID 级还不让进入，这种情况最复杂，需要重点考虑。

与前面 pre-IF 的分情况讨论不同的是，IF 级的第 4 种情况是无法避免的。处理的思路无外乎丢弃重取和临时缓存两种。考虑到重取思路的状态机设计较复杂，初学者容易出错，所以我们推荐临时缓存的方案，即设置一组触发器来保存 IF 级取回的指令，当该组触发器存有有效数据时，则选择该组触发器保存的数据作为 IF 级取回的指令送往 ID 级，在 ID 级 allowin 为 1 后，该指令立即进入 ID 级。此时还要对 IF 级的 ready_ go 信号做进一步调整，它不能只看指令 RAM 接口返回的 data_ok，还要看临时存指令的缓存是否存在有效指令，如果存在的话，IF 级的 ready_go 也要置为 1。

8.2.1.3　考虑异常清空流水线

我们设计的 CPU 支持异常和中断，那么就存在异常和中断要清空流水线的情况，我们称其为异常取消（Cancel）。在引入类 SRAM 总线接口后，此类情况的处理需要特别考虑。

我们先来看 pre-IF 级的异常取消。根据 pre-IF 是否完成了地址请求，分两种情况讨论。

1）**to_fs_valid=0**：表明 pre-IF 级发送的地址请求还未被 CPU 外部接收（未收到 addr_ok），依据 8.1.4 节的介绍，类 SRAM 总线允许中途更改请求，因此直接根据异常取消信息调整 pre-IF 级发送的地址请求不会有任何影响。

2）**to_fs_valid=1**：表明 pre-IF 级发送的地址请求正好（或已经[⊖]）被 CPU 外部接收，此时若存在异常取消，虽然可以立即根据异常取消内容发出新的取指请求，但是一定要注意如果是地址请求已被外部接收的情况，那么 IF 级后续接收的第一个返回的指令数据需要被丢弃。

我们再来看 IF 级的异常取消。根据 IF 级 allowin 的取值，可以分两种情况讨论。

1）**IF-to-pre-IF-allowin=1**：表明 IF 级没有有效指令，或者有有效指令但将要流向 ID 级，此时 IF-valid 将依据 to_fs_valid 决定置 0 还是 1。此时，如果 IF 级收到异常取消，那么将 IF-valid 触发器下一拍置为 0 即可。

2）**IF-to-pre-IF-allowin=0**：表明 IF 级有有效指令，且该指令无法流向 ID 级，这时又可以分为两种情况。

- **IF-ready_go=1**：表明 IF 级正好或已经收到过 data_ok，此时 IF 级没有待完成的类 SRAM 总线事务，直接异常取消（将 IF-valid 置为 0）不会有任何影响。要注意 IF 级有一组保存已返回指令的触发器，异常取消时要将指示该组触发器保存有指令数据的有效信号也清 0。
- **IF-ready_go=0**：表明 IF 级还在等待 data_ok，此时 IF 级有待完成的类 SRAM 总线事务，可以直接异常取消（将 IF-valid 置为 0），要注意 IF 级后续收到的第一个返回的指令数据是对当前被异常取消的取指请求的返回。

上述 pre-IF 级第 2 种情况和 IF 级的情况 2-2 有一个共同点：在异常取消后，IF 级

⊖ 如果 pre-IF 级发请求并没有采用本章前面介绍的看到 IF 级 allowin 有效才发请求的设计方案，则可能出现 pre-IF 级的取指请求已经被指令 RAM 接收但是该指令还无法进入 IF 级的情况，此时 pre-IF 级的 to_fs_valid 也会置为 1。

后续收到的第一个返回的指令数据是对当前被异常取消的取指请求的返回。显然，后续收到的第一个返回的指令数据需要被丢弃，不能让其流向 ID 级。我们在设计 IF 级状态机时就要注意该情况，如果不解决这个问题，CPU 中就可能出现如下错误：在异常取消流水线后，IF 级取回的第一条指令的 PC 和指令码不对应。解决该问题的方法有两个：

1）在 IF 级状态机引入一个新的状态（该状态表明等一个 data_ok 并丢弃当次返回的指令数据）。

2）IF 级新增一个触发器，复位值为 0。当遇到前述 pre-IF 级第 2 种情况和 IF 级的情况 2-2 时，该触发器置为 1；在收到 data_ok 时，该触发器置为 0。当该触发器为 1 时，组合逻辑将 IF 级的 ready_go 抹成零，从而达到丢弃第一个返回的指令数据的设计目的。

以上两种实现方法的本质是一样的。另外，它们都默认了一个前提：在异常取消后，IF 级最多只需要丢弃后续返回的一个指令数据。如果在你的设计中，异常取消后 IF 级最多需要丢弃后续返回的两个指令数据，那就需要对上述实现方法加以改进。

8.2.1.4　考虑转移计算未完成的情况

在“写后读”相关中存在一种情况——Load-to-Branch，即第 i 条指令是 Load，第 i+1 条指令是转移（跳转或分支）指令，转移指令至少有一个源寄存器与 Load 指令的目的寄存器相同，也就是 Branch 与 Load 存在“写后读相关”。在这种情况下，当转移指令在译码级时，Load 指令在执行级尚无法获得 Load 结果，因而转移指令无法计算正确的跳转方向或跳转目标，称为“转移计算未完成”。此时由译码级送到取指级的转移信息（br_bus）参与生成的 nextPC 就是不正确的，而 nextPC 是由 pre-IF 维护的，如果 pre-IF 级用错误的 nextPC 对外发起了取指地址请求，该请求很有可能会被 CPU 外部接收并且最终返回。如果不加以处理，那么流水线会把这个错误取回的指令当作跳转目标处的指令进行后续处理，从而导致出错。

可能有的读者会认为：如果我的设计中 pre-IF 级发取指请求时已经看过 IF 级反馈的 allowin 是否为 1 了，那么当译码级的转移指令计算未完成时，它就会堵住流水线，然后 IF 级也被堵住，IF 级传递到 pre-IF 级的 allowin 就是 0，那么 pre-IF 就不会发出请求了，也就不会出现上面分析的出错情况，不需要额外进行处理。这里的分析乍一看上去好像挺有道理，但是其推导过程中引入了一个错误的隐含条件，即“它就会堵住流水线，然后 IF 级也被堵住”这句话是有问题的。**当指令 RAM 不再是固定一个时钟周期**

返回数据而是可能随机多个时钟返回数据时，**ID 级存在指令的时候，IF 级未必存在指令**。所以，转移指令因为计算未完成在 ID 级等待时，pre-IF 级看到 IF 级反馈的 allowin 仍然可能为 1。**总线接口引入的内存访问延迟时钟周期数随机化，是初学者最容易忽视的设计难点，一定要时刻提防。**

既然转移计算未完成还是可能会导致出错，那么就需要专门处理。解决问题的思路无外乎阻塞取指和丢弃错误取指两种。对于初学者来说，阻塞取指的设计理解和实现起来通常会更加直观，本书将只分析这种思路，对另一种思路感兴趣的读者可以自行尝试一下。在阻塞取指的设计思路下，一种具体设计方案是：在译码级送到取指级的 br_bus 上新增一个控制信号 br_stall，当译码级上存在转移指令且处于计算未完成状态时，将 br_stall 置为 1 ；pre-IF 级看到 br_stall 为 1 时将暂停发出取指请求直至 br_stall 重新为 0。

8.2.2 访存设计的考虑

这一节考虑引入类 SRAM 总线接口后访存部分的设计调整。我们将访存分为 load 和 store 两类依次进行分析。

load 指令设计的逻辑改动很大程度上可以借鉴前一小节中介绍的取指设计调整，其中发出 load 访存请求的 EX 级对应发出取指请求的 pre-IF 级，接收数据返回的 MEM 级对应接收取指返回的 IF 级。设计调整的核心都是如下几点：

1）指令在发起访存的那一级，都要完成地址请求的握手（addr_ok 正在或已经为 1）才能进入下一级流水。
2）指令在接收数据的那一级，都要等待数据返回握手完成（data_ok 正在或已经为 1）才能进入下一级流水。
3）对于某指令访存请求被接收后数据已返回，而该指令却因为下一级反馈的 allowin 无效而无法进入下一级的情况，建议在看到下一级反馈的 allowin 有效时才发出访存请求以简化设计。
4）对于已经被接收的访存请求，如果其对应的指令因为异常清空流水线而被取消，一定要记录下这些访存请求，进而在它们的数据返回时将其丢弃。㊀

除了上述设计要点外，再提醒一个初学者容易犯错的设计细节：如果原有设计中，

㊀ store 指令已为实现精确异常而保证了其发起访存请求时就一定不会再被异常取消，如果将 load 指令发访存请求的条件也设置为同样严格，那么就不会出现这种情况，也就无须额外处理。

MEM 这一级参与生成前递的有效信号是 MEM 这一级的流水的 valid 信号，那么务必要把它调整为 MEM 级进入 WB 级的 ms_to_ws_valid。

再来看 store 指令的设计调整。首先，store 指令在 EX 级要做的改动与 load 类操作一致，可以将写请求的所有内容一次性发出。之所以能如此简单，得益于类 SRAM 总线接口中关于 addr_ok 信号的这一段定义："当操作是写操作时，addr_ok 为 1 表示写地址和写数据均被接收"。其次，store 指令也是在 MEM 级看到 data_ok 信号才能进入下一级流水。可能大多数读者对这个设计要求感到奇怪——store 指令不需要等待数据返回，为何还要看 data_ok 信号？其原因是类 SRAM 总线对于读和写都会返回 data_ok，如果 store 指令在 MEM 级不看 data_ok 信号就进入 WB 级，那么后续的 load 指令在 MEM 级看到的 data_ok 信号就有可能是上一条 store 指令对应的 data_ok 信号，导致 load 指令误以为读数据已返回了，进而取到错误的值。至于说为什么类 SRAM 总线接口中对写请求也要定义 data_ok 返回信号，读者在本章后面学习了 AXI 总线写后读相关处理的内容后，自然就会清楚其设计意图。

8.3 AXI 总线协议

关于 AXI 总线协议，读者可以参考《计算机体系结构基础》(第 3 版）中 6.2 节的第一部分对 AXI 规范中关键性内容的介绍。在此基础之上，建议读者学习 AXI v1.0 的规范——"AMBA AXI Protocol Specification v1.0"，这份规范内容不多，而且浅显易懂。

我们在接下来的内容中会结合工程实践经验，指出 AXI 总线协议中与本实验紧密相关的知识重点。再次强调，请大家一定要先结合《计算机体系结构基础》或 AXI 规范等资料先熟悉 AXI 总线协议，单独学习本节的内容不足以完成设计。

8.3.1 AXI 总线信号一览

我们将与本章实践任务相关的 AXI 总线信号列举在表 8.4 中，其中标记"*"号的信号是大家必须要掌握的。备注栏中是我们针对本章实践任务给出的一些设计建议。例如，信号 arlen 的备注是"固定为 0"，表示建议读者在设计实现的过程中，将这个信号的输出恒置为 0。因为目前我们没有实现 Cache，所以任何读请求都只需要一次总线传输就能完成，相应的 arlen 就为 0。信号 rresp 的备注是"可忽略"，意味着你们设计的接口中可以完全不关注 rresp 这个信号，因为目前我们不考虑 Bus Error 情况下的特殊处理，也不会利用总线进行原子访问。

表 8.4　32 位 AXI 接口信号一览

信号	位宽	方向	功能	备注
AXI 时钟与复位信号				
aclk*	1	input	AXI 时钟	
aresetn*	1	input	AXI 复位，低电平有效	
读请求通道（以 ar 开头）				
arid*	4	master—>slave	读请求的 ID 号	取指置为 0；取数置为 1
araddr*	32	master—>slave	读请求的地址	
arlen	8	master—>slave	读请求控制信号，请求传输的长度（数据传输拍数）	固定为 0
arsize*	3	master—>slave	读请求控制信号，请求传输的大小（数据传输每拍的字节数）	
arburst	2	master—>slave	读请求控制信号，传输类型	固定为 0b01
arlock	2	master—>slave	读请求控制信号，原子锁	固定为 0
arcache	4	master—>slave	读请求控制信号，CACHE 属性	固定为 0
arprot	3	master—>slave	读请求控制信号，保护属性	固定为 0
arvalid*	1	master—>slave	读请求地址握手信号，读请求地址有效	
arready*	1	slave—>master	读请求地址握手信号，从方准备好接收地址传输	
读响应通道（以 r 开头）				
rid*	4	slave—>master	读请求的 ID 号，同一请求的 rid 应和 arid 一致	0 对应取指；1 对应数据
rdata*	32	slave—>master	读请求的读回数据	
rresp	2	slave—>master	读请求控制信号，本次读请求是否成功完成	可忽略
rlast	1	slave—>master	读请求控制信号，本次读请求的最后一拍数据的指示信号	可忽略
rvalid*	1	slave—>master	读请求数据握手信号，读请求数据有效	
rready*	1	master—>slave	读请求数据握手信号，主方准备好接收数据传输	
写请求通道，（以 aw 开头）				
awid*	4	master—>slave	写请求的 ID 号	固定为 1
awaddr*	32	master—>slave	写请求的地址	
awlen	8	master—>slave	写请求控制信号，请求传输的长度（数据传输拍数）	固定为 0
awsize*	3	master—>slave	写请求控制信号，请求传输的大小（数据传输每拍的字节数）	
awburst	2	master—>slave	写请求控制信号，传输类型	固定为 0b01
awlock	2	master—>slave	写请求控制信号，原子锁	固定为 0
awcache	4	master—>slave	写请求控制信号，Cache 属性	固定为 0
awprot	3	master—>slave	写请求控制信号，保护属性	固定为 0
awvalid*	1	master—>slave	写请求地址握手信号，写请求地址有效	
awready*	1	slave—>master	写请求地址握手信号，从方准备好接收地址传输	

（续）

信号	位宽	方向	功能	备注
写数据通道（以 w 开头）				
wid*	4	master—>slave	写请求的 ID 号	固定为 1
wdata*	32	master—>slave	写请求的写数据	
wstrb*	4	master—>slave	写请求控制信号，字节选通位	
wlast	1	master—>slave	写请求控制信号，本次写请求的最后一拍数据的指示信号	固定为 1
wvalid*	1	master—>slave	写请求数据握手信号，写请求数据有效	
wready*	1	slave—>master	写请求数据握手信号，从方准备好接收数据传输	
写响应通道（以 b 开头）				
bid*	4	slave—>master	写请求的 ID 号，同一请求的 bid、wid 和 awid 应一致	可忽略
bresp	2	slave—>master	写请求控制信号，本次写请求是否成功完成	可忽略
bvalid*	1	slave—>master	写请求响应握手信号，写请求响应有效	
bready*	1	master—>slave	写请求响应握手信号，主方准备好接收写响应	

8.3.2　AXI 总线协议的初步解读

《计算机体系结构基础》（第 3 版）和 AXI 规范已经用严谨、正确、全面的语言对 AXI 协议是什么进行了介绍，我们在本节中不准备重复介绍这些概念、定义。我们将基于实际的工程实践，根据我们的理解来解释一下 AXI 协议中各种信号、规定的设计意图。由于我们并不是 AXI 协议规范的设计者，所以接下来的解释难免有狭隘性，这些内容只是为了帮助你们加深理解。

1. 握手

前面说过，总线是处理器和内存、外设交互的通道。既然要进行交互，双方就要步调一致。要想做到步调一致，可以采用两种方式：事先约定时间，或者通过握手。AXI 总线协议采用的是握手机制。

我们之前设计的 CPU 流水线之间也采用了握手机制，所以大家应该知道完成一次握手需要一对信号——一个请求，一个应答。AXI 协议中各个通道上都有 valid 和 ready 两个信号，它们就是用来实现握手的。因为 AXI 协议是面向一个同步的数字逻辑电路设计来定义的，所以 valid 和 ready 两个信号间不是异步的互锁。主、从双方都是在时钟上升沿看这一对信号。图 8.5 是我们从 AXI 规范中摘录的表述 valid 和 ready 关系的时序示意图。图中箭头所指的那个上升沿是传输发生的时刻。

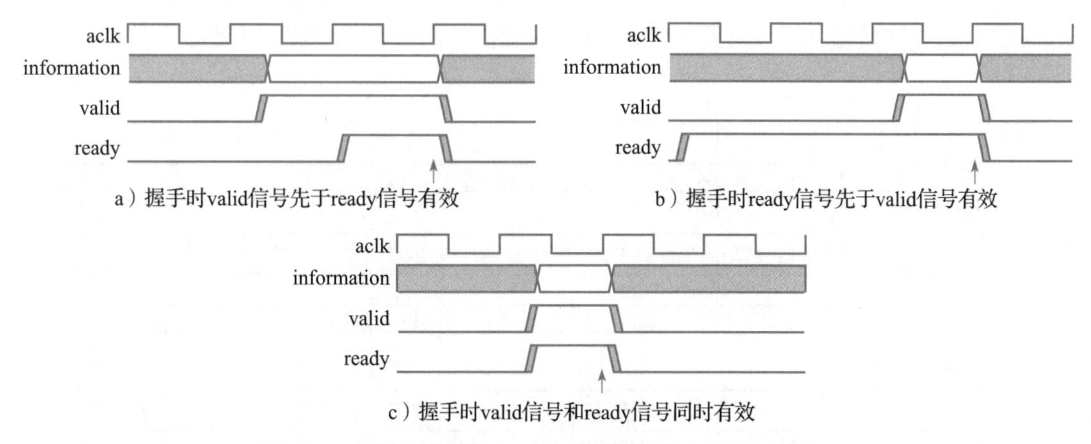

图 8.5 AXI 总线协议中 valid 信号和 ready 信号的关系

每个通道上发起方和接收方之间的握手机制与我们 CPU 内部流水线间的握手机制完全一样。你可以想象每个通道上都有两级流水级缓存，发起方（输出 valid 信号的一方）那里有一级，接收方（输出 ready 信号的一方）那里有一级。一次总线请求的握手交互就是将发起方的流水级缓存中的信息写到接收方的流水级缓存中。AXI 总线里的 valid 就是我们 CPU 里面的 p1_to_ p2_valid，AXI 总线里的 ready 就是我们 CPU 里面的 p2_allowin。

图 8.5 中其实还包含一个重要的信息：在 AXI 总线协议中，valid 和 ready 这对握手信号置为有效时没有先后关系。事实上，AXI 规范中还明确规定了每个通道中 valid 和 ready 的依赖关系：

- valid 置有效一定不能依赖于 ready 是否有效。
- ready 置有效可以依赖于 valid 是否有效。

上述严格限制是为了避免死锁。在此提醒大家，一定不要根据 ready 是否为 1 来决定如何置 valid。

2. 总线事务和总线传输

主、从双方通过总线进行读写操作是一个交互的过程，这个过程可能涉及很多信号并且在总线上持续多个周期。对于高性能的片上总线，如 AXI 总线，同一时刻总线上可能进行着多个不同的读写操作。因此，仅从信号的角度不太容易说清楚总线的行为，于是就有了总线事务（Transaction）这个概念。一次总线事务对应一次完整的读或者写的过程。它是一个描述总线行为的更高层次的抽象，也是大家设计总线接口时的主要着眼点。

一个总线事务包含多个总线传输（Transfer）。总线传输只针对 valid 和 ready 同时有效（即握手成功）的那个时钟周期。图 8.6 中给出了 AXI 的一个读总线事务，包括读请求通道上的一次传输（虚线方框）和读响应通道上的四次传输（实线方框）。

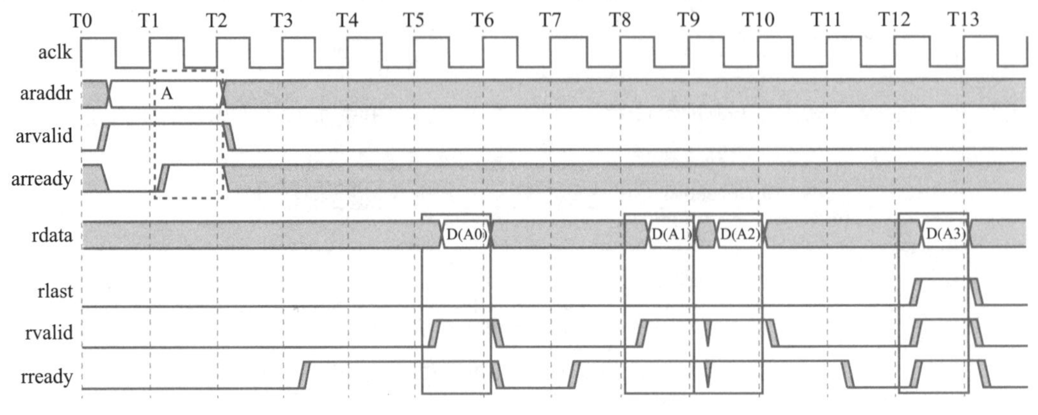

图 8.6　AXI 总线事务与总线传输

《计算机体系结构基础》（第 3 版）6.2 节的第一部分和 AXI 规范给出了 AXI 总线单次读、重叠读、单次写的总线事务的时序图，读者可参考这些资料进一步学习和理解 AXI 总线。

3. 地址、大小、数据

主、从双方进行交互时，交互的是数据，这就涉及下面一系列问题：

- 如何区分这些数据呢？通过地址来区分。
- 寻址的粒度最小到什么度？ AXI 总线的寻址粒度是字节。
- 每次交互的数据量可能有多有少，怎么办？主方会告诉从方传输数据量的大小。

可见，对于任何总线协议，地址、数据、大小（有时会进一步分成传输次数和传输宽度两个要素）这些要素是必不可少的[⊖]。对应到 AXI 总线协议上就是 araddr、arsize、arlen、rdata、awaddr、awsize、awlen、wdata、wstrb 这些信号。这些信号是主要信号，应该熟练掌握。

4. 多个通道

通道对应底层的信号线。通道就是马路，前面说的地址、数据信息是马路上行驶的汽车。AXI 协议中定义了 5 个通道，目的是实现非常高的总线传输性能。

我们先来说读和写分开。因为读和写操作都要交互地址和数据，所以读写通道合在一起的话，读的时候就不能写，写的时候就不能读；如果给读写分配各自的通道，两个操作就可以各自进行，互不干扰。无论是合并还是分开，本质上是在资源和性能之间进行权

⊖ 有些总线是双向传输的，所以还有方向这个要素。不过 AXI 总线是单向的，故不存在这个要素。

衡，取决于设计者的关注点。AXI 关注的是性能，所以采取将读和写通道分开的设计。感兴趣的读者可以看一下 AHB 总线协议，这个协议采取的就是将读、写合在一起的方案。

接下来再说说读或者写各自又划分出来的几个通道。对于读请求通道和读响应通道的作用，我们可以用一个比喻来说明。读请求通道相当于买家在购物网站上下订单（注意这个过程是有握手的），读数据通道相当于快递公司把货物从卖家送到买家手上（显然这个过程也是有握手的）。写请求通道、写响应通道和读通道类似，只不过可以比喻成买家向卖家退货，买家和卖家协商好需要退货（写请求通道），快递公司把货物从买家运到卖家（写数据通道）。卖家收到退回的货物后，会给买家发回确认的消息，这就是写响应通道。

5. 多通道间的事务握手依赖关系

因为一次读事务和一次写事务要在多个通道上通过多次传输完成，而每个通道都有自己的握手机制，那么围绕同一次事务，不同通道间的握手要遵循什么依赖关系呢？这也是需要定义的。图 8.7 是我们从 AXI 规范[㊀]中摘录的关于握手依赖关系的示意图。图中的双箭头表示必须存在依赖关系，单箭头表示可以存在依赖关系。我们要重点关注双箭头所表示的必须存在的依赖关系。

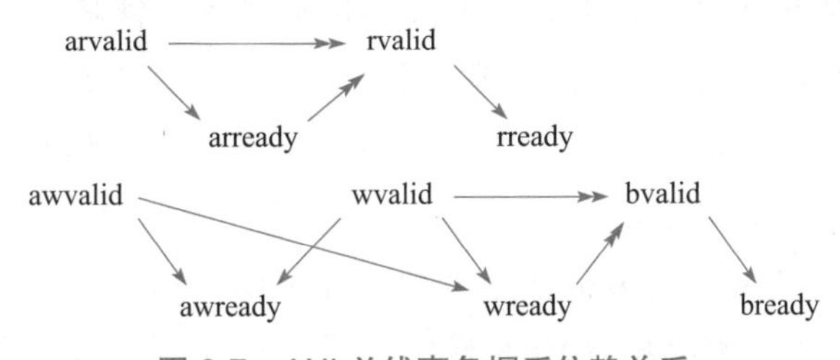

图 8.7 AXI 总线事务握手依赖关系

在图 8.7 中，wvalid 的先后依赖关系除了看 wvalid 信号置起还要看 wlast 信号置起。上半部表示一次读事务，只有在 arvalid 和 arready 都有效时，从方才能将返回数据对应的 rvalid 置为有效。这是符合直觉的。大家要记住的是，如果一个读事务的读请求还没有被从方接收，那么这个时候 rvalid 和当前的读事务没有任何关系，要确保你设计的状态机不要错误动作。

在图 8.7 的下半部，只有写请求和写数据的最后一次传输都被从方接收以后，从方才会反馈写响应。这也是符合直觉的。与上面读事务的处理一样，只有等到写请求和写数据都发出之后，才有看 bvalid 的必要。这个部分有一个有意思的地方是，写请求

㊀ 写事务的依赖关系图是从 AXI3 规范中摘录的，因为我们觉得这张图表述更加合理。

和写数据之间没有任何依赖关系，所以从理论上讲，可以先发送写数据再发送写请求。不过，对于CPU总线接口设计来说，这样做没有任何好处，反而违背直觉。建议大家awvalid的置起有效不晚于第一次写数据传输wvalid的置起有效。

6. 并发访问

对于买家来说，你可以先下单购买一个商品，收货之后再购买下一个商品，也可以同时下多个订单，然后等着收货。对于卖家来说，可以一次只处理一个订单，也可以同时处理多个订单。对应到AXI总线上，后者就是并发访问。对于某个主方来说，它可以连续发出多个请求，即使先前发出的请求所需要的数据还没有传输完毕。对于某个从方来说，它可以在没有传输完之前请求所需要的数据的时候，就接收来自一个或多个主方发来的新请求。这种并发访问得以实现的客观保证是请求通道和数据通道是分离的。所以，在AXI总线协议中，读通道划分为读请求和读响应通道，写通道划分为写请求、写数据和写响应通道。

7. 乱序响应

通俗地说，事务的乱序响应就是后发出的请求可能先返回数据。允许事务的乱序响应是为了提升总线的传输性能。当系统中集成了多个主方，或者主方支持乱序执行机制时，总线乱序响应会显著提升性能。本书实践任务只是设计了一个单核的静态流水线CPU，通过总线的乱序响应获得的性能提升很少。

我们在设计CPU总线接口的时候要关注乱序可能带来的影响，保证设计正确。对于初学者来说，最容易在读通道上面出问题。请注意，除非发出的一连串读请求都是采用同一个ID，否则就要考虑后发的请求的数据先返回的情况。当你希望先发出的请求一定先返回，那么就必须将这些请求的ID置为相同的值。

8. ID

因为AXI总线协议支持并发访问和乱序响应，所以请求和响应之间的对应关系需要额外的信息来维护。具体来说，这是通过各个通道上的ID信号来完成的。还记得我们之前所说的“总线事务”的视角吗？AXI上的ID是事务的ID。举例来说，主方发出一个读请求，arid设为0，过了一段时间，主方接收到一个读响应，它如何判断返回的数据就是自己之前发出的请求所需要的呢？答案是看rid是不是等于0。写的处理方式也是类似的，写地址是从写请求通道发出去的，写数据是从写数据通道发出去的，从方如何知道一个写数据对应哪个写地址？它会看写地址对应的awid和写数据的wid是不是相等。

不过，千万要记住，AXI协议规范中规定：不同的事务可以设置不同的ID。换言之，不同的事务也可以设置相同的 ID。

9. 写响应通道的作用

很多初学者不理解为什么 AXI 协议中要定义写响应通道，感觉它好像没有用。要搞清楚这个问题，我们必须站在片上系统的视角去观察、分析 AXI 总线处理“写后读相关”访问时的行为。例如，假设系统中只有一个主设备是 CPU，地址 A 处的原值是 0，现在 CPU 通过 AXI 总线向 A 地址处写 1，在最后一个数据写出去（wvalid && wlast && wready == 1）之后，CPU 再通过 AXI 总线读 A 地址，请问会返回什么值？你是不是会认为它显然应该是 1？但是，在 AXI 总线下，返回值是 0 也合规。所谓合规，就是指总线的各个地方都满足 AXI 协议规范，没有实现错误，也有可能返回 0。

这种违背直觉的现象是怎么出现的呢？这是两个原因共同作用的结果。原因一是读、写通道分离。分离就意味着这两个通道彼此间没有相互作用，大家各干各的。原因二是 AXI 总线从主方到最终访问的从方之间可以有任意多级缓存。在这两个原因的共同作用之下，完全有可能出现主方先发完的写地址和写数据被堵在通道上，后发出的读请求从读通道畅通无阻地传输下去，最终访问的从方先看到读请求后看到写请求，因此从方返回一个旧值 0。

这种情况看起来非常特殊，但它是合理的，这意味着它出现的概率不是 0。设计一台计算机时，我们必须防范这些特殊的可能导致出错的情况。

如何处理这种情况呢？看来即使写数据请求发出去了，读请求也不见得能立即发出去。要等多久呢？等一万年够不够？不够，因为有可能写数据请求要被堵两万年。注意，这是有可能的，只要不能肯定这种情况出现的概率是 0，那就有可能出现。最终的解决方案是在 AXI 协议中引入写响应通道。这个消息是从方发出的，表明它已经接收到了写数据，当主方接收到这个消息之后再发出读请求，就一定是安全的。因为电信号的传播速度不会超过光速，所以读请求到达从方的时间一定在写数据到达从方之后。

10. 突发传输模式

为什么要设计突发传输模式？我们通过例子来说明。假设总线上读数据的宽度是 32 位，那么当你想读 512 位地址连续的数据时，该怎么发送总线请求呢？一种方式是，发送 16 次 4 字节的读地址请求，这意味着要在读地址通道进行 16 次握手。如果因为时序的因素，主、从方之间的握手不可能逐拍连续完成，那么这 16 次握手就会耗费很多时间。于是我们想到是不是可以设计一种模式，使得只与从方交互一次，就能把传送 512 位地址连续数据的事情交代完毕？这就是突发传输模式。为了描述清楚突发传输模式，需要起始地址、地址变化规律、地址变化次数三个信息。以读通道为例，这分别对应 araddr、 arburst、arlen。目前，我们的设计中还没有实现Cache，在32位数据宽的AXI总线接口上不会有突发传输需求。可以等到实现Cache的时候再调整总线接口的设计。

8.3.3 类SRAM总线接口信号与AXI总线接口信号的关系

如果将类SRAM总线接口信号与AXI总线接口信号进行对比，可以发现类SRAM总线中将读写合并在一起，但还是将请求和响应分离开来，不同总线事务的请求和响应可以重叠在一起，从而提高总线的传输效率。类SRAM总线不支持响应的乱序返回，从而简化了设计。总体来看，类SRAM总线接口比AXI总线接口的行为简单，所以将类SRAM总线转换成AXI总线比较简单，因为大多数信号都能找与其对应的信号。

- 对于req信号来说，当req=1且wr=0时，对应AXI总线的arvalid信号；当req=1且wr=1时，对应AXI总线的awvalid信号和wvalid信号。
- 对于addr_ok信号来说，当对应的是读事务的时候，其对应AXI总线的aready。当对应的是写事务的时候，没有简单的对应信号，它的含义其实是AXI总线上的awready和wready都已经或正在为1。此处的对应关系有些复杂，读者在设计“类SRAM-AXI”转接桥时需要关注。
- 对于data_ok信号来说，当对应的是读事务的时候，其对应AXI总线的rvalid；当对应的是写事务的时候，对应AXI总线的bvalid。
- 对于addr信号来说，当对应的是读事务的时候，其对应AXI总线的araddr；当对应的是写事务的时候，其对应AXI总线的awaddr。
- 对于size信号来说，当对应的是读事务的时候，其对应AXI总线的arsize。当对应的是写事务的时候，其对应AXI总线的awsize。

此外，rdata对应AXI总线的rdata，wdata对应AXI总线的wdata，wstrb对应AXI总线的wstrb。

8.4 类SRAM-AXI的转接桥设计

理解了AXI总线协议和类SRAM总线协议之后，我们开始考虑如何设计一个类SRAM-AXI的转接桥。

8.4.1 转接桥的顶层接口

目前我们设计的CPU有一个指令端的类SRAM接口和一个数据端的类SRAM接

口。我们设计的转接桥是供 CPU 使用的，所以它要有两个类 SRAM 接口。作为一个简单的 CPU，对外通常有一个总线接口，所以我们设计的转接桥要有一个 AXI 接口。整个转接桥与 CPU 的其余部分，以及与 SoC 中的其他部分的关系如图 8.8 所示。

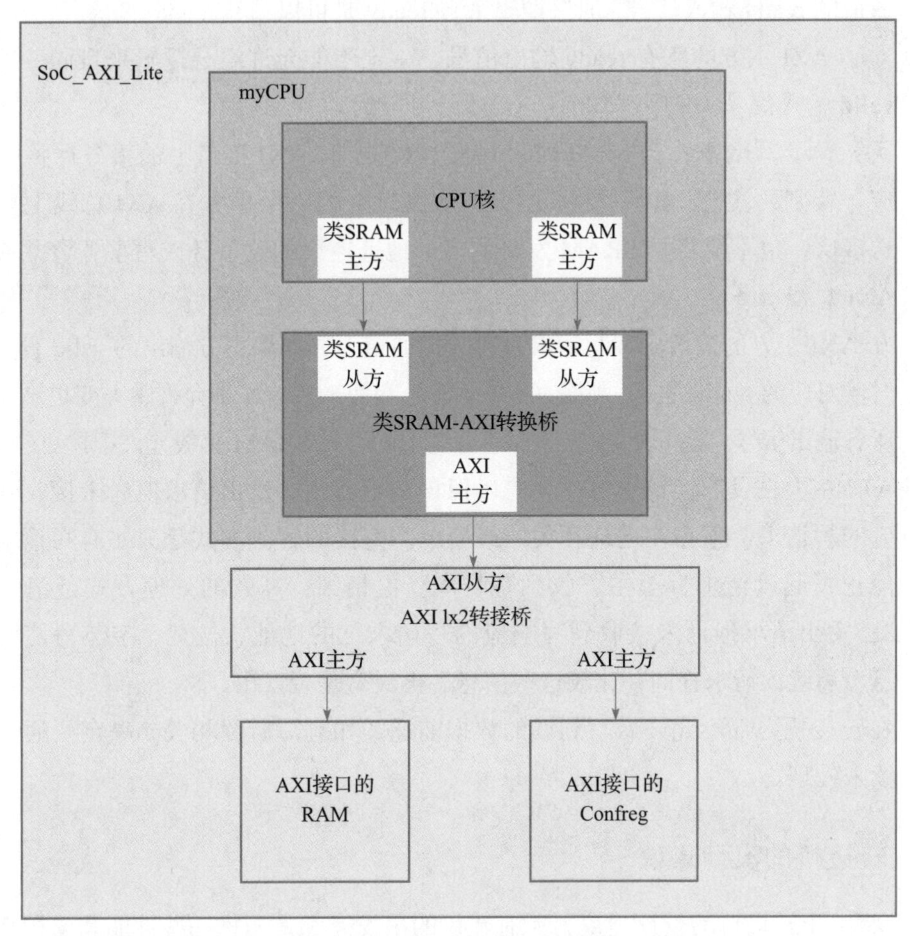

图 8.8　SoC_AXI_Lite 中的类 SRAM-AXI 转接桥

需要提醒大家的是，类 SRAM-AXI 转接桥中的类 SRAM 是从方而不是主方，千万不要把这两个接口上的信号方向弄反。写完代码后，最好仔细人工检查一遍端口定义的方向，避免陷入“仿真通过，上板不过”的困境。

8.4.2　转接桥的设计要求

本节会给出转接桥的设计要求。其中，有的要求是为了保证功能正确，有的要求是为了与我们已有的设计和验证环境匹配。这些要求在设计时必须关注到。

1）aresetn有效期间，AXI主方的所有valid类输出必须为0，所有ready类输出不能为X值。

2）AXI主方的所有valid输出信号的置1逻辑中，一定不能允许组合逻辑来自同一通道的ready输入信号（时序逻辑来自ready是可以的）。

3）对于AXI主方的所有ready输出信号，一定不能允许组合逻辑来自同一通道的valid输入信号（时序逻辑来自valid是可以的）。

4）无论读、写请求，类SRAM接口上的事务要和AXI接口上的事务严格一一对应。特别要注意，既不要将类SRAM接口上的一个事务在AXI总线上重复发送多次，也不要将类SRAM发来的多个地址连续的读事务或写事务合并成一个AXI总线事务。

5）在AXI主方的读请求、写请求、写数据通道上，如果主方输出的valid置为1的时候对应的ready是0，那么在ready信号变为1之前，不允许主方变更该通道的所有输出信号。这一点与类SRAM总线不同，类SRAM总线允许中途更改请求。

6）AXI主方在发起读请求时，要先确保该请求与“已发出请求但尚未接收到写响应的写请求”不存在地址相关。最简单、直接的解决方式是只要有写请求，就停止发起读请求直至主方收到写响应。更精细、高效的处理方式是记录那些“已发出请求但尚未接收到写响应的写请求”的地址、位宽、字节写使能等信息，后续读请求查询并比较这些信息后再决定是否发出。

7）在转接桥内部不允许做写到读的数据前递，如有写后读相关，一定要通过阻塞读来处理。

8.4.3　转接桥的设计建议

本节将给出转接桥的设计建议，所有建议的出发点都是牺牲一些性能和面积来换取控制逻辑的简洁性。既然是建议，就意味着你可以采纳也可以不采纳。不采纳的好处是，你可以通过设计阶段更多的纠结和调试阶段的bug修正来深入理解为什么要提出这些建议。

1）除了可以置为常值的信号外，所有AXI主方的输出直接来自触发器Q端。

2）为读数据预留缓存，从rdata端口上收到的数据先保存到这个预留缓存中。

3）AXI上最多支持几个“已完成读请求握手但数据尚未返回的读事务”，就预留同样数目的rdata缓存。

4）取指对应的 arid 恒为 0，load 对应的 arid 恒为 1。

5）控制 AXI 读写的状态机分为 4 个独立的状态机：读请求通道一个，读响应通道一个，写请求和写数据共用一个，写响应一个。

6）类 SRAM 从方接的输入信号不用锁存后再使用。

7）数据端发来的类 SRAM 总线的读请求优先级固定高于取指端发来的类 SRAM 总线的读请求。

8）类 SRAM 从方输出的 addr_ok 和 data_ok 信号若是来自组合逻辑，那么这个组合逻辑中不要引入 AXI 接口上的 valid 和 ready 信号。

8.5 任务与实践

完成本章的学习后，希望读者能够完成以下 3 个实践任务：

1）添加类 SRAM 总线支持，参见 8.5.1 节。

2）添加 AXI 总线支持，参见 8.5.2 节。

3）完成 AXI 随机延迟验证，参见 8.5.3 节。

8.5.1 实践任务 14：添加类 SRAM 总线支持

本实践任务要求在实践任务 13 实现的 CPU 基础上完成以下工作：

1）将 CPU 对外接口修改为类 SRAM 总线接口。

2）在采用握手机制的 block RAM 的 SoC 验证环境中完成 exp14 对应 func 的随机延迟功能验证。

请参照 2.3.1 节中介绍的方式获取本次实践任务所需的实验开发环境。具体的实验环境仍位于 mycpu_env/ 目录下，不过**验证时不再使用 soc_bram/ 子目录，而应使用 soc_hs_bram/ 子目录**。

伴随着 CPU 访问的指令 RAM 和数据 RAM 的实现形式从普通的 block RAM 更换为带握手机制的 block RAM，实验开发环境需要进一步调整：仍然是 mycpu_env 实验环境，gettrace/、func/ 和 myCPU/ 子目录的位置和用途依然维持不变，只是 soc_verify/ 子目录下不再使用 soc_bram/ 子目录而是改为使用 soc_hs_bram/ 子目录，soc_hs_bram/ 子目录中的文件组织结构和用途与 soc_bram/ 子目录中的相似。调整后的实验开发环境的目录结构及各部分功能简介如下所示：

```
|--gettrace/                    生成参考trace的部分。
|--func/                        实验任务所用的功能验证测试程序。
|--myCPU/                       自己实现的CPU的RTL代码。
|--soc_verify/                  自己实现的CPU的SoC系统验证环境。
    |--soc_hs_bram/             CPU对外连接带握手机制的block RAM接口时对应的验证环境。
    |   |--rtl/                 SoC_Lite设计代码目录。
    |   |   |--soc_lite_top.v   SoC_Lite的顶层文件。
    |   |   |--CONFREG/         confreg模块，用于访问CPU与开发板上的数码管、拨码开关
                                等外设。
    |   |   |--BRIDGE/          1×2的桥接模块，CPU的data sram接口同时访问confreg
                                和data_ram。
    |   |   |--ram_wrap/        以类SRAM接口封装的RAM模块。
    |   |   |--xilinx_ip/       定制的Xilinx IP，包含clk_pll、inst_ram、data_ram。
    |   |--testbench/           功能仿真验证平台。
    |   |   |--mycpu_tb.v       功能仿真顶层，该模块会抓取debug信息与golden_trace.
                                txt进行比对。
    |   |--run_vivado/          Vivado工程的运行目录。
    |       |--constraints/     Vivado工程的设计约束。
    |       |--mycpu_hs_bram_prj/ Vivado工程文件所在目录。
```

实验环境准备就绪后，请参考下列步骤完成本实践任务：

1）将所实现CPU的代码更新至mycpu_env/myCPU/目录中。

2）修改func配置文件——mycpu_env/func/include/test_config.h，选择exp14的配置，编译。（如果是通过压缩包exp14.zip获取实验开发环境的，请跳过该步骤。）

3）打开gettrace工程——mycpu_env/gettrace/gettrace.xpr。（该Vivado工程中的IP核是使用Vivado 2019.2创建的，如果使用更高版本的Vivado打开，请参考附录D.4节进行IP核升级。）运行gettrace工程的仿真（进入仿真界面后，直接点击run all等待仿真运行完成），生成新的参考trace文件golden_trace.txt（mycpu_env/gettrace/golden_trace.txt）。要等仿真运行完成，golden_trace.txt才有完整的内容。（如果是通过压缩包exp14.zip获取实验开发环境的，请跳过该步骤。）

4）进入mycpu_env/soc_verify/soc_hs_bram/run_vivado/目录下启动验证myCPU的工程。如果该目录下尚未创建工程，请参照附录D.2节介绍的步骤，利用该目录下的create_project.tcl文件创建工程。如需要，请参考附录D.4节进行IP核升级。

5）参考4.4.5.2节，对工程中的inst_ram重新定制。（如果是通过压缩包exp14.zip获取实验开发环境的，请跳过该步骤。）

6）在验证myCPU的工程中运行仿真（进入仿真界面后，直接点击run all），进行功能验证与调试，直至仿真测试通过。

7）在验证myCPU的工程中综合实现后生成二进制码流文件，进行上板验证。（如

果无硬件实验平台，请跳过该步骤。）

1. 上板验证的要求

上板验证时，要求“随意切换拨码开关后按复位键”，CPU 能通过对应 exp14 的 func 中 58 个功能点的验证。

“随意切换拨码开关后按复位键”是为了设定初始的随机种子（随机种子用于生成 inst/data ram 访问时的随机延迟拍数），开始运行功能验证。由于功能验证程序里的指令较多，随机种子不同会导致取指或访存的随机延迟拍数不同，CPU 执行状态也会大不相同，所以切换初始随机种子后出现错误是很常见的。

请注意上板验证的具体操作：将 8 个拨码开关切换为随意状态，按复位键；松开复位键后，数码管开始累加，此时可以切换开关来控制 `wait_1s` 的累加速度。

2. 拨码开关的功能

从上面的内容可以看出，上板验证时，拨码开关有两个功能：

- **功能一**：复位期间，拨码开关控制初始随机种子，进而控制 CPU 取指及访存的随机延迟拍数的生成序列。
- **功能二**：复位后，拨码开关控制 `wait_1s` 的循环次数，也就是控制数码管累加的速度。

对于功能二，在 58 个功能点测试中，每两个功能点之间会穿插一个 `wait_1s` 函数，`wait_1s` 通过一段循环完成计时的功能：`wait_1s` 的循环次数由拨码开关控制，可设置循环次数为（0 ～ 0xaaaa）$\times 2^9$。上板验证时，建议在复位后，通过拨码开关选择合理的 `wait_1s` 延时。

对于功能一，为尽可能验证 myCPU 的功能，CPU_CDE_SRAM 里对访存延迟设定了一个随机机制：访存延迟拍数是通过一个 32 位的伪随机数发生器（在 confreg.v 文件里实现）生成的。在仿真验证时，该伪随机数发生器初始随机种子由 confreg.v 里的宏 `RANDOM_SEED` 指定；在上板验证时，其初始随机种子由复位期间采样到的拨码开关状态来指定。

实验箱上共有 8 个拨码开关，实际电平是：拨上为 0，拨下为 1。但是为了便于以下描述，我们记作：拨上为 1，拨下为 0。16 个 LED 单色灯的实际电平是：驱动 0 亮，驱动 1 灭。同样，我们记作：驱动 1 亮，驱动 0 灭。

上板验证时，按下复位键，会自动采样 8 个拨码开关的值作为初始随机种子，且会显示初始随机种子低 16 位到单色 LED 灯上。上板时随机种子与拨码开关的对应关系如图 8.9 所示，需要注意的是，延迟类型依据拨码开关的值分为三类：长延迟、短延迟和无延迟。在上板验证时，应当覆盖这三类延迟。

拨码开关状态	LED灯显示	实际初始种子seed_init
约定，8个拨码开关：拨上为1，拨下为0，记作switch[7:0] 约定，16个单色LED灯：驱动1亮，驱动0灭，记作led[15:0]； 对应关系：led[15:0]={{2{switch[7]}}，{2{switch[6]}}，{2 {switch[5]}}，{2{switch[4]}}，{2{switch[3]}}，{2{switch[2]}}，{2{switch[1]}}，{2 {switch[0]}}}		
随机延迟分为3种类型： （1）长延迟类型：随机种子低8位不为8'hff，即seed_ init[7:0]!=8'hff （2）短延迟类型：随机种子低8位为8'hff，即seed_ init[7:0]==8'hff（排除无延迟类型） （3）无延迟类型：随机种子低16位为16'h00ff，即seed_ init[15:0]==16'h00ff		
8'h00	16'h0000	{7'b1010101，16'h0000}
8'h01	16'h0003	{7'b1010101，16'h0003}
8'h02	16'h000c	{7'b1010101，16'h000c}
8'h03	16'h000f	{7'b1010101，16'h000f}
…	…	…
8'hff	16'hffff	{7'b1010101，16'hffff}

图 8.9　上板验证时初始随机种子设定

3.“仿真通过，上板不过”的调试方法

【情况一】上板验证时发现数码管没有任何累加。

这可能是由于以下问题之一导致的：

1）多驱动。

2）模块的 input/output 端口接入的信号方向不对。

3）时钟复位信号接错。

4）代码不规范，阻塞赋值乱用，always 语句随意使用。

5）仿真时控制信号有“X”。仿真时，有“X”调“X”，有“Z”调“Z”。特别要注意的是，设计的顶层接口上不要出现“X”和“Z”。

6）时序违约。

7）模块里的控制路径上的信号未进行复位。

【情况二】上板验证时发现在某些随机种子下测试通过，在另一些随机种子情况下出错。

请按以下步骤进行调试：

1）确认上板验证时出错的初始随机种子，修改 mycpu_env/soc_verify/soc_hs_bram/rtl/CONFREG/confreg.v 文件中宏 RANDOM_SEED 的定义值，改为出错时的初始随机种子，随后进行仿真。如果有错，则进行调试；如果发现仿真没有出错，则在上板验证时寻找下一个出错的初始随机种子，同样设定好 RANDOM_SEED 后进行仿真，如果尝试多个初始随机种子后仿真都没有出错则转到步骤 2。

2）当遇到“相同初始随机种子，仿真无法复现上板的错误”的情况时，请采取以下措施：排查列出可能的原因，复查代码和反思设计，也可以使用 Vivado 的逻辑分析仪进行在线调试（参考附录 D.5 节）。

【情况三】上板验证时发现任意随机种子下，都只有部分功能点测试通过。

这时可能以上两种情况的原因都存在，请依次排查。

8.5.2　实践任务 15：添加 AXI 总线支持

本实践任务要求在实践任务 14 实现的 CPU 基础上完成以下工作：

1）将 CPU 顶层接口修改为 AXI 总线接口。CPU 对外只有一个 AXI 接口，需在内部完成取指和数据访问的仲裁。推荐在本任务中实现一个类 SRAM-AXI 的 2x1 的转接桥，然后拼接上实践任务 14 完成的类 SRAM 接口的 CPU，将 myCPU 封装为 AXI 接口。

2）在采用 AXI 总线的 SoC 验证环境里完成 exp15 对应 func 的固定延迟功能验证，要求成功通过仿真和上板验证。

请参照 2.3.1 节中介绍的方式获取本次实践任务所需的实验开发环境。具体的实验环境仍位于 mycpu_env/ 目录下，**不过验证时不再使用 soc_hs_bram/ 子目录，而应使用 soc_axi/ 子目录**。

伴随着 CPU 对外访问接口由带握手机制的 block RAM 更换为 AXI 总线接口，实验开发环境需要进一步调整：仍然是 mycpu_env 实验环境，gettrace/、func/ 和 myCPU/ 子目录的位置和用途依然维持不变，只是 soc_verify/ 子目录下不再使用 soc_hs_bram/ 子目录而是改为使用 soc_axi/ 子目录。调整后的实验开发环境的目录结构及各部分功能简介如下所示：

```
|--gettrace/                   生成参考 trace 的部分。
|--func/                       实验任务所用的功能验证测试程序。
|--myCPU/                      自己实现的 CPU 的 RTL 代码。
|--soc_verify/                 自己实现的 CPU 的 SoC 系统验证环境。
   |--soc_axi/                 CPU 对外连接 AXI 接口时对应的验证环境。
   |   |--rtl/                 SoC_Lite 设计代码目录。
   |   |   |--soc_lite_top.v   SoC_Lite 的顶层文件。
   |   |   |--CONFREG/         confreg 模块，用于访问 CPU 与开发板上的数码管、拨码开关等外设。
   |   |   |--ram_wrap/        以支持随机延迟访问封装的 AXI  RAM 模块。
   |   |   |--axi_wrap/        AXI 的 1x1 转接口，连接 CPU 和 Crossbar，用于抹平仿真和上板的差异。
```

```
|   |   |--xilinx_ip/        定制的 Xilinx IP，包含 clk_pll、axi_ram 和 axi_crossbar_
                             1x2。
|   |--testbench/            功能仿真验证平台。
|   |   |--mycpu_tb.v        功能仿真顶层，该模块会抓取 debug 信息与 golden_trace.txt 进
                             行比对。
|   |--run_vivado/           Vivado 工程的运行目录。
|   |--constraints/          Vivado 工程的设计约束。
|   |--mycpu_axi_prj/        Vivado 工程文件所在目录。
```

实验环境准备就绪后，请参考下列步骤完成本实践任务：

1）将所实现 CPU 的代码更新至 mycpu_env/myCPU/ 目录中。

2）修改 func 配置文件——mycpu_env/func/include/test_config.h，选择 exp15 的配置，编译。（如果是通过压缩包 exp15.zip 获取实验开发环境的，请跳过该步骤。）

3）打开 gettrace 工程——mycpu_env/gettrace/gettrace.xpr。（该 Vivado 工程中的 IP 核是使用 Vivado 2019.2 创建的，如果使用更高版本的 Vivado 打开，请参考附录 D.4 节进行 IP 核升级。）运行 gettrace 工程的仿真（进入仿真界面后，直接点击 run all 等待仿真运行完成），生成新的参考 trace 文件 golden_trace.txt（mycpu_env/gettrace/golden_trace.txt）。要等仿真运行完成，golden_trace.txt 才有完整的内容。（如果是通过压缩包 exp15.zip 获取实验开发环境的，请跳过该步骤。）

4）进入 mycpu_env/soc_verify/soc_axi/run_vivado/ 目录下启动验证 myCPU 的工程。如果该目录下尚未创建工程，请参照附录 D.2 节介绍的步骤，利用该目录下的 create_project.tcl 文件创建工程。如需要，请参考附录 D.4 节进行 IP 核升级。

5）参考 4.4.5.2 节，对工程中的 axi_ram 重新定制。（如果是通过压缩包 exp15.zip 获取实验开发环境的，请跳过该步骤。）

6）在验证 myCPU 的工程中运行仿真（进入仿真界面后，直接点击 run all），进行功能验证与调试，直至仿真测试通过。

7）在验证 myCPU 的工程中综合实现后生成二进制码流文件，进行上板验证。在上板验证时，要求 8 个拨码开关处于“高 4 个拨下，低 4 个拨上”的状态时（对应访存随机延迟类型为无延迟），能正确运行 func。（如果无硬件实验平台，请跳过该步骤。）

8.5.3 实践任务 16：完成 AXI 随机延迟验证

本实践任务要求在实践任务 15 实现的 CPU 基础上完成以下工作：

完善 AXI 总线接口设计使其在采用 AXI 总线的 SoC 验证环境里完成 exp16 对应

func 的随机延迟功能验证，要求成功通过仿真和上板验证。

请参照 2.3.1 节中介绍的方式获取本次实践任务所需的实验开发环境。具体的实验环境仍位于 mycpu_env/ 目录下，仍使用 soc_axi/ 子目录。

实验环境准备就绪后，请参考下列步骤完成本实践任务：

1）将所实现 CPU 的代码更新至 mycpu_env/myCPU/ 目录中。

2）修改 func 配置文件——mycpu_env/func/include/test_config.h，选择 exp16 的配置，编译。（如果是通过压缩包 exp16.zip 获取实验开发环境的，请跳过该步骤。）

3）打开 gettrace 工程——mycpu_env/gettrace/gettrace.xpr。（该 Vivado 工程中的 IP 核是使用 Vivado 2019.2 创建的，如果使用更高版本的 Vivado 打开，请参考附录 D.4 节进行 IP 核升级。）运行 gettrace 工程的仿真（进入仿真界面后，直接点击 run all 等待仿真运行完成），生成新的参考 trace 文件 golden_trace.txt（mycpu_env/gettrace/golden_trace.txt）。要等仿真运行完成，golden_trace.txt 才有完整的内容。（如果是通过压缩包 exp16.zip 获取实验开发环境的，请跳过该步骤。）

4）进入 mycpu_env/soc_verify/soc_axi/run_vivado/ 目录下启动验证 myCPU 的工程。如果该目录下尚未创建工程，请参照附录 D.2 节介绍的步骤，利用该目录下的 create_project.tcl 文件创建工程。如需要，请参考附录 D.4 节进行 IP 核升级。如果该目录下已有前一实践任务创建过的工程，可以在打开工程后，参照附录 D.3 节介绍的步骤，更新项目中 CPU 实现文件的列表。

5）参考 4.4.5.2 节，对工程中的 axi_ram 重新定制。（如果是通过压缩包 exp16.zip 获取实验开发环境的，请跳过该步骤。）

6）修改 mycpu_env/soc_verify/soc_axi/rtl/CONFREG/confreg.v 文件中的宏 RANDOM_SEED 为不同值，在验证 myCPU 的工程中运行仿真（进入仿真界面后，直接点击 run all），进行功能验证与调试，直至仿真测试通过。

7）重复上一步骤多次，要求宏 RANDOM_SEED 的修改值能覆盖本章前面 8.5.1 节介绍的三种随机延迟类型。

8）在验证 myCPU 的工程中综合实现后生成二进制码流文件，进行上板验证。在上板验证时，要求“随意切换拨码开关后按复位键”，均能正确运行 func。如果出现“仿真通过，上板不过”的现象，请按照 8.5.1 节介绍的方法进行调试。（如果无硬件实验平台，请跳过该步骤。）

C H A P T E R 9

第 9 章

存储管理单元设计

存储管理是现代操作系统的重要功能之一，它需要 CPU 硬件提供一定的支持，以软硬件协同的方式完成。CPU 硬件中参与这一过程的逻辑通常被称为存储管理单元（Memory Management Unit，MMU）。截至目前，本书实践任务中所设计的 CPU 只实现了最简单的直接地址翻译模式。从这一章开始，我们将完成 MMU 其余部分的设计。这一部分的设计难点在于涉及的技术细节较多，初学者不容易分出主次。因此，我们将整个设计分为三个阶段，以供大家通过模块化的、循序渐进的方式来完成。

- 第一阶段：我们将专注于 TLB 模块自身的设计。
- 第二阶段：我们将 TLB 模块集成至已有的 CPU 中，并实现 MMU 相关指令和控制状态寄存器。
- 第三阶段：我们将 MMU 相关异常的支持添加完毕，进行全部功能的联合验证。

在开始这一阶段的设计之前，请先学习《计算机体系结构基础》（第 3 版）的 3.3 节或其他文献中的相关内容。学习的重点在于理解计算机系统中围绕 MMU 进行的软硬件交互过程。在掌握这个交互过程原理的基础之上，就比较容易把指令系统规范中关于 MMU 的相关定义串联成一个有机整体，进而进行 CPU 中相关功能的设计。

【本章学习目标】

- ❑ 掌握 TLB MMU 的相关知识。
- ❑ 理解 LoongArch 架构中 MMU 相关的控制状态寄存器和指令。
- ❑ 理解 CPU 中的地址翻译机制，理解 LoongArch 架构中的 TLB 相关异常及其处理过程。
- ❑ 掌握在流水线 CPU 中添加 TLB 支持的方法。

【本章实践目标】

本章有三个实践任务（见9.5节）。读者可以在学习本章内容的基础上完成这些任务，两者之间的对应关系如下：

- 9.1节和9.2节的内容对应实践任务17（9.5.1节）。
- 9.1节和9.3节的内容对应实践任务18（9.5.2节）。
- 9.1节和9.4节的内容对应实践任务19（9.5.3节）。

9.1 存储管理单元相关规范定义梳理

LoongArch指令系统定义中与MMU相关的内容主要集中在指令手册第5章中介绍，其中涉及的控制状态寄存器的定义主要集中在指令手册7.5节。请读者先行阅读这两部分的内容。本节接下来将对这部分内容做个简要梳理，给初学者提供一个理解和掌握这部分内容的思路。

首先要掌握CPU硬件方面在进行访存虚实地址转换时的基本过程。一上来需要判断当前是处于直接地址翻译模式还是映射地址翻译模式（看CSR.CRMD的PG和DA两位），如果是直接地址翻译模式物理地址就直接等于虚地址，而且也几乎没有额外的权限合规性检查；如果是映射地址翻译模式，则先查找CSR.DMW0和CSR.DMW1两个寄存器看是否合法地落在某个直接映射窗口中，若命中则通过所命中窗口的配置信息转换出物理地址，若直接映射窗口没有命中项则需进一步查找TLB；如果TLB中可以找到一个合法页表项则基于该页表项信息转换出物理地址，否则将触发相应的异常由系统软件做进一步处理。直接映射窗口的查找以及物理地址生成规则在指令手册的5.2.1节有详细介绍。若阅读中不清楚CSR.DMW0/1的定义请参看指令手册7.5.9节。TLB的查找以及物理地址生成规则在指令手册5.4.4节通过伪码进行了详细介绍。若阅读过程中对TLB的组织结构和表项中各个域的具体定义不清楚请参看指令手册5.4.1节和5.4.2节。学习上述虚实转换过程的时候，有多处涉及了存储访问类型这个概念。由于我们现在还没有实现Cache，所以可以暂时不去细究其具体功能。

其次要掌握上述虚实地址转换过程中所需的信息是如何通过软件进行配置的。对于用来区分直接地址翻译模式和映射地址翻译模式的CSR.CRMD的PG和DA两位，核心态软件可以用CSR指令进行修改。直接映射窗口的信息都存放在DMW0和DMW1两个CSR中，核心态软件也同样是使用CSR指令进行修改。TLB的读写则稍微复杂一点，需要通过一套CSR作为TLB读写操作的接口，系统软件写TLB时需要先用CSR

指令将待写入信息填入这些CSR中，然后再利用TLBWR或TLBFILL指令将信息真正写到TLB中，读TLB表项的过程与之相反，即先用TLBRD指令将TLB表项的内容读出到作为接口的CSR中，然后通过CSR指令从这些CSR中将信息取出。这套用于TLB读写交互的CSR列举在指令手册5.4.3.3节的第一类中。

最后要掌握引入映射地址翻译模式而在实现中需要新增的异常，包括TLB重填异常、页无效异常、页修改异常和页特权等级不合规异常。其中TLB重填异常用于通知系统软件将所需TLB表项填入到TLB中，其余的页无效异常、页修改异常、页特权等级不合规异常用来通知系统软件进行页表的分配、管理工作。这些异常的触发判断条件在指令手册的5.4.4节中都有明确说明。这些异常触发后，硬件除了进行普通异常触发时所要进行的操作之外，还需要将触发该异常的虚地址存到CSR.BADV中、将虚地址的[31:12]位存到CSR.TLBEHI的VPPN域。此外需要留意的地方是TLB重填异常的入口是通过CSR.TLBRENTRY单独配置，不是通过CSR.EENTRY进行配置的。这里额外说明一下映射地址翻译模式与地址错异常（包括取指地址错异常ADEF和访存指令地址错异常ADEM）的关系，因为32位和64位LA架构在这一点上存在一些差异。在64位LoongArch64架构中，映射地址翻译模式下会有合法虚拟地址的概念[⊖]，并由此增加ADEF和ADEM异常的判断条件——无法命中直接映射窗口的非法虚拟地址会触发地址错异常。但是，对于32位的LoongArch32 Reduced架构来说，虚拟地址没有不可访问的地址空洞，可以认为整个虚拟地址空间都是合法的，所以不会因为引入映射地址翻译模式而增加地址错异常的判断条件。

在搞清楚上述指令集中与MMU相关的规范定义后，接下来先从TLB模块入手一步步完成处理中MMU功能的添加。

9.2　TLB模块设计分析

通过梳理TLB模块的相关知识，并结合CPU流水线的结构特点，我们对TLB模块的设计分析如下：

1）TLB模块内部的主体应是一个二维组织结构的查找表。查找表的每一项分为两个部分，第一部分存储的信息既参与读写又参与查找比较，包括E、VPPN、

⊖ 具体参见《龙芯架构参考手册卷一：基础架构》5.2节的描述：“LA64架构下，采用页表映射模式时，虚拟地址空间合法性的判定规则：合法虚拟地址的[63:VALEN]位必须与[VALEN-1]位相同，即[VALEN-1]之上的所有位是其符号扩展。”

PS、ASID 和 G；第二部分仅参与读写，包括 PPN0、PLV0、MAT0、D0、V0、PPN1、PLV1、MAT1、D1、V1。查找表的项数由实现者自行定义。

2）TLB 模块要支持取指和访存两个部分的虚实地址转换需求，即两部分都需要对 TLB 模块进行查找，且两部分对应的查找功能一致。查找时，需要向 TLB 模块输入 s_vppn、s_va_bit12 和 s_asid 信息，TLB 模块输出的信息包含 s_found、s_ppn、s_ps、s_plv、s_mat、s_d 和 s_v。其中输入的 s_vppn 来自访存虚地址的 31..13 位，s_va_bit12 来自访存虚地址的 12 位，s_asid 来自 CSR.ASID 的 ASID 域。TLB 输出的 s_ppn 和 s_ps 用于产生最终的物理地址，s_found 的结果用于判定是否产生 TLB 重填异常，s_found 和 s_v 结果用于判定是否产生页无效异常，s_found 和 s_plv 用于判定是否产生页特权等级不合规异常，s_found、s_v 和 s_d 结果用于判定是否产生页修改异常。

3）为了使流水线能够满负荷运转不断流，TLB 模块要能够支持取指和访存同时进行查找，这意味着上面的查找端口应该有两套。

4）TLB 模块需要支持 TLBSRCH 指令的查找操作。我们建议复用访存指令查找 TLB 的端口，即输入复用 s_vppn 和 s_asid，输出复用已有的 s_found。除此以外还需要一个额外的 s_index 输出，用于记录命中在第几项，其信息用于填入 CSR.TLBIDX 中。

5）TLB 模块需要支持 TLBWR 和 TLBFILL 指令的写操作。我们建议为此设计独立的端口。此时需要向 TLB 模块输入写地址 w_index，写入的 TLB 表项信息有 w_e、w_vppn、w_ps、w_asid、w_g、w_ppn0、w_plv0、w_mat0、w_d0、w_v0、w_ppn1、w_mat1、w_d1、w_v1。因为是写操作，所以必须有一个写使能输入信号 we。

6）TLB 模块需要支持 TLBRD 指令的读操作。我们倾向于为此设计独立的端口。此时需要向 TLB 模块输入读地址 r_index。TLB 模块需要输出读的结果有 r_e、r_vppn、r_ps、r_asid、r_g、r_ppn0、r_plv0、r_mat0、r_d0、r_v0、r_ppn1、r_plv1、r_mat1、r_d1、r_v1。

7）TLB 模块需要支持 INVTLB 指令的查找、无效操作。该指令所有类型的查找操作所用信息都可以复用访存指令查找 TLB 的端口，只是需要一个额外的 invtlb_op 输入，用于标识 invtlb 的具体操作类型。invtlb 的无效操作都是在 TLB 模块内部根据查找结果直接将符合条件的 TLB 表项的 E 位置为 0。

通过上述分析，我们得到 TLB 模块的接口与内部主要信号的定义如下：

```
module tlb
#(
    parameter TLBNUM = 16
)
(
    input  wire                      clk,

// search port 0 (for fetch)
input  wire [              18:0] s0_vppn,
input  wire                      s0_va_bit12,
input  wire [               9:0] s0_asid,
output wire                      s0_found,
output wire [$clog2(TLBNUM)-1:0] s0_index,
output wire [              19:0] s0_ppn,
output wire [               5:0] s0_ps,
output wire [               1:0] s0_plv,
output wire [               1:0] s0_mat,
output wire                      s0_d,
output wire                      s0_v,

// search port 1 (for load/store)
input  wire [              18:0] s1_vppn,
input  wire                      s1_va_bit12,
input  wire [               9:0] s1_asid,
output wire                      s1_found,
output wire [$clog2(TLBNUM)-1:0] s1_index,
output wire [              19:0] s1_ppn,
output wire [               5:0] s1_ps,
output wire [               1:0] s1_plv,
output wire [               1:0] s1_mat,
output wire                      s1_d,
output wire                      s1_v,

// invtlb opcode
input  wire                      invtlb_valid,
input  wire [               4:0] invtlb_op,

// write port
input  wire                      we,     //w(rite) e(nable)
input  wire [$clog2(TLBNUM)-1:0] w_index,
input  wire                      w_e,
input  wire [              18:0] w_vppn,
input  wire [               5:0] w_ps,
input  wire [               9:0] w_asid,
input  wire                      w_g,
input  wire [              19:0] w_ppn0,
input  wire [               1:0] w_plv0,
input  wire [               1:0] w_mat0,
input  wire                      w_d0,
input  wire                      w_v0,
input  wire [              19:0] w_ppn1,
```

```
    input  wire [              1:0] w_plv1,
    input  wire [              1:0] w_mat1,
    input  wire                     w_d1,
    input  wire                     w_v1,

    // read port
    input  wire [$clog2(TLBNUM)-1:0] r_index,
    output wire                     r_e,
    output wire [             18:0] r_vppn,
    output wire [              5:0] r_ps,
    output wire [              9:0] r_asid,
    output wire                     r_g,
    output wire [             19:0] r_ppn0,
    output wire [              1:0] r_plv0,
    output wire [              1:0] r_mat0,
    output wire                     r_d0,
    output wire                     r_v0,
    output wire [             19:0] r_ppn1,
    output wire [              1:0] r_plv1,
    output wire [              1:0] r_mat1,
    output wire                     r_d1,
    output wire                     r_v1
    );

    reg [TLBNUM-1:0] tlb_e;
    reg [TLBNUM-1:0] tlb_ps4MB; //pagesize 1:4MB, 0:4KB
    reg [      18:0] tlb_vppn    [TLBNUM-1:0];
    reg [       9:0] tlb_asid    [TLBNUM-1:0];
    reg              tlb_g       [TLBNUM-1:0];
    reg [      19:0] tlb_ppn0    [TLBNUM-1:0];
    reg [       1:0] tlb_plv0    [TLBNUM-1:0];
    reg [       1:0] tlb_mat0    [TLBNUM-1:0];
    reg              tlb_d0      [TLBNUM-1:0];
    reg              tlb_v0      [TLBNUM-1:0];
    reg [      19:0] tlb_ppn1    [TLBNUM-1:0];
    reg [       1:0] tlb_plv1    [TLBNUM-1:0];
    reg [       1:0] tlb_mat1    [TLBNUM-1:0];
    reg              tlb_d1      [TLBNUM-1:0];
    reg              tlb_v1      [TLBNUM-1:0];

    ......

    endmodule
```

接下来考虑TLB模块的内部设计，其实就是查找、读、写三套操作的设计实现。读和写操作的实现不用再介绍了，大家可以参考CPU中regfile的逻辑设计及Verilog代码实现。唯一一个可能需要注意的地方是，TLB模块读写接口上的PS域是6位的，但是因为在LoongArch32精简版中只支持4KB和4MB两种页大小，所以TLB模块内部只用1位来存放这两种页大小信息，需要进行一个简单的转换。

对于查找操作实现，指令手册给出的 TLB 查找流程的伪算法是用串行化思维描述的。在实现电路的时候，我们并不是先比较第 0 项，再比较第 1 项……而是同时比较所有项。假设我们的 TLB 有 16 项，那么就需要通过组合逻辑产生一个 16 位宽的查找结果 match[15:0]。这个结果的第 0 位对应第 0 项的比较结果，第 1 位对应第 1 项的比较结果……其 Verilog 代码示意如下：

```
assign match0[ 0] = (s0_vppn[18:9]==tlb_vppn[ 0][18:9])
                 && (tlb_ps4MB[ 0] || s0_vppn[8:0]==tlb_vppn[ 0][8:0])
                 && ((s0_asid==tlb_asid[ 0]) || tlb_g[ 0]) && tlb_e[0];
assign match0[ 1] = (s0_vppn[18:9]==tlb_vppn[ 1][18:9])
                 && (tlb_ps4MB[ 1] || s0_vppn[8:0]==tlb_vppn[ 1][8:0])
                 && ((s0_asid==tlb_asid[ 1]) || tlb_g[ 1]) && tlb_e[1];
......
assign match0[15] = (s0_vppn[18:9]==tlb_vppn[15][18:9])
                 && (tlb_ps4MB[15] || s0_vppn[8:0]==tlb_vppn[15][8:0])
                 && ((s0_asid==tlb_asid[15]) || tlb_g[15]) && tlb_e[15];

assign match1[ 0] = (s1_vppn[18:9]==tlb_vppn[ 0][18:9])
                 && (tlb_ps4MB[ 0] || s1_vppn[8:0]==tlb_vppn[ 0][8:0])
                 && ((s1_asid==tlb_asid[ 0]) || tlb_g[ 0]) && tlb_e[0];
assign match1[ 1] = (s1_vppn[18:9]==tlb_vppn[ 1][18:9])
                 && (tlb_ps4MB[ 1] || s1_vppn[8:0]==tlb_vppn[ 1][8:0])
                 && ((s1_asid==tlb_asid[ 1]) || tlb_g[ 1]) && tlb_e[1];
......
assign match1[15] = (s1_vppn[18:9]==tlb_vppn[15][18:9])
                 && (tlb_ps4MB[15] || s1_vppn[8:0]==tlb_vppn[15][8:0])
                 && ((s1_asid==tlb_asid[15]) || tlb_g[15]) && tlb_e[15];
```

只要把这个查询比较结果生成好，那么是否查找命中的 found 就是看 match 是否不等于全 0。命中项的 PFN 等信息读出逻辑也很容易实现，请参考 3.1 节中 select 信号是译码后位向量信息的多路选择器的介绍。

我们再来分析 INVTLB 指令所需的各种查找操作如何支持。既然目前 TLB 实现虚实地址转换过程是采用并行查找机制，所以 INVTLB 指令的查找也将采用并行查找机制，即同时对 TLB 中的各项进行匹配判断。设计要点转为每一项的匹配该如何处理。通过分析 INVTLB 指令各操作的定义，发现可以将各操作的匹配分解成若干“子匹配”的逻辑组合，具体来说，可得到 4 个“子匹配”的判断条件：

1）cond1——G 域是否等于 0；

2）cond2——G 域是否等于 1；

3）cond3——s1_asid 是否等于 ASID 域；

4）cond4——s1_vppn 是否匹配 VPPN 和 PS 域。

那么 invtlb op=0、1 的匹配条件就可以表达为 cond1||cond2，op=4 的匹配条件可以表达为 cond1&&cond3，op=5 的匹配条件可以表达为 cond1&&cond3&&cond4，op=6 的匹配条件可以表达为（cond2||cond3）&&cond4。同时我们也很容易得知 op=6 的匹配条件就是取指和访存进行虚实地址转换时的查找匹配条件，这样两类操作所需的查找匹配功能就可以统一到一套逻辑中，而两类操作的区别仅是基于查找结果所做的进一步操作。对于 INVTLB 指令来说，将对应 TLB 表项置为无效的操作就是将 inv_match[i] 等于 1 对应的 tlb_e[i] 置为 0。

9.3　MMU 相关 CSR 与指令的实现

为了在 CPU 中添加 MMU 功能，除了集成上一节设计的 TLB 模块外，还需要实现一系列 MMU 相关的控制状态寄存器和指令。这些控制状态寄存器包括用于区分地址翻译模式的 CRMD 的 DA 和 PG 域，直接映射地址翻译模式所用的 DMW0 和 DMW1，TLB 读写查找相关的 ASID、TLBEHI、TLBELO0、TLBELO1 和 TLBIDX。我们倾向于将其和已实现的 CSR 放在一个模块中维护，这样 CSR 指令访问这几个 CSR 的数据通路就可以复用现有的设计。至于说取指、访存处的 MMU 逻辑需要使用这些 CSR 的信息，则是直接从 CSR 模块中引出来送到所需要的地方。有关这些 CSR 自身的实现都很容易从指令手册的定义中得出，这里不再赘述。本节将要讨论 CSR 相关冲突的处理以及 TLB 指令的实现。

9.3.1　MMU 的 CSR 相关引发的冲突处理

MMU 相关的 CSR 中，CRMD 的 DA 和 PG、DMW0、DMW1 和 ASID 都将直接影响 pre-IF 级的取指请求，与 7.3.4 节讲述 ertn 指令处理时的分析过程类似，CSR 指令修改这些控制寄存器（域）产生的相关所引发的冲突无法通过阻塞后续指令的方式彻底规避。因为最早在 ID 级才能知道一条 CSR 指令是否修改了上述控制寄存器，但此时 IF 级有可能已经有一条根据旧的 MMU 信息进行虚实地址转换而取回的指令了，显然这条指令要被取消然后重取。既然取消重取不可避免，那么干脆就只采用取消的机制来解决这一类冲突。一个可行的方案是：只要发现流水线中存在可能导致冲突的 CSR 指令，就将该指令后取进流水线的所有指令都设置上一个重取标志；带有重取标志的指令就如同被标记了异常一样，即它自己不能产生任何执行效果，同时会阻塞流水线中在它后面的指令产生执行效果；带有重取标志的指令到达写回流水级后，将像报异常那样清空流水线。只不过它并不是真正的异常，所以不会修改任何CSR，也不会提升处理器的特权等级，并且此时pre-IF级更新的nextPC是出发重取指异常的那条指令的PC，而不是任何异常的入口地址。

9.3.2 TLB相关指令的实现

先来看TLBSRCH指令。这个指令需要对TLB进行查找，意味着它执行时需要利用TLB模块中的查找逻辑。TLB模块中只有两套查找逻辑，一套用于取指，另一套用于访存指令。如果TLBSRCH指令的执行能够复用其中一套查找逻辑就避免新增大量查找逻辑，同时我们又希望最好能确保复用的时候不阻塞其他指令访问TLB模块，这样看来复用访存指令的TLB查找端口并在EX级发起查找请求是最合适的。但是，这样的设计面临两个问题：

1）TLBSRCH指令的待查找内容来自CSR.ASID和CSR.TLBEHI，但它们会被写回级的CSRWR、CSRXCHG或TLBRD指令修改。如果TLBSRCH指令在EX级的时候，有一条修改CSR.ASID或CSR.TLBEHI的CSR指令或TLBRD指令恰好在MEM级，那么直接用CSR模块中ASID和TLBEHI的值就会出现问题。

2）TLBSRCH指令要查找的TLB可能会被TLBWR、TLBFILL和INVTLB指令更新，后面会看到这些更新并不都发生在EX级，因而不加处理也有可能出现问题。

这里只讨论问题1，问题2会被后面分析TLBWR、TLBFILL和INVTLB指令时所介绍的重取指机制解决。对于问题所述的这种写后读相关引发的冲突，要么采用阻塞，要么采用前递。我们认为TLBSRCH指令的执行频率非常低，而前面提到的冲突情况的出现概率就更低了，因此设计一套前递的逻辑来处理这种冲突的投入产出比太低，我们还是选择用阻塞的方式。

再来看TLBWR和TLBFILL指令。由于TLB模块设计了一组独立的写入接口，因此TLBWR和TLBFILL指令什么时候写TLB与何时读取该指令源操作数直接相关。考虑到控制状态寄存器ASID、TLBEHI、TLBELO0、TLBELO1和TLBIDX会被写回级的CSRWR、CSRXCHG或TLBRD指令更新，让TLBWR和TLBFILL指令在写回级写TLB是合适的，因为此时读取的CSR值都是正确的。不过，实现TLBWR和TLBFILL指令最复杂的问题体现在其他方面：由于所有指令的取指和访存指令的访存都有可能查找TLB[⊖]用于虚实地址转换，而TLBWR和TLBFILL指令则会更新TLB的内容，因此这两者之间构成了围绕TLB的写后读相关。既然TLBWR和TLBFILL的写操作发生在

⊖ 查找操作隐含着读操作。

写回级，那么这种写后读相关将引发冲突。如何解决这类冲突呢？有的读者可能会想到采用一遇到 TLBWR 和 TLBFILL 指令就阻塞后续指令执行的思路，但是这种思路不能彻底解决问题，原因与前一小节分析 CSR 指令修改 MMU 相关控制状态寄存器遇到的问题是一样的，所以也只能采用给后续指令标记重取标志的方式来处理。

接下来看 TLBRD 指令。由于 TLB 模块设计了一组独立的读出接口，因此 TLBRD 指令什么时候读 TLB 是不受限制的。我们重点要考虑对 TLBRD 指令执行涉及的 CSR 会造成什么影响。首先，TLBRD 指令需要读取 CSR.TLBIDX 的 Index 域作为读地址，后者会被写回级的 CSRWR、CSRXCHG 或 TLBSRCH 指令更新。其次，TLBRD 指令需要更新 ASID、TLBEHI、TLBELO0、TLBELO1 和 TLBIDX，而 CSR 指令会在写回级读这些寄存器。通过这两点分析可以看出，TLBRD 指令在写回级读 TLB 并更新相关 CSR 是最合适的。但是还有一个相关关系会引发冲突问题：由于 TLBRD 指令会更新 CSR.ASID 的 ASID 域，但是所有指令的取指和访存指令的访存都有可能读取 CSR.ASID 的 ASID 域去查找 TLB，这意味着 TLBRD 指令要像 TLBWR 和 TLBFILL 指令那样去解决 CSR 冲突问题。解决的方法也与 TLBWR 和 TLBFILL 指令一样，采取给后续指令标记重取标志的方式。

最后来看 INVTLB 指令。先分析特权资源相关冲突的处理。一方面从消费者的角度看，INVTLB 指令的源操作数都来自通用寄存器或立即数，并且它需要（部分）复用 TLB 模块中已有的查找逻辑，所以从这些方面来看，其在 EX 级发起 TLB 查询的请求是比较合适的。至于说 INVTLB 指令查找 TLB 的读操作与写回级 TLBWR 和 TLBFILL 指令更新 TLB 的写操作之间的写后读相关冲突，已经被 TLBWR 和 TLBFILL 指令的重取指机制统一解决了。另一方面从生产者的角度看，INVTLB 指令会更新 TLB 的内容，且这个更新不会早于 EX 级，所以它也需要像 TLBWR 和 TLBFILL 指令那样，通过给后续指令标记重取标志的方式来解决其与后续指令的取指和访存指令的访存操作之间的 TLB 写后读相关冲突。INVTLB 指令查找无效操作在前面设计 TLB 模块时已经实现，所以这里仅需要把相关的信息传入 TLB 模块即可。

9.4　利用 MMU 进行虚实地址转换及 MMU 相关异常的实现

我们已经把 TLB 模块集成到 CPU 中并实现了 MMU 相关的 CSR 和指令，接下来我们将完成 CPU 中 MMU 功能的收尾工作，具体包括利用 MMU 进行虚实地址转换并实现 MMU 相关的异常。

本书在第 5 章介绍简单 CPU 设计时就强调了取指和访存两部分的虚实地址转换，这里也请读者先结合自己的设计回顾一下虚实地址转换逻辑所在的位置。目前的设计方案中，取指请求在 pre-IF 级发出，其访问的虚实地址转换是在这一级完成，因此需要用组合逻辑实现。我们检查直接地址翻译、直接映射窗口地址翻译和 TLB 地址翻译逻辑，可知其均可以使用组合逻辑实现。那么取指处的虚实地址转换实现就是将请求虚地址——nextPC 同时送往直接地址翻译、直接映射窗口地址翻译和 TLB 地址翻译三处，同时分别进行各自的虚实地址转换，然后再根据当前所处的地址翻译模式决定是否选择直接地址翻译逻辑的转换结果，否则再根据直接映射窗口是否有命中的信息决定是选择直接映射窗口地址翻译逻辑的转换结果还是 TLB 模块的地址转换结果。访存部分的虚实地址转换与取指类似，只不过转换操作发生在执行级，待转换的虚地址是执行级计算出来的访存虚地址。完成上述连接和选择逻辑之后，CPU 中利用 MMU 进行虚实地址转换的功能就实现完毕了。

接下来补充 MMU 相关异常的实现。这部分异常都与页映射地址翻译模式下 TLB 的查找结果相关，所需的各种结果信息在实现 TLB 模块时都已经设置了相应的输出接口。因此本阶段所要做的就是在取指和访存两部分利用 TLB 模块的这些输出信息，同时结合访问自身的类型（取指、load 还是 store ？），根据指令手册 5.4.4 节给出的各异常判断条件实现这些异常的判断逻辑，在取指和访存两部分得到 MMU 相关异常的判断结果。余下的设计与第 7 章介绍的异常的一般性实现方式一样，将前面在取指和访存两部分生成的异常判断结果沿流水线逐级传递至写回级，然后在写回级更新相关的 CSR、触发异常、清空流水线并跳转到异常入口处。

这里还有一个细节需要讨论。如果在进行虚实地址转换的时候判断出发生了 MMU 相关异常，还能对总线发起访问请求吗？答案是不能。因为此时得到的物理地址要么是无意义的，要么是非法的。除非你能确保计算机系统中所有与访存地址相关的对象对于这些无意义或非法地址的反应都是确定的、可控的，否则将这样的地址放到总线上，整个系统的行为将超出软件人员的预期，这是不可接受的。通常，我们都会从保守的角度出发进行设计，即所有无意义的非法的地址一定不能被发到总线上。

完成上述设计之后，有些读者可能会发现一个问题，pre-IF 级和 EXE 级最终生成访存地址的电路延迟被大大加长了。这个问题可以在后面实现高速缓存之后得到一定程度的缓解，此外也可以针对这个问题进行更进一步的时序优化。本章主要是面向初学者，力求先完成一个功能正确的实现，时序优化问题将作为进阶内容供读者在后续实践中进一步探索。

9.5 任务与实践

完成本章的学习后，希望读者能够完成以下 3 个实践任务：

1）设计 TLB 模块，参见 9.5.1 节。

2）在 CPU 中集成 TLB 模块并添加 TLB 相关指令和 CSR，参见 9.5.2 节。

3）在 CPU 中完善 TLB MMU 功能并添加 TLB 相关异常支持，参见 9.5.3 节。

9.5.1 实践任务 17：设计 TLB 模块

本实践任务要求如下：

1）设计 TLB 模块。

2）利用 TLB 模块级验证环境对所设计的 TLB 进行验证，通过仿真和上板验证。

请参照 2.3.1 节中介绍的方式获取本次实践任务所需的实验开发环境。**具体的实验环境与之前的环境不同，是针对 TLB 模块的单独验证环境**，位于 mycpu_env/module_verify/tlb_verify/ 目录下。具体目录结构及各部分功能简介如下所示：

```
|--tlb_verify/              目录，TLB 模块级验证环境。
|   |--rtl/                 目录，包含 TLB 模块以及验证顶层的设计源码。
|   |   |--tlb_top.v        TLB 模块级验证的顶层文件。
|   |--testbench/           目录，包含功能仿真验证源码。
|   |   |--testbench.v      仿真顶层。
|   |--run_vivado/          Vivado 工程的运行目录。
|   |   |--constraints/     Vivado 工程的设计约束。
|   |   |--tlb_prj/         Vivado 工程文件所在目录。
```

实验环境准备就绪后，请参考下列步骤完成本实践任务：

1）完成 TLB 模块的设计和 RTL 编写，记为 tlb.v，该模块需要命名为“tlb”，输入 / 输出端口参见 9.2 节。将 tlb.v 文件放入 mycpu_env/myCPU/ 目录下。

2）进入 mycpu_env/module_verify/tlb_verify/run_vivado/tlb_prj/ 目录下启动验证 tlb 的工程。如果该目录下尚未创建工程，请参照附录 D.2 节介绍的步骤，利用该目录下的 create_project.tcl 文件创建工程。如需要，请参考附录 D.4 节进行 IP 核升级。

3）在验证 tlb 模块的工程中运行仿真（进入仿真界面后，直接点击 run all），进行功能验证与调试，直至仿真测试通过。

4）在验证 tlb 模块的工程中综合实现后生成二进制码流文件，进行上板验证。（如果无硬件实验平台，请跳过该步骤。）

9.5.1.1 仿真验证结果判断

在仿真时，会有 16 次写、16 次读以及 26 次查操作，所有操作都完成后会打印 PASS，如下所示：

```
[    2705 ns] OK!!!write
… … … …
==========================================================
Test end!
----PASS!!!
```

如果仿真中发现错误，请进行调试。这时需要观察 TLB 接口的访问，了解该次请求的效果，然后查看 TLB 的读出数据是否与预期效果相同。

9.5.1.2 上板验证结果判断

正确的上板运行效果如图 9.1 所示。

图 9.1 TLB 上板验证正确的效果图

第一阶段上板运行时，应看到数码管发生如下变化：

1）首先是写操作（W），最右侧的数码管会从 0x00 累加到 0x0f，此后最右侧那个单色 LED 灯亮起，表示写操作完成。

2）之后是同时进行读操作和查找操作，相应的数码管也会开始累加：

- 对于读操作（R），会进行 16 次读，次右侧的数码管会从 0x00 累加到 0x0f。
- 对于 0 号查找操作（S0），会进行 13 次查找（查偶数次请求），次左侧的数码管会以步长 2 从 0x00 加到 0x18，也就是 0、2、4、……、0x18。
- 对于 1 号查找操作（S1），会进行 13 次查找（查奇数次请求），最左侧的数码管会以步长 2 从 0x01 加到 0x19，也就是 1、3、5、……、0x19。

3）第 2 步中的累加完成后，LED 的右侧三个灯全部亮起，表明测试完成。此时正确的数码管显示是 0x19180f0f。如果数码管停在其他数值上，表示上板失败。

9.5.2 实践任务 18：添加 TLB 相关指令和 CSR

本实践任务要求在实践任务 16 和实践任务 17 的基础上完成以下工作：

1）将实践任务 17 完成的 TLB 模块集成到实践任务 16 完成的 CPU 中。

2）在 CPU 中增加 TLBSRCH、TLBRD、TLBWR、TLBFILL、INVTLB 指令。

3）在 CPU 中增加 TLBIDX、TLBEHI、TLBELO0、TLBELO1、ASID、TLBRENTRY CSR。

4）在采用 AXI 总线的 SoC 验证环境里完成 exp18 对应 func 的功能验证，要求成功通过仿真和上板验证。

请参照 2.3.1 节中介绍的方式获取本次实践任务所需的实验开发环境。具体的实验环境仍位于 mycpu_env/ 目录下，且仍使用 soc_axi/ 子目录。

实验环境准备就绪后，请参考下列步骤完成本实践任务：

1）将所实现 CPU 的代码更新至 mycpu_env/myCPU/ 目录中。

2）修改 func 配置文件——mycpu_env/func/include/test_config.h，选择 exp18 的配置，编译。（如果是通过压缩包 exp18.zip 获取实验开发环境的，请跳过该步骤。）

3）打开 gettrace 工程——mycpu_env/gettrace/gettrace.xpr。（该 Vivado 工程中的 IP 核是使用 Vivado 2019.2 创建的，如果使用更高版本的 Vivado 打开，请参考附录 D.4 节进行 IP 核升级。）运行 gettrace 工程的仿真（进入仿真界面后，直接点击 run all 等待仿真运行完成），生成新的参考 trace 文件 golden_trace.txt（mycpu_env/gettrace/golden_trace.txt）。要等仿真运行完成，golden_trace.txt 才有完整的内容。（如果是通过压缩包 exp18.zip 获取实验开发环境的，请跳过该步骤。）

4）进入 mycpu_env/soc_verify/soc_axi/run_vivado/ 目录下启动验证 myCPU 的工程。如果该目录下尚未创建工程，请参照附录 D.2 节介绍的步骤，利用该目录下的 create_project.tcl 文件创建工程。如需要，请参考附录 D.4 节进行 IP 核升级。如果该目录下已有前一实践任务创建过的工程，可以在打开工程后，参照附录 D.3 节介绍的步骤，更新项目中 CPU 实现文件的列表。

5）参考 4.4.5.2 节，对工程中的 axi_ram 重新定制。（如果是通过压缩包 exp18.zip 获取实验开发环境的，请跳过该步骤。）

6）在验证 myCPU 的工程中运行仿真（进入仿真界面后，直接点击 run all），进行功能验证与调试，直至仿真测试通过。

7）在验证 myCPU 的工程中综合实现后生成二进制码流文件，进行上板验证。（如果无硬件实验平台，请跳过该步骤。）

9.5.3 实践任务 19：添加 TLB 相关异常支持

本实践任务要求在实践任务 18 所实现 CPU 的基础上完成以下工作：

1）为 CPU 增加 TLB 相关异常：TLB 重填异常、load/store/ 取指操作页无效异常、页修改异常、页特权等级不合规异常。

2）在 CPU 中增加 DMW CSR。

3）为 CPU 增加虚实地址映射的功能。

4）在采用 AXI 总线的 SoC 验证环境里完成 exp19 对应 func 的功能验证，要求成功通过仿真和上板验证。

请参照 2.3.1 节中介绍的方式获取本次实践任务所需的实验开发环境。具体的实验环境仍位于 mycpu_env/ 目录下，且仍使用 soc_axi/ 子目录。

实验环境准备就绪后，请参考下列步骤完成本实践任务：

1）将所实现 CPU 的代码更新至 mycpu_env/myCPU/ 目录中。

2）修改 func 配置文件——mycpu_env/func/include/test_config.h，选择 exp19 的配置，编译。（如果是通过压缩包 exp19.zip 获取实验开发环境的，请跳过该步骤。）

3）打开 gettrace 工程——mycpu_env/gettrace/gettrace.xpr。（该 Vivado 工程中的 IP 核是使用 Vivado 2019.2 创建的，如果使用更高版本的 Vivado 打开，请参考附录 D.4 节进行 IP 核升级。）运行 gettrace 工程的仿真（进入仿真界面后，直接点击 run all 等待仿真运行完成），生成新的参考 trace 文件 golden_trace.txt（mycpu_env/gettrace/golden_trace.txt）。要等仿真运行完成，golden_trace.txt 才有完整的内容。（如果是通过压缩包 exp19.zip 获取实验开发环境的，请跳过该步骤。）

4）进入 mycpu_env/soc_verify/soc_axi/run_vivado/ 目录下启动验证 myCPU 的工程。如果该目录下尚未创建工程，请参照附录 D.2 节介绍的步骤，利用该目录下的 create_project.tcl 文件创建工程。如需要，请参考附录 D.4 节进行 IP 核升级。如果该目录下已有前一实践任务创建过的工程，可以在打开工程后，参照附录 D.3 节介绍的步骤，更新项目中 CPU 实现文件的列表。

5）参考 4.4.5.2 节，对工程中的 axi_ram 重新定制。（如果是通过压缩包 exp19.zip 获取实验开发环境的，请跳过该步骤。）

6）在验证 myCPU 的工程中运行仿真（进入仿真界面后，直接点击 run all），进行功能验证与调试，直至仿真测试通过。

7）在验证 myCPU 的工程中综合实现后生成二进制码流文件，进行上板验证。（如果无硬件实验平台，请跳过该步骤。）

C H A P T E R 10

第10章 Cache设计

细心的读者应该会发现，自从我们给CPU添加AXI总线接口并去除指令RAM和数据RAM之后，它的运行效率就大打折扣了，运行同样的程序需要花费更多的执行周期。那么，去除指令RAM和数据RAM是不是一种设计倒退呢？其实不然，指令RAM和数据RAM的使用要求软件人员明确掌握物理内存的容量、起始地址，增加了软件开发难度。目前，这种硬件架构仅在那些对成本、功耗或执行延迟的确定性极为敏感的低端嵌入式领域广泛使用。这些应用领域还有一个特点是软件规模不大、程序行为相对确定，否则没有虚拟化存储管理对于应用开发来说就是“灾难”。不过，纵然指令RAM和数据RAM有这样的不足，但是性能问题也是要解决的。我们的解决思路是增加Cache（高速缓存）。

本章我们将进入最后一个设计阶段——为CPU添加Cache。这是一项很有挑战性的工作，因为围绕Cache的设计优化技术太多，导致Cache设计的复杂度的变化范围很大。在本章中，我们会把Cache的设计复杂度控制在入门级水平，兼顾性能。在Cache实现规格的细节参数上，我们也会给出一整套明确的设定。不过，读者可以放心的是，我们所选取的参数具有代表性，大多数参数即使需要调整，也只是1和2的区别，而不是从0到1的跨越。在具体实施步骤上，我们分成四个阶段：

- **阶段一**：设计Cache模块。
- **阶段二**：将Cache模块作为ICache（指令Cache）集成到CPU中，完成与CPU取指的配合、调整，并完成总线接口模块的设计调整。
- **阶段三**：将Cache模块作为DCache（数据Cache）集成到CPU中，完成与CPU访存的配合、调整，并完成总线接口模块的设计调整。
- **阶段四**：实现对Cache指令的支持。

在开始学习之前，请确保已经认真学习了《计算机体系结构基础》（第3版）中

9.5.4 节或其他文献中关于 Cache 基本概念的内容。

【本章学习目标】

- ❑ 理解 Cache 的组织结构和工作机理。
- ❑ 理解 LoongArch 架构中的 Cache 相关控制状态寄存器和指令。
- ❑ 掌握在流水线 CPU 中添加 Cache 支持的方法。

【本章实践目标】

本章有四个实践任务（见 10.4 节）。读者可以在学习本章内容的基础上完成这些任务，两者之间的对应关系如下：

- ❑ 10.1 节的内容对应实践任务 20（10.4.1 节）。
- ❑ 10.2 节的内容对应实践任务 21（10.4.2 节）和实践任务 22（10.4.3 节）。
- ❑ 10.3 节的内容对应实践任务 23（10.4.4 节）。

10.1 Cache 模块的设计

10.1.1 Cache 的设计规格

首先我们来明确一下与 Cache 模块相关的主要设计规格，避免因为后续的讨论过于宏观而无法具体到细节。这些设计规格包括以下方面：

1）CPU 内部集成一个指令 Cache 和一个数据 Cache。

2）指令 Cache 和数据 Cache 的容量均为 8KB，均为两路组相联，Cache 行大小均为 16B。

3）指令 Cache 和数据 Cache 采用 Tag 和 Data 同步访问的形式。

4）指令 Cache 和数据 Cache 均采用“虚 Index 实 Tag”（VIPT）的访问形式。

5）指令 Cache 和数据 Cache 均采用伪随机替换算法。

6）数据 Cache 采用写回写分配的策略。

7）指令 Cache 和数据 Cache 均采用阻塞式（Blocking）设计，即一旦发生 Cache Miss（未命中，也称“缺失”），则阻塞后续访问直至数据填回 Cache 中。

8）Cache 不采用“关键字优先”技术。

我们解释一下制定上述设计规格的初衷。

- 设计一个指令 Cache 和一个数据 Cache 是为了保证流水线能够满负荷运转。

- 指令 Cache 和数据 Cache 各方面规格相同，是为了确保即使不把 Cache 模块写成可参数化配置的，也可以通过将所定义的 Cache 模块实例化两份来分别用于实现指令 Cache 和数据 Cache，减轻代码开发和调试的工作量。
- 采用两路组相联的设计规格，是因为直接映射过于简单，后期若想调整成多路组相联就需要做较大幅度的调整，而两路组相联在多路组相联结构中复杂度最低且具有代表性。
- 将每一路 Cache 的容量定义为 4KB 是为了在采用 VIPT 访问方式的同时规避 Cache 别名问题[㊀]。
- Cache 行大小定为 16B 主要是为了把 Cache Data 部分的分体数目控制在适中的规模，因此并没有采用目前商用处理器中常见的 64B 大小。
- Cache 采用 Tag 和 Data 同步访问的形式是为了降低 Cache 命中情况下的执行周期数，否则在 Tag 和 Data 串行访问方式下，读一个数最快也需要 3 个周期。然而，现有 CPU 中访问指令 RAM 和数据 RAM 都只需要两个周期，3 个周期的访问延迟需要对 CPU 流水线进行较大幅度的设计调整。
- Cache 采用 VIPT 可以将 TLB 的查找与 Cache 的访问并行进行，从而提升 CPU 的频率。
- Cache 采用伪随机替换算法是因为这是最简单实用的 Cache 替换算法。LRU 算法虽然平均性能更佳，但涉及 LRU 信息的维护问题，会增加设计的复杂度。
- 数据 Cache 采用写回写分配，是因为这样写操作在发生 Cache 缺失时的处理流程和读操作发生 Cache 缺失时的处理流程几乎是一样的，从而简化控制逻辑的设计。
- Cache 采用阻塞式设计，主要是因为目前我们实现的是一个静态顺序执行的流水线，即使 Cache 设计成非阻塞式也不会带来多少整体的性能提升。
- Cache 不采用“关键字优先”技术，可以降低与 AXI 总线交互的复杂度。

根据以上设计规格，我们可以计算 Cache 缓存容量如下：

$$\text{Cache 容量} = \text{路数} \times \text{路大小} = 2 \times 4\text{KB} = 8\text{KB}$$

通过上述计算得到的容量是其可缓存数据的大小，并不是实际实现该 Cache 所使用的 RAM 的总大小。实际实现所需 RAM 的大小还应该考虑 Cache 的 Tag、Dirty 等域。

根据以上设计规格，我们可以计算地址相关的 Tag、Index 和 Offset 的位数。

㊀ Cache 别名问题就是多个虚拟地址对应同一物理地址，但这些虚拟地址可能在 Cache 里各有一份数据，这就导致 Cache 里有同一物理地址的多个备份。感兴趣的读者可以自行查找相关资料了解一下。

- Offset：Cache 行内偏移。宽度为 $\log_2$（Cache 行大小），也就是 4 位。
- Index：Cache 组索引。宽度为 $\log_2$（路大小）–4，也就是 8 位。
- Tag：Cache 行的 Tag 域。宽度为物理地址宽度 –$\log_2$（路大小），也就是 20 位。

因此，对 Cache 进行访问时，使用虚拟地址 [31:0] 中的 [11:4] 作为 Index 索引，使用物理地址的高 20 位（[31:12]）作为 TAG 进行比较。地址划分形式如图 10.1 所示。

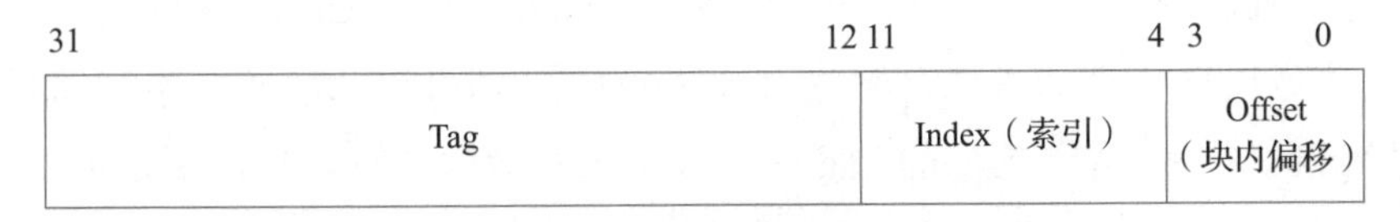

图 10.1 Cache 访问地址的域划分

10.1.2 Cache 模块的数据通路设计

10.1.2.1 读、写操作访问 Cache 的执行过程

在设计 Cache 模块的数据通路之前，我们再回顾一下读、写操作访问 Cache 的执行过程。先来看一个读操作。

第一拍：将请求中虚地址的 [11:4] 位作为索引值送往 Cache，对两路 Cache 中对应同一索引的两个 Cache 行发起读请求。与此同时，将读操作的虚拟地址送往 MMU 逻辑进行虚实地址转换，此时物理地址来自虚拟地址的组合逻辑运算结果，需要将物理地址使用触发器（reg 型变量）寄存下来供第二拍使用。

第二拍：得到 Cache RAM 读出的两个 Cache 行的 Tag 信息（我们要求 Cache RAM 是单周期返回的同步 RAM），将其与锁存下来的物理地址的 [31:12] 进行相等比较。如果某个 Cache 行的 Tag 比较相等，且该 Cache 行的有效位 V 等于 1，则表示访问命中在这个 Cache 行上。在进行 Tag 比较的同时，可以根据锁存下来的虚地址的 [3:2] 位对两个 Cache 行的 Data 信息进行选择，得到访问所在的 32 位数据[⊖]。最终根据 Tag 比较结果将命中的那一路的 32 位数据返回。如果没有命中的 Cache 行，则需要通过总线接口向外发起访存请求，等访存结果返回 Cache 模块后，从返回结果中取出访问所在的 32 位数据，将其返回。

再来看写操作。

⊖ 根据我们目前实现的指令，所有 Cache 读操作访问的数据对象一定不超一个起始地址 4 字节边界对齐的 32 位数据范围。

写操作前面的步骤与读操作基本一致，区别仅在于写操作开始时可以不读取Cache的Data信息。它只需要读取两个Cache行中的Tag、V信息来判断Cache是否命中。如果Cache命中，则生成要写入的index、路号、offset、写使能（写32位数据里的哪些字节）并将写数据传入Write Buffer。在下一拍，由Write Buffer向Cache发出写请求，将Write Buffer里缓存的数据写入命中的那个Cache行的对应位置上，同时将这一Cache行的脏位D置为1。之所以在写命中Cache和写入Cache之间引入一个Write Buffer，是出于时序方面的考虑，避免引入RAM输出端到RAM输入端的路径：Cache命中信息来自Cache RAM读出的Tag的比较结果，命中的写操作需要根据Tag的比较结果来生成写Cache里的那个路径。如果命中时直接写，就引入了Cache RAM的Tag读出到Cache RAM的Data写使能这一路径。如果Cache缺失，由于是写回写分配的Cache，因此要像读操作发生Cache缺失那样，先通过总线向外发起访存请求，然后等访存结果返回Cache模块，最后将store要写的数据和内存重填的数据拼合在一起，一并写入Cache中。

读、写操作中都涉及Cache缺失情况下的处理。为了行文简洁，上面的描述对这个问题的处理只是做了简要说明，其实这个过程也分为多个步骤：

第一步，将Cache缺失的地址以及操作类型（如果是写操作，还要记录写数据）记录下来。

第二步，通过AXI总线接口模块向外发起对缺失Cache行的访问。这个访问的地址是缺失Cache行的起始地址，大小是一个Cache行。

第三步，在等待读请求数据返回的过程中（或者在第二步的同时），根据替换算法从Cache缺失地址对应index的两个Cache行中选择一个，将其整个读出。如果发现该Cache行的V=1且D=1，意味着这是一个有着有效脏数据的Cache行，那么需要将这个Cache行的数据通过AXI总线接口模块写出去；否则，不用做任何额外的操作，这意味着把这个Cache行的数据直接丢弃。这一步还要将选择了哪一路记录下来。

第四步，待缺失请求的数据从总线返回后，生成将要填入Cache的Cache行信息，其中Cache行的V置为1，Tag信息来自之前保存的Cache缺失的地址。如果这个Cache缺失请求是写操作引起的，那么Cache行的D置为1，Data信息是store操作待写入值部分覆盖总线返回数据之后所形成的新数据；否则D置为0，Data信息仅来自总线返回的数据。

第五步，将这个Cache行信息填入之前第三步所记录下来的那个位置。

10.1.2.2　Cache 表的组织管理

从前面介绍的访问 Cache 的执行过程中，可以得知数据通路的主体是 Cache。我们从功能逻辑角度出发，可以把每一路 Cache 理解为一张二维表，这方面的内容可以参考《计算机体系结构基础》(第 3 版）的图 9.25c。虽然几乎所有组成原理、体系结构的教材和资料中都采用这种画法，但是这种画法离具体实现还有一些差距。这个差距是初学者设计实现 Cache 时的第一个障碍，下面我们来捅破这层“窗户纸”。

我们先按照 Cache 行中的信息，把原本的一张表拆分成多张表。比如，对于我们现在所要实现的 Cache 规格，就有两张 256 项 ×20 位的 Tag 表、两张 256 项 ×1 位的 V 表、两张 256 项 ×1 位的 D 表，以及两张 256 项 ×128 位的 Data 表。之所以所有的表都是两张，是因为每一张对应 Cache 的一路。Cache 第 0 路的所有表的第 0 项构成了第 0 路 Cache 的 index=0 的 Cache 行，所有表的第 1 项对应 Cache 的 index=1 的 Cache 行，以此类推。所有 Cache 模块的操作分解之后，落实到这些表上的只有读和写。我们接下来分析每张表要支持几个读、几个写，以及读和写请求的来源。

我们依据在读、写操作访问 Cache 执行过程中所属的不同阶段，将对 Cache 模块进行的访问归纳为四种：Look Up、Hit Write、Replace 和 Refill。下面给出四种访问的定义。

- Look Up：判断是否在 Cache 中，根据命中信息选取 Data 部分的内容[㊀]。
- Hit Write：命中的写操作会进入 Write Buffer，随后将数据写入命中 Cache 行的对应位置。
- Replace：为了给 Refill 的数据空出位置而发起的读取一个 Cache 行的操作。
- Refill：将内存返回的数据（以及 store 缺失待写入的数据）填入 Replace 空出的位置上。

我们将这四种访问对 Cache 中各个部分的访问行为进行分析，得到表 10.1 所示的结果。

表 10.1　不同 Cache 访问对 Cache 各部分的访问行为

	Look Up	Hit Write	Replace	Refill
Tag	读所有路	—	读待替换路	更新待替换路
V	读所有路	—	读待替换路	更新待替换路
Data	读所有路的局部	更新命中路的局部	读待替换路的全部	更新待替换路的全部
D	—	更新命中路	读待替换路	更新待替换路

㊀ 尽管写操作不需要读 Data 的数据，但是读了也没有副作用。

从表10.1我们观察到，对Tag和V而言，所有Cache访问对两者的操作是完全一致的，于是一个很自然的想法就是将Tag表和V表横向拼接成一张表，我们称之为{Tag, V}表，其规格为256项 × 21位，每一项的[20:1]对应Tag信息，[0]对应V信息。

再进一步分析，我们知道Replace和Refill不会同时发生，这意味着对所有表而言，Replace的读和Refill的写不会同时发生。又因为我们设计的是阻塞式Cache，所以进行Replace和Refill操作的时候不接收新的访问请求，自然不会有Cache命中的store，这意味着对所有表而言，Replace、Refill的读、写操作不会和Look Up、Hit Write的读、写同时发生。又由于Hit Write不访问{Tag, V}表，因此对于{Tag, V}表而言，同一时刻它至多接收一个读请求或写请求；而由于Look Up不访问D表，因此对于D表而言，同一时刻它至多接收一个读请求或写请求。

Data表的情况略有些复杂。因为来自一个读操作的Look Up和来自一个写操作的Hit Write可能同时发生。一种直接的解决思路是，让Data表同时支持一个读请求和一个写请求。这种方法在设计上最简单，性能也最好，但是支持同拍一读一写的底层电路实现在面积和延迟方面都不太好。另一种直接的解决思路是，只要发生Hit Write就阻塞读操作的Look Up，这样Data表同一时刻至多接收一个读请求或一个写请求。这种方法是走向另一个极端：牺牲了可观的性能来换取电路面积和延迟的低开销。再想一想，我们会发现Look Up和Hit Write对Data表的访问都是“局部”的，就目前实现的指令而言，这个“局部”不超过一个起始地址4字节边界对齐的字。如果我们把Data表横向拆分成四等份，每一份子表为256项 ×32比特，称为Bank表，同一时刻至多接收一个读或写请求。如果同一时刻发生的Look Up和Hit Write落在不同Bank表上，则两个请求可以同时被接收并执行。当然，如果同一时刻发生的Look Up和Hit Write落在同一张Bank表的话，我们还是只能用阻塞Look Up请求的方式来解决。不过这种情况出现的概率已经比Look Up和Hit Write同时发生的概率低了不少，所以性能损失没有前面说的第二种方法大。为了支持SB、SH之类的写操作，Bank表的写粒度要精细到字节。

通过上述分析过程，我们最终将Cache从逻辑结构上组织成一个12张表的集合，如图10.2所示。

到目前为止，我们设计的是Cache的逻辑组织结构。这意味着我们还要进一步明确这些逻辑上的表与底层电路实现之间的关系。既然是存储信息的表，电路上肯定要用存储器件来实现，通常是用Regfile或RAM来实现。我们常用的设计指导思想是，容量大

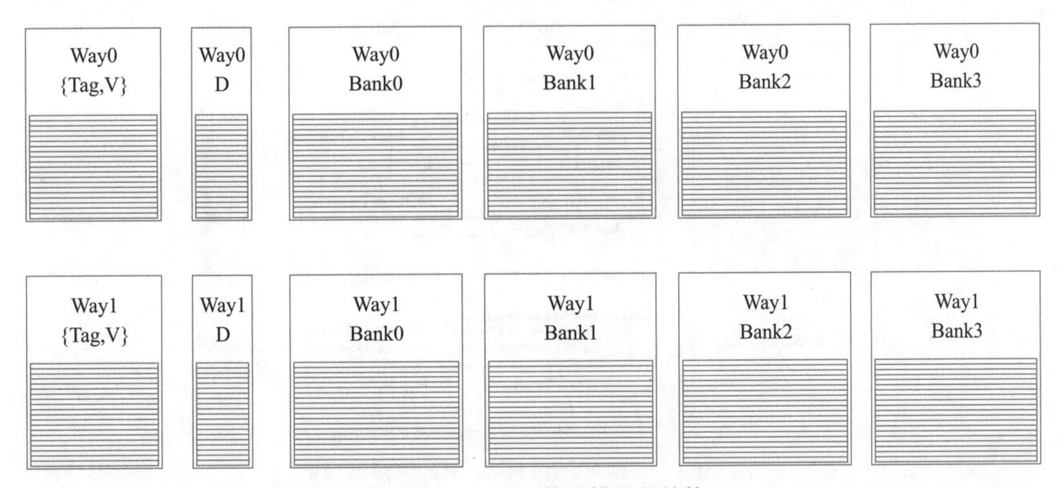

图 10.2 Cache 的逻辑组织结构

的表（如 Bank 表）用 RAM 实现，容量小的表（如 D 表）用 Regfile 实现。除了确定底层实现的电路形态，我们还要确定逻辑表和 Regfile 或 RAM 之间的映射关系。最简单的办法是采用一一映射关系。举例来说，Way0 的 Bank0 表的规格是 256 项 ×32 位，支持最多一个读或一个写，写粒度精细到字节。那么，我们就实例化一个深度为 256、宽度为 32 位、单端口、支持字节写使能的 RAM。当然，我们进一步推荐用 Block RAM 而非 Distributed RAM，这种方案在面积、时序上的效果都更好。需要向各位读者说明的是，对于 Cache 而言，逻辑表和 Regfile 或 RAM 之间的映射关系并非只能是一一映射。比如，两个 D 表可以合并映射到一个规格为 256×2 的 Regfile，Way0 和 Way1 相同序号的 Bank 表也可以合并映射到一个规格为 256×64 的 RAM。初次实现时，我们建议读者采用最简单的一一映射关系，若有余力，再尝试其他可行的映射方式。

最后，需要提醒大家的是，本章的实践任务要求大家自行定制 Cache 需要的各个规格的 RAM。根据以上分析，我们确定需要定制的 RAM 规格有：

- TAGV RAM：选用 RAM 256×21（深度 × 宽度），共实例化 2 块。
- DATA Bank RAM：选用 RAM 256×32（深度 × 宽度），共实例化 8 块。

可以参考附录 D.1 节内容定制以上规格的同步 RAM，但是要注意 DATA Bank RAM 需要开启字节写使能。同时，对于所有定制的同步 RAM，注意不要勾选“Primitives Output Register”和“Core Output Register”，否则该 RAM 不再是单周期返回了，如图 10.3 所示。

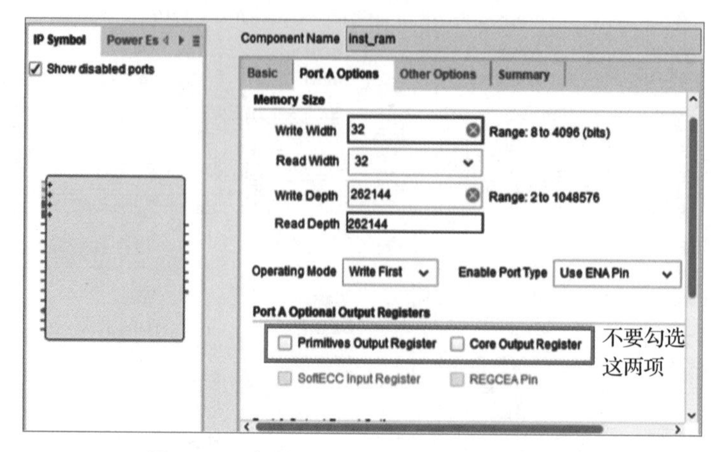

图 10.3 定制 Cache RAM 时的注意事项

10.1.2.3 Cache 模块功能边界划分

除了 Cache 表中必须要实现的数据通路，Cache 模块内部还需要实现哪些数据通路取决于我们将整个读、写操作访问 Cache 的执行过程中余下的哪些功能放在 Cache 模块内实现、哪些功能放在其他模块实现。因此，我们有必要先划分出功能边界。

如前所述，我们倾向于 Cache 与 CPU 流水线之间的功能边界划分与现有“类 SRAM-AXI”转接桥和 CPU 流水线之间的功能边界划分保持一致。简单来说，就是 CPU 流水线向 Cache 模块发送请求，Cache 模块给 CPU 流水线返回数据或是写成功的响应。显然，这样划分之后，CPU 流水线基本上不需要进行更改。此外，因为目前采用的是 VIPT 的 Cache 访问方式，所以还需要 CPU 中的 TLB 模块将转换后的物理地址送到 Cache 模块中，Cache 模块将该物理地址寄存一拍，然后用于 Cache Tag 比较。

比如，我们可以将 Cache 模块与 CPU 流水线的交互接口按照表 10.2 定义。

表 10.2 Cache 模块与 CPU 流水线的交互接口

名称	位宽	方向	含义
valid	1	IN	表明请求有效
op	1	IN	1：WRITE。0：READ
index	8	IN	地址的 index 域（addr[11:4]）
tag	20	IN	经虚实地址转换后的 paddr 形成的 tag，由于来自组合逻辑运算，故与 index 是同拍信号
offset	4	IN	地址的 offset 域（addr[3:0]）
wstrb	4	IN	写字节使能信号

（续）

名称	位宽	方向	含义
wdata	32	IN	写数据
addr_ok	1	OUT	该次请求的地址传输 OK。读：地址被接收。写：地址和数据被接收
data_ok	1	OUT	该次请求的数据传输 OK。读：数据返回。写：数据写入完成
rdata	32	OUT	读 Cache 的结果

接下来，我们要考虑 Cache 模块通过 AXI 总线接口访存的这些功能如何划分。最极端的划分方式是把所有功能都放到 Cache 模块中。你可以认为这是把现有“类 SRAM-AXI”转接桥整个替换为新的 Cache 模块。不过，既然名字为 Cache 模块，里面又包含大量 AXI 协议处理的逻辑，显然这不是一种合适的模块划分方式。就算换个名字，比如改为 cache_mem_module，这个模块内部的功能也确实太多了。因此，我们建议保留一个内部访存总线到 AXI 总线的接口转换模块。这个转换模块对 CPU 内部有多个端口，对 CPU 外部只有一个 AXI 总线接口。我们把多个请求之间的仲裁、AXI 协议的处理都放到这个模块中，这样 Cache 模块与这个 AXI 总线接口模块之间的功能划分仍然是简洁的。Cache 模块向 AXI 总线接口发请求，AXI 总线接口模块返回数据或响应。

基于上面的划分，Cache 模块向 AXI 总线接口模块发送的请求中的地址、操作类型、长度等信息的交互就容易设计了，这些信息都很短，在一拍之内交互完毕即可。需要重点考虑的是读或者写的数据如何交互。因为 Cache 行有 16 字节，我们希望在 AXI 总线上采用突发（Burst）访问模式来进行读写访问，这样可以尽可能减少请求通道上的交互开销。那么问题是，Cache 模块和 AXI 总线接口模块之间的数据交互是否也需要定义类似的 Burst 传输模式，还是两者在一拍之内把 16 字节交互完毕？这里的选择取决于我们设计的出发点。我们觉得，对于本书的学习目标来说，首要任务是保证功能，其次是性能过关，有条件的话再考虑一些功耗方面的优化。因此，我们给出的设计建议是：对于读操作，AXI 总线接口模块每个周期至多给 Cache 模块返回 32 位数据，Cache 模块将返回的数据填入 Cache 的 Bank RAM 中或者直接将其返回给 CPU 流水线；对于写操作，Cache 模块在一个周期内直接将一个 Cache 行的数据传给 AXI 总线接口模块，AXI 总线接口模块内部设一个 16 字节的写缓存保存这些数，然后再慢慢地以 Burst 方式发出去。

于是，我们可以将 Cache 模块与 AXI 总线接口模块之间的接口按表 10.3 定义。

表 10.3 Cache 模块与 AXI 总线的交互接口

名称	位宽	方向	含义
rd_req	1	OUT	读请求有效信号。高电平有效
rd_type	3	OUT	读请求类型。3'b000——字节，3'b001——半字，3'b010——字，3'b100——Cache 行
rd_addr	32	OUT	读请求起始地址
rd_rdy	1	IN	读请求能否被接收的握手信号。高电平有效
ret_valid	1	IN	返回数据有效信号。高电平有效
ret_last	2	IN	返回数据是一次读请求对应的最后一个返回数据
ret_data	32	IN	读返回数据
wr_req	1	OUT	写请求有效信号。高电平有效
wr_type	3	OUT	写请求类型。3'b000——字节，3'b001——半字，3'b010——字，3'b100——Cache 行
wr_addr	32	OUT	写请求起始地址
wr_wstrb	4	OUT	写操作的字节掩码。仅在写请求类型为 3'b000、3'b001、3'b010 情况下才有意义
wr_data	128	OUT	写数据
wr_rdy	1	IN	写请求能否被接收的握手信号。高电平有效。此处要求 wr_rdy 要先于 wr_req 置起，wr_req 看到 wr_rdy 后才可能置上。所以 wr_rdy 的生成不要组合逻辑依赖 wr_req，它应该是当 AXI 总线接口内部的 16 字节写缓存为空时就置上

在表 10.3 定义的信号中，之所以还要考虑字节、半字、字的访问是为了支持 Uncache 访问。我们会在后面 10.2 节中再具体解释这个问题。

上述接口定义好之后，大家还要对现有的类 SRAM-AXI 总线转接桥模块进行相应调整。请注意，此时该模块对内是两组读接口、一组写接口，第一组是指令 Cache 的 rd_* 和 ret_*，第二组是数据 Cache 的 rd_* 和 ret_*，第三组是数据 Cache 的 wr_*。虽然接口看上去多了一组，但整个转接桥内部的数据通路并不需要进行大的调整。

10.1.2.4 Cache 模块内除 Cache 表之外的数据通路

划分好 Cache 模块与外界的功能边界之后，我们就可以把 Cache 模块内部余下的数据通路的设计确定下来。在前一小节的讨论中，我们将对 Cache 模块的访问归纳为四种：Look Up、Hit Write、Replace 和 Refill。我们设计的是阻塞式 Cache，所以 Look Up 和 Replace & Refill 可以复用一些数据通路，它们的核心部分是 Request Buffer、Tag Compare、Data Select、Miss Buffer 和 LFSR。Hit Write 是游离于 Look Up 和 Replace & Refill 之外的单独访问，其核心部分是 Write Buffer。

Request Buffer 负责将表 10.2 中定义的 op、index、tag、offset、wstrb、wdata 等信息锁存下来。由于 RAM 读访问会跨越两拍，因此 Request Buffer 的输出与 RAM 读出

的 Tag、Data 等信息处于同一拍。在我们设计的阻塞式 Cache 中，Request Buffer 既维护了 Tag 比较时需要的信息，又维护了缺失处理时需要的信息。

Tag Compare 数据通路是将每一路 Cache 中读出的 Tag 和 Request Buffer 寄存下来的 tag（记为 reg_tag）进行相等比较，生成是否命中的结果（此处未考虑 Uncache 情况，如果是 Uncache，一定不要命中）。其 Verilog 代码示意如下：

```
assign way0_hit = way0_v && (way0_tag == reg_tag);
assign way1_hit = way1_v && (way1_tag == reg_tag);
assign cache_hit = way0_hit || way1_hit;
```

Data Select 数据通路是对两路 Cache 中读出的 Data 信息进行选择，得到各种访问操作需要的结果。对应命中的读 Load 操作，首先用地址的 [3:2] 从每一路 Cache 读出的 Data 数据中选择一个字，然后根据 Cache 命中的结果从两个字中选择出 Load 的结果（此处未考虑缺失情况，如果缺失，Load 的最终结果来自 AXI 接口的返回，因此这里应该是个三选一逻辑）。对应 Replace 操作，只需要根据替换算法决定的路信息，将读出的 Data 选择出来即可。其 Verilog 代码示意如下：

```
assign way0_load_word = way0_data[pa[3:2]*32 +: 32];
assign way1_load_word = way1_data[pa[3:2]*32 +: 32];
assign load_res = {32{way0_hit}} & way0_load_word
                | {32{way1_hit}} & way1_load_word;
      //如果考虑缺失，应该是三选一
assign replace_data = replace_way ? way1_data : way0_data;
```

Miss Buffer 用于记录缺失 Cache 行准备要替换的路信息，以及已经从 AXI 总线返回了几个 32 位数据。缺失处理时需要的地址、是否是 Store 指令等信息依然维护在 Request Buffer 中。

LFSR 是线性反馈移位寄存器（Linear Feedback Shift Register），我们采用伪随机替换算法，LFSR 会作为伪随机数源。

Write Buffer 是在 Hit Write（Store 操作在 Look Up 时发现命中 Cache）时启动的，它会寄存 Store 要写入的 way、bank、index、bank 内字节写使能和写数据，然后使用寄存后的值写入 Cache 中。

上面五个核心部分设计完毕之后，我们回过头来看 Cache 表的输入生成逻辑。由于每个表都采用单端口的 Regfile 或 RAM 实现，但是每个表的访问地址、写数据和写字节使能可能来自多个地方，因此要通过多路选择器进行选择之后，再连接到 Regfile 或 RAM 的输入端口上。表 10.4 简单总结了这些端口的地址和数据生成来源。具体如何从这些来源生成相关的信息，可以根据 10.1 节中介绍的访问 Cache 的执行过程推导出来。

这个推导并不复杂，请读者自行完成。

表 10.4　Cache RAM 的地址和数据生成来源

		Look Up	Hit Write	Replace	Refill
{Tag, V}	地址	模块输入端口	—	Request Buffer & LFSR	Request Buffer & Miss Buffer
	写数据	—	—	—	Request Buffer
D	地址	—	Write Buffer	Request Buffer & LFSR	Request Buffer & Miss Buffer
	写数据	—	Write Buffer	—	Request Buffer
Data	地址	模块输入端口	Write Buffer	Request Buffer & LFSR	Request Buffer & Miss Buffer
	字节写使能	—	Write Buffer	—	Miss Buffer
	写数据	—	Write Buffer	—	模块输入端口

10.1.3　Cache 模块内部的控制逻辑设计

10.1.3.1　Cache 模块自身的状态机设计

由于操作可能发生 Cache 缺失，发生之后还要对 AXI 发出读请求并对 Cache RAM 发起 Replace 和 Refill，因此我们需要引入状态机来控制这一系列操作。由于我们实现的是一个阻塞式的 Cache，Cache 缺失的时候不会接收新的请求，因此 Look Up 和 Replace & Refill 处理可以共用一个状态机，称之为主状态机。另外，Hit Write 是游离于 Look Up 和 Replace & Refill 之外的单独访问，我们单独使用一个状态机维护，称之为 Write Buffer 状态机。

主状态机共包括 5 个状态，见图 10.4a。

- IDLE：Cache 模块当前没有任何操作。
- LOOKUP：Cache 模块当前正在执行一个操作且得到了它的查询结果。
- MISS：Cache 模块当前处理的操作 Cache 缺失，且正在等待 AXI 总线的 wr_rdy 信号。
- REPLACE：待替换的 Cache 行已经从 Cache 中读出，且正在等待 AXI 总线的 rd_rdy 信号。
- REFILL：Cache 缺失的访存请求已发出，准备 / 正在将缺失的 Cache 行数据写入 Cache 中。

Write Buffer 状态机共包括 2 个状态，见图 10.4b。

- IDLE：Write Buffer 当前没有待写的数据。
- WRITE：将待写数据写入到 Cache 中。在主状态机处于 LOOKUP 状态且发现 Store 操作命中 Cache 时，触发 Write Buffer 状态机进入 WRITE 状态，同时 Write Buffer 会寄存 Store 要写入的 index、路号、offset、写使能（写 32 位数据里的哪些字节）和写数据。

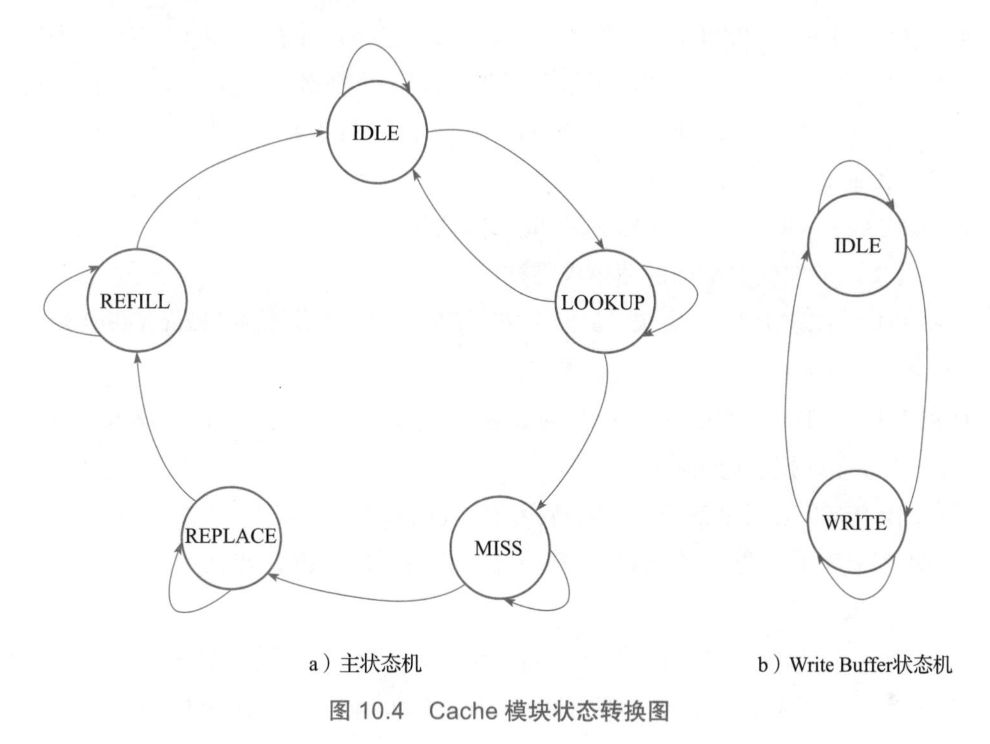

a）主状态机　　b）Write Buffer状态机

图 10.4 Cache 模块状态转换图

主状态机里各状态间的转换条件说明如下：

- IDLE→IDLE：这一拍，流水线没有新的 Cache 访问请求，或者有请求，但因该请求与 Hit Write 冲突而无法被 Cache 接收。
- IDLE→LOOKUP：这一拍，Cache 接收了流水线发来的一个新的 Cache 访问请求（必定与 Hit Write 无冲突）。
- LOOKUP→IDLE：当前处理的操作是 Cache 命中的，且这一拍流水线没有新的 Cache 访问请求，或者有请求但因该请求与 Hit Write 冲突而无法被 Cache 接收。
- LOOKUP→LOOKUP：当前处理的操作是 Cache 命中的，且这一拍 Cache 接收了流水线发来的一个新的 Cache 访问请求（必定与 Hit Write 无冲突）。
- LOOKUP→MISS：当前处理的操作是 Cache 缺失的。
- MISS→MISS：AXI 总线接口模块反馈回来的 wr_rdy 为 0（注意，wr_rdy 应当先于 wr_req 置上）。

- MISS→REPLACE：AXI总线接口模块反馈回来的wr_rdy为1（表示AXI总线内部16字节写缓存为空，可以接收wr_req）。当看到wr_rdy为1时，会对Cache发起替换的读请求，并转到REPLACE状态。
- REPLACE→REPLACE：AXI总线接口模块反馈回来的rd_rdy为0。刚进入REPLACE的第一拍，会得到被替换的Cache行数据，并发起wr_req送到AXI总线接口。由于wr_rdy为1，故wr_req一定会被接收。同时，对AXI总线发起缺失Cache的读请求。
- REPLACE→REFILL：AXI总线接口模块反馈回来的rd_rdy为1，表示对AXI总线发起的缺失Cache的读请求将被接收。
- REFILL→REFILL：缺失Cache行的最后一个32位数据（ret_valid=1&&ret_last=1）尚未返回。
- REFILL→IDLE：缺失Cache行的最后一个32位数据（ret_valid=1&&ret_last=1）从AXI总线接口模块返回。

Write Buffer状态机里各状态间的转换条件说明如下：

- IDLE→IDLE：这一拍，Write Buffer没有待写的数据，并且主状态机没有新的Hit Write。
- IDLE→WRITE：这一拍，Write Buffer没有待写的数据，并且主状态机发现新的Hit Write（主状态机处于LOOKUP状态且发现Store操作命中Cache）。
- WRITE→WRITE：这一拍，Write Buffer有待写的数据，并且主状态机发现新的Hit Write。
- WRITE→IDLE：这一拍，Write Buffer有待写的数据，并且主状态机没有新的Hit Write。

在主状态机的状态转换过程中，多次提到“与Hit Write有/无冲突”，这里的冲突分为两种情况：

1）主状态机处于LOOKUP状态且发现Store操作命中Cache，此时流水线发来一个新的Load类的Cache访问请求，并且该Load请求与LOOKUP状态的Store请求地址存在写后读相关。

2）Write Buffer状态机处于WRITE状态，也就是正在写入一个待写数据到Cache中，此时流水线发来一个新的Load类的Cache访问请求，并且该Load请求与Write Buffer里的待写请求的地址重叠。“地址重叠”是指Load请求地址的[3:2]与Store请求地址的[3:2]相等。

以上两种情况都可视为“与 Hit Write 冲突”。不过，第一种情况可以采用“ Write Buffer 前递给 LOOKUP”的方法解决，而不用阻塞主状态机的转换。为简单起见，这里推荐用阻塞方式解决。但是，第二种情况只能通过阻塞的方式解决，要么阻塞主状态机的转换，要么阻塞 Write Buffer 状态机的转换，显然以上给出的实现方法是阻塞主状态机的转换。读者应该会发现，对于“ Hit Write 冲突”，我们给出的解决方法牺牲了少许性能。

另外，需要提醒大家的是，**在主状态机“LOOKUP → LOOKUP”的转换中，要注意避免引入 RAM 输出端到 RAM 输入端的路径**。也就是说，主状态机发现一个命中的 Cache 访问，并且接收到一个新的 Cache 访问请求，此时要避免使用命中信息（来自 RAM 读出的 Tag 比较）控制新的 RAM 的读使能。我们的解决方法是：不管 LOOKUP 状态的请求是否命中 Cache，控制“ Hit Write 冲突”和新的 RAM 使能生成时应视为命中来考虑。显然，即使最后发现不命中，也不会导致错误。

最后，从主状态机“ MISS→REPLACE”的转换过程可以看出，在 MISS 状态，我们是在确保 AXI 总线接口可以接收被替换 Cache 行的写出的同时对 Cache RAM 发起替换 Cache 行的读请求。下一拍（REPLACE 状态）得到被替换出的 Cache 行数据，发送到 AXI 总线接口模块（此时一定可以被接收）。同时，可以对 AXI 总线发起对于缺失 Cache 行的读请求。做出以上设置，是因为我们总是无条件地将总线接口模块返回的数据直接写入 Cache 中，所以只有确认被写入位置的脏数据一定能够写回内存，这种无条件的写才是安全的。这里其实是通过牺牲一点性能降低了 Cache 模块和 AXI 总线接口模块在读返回通路上握手的复杂度。

此外，提醒各位读者，对于 ICache，我们可以将 wr_rdy 恒设为 1（此时 MISS 状态只会持续一拍），因为 ICache 不会真正发出 wr_req。

10.1.3.2 Cache 表的片选和写使能

所有 Cache 表的片选和写使能生成逻辑并不难，但需要细心。建议大家使用表 10.5 这样的表格来分析。

表 10.5 Cache RAM 的片选和写使能生成

		Look Up	Hit Write	Replace	Refill
{Tag, V}	片选	2 路	—	替换那一路	替换那一路
	写使能	2 路	—	—	替换那一路
D	片选	—	Write Buffer 记录的那一路	替换那一路	替换那一路
	写使能	—	Write Buffer 记录的那一路	—	替换那一路

（续）

		Look Up	Hit Write	Replace	Refill
Data	片选	2路，请求所在 Bank	Write Buffer 记录的那一路，请求所在 Bank	替换那一路，所有 Bank	替换那一路，所有 Bank
	写使能	—	Write Buffer 记录的那一路，请求所在 Bank	—	替换那一路，所有 Bank

10.1.3.3 Request/Miss Buffer 各个域的写使能

Request Buffer 中记录来自流水线方向的请求信息的域的写使能就是 Cache 模块状态机 IDLE→LOOKUP 和 LOOKUP→LOOKUP 两组状态转换发生条件的并集。

Miss Buffer 中记录缺失 Cache 行准备要替换的路信息（由 LFSR 生成替换的路号）的域的写使能就是 Cache 模块状态机 MISS → REPLACE 状态转换发生条件。

Miss Buffer 中记录已经从总线返回了几个数据的写使能，一方面来自 Cache 模块状态机 REPLACE→REFILL 状态转换发生条件（用于清 0），另一方面来自总线方向输入的 ret_valid。

10.1.3.4 模块接口输出的控制相关信号

我们只分析模块接口输出的控制相关信号置 1 的条件。

1）流水线方向的 addr_ok 信号。

- Cache 主状态机处于 IDLE。
- 或者，Cache 主状态机处于 LOOKUP，并将进行“LOOKUP→LOOKUP”的转变，具体分为：LOOKUP 发现 Cache 命中，流水线发送来的新的 Cache 请求是写操作；LOOKUP 发现 Cache 命中，且新的 Cache 请求是读操作且无“Hit Write 冲突”。

2）流水线方向的 data_ok 信号。

- Cache 当前状态为 LOOKUP 且 Cache 命中。
- 或者，Cache 当前状态为 LOOKUP 且处理的是写操作。
- 或者，Cache 当前状态为 REFILL 且 ret_valid=1，同时 Miss Buffer 中记录的返回字个数与 Cache 缺失地址的 [3:2] 相等。

3）AXI 接口方向的 rd_req 信号。

- 当 Cache 模块状态机处于 REPLACE 状态时，组合逻辑将 rd_req 置为 1。在非 REPLACE 状态，rd_req 自然为 0。

4）AXI 接口方向的 wr_req 信号。

- 设置一个触发器，复位期间清 0。Cache 模块状态机 MISS→REPLACE 状态转换发生条件将其置 1。随后，wr_rdy 为 1 将其从 1 清为 0。

10.1.4 Cache 的硬件初始化问题

在 LoongArch32 精简版指令集中，Cache 可以通过软件进行初始化。处理器复位结束之后，CSR.CRMD 的 DATF 和 DATM 域都是 0 值，此时取指和访存都是强序非缓存，软件可以使用 CACOP 指令将 Cache 的 Tag 部分置为 0 值。

在我们的实践任务中，出于实现工作量的考虑，将 CACOP 指令的实现放在 Cache 实验的最后一个阶段，这就引发了一个问题：在没有实现 CACOP 指令的时候，如何在上板验证时确保 Cache 被初始化过？于是在我们的实验场景下，要考虑 Cache 的硬件初始化问题。

Cache 初始化至少要把 Cache 中每一项的 Tag、V、D 的状态置为确定的无效值。由于 Tag、V 信息都存放在 RAM 中，因此该问题的解决方案是设计一个小的硬件电路，将存放 Cache Tag 和 V 信息的 RAM 的每一行写成全 0 值。还有一个偷懒的方法：利用实验中采用 FPGA 硬件平台这一特点来简化 Cache 硬件初始化的实现。读者可以在生成 Cache 所用的 RAM 的时候，选择将 RAM 初始化成全 0。具体来说，是在 RAM IP 生成对话框的“Other Options”标签下，勾选“Fill Remaining Memory Locations”，同时将初始值设为 0 值，如图 10.5 所示。

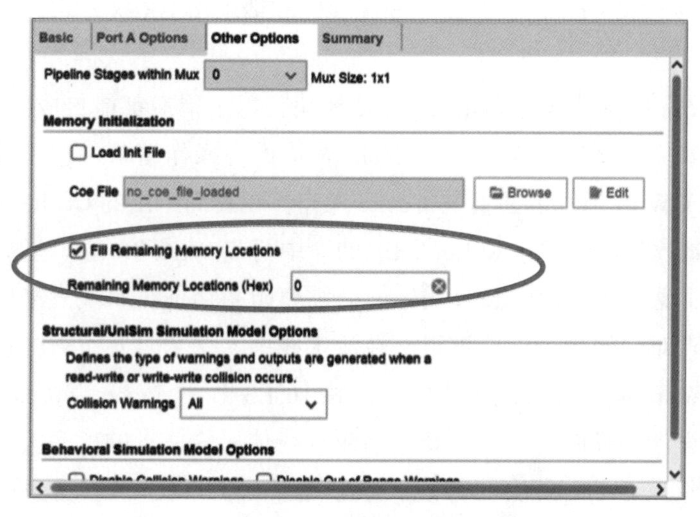

图 10.5 定制 RAM IP 时设置初始化为 0

至于采用Regfile实现的D表，直接采用复位信号对其复位即可。

10.2　将Cache集成至CPU中

将Cache模块集成至CPU中，一方面要解决其与CPU流水线的交互适配问题，另一方面要解决其与总线接口方面的交互适配问题。Cache模块与AXI总线接口模块之间的交互边界我们在上一节中已经做了充分的讨论。在给出的接口功能划分建议中，AXI总线接口模块所要进行的调整比较简单，故不作为这里的重点分析内容。我们将主要精力放在CPU流水线这一侧。按照从易到难的原则，我们先考虑Cache命中的情况，再考虑Cache不命中的情况，最后再考虑如何将Uncache访问和Cache访问有机统一起来。

10.2.1　Cache命中情况下的CPU流水线适配

在Cache命中的情况下，除了功能正确之外，最突出的设计诉求就是希望流水线的执行效率与采用指令RAM、数据RAM的时候一致或尽可能一致。原先取指或访存访问RAM时，只需要两个时钟周期，第一拍发请求，第二拍得到数据。这意味着我们需要保证Cache命中情况下的数据读出也只要花费两个时钟周期。考虑到Cache中绝大多数信息都存储在Block RAM中以及Block RAM的读时序行为，那么一种直观的设计思路就是：对于指令Cache的Look Up访问，其请求由pre-IF级发来，返回的结果送至IF级；对于数据Cache的Look Up访问，其请求由EX级发来，返回的结果送至MEM级。

对于Cache命中的读操作请求，Cache模块在每个周期都能接收并处理一个请求，因此流水线能够完全流起水来。对于Cache命中的写操作请求，它完成Look Up访问之后，还要进入Write Buffer进行写Cache操作。在我们给出的Cache模块设计中，如果与当前流水线发来的读请求和Look Up的命中写或Write Buffer里的写发生Bank冲突（也就是之前说的“Hit Write冲突”），就需要阻塞当前流水线发来的读请求。相应地，这个读请求对应的指令就要被阻塞在流水线中。这个阻塞所需的控制信号是通过Cache模块的addr_ok传递给流水线的。回顾10.1.3节中Cache模块addr_ok输出信号的生成逻辑的设计，我们会发现需要考虑流水线传递的请求的读写类型，以及请求地址。所以，在集成Cache模块的时候，务必确保pre-IF级和EX级发往Cache模块的读写类型和地址信号中没有组合逻辑引入Cache模块传过来的addr_ok信号，否则会导致组合环路。只要不出现这个错误，Cache模块的addr_ok信号就能很好地完成流水线控制任务。如果EX级恰好有一个因Cache Bank冲突而被阻塞的指令，那么当它发现addr_ok为0时，就表明请求没有被接收，因此不会进入下一级流水。这套根据addr_ok决定是否进入下一级的控制逻辑已经实现了，我们不需要做任何调整。

10.2.2 Cache缺失情况下的CPU流水线适配

在Cache缺失情况下，需要花费多个周期来进行处理。由于我们实现的是简单的阻塞式Cache，因此在这个过程中Cache不会接收新的请求。这意味着，这期间向Cache发起请求的指令需要被阻塞在流水线中。我们还是通过addr_ok这个信号完成控制。回顾上一节中Cache模块addr_ok输出信号的生成逻辑设计，我们会发现：如果这一拍Cache Tag Compare的结果是Miss，那么这一拍的addr_ok会变成0；随后Cache的状态将依次为MISS、REPLACE、REFILL，这期间addr_ok还是0，直到缺失Cache行全部填入Cache中，Cache状态将回到IDLE，此时addr_ok才会变为1。显然，当前addr_ok信号的设计能够保证在Cache处理Miss的时候，后续的Cache访问请求都被阻塞。

对于读操作来说，如果Cache缺失，那么相应的指令需要在流水线中等待结果返回，这是通过Cache模块的data_ok输出信号来保证的。其原理与设计总线接口时data_ok信号对流水线的控制是一样的，这里就不再解释了。

对于写操作来说，如果Cache缺失了，那么相应的store指令没有必要在流水线的MEM级等待。这也就是为什么在10.1.3节给出的Cache模块data_ok输出信号生成逻辑中，一旦Cache模块在LOOKUP状态时处理的是写操作，data_ok就可以不管是否命中直接置为1。这就是为了放行处在MEM级的store指令，让后续的非访存类指令可以在流水线中继续前行。

10.2.3 非缓存访问的处理

LoongArch32精简版支持两种存储访问类型，分别是**一致可缓存**（Coherent Cache，CC）和**强序非缓存**（Strongly-ordered Uncached，SUC）。很多初学者在CPU中实现Cache的时候，最容易犯的错误就是忘记处理非缓存类型的存储访问，把所有访存操作都放进Cache。对于一个实用的CPU，一定不能缺少对非缓存类型的存储访问。比如，绝大多数外设的状态寄存器和控制寄存器就不能采用可缓存类型的存储访问。举个简单的例子，如果要通过对控制LED灯的confreg交替写0、写1来产生闪烁效果，那么采用可缓存类型方式访问confreg就会出现问题：对Cache中的值交替写0、写1，而真正控制LED灯的那个寄存器却保持初始值不变。

10.2.3.1　存储访问类型的判定

在LoongArch指令系统中，存储访问类型由系统软件进行配置。不同地址翻译模式下的配置信息来源不同：直接地址翻译模式下，取指的存储访问类型由CSR.CRMD的DATF域决定，load/store指令访存的存储访问类型由CSR.CRMD的DATM域决定；直接映射地址翻译模式下，取指或访存的存储访问类型由所命中的直接映射窗口中的MAT配置信息（来自CSR.DMW0/1的MAT域）决定；页表映射地址翻译模式下，取指或访存的存储访问类型则由虚实地址转换所用页表项中的MAT域配置信息决定。

10.2.3.2　在Cache模块中处理非缓存访问

如何在实现Cache的情况下处理好非缓存类型的存储访问呢？需要注意以下两点：

1）所有发往Cache模块的访存请求要能够区分是可缓存还是非缓存，因此需要在Cache模块的接口增加1位信号指示当前请求的存储访问类型。

2）非缓存访问在Cache模块的实现应尽可能地复用Cache Miss的处理流程和数据通路。

举个例子来说，一个非缓存的load指令携带着非缓存的标志进入Cache模块后，Cache模块内部也会检查一下Cache，然后并不看Cache Tag的比较结果而是直接将其当作Cache Miss进行后续处理。因为Cache缺失时要向总线外发送访存请求，所以非缓存自然就利用这个流程发起总线请求，然后等待数据返回，只不过此时不需要真的替换一个Cache行。换言之，就是状态机可以进行MISS→REPLACE→REFILL状态转换，但是不向Cache发送读操作，自然就不会产生对外的替换写。如何区别对待这些局部的控制信号？答案是根据Request Buffer中记录的存储访问类型。

非缓存的store指令也采用类似思路进行处理，即store指令一定记录为Cache Miss，然后空走一圈状态，不发起总线读、Cache读、Cache写，只是利用替换写出的数据通路将数据写出去。

为了处理好非缓存访问，要对Cache模块进行一定的修改。我们之所以没有在第一阶段的设计中一步到位地完成修改，是为了避免可缓存和非缓存把初学者搞糊涂。

此外初学者容易忽视的一个地方是：强序非缓存的Load/Store操作需要保持严格的顺序。如果AXI接口模块内有尚未等到bvalid的非缓存写请求，那么一定要阻塞后续所有非缓存的读或者写请求（无论是否存在地址相关），直到这个非缓存写请求的bvalid返回。这是为了保证使用非缓存访问I/O外设的正确性。

10.3 Cache 维护指令

尽管 Cache 是微结构设计中用于优化性能的对软件透明的结构，但是 LoongArch 指令系统规范中还是定义了 CACOP 指令，主要用于 Cache 初始化和维护 Cache 一致性。有关 CACOP 指令的定义请参看指令手册的 4.2.2.1 节。

我们将 CACOP 指令的实现放在最后一个阶段来实现，源于我们推荐的 CACOP 指令的实现方式：复用正常访问的数据通路来完成 CACOP 指令的功能。因此，Cache 正常访问功能的支持是实现 CACOP 指令的基础。若是眉毛胡子一把抓，经验不足的初学者很容易顾此失彼。

通过分析实验中所要实现的 CACOP 指令的定义，我们可以总结出如下几个特征：

1）所有 CACOP 指令都涉及对 Cache 的修改。所谓的 Invalid 操作实质上就是把相应 Cache 行的 V 写成 0。

2）部分 CACOP 指令要对 Cache 进行 Hit 判断。

3）部分 CACOP 指令需要读出一个 Cache 行并将其写回内存。

上述每个特征对应的功能都可以用已实现的数据通路来完成：

1）Cache 行中 V 的修改可以复用 Refill 访问的数据通路完成。

2）Cache 进行 Hit 判断可以复用 Look Up 访问的 Tag 读出和比较部分。

3）读出 Cache 行并写回内存可以复用 Replace 访问的数据通路。

上面的三句话算是捅破了 CACOP 指令实现的那层“窗户纸”。循着这个思路，剩下的设计细化工作就是正确生成相应的控制信号，在数据通路的某些位置增加多路选择器以增加新的输入来源。这个过程不难完成，细心即可，请读者自行完成。我们在这里只提示一点：操作指令 Cache 的 CACOP 指令和取指有特权资源相关冲突，要解决这一问题，可以参考之前实现 TLBWR 指令时所采用的清空流水线重取指的控制机制。

10.4 任务与实践

完成本章的学习后，希望读者能够完成以下 4 个实践任务：

1）Cache 模块设计，参见 10.4.1 节。

2）在 CPU 中集成 ICache，参见 10.4.2 节。

3）在 CPU 中集成 DCache，参见 10.4.3 节。

4）在 CPU 中添加 CACOP 指令，参见 10.4.4 节。

10.4.1　实践任务 20：Cache 模块设计

本实践任务的要求如下：

1）设计 Cache 模块。

2）利用 Cache 模块级验证环境对所设计的 Cache 进行验证，通过仿真和上板验证。

请参照 2.3.1 节介绍的方式获取本次实践任务所需的实验开发环境。**具体的实验环境与之前的环境不同，是针对 Cache 模块的单独验证环境**，位于 mycpu_env/module_verify/cache_verify/ 目录下。具体目录结构及各部分功能简介如下所示：

```
|--cache_verify/            目录，Cache 模块级验证环境。
|   |--rtl/                 目录，包含 Cache 模块以及验证顶层的设计源码。
|   |   |--cache_top.v      Cache 模块级验证的顶层文件。
|   |--testbench/           目录，包含功能仿真验证源码。
|   |   |--testbench.v      仿真顶层。
|   |--run_vivado/          Vivado 工程的运行目录。
|   |   |--constraints/     Vivado 工程的设计约束。
|   |   |--cache_prj/       Vivado 工程文件所在目录。
```

实验环境准备就绪后，请参考下列步骤完成本实践任务：

1）完成 Cache 模块的设计和 RTL 编写，记为 cache.v，该模块需要命名为“cache”，除时钟输入 clk 和低电平有效复位输入 resetn 以外的输入 / 输出端口参见 10.1 节中表 10.2 和表 10.3 的定义。Cache 模块的设计规格要求：2 路组相连，每路大小 4KB，LRU 或伪随机替换算法，推荐设计硬件初始化电路。将 cache.v 文件放入 mycpu_env/myCPU/ 目录下。

2）进入 mycpu_env/module_verify/cache_verify/run_vivado/cache_prj/ 目录下启动验证 cache 的工程。如果该目录下尚未创建工程，请参照附录 D.2 节介绍的步骤，利用该目录下的 create_project.tcl 文件创建工程。如需要，请参考附录 D.4 节进行 IP 核升级。

3）在验证 Cache 模块的工程中运行仿真（进入仿真界面后，直接点击 run all），进行功能验证与调试，直至仿真测试通过。

4）在验证 Cache 模块的工程中综合实现后生成二进制码流文件，进行上板验证。（如果无硬件实验平台，请跳过该步骤。）

10.4.1.1　仿真验证结果判断

模块级验证会从 index=0 的时候开始验证，针对每个 index，生成四组随机的 tag 和 data 对。首先生成写请求将这四组数写进 Cache，然后再生成读请求读它们。如果中间没有发生错误，index 递增，重新生成 tag 和 data 对进行相同的测试，直到 index==ff 的测试完成为止。

对于写 Cache 请求，验证环境期望看到的结果是写请求发出后会出现 Cache 缺失，Cache 模块会发出 rd 请求，验证环境返回全 1 值（0xFFFFFFFF）。写请求可能会引发替换操作，这时验证环境会拿 wr_addr 和 wr_data 与前述的 tag/data 组合做对比，如果 replace 的值有错，测试会中止。

写操作全部进行完之后会有读操作，验证环境会做同样的检测。当 Cache 返回读操作的结果之后，验证环境会检测读到的结果与之前写入的结果是否相同。

在仿真时，会对每一个 index 生成四个 Cache 行的先写再读的操作，所有操作都完成后会打印 PASS，如下所示：

```
[    2705 ns] index 00 finished
… … … …
==============================================================
Test end!
----PASS!!!
```

如果在仿真中发现错误，请进行调试，控制台会打印出错误的原因。验证环境只会检查替换时的数据错误和 Cache read 的数据错误。

10.4.1.2 上板验证结果判断

正确的上板运行效果如图 10.6 所示，开发板上数码管的左边两位显示当前测试的 index 值，直到 index 为 0xff 的时候测试停止。

图 10.6 Cache 上板验证正确的效果图

10.4.2 实践任务21：在CPU中集成ICache

本实践任务要求在实践任务19和实践任务20完成的基础上完成以下工作：

1）将实践任务20完成的Cache模块作为ICache集成到实践任务19完成的CPU中。

2）修改CPU中的AXI转换桥，以支持Burst传输。

3）在采用AXI总线的SoC验证环境里完成exp21对应func的功能验证，要求成功通过仿真和上板验证。

请参照2.3.1节介绍的方式获取本次实践任务所需的实验开发环境。具体的实验环境仍位于mycpu_env/目录下，且仍使用soc_axi/子目录。

实验环境准备就绪后，请参考下列步骤完成本实践任务：

1）将所实现CPU的代码更新至mycpu_env/myCPU/目录中。

2）修改func配置文件——mycpu_env/func/include/test_config.h，选择exp21的配置，编译。（如果是通过压缩包exp21.zip获取实验开发环境的，请跳过该步骤。）

3）打开gettrace工程——mycpu_env/gettrace/gettrace.xpr。（该Vivado工程中的IP核是使用Vivado 2019.2创建的，如果使用更高版本的Vivado打开，请参考附录D.4节进行IP核升级。）运行gettrace工程的仿真（进入仿真界面后，直接点击run all等待仿真运行完成），生成新的参考trace文件golden_trace.txt（mycpu_env/gettrace/golden_trace.txt）。要等仿真运行完成，golden_trace.txt才有完整的内容。（如果是通过压缩包exp21.zip获取实验开发环境的，请跳过该步骤。）

4）进入mycpu_env/soc_verify/soc_axi/run_vivado/目录下启动验证myCPU的工程。如果该目录下尚未创建工程，请参照附录D.2节介绍的步骤，利用该目录下的create_project.tcl文件创建工程。如需要，请参考附录D.4节进行IP核升级。如果该目录下已有前一实践任务创建过的工程，可以在打开工程后，参照附录D.3节介绍的步骤，更新项目中CPU实现文件的列表。

5）参考4.4.5.2节，对工程中的axi_ram重新定制。（如果是通过压缩包exp21.zip获取实验开发环境的，请跳过该步骤。）

6）在验证myCPU的工程中运行仿真（进入仿真界面后，直接点击run all），进行功能验证与调试，直至仿真测试通过。

7）在验证myCPU的工程中综合实现后生成二进制码流文件，进行上板验证。（如

果无硬件实验平台，请跳过该步骤。）

10.4.3 实践任务22：在CPU中集成DCache

本实践任务要求在实践任务21完成的基础上完成以下工作：

1）将实践任务20完成的Cache模块作为DCache集成到实践任务21完成的CPU中。

2）在采用AXI总线的SoC验证环境里完成exp22对应func的功能验证，要求成功通过仿真和上板验证。

请参照2.3.1节介绍的方式获取本次实践任务所需的实验开发环境。具体的实验环境仍位于mycpu_env/目录下，仍使用soc_axi/子目录。

实验环境准备就绪后，请参考下列步骤完成本实践任务：

1）将所实现CPU的代码更新至mycpu_env/myCPU/目录中。

2）修改func配置文件——mycpu_env/func/include/test_config.h，选择exp22的配置，编译。（如果是通过压缩包exp22.zip获取实验开发环境的，请跳过该步骤。）

3）打开gettrace工程——mycpu_env/gettrace/gettrace.xpr。（该Vivado工程中的IP核是使用Vivado 2019.2创建的，如果使用更高版本的Vivado打开，请参考附录D.4节进行IP核升级。）运行gettrace工程的仿真（进入仿真界面后，直接点击run all等待仿真运行完成），生成新的参考trace文件golden_trace.txt（mycpu_env/gettrace/golden_trace.txt）。要等仿真运行完成，golden_trace.txt才有完整的内容。（如果是通过压缩包exp22.zip获取实验开发环境的，请跳过该步骤。）

4）进入mycpu_env/soc_verify/soc_axi/run_vivado/目录下启动验证myCPU的工程。如果该目录下尚未创建工程，请参照附录D.2节介绍的步骤，利用该目录下的create_project.tcl文件创建工程。如需要，请参考附录D.4节进行IP核升级。如果该目录下已有前一实践任务创建过的工程，可以在打开工程后，参照附录D.3节介绍的步骤，更新项目中CPU实现文件的列表。

5）参考4.4.5.2节，对工程中的axi_ram重新定制。（如果是通过压缩包exp22.zip获取实验开发环境的，请跳过该步骤。）

6）在验证myCPU的工程中运行仿真（进入仿真界面后，直接点击run all），进行功能验证与调试，直至仿真测试通过。

7）在验证myCPU的工程中综合实现后生成二进制码流文件，进行上板验证。（如

果无硬件实验平台，请跳过该步骤。）

10.4.4　实践任务23：在CPU中添加CACOP指令

本实践任务要求在实践任务22完成的基础上完成以下工作：

1）在实践任务22完成的CPU中增加CACOP指令实现。

2）在采用AXI总线的SoC验证环境里完成exp23对应func的功能验证，要求成功通过仿真和上板验证。

请参照2.3.1节介绍的方式获取本次实践任务所需的实验开发环境。具体的实验环境仍位于mycpu_env/目录下，且仍使用soc_axi/子目录。

实验环境准备就绪后，请参考下列步骤完成本实践任务：

1）将所实现CPU的代码更新至mycpu_env/myCPU/目录中。

2）修改func配置文件——mycpu_env/func/include/test_config.h，选择exp23的配置，编译。（如果是通过压缩包exp23.zip获取实验开发环境的，请跳过该步骤。）

3）打开gettrace工程——mycpu_env/gettrace/gettrace.xpr。（该Vivado工程中的IP核是使用Vivado 2019.2创建的，如果使用更高版本的Vivado打开，请参考附录D.4节进行IP核升级。）运行gettrace工程的仿真（进入仿真界面后，直接点击run all等待仿真运行完成），生成新的参考trace文件golden_trace.txt（mycpu_env/gettrace/golden_trace.txt）。要等仿真运行完成，golden_trace.txt才有完整的内容。（如果是通过压缩包exp23.zip获取实验开发环境的，请跳过该步骤。）

4）进入mycpu_env/soc_verify/soc_axi/run_vivado/目录下启动验证myCPU的工程。如果该目录下尚未创建工程，请参照附录D.2节介绍的步骤，利用该目录下的create_project.tcl文件创建工程。如需要，请参考附录D.4节进行IP核升级。如果该目录下已有前一实践任务创建过的工程，可以在打开工程后，参照附录D.3节介绍的步骤，更新项目中CPU实现文件的列表。

5）参考4.4.5.2节，对工程中的axi_ram重新定制。（如果是通过压缩包exp23.zip获取实验开发环境的，请跳过该步骤。）

6）在验证myCPU的工程中运行仿真（进入仿真界面后，直接点击run all），进行功能验证与调试，直至仿真测试通过。

7）在验证myCPU的工程中综合实现后生成二进制码流文件，进行上板验证。（如果无硬件实验平台，请跳过该步骤。）

CHAPTER 11

第11章 进阶实验开发环境

通过本书前面的基础实验，大家应该已经设计了一个具备基本功能、可以运行简单系统的处理器核了。接下来，我们可以进一步完善、优化这个处理器核。譬如，我们可以尝试在处理器核上运行 Linux 操作系统，可以通过优化电路结构提升处理器在 FPGA 上的运行频率，可以通过实现超标量、乱序执行、分支预测等更复杂的微结构来进一步提升处理器核的执行效率。从这一章开始我们将围绕这些方面给读者一些提示与建议。本章我们将介绍与之配套的进阶实验环境，而在下一章中将会介绍一些与具体设计相关的内容。

我们为进阶实验提供了一个“一站式”的实验开发环境——chiplab，如图 11.1 所示。该项目相关代码已托管在码云上（ https://gitee.com/loongson-edu/chiplab ）。接下来向各位读者介绍 chiplab 的基本构成。

图 11.1 chiplab 硬件开源开发平台

11.1 chiplab开发环境组织与构成

在进阶实验阶段，我们依然延续基础实验中所采用的验证思路，即将处理器核集成至一个SoC芯片设计中然后在系统环境下对其进行验证。因此chiplab中包含了构成SoC芯片所需的IP核与顶层设计、SoC芯片验证系统的顶层设计、软件仿真和FPGA上板验证所需的测试程序以及相关EDA工具的执行脚本。整个开发环境目前包含以下7个子目录：

1）**IP子目录**：存放搭建SoC所需的IP核的源代码。典型的IP核包括处理器核、片上互联网络、内存控制器、flash控制器、网络控制器以及一些FPGA厂商提供的IP核等。其下的myCPU子目录用于存放处理器核的代码，使用者在开始验证前需要将自己的处理器核设计的RTL代码放于此处。为了让使用者能够在自己设计的处理器核尚未完成的情况下就试用整个实验环境，我们预先在myCPU子目录下提供了一个基础版本的单发射静态五级流水处理器核参考设计——OpenLA500。除了用于环境试用外，OpenLA500的顶层接口定义也作为示例，需要使用者设计的处理器核遵照实现。

2）**chip子目录**：存放验证用SoC芯片顶层设计的源代码。目前提供了4套顶层设计，其中sim子目录下为仅用于仿真验证的SoC，余下的Baixin、loongson和nexys4ddr子目录下分别提供了在龙芯“龙架构处理器设计全流程教学实验平台”“龙芯CPU设计与体系结构教学实验系统”和“Nexys4DDR”三种FPGA开发板上的参考SoC设计。用于仿真验证的SoC较为简单，仅集成了不可综合的GPIO、UART和SRAM接口功能模拟模块，但包含了AXI rand delay模块可引入随机延迟，利于在仿真验证中更快产生更多事件组合情况来加速验证。用于FPGA开发板的参考SoC设计则功能较为完备，其集成的所有IP均可在FPGA上综合实现。其中典型的存储和IO设备包括SPI flash、DDR3内存接口、网口、GPIO（用于控制数码管、LED灯、开关灯）和UART，处理器核与这些外设在一起能够实现一个具有一定功能的嵌入式计算系统，能够在上面运行Linux操作系统和其他一些嵌入式实时操作系统。

3）**software子目录**：存放验证过程所用的测试用例。目前包含以下几个子项：

- **func**：简单功能测试程序。这里的func程序与基础实验中所用的func测试原理一样，主要区别有两点，一是测试程序适配了chiplab仿真验证SoC的地址空间划分，二是增加了func_advance子目录下的功能测试点。后者包含的测试点主要针对一些 Linux 内核启动过程所需的功能点。由于这些功能点无法被基础实验中已有的 func 测试和后面 11.3.2 节提到的随机指令测试环境覆盖到，通过内核仿真调试的成本又比较高，故开发了有针对性的测试程序。换言之，func_advance 子目录下存放的是一些针对指令集边角功能的测试。这部分处于不断充实的过程中，也欢迎读者根据自己的实践体会，向 chiplab 项目提交更多有针对性的测试。

- **dhrystone\coremark**：根据 Dhrystone、Coremark 等性能测试小程序移植的、在裸金属（baremetal）环境下可运行的版本。
- **my_program**：基于裸金属环境开发的 hello world 程序示例。使用者可以基于此环境，将一些简单的 C 语言测试程序移植到裸金属环境下仿真运行。
- **random_boot**：专用于随机指令测试的启动代码。
- **linux**：用于软件仿真的"Linux 内核 + BusyBox"，且仿真支持在所启动的简易 shell 环境下执行交互操作。此目录下仅存放一个预先编译好的 vmlinux，而 Linux 内核的源码作为独立的项目位于 https://gitee.com/loongson-edu/la32r-Linux。使用者如有对内核修改的需求，请自行下载获取。

4）**toolchains 子目录**：存放验证过程所需的一些工具，包括 GCC 工具链、基于 NEMU 的 LA32R 指令功能模拟器、newlib 嵌入式轻量 C 库等。初始状态下该目录为空，使用者需根据该子目录下 `README.md` 文件中的提示自行下载安装。

5）**sims 子目录**：软件仿真验证的工作目录，存放用于软件仿真验证的 testbench 和 EDA 仿真工具的运行脚本。目前支持的 EDA 仿真工具有开源的 Verilator 和 iVerilog，今后将视情况陆续推出其他开源或商用 EDA 仿真工具的运行脚本。具体内容将在 11.3 节中进一步展开介绍。

6）**fpga 子目录**：FPGA 上板验证的工作目录，主要存放 FPGA 开发的工程文件。各子目录下分别对应不同的 FPGA 验证平台，具体内容将在 11.4 节中进一步展开介绍。

7）**docs 子目录**：存放 chiplab 平台在线文档的源码。

11.2 chiplab 开发环境的推荐使用方式

这里给出的推荐使用方式主要面向初学者。

前期准备阶段，使用者应根据本书中的基础实验指导及实验环境，完成处理器核所有基本功能的设计开发，然后再开始用chiplab开发环境完成进阶实验。在这里，强烈建议初学者对所设计处理器核做一个全面的回顾和梳理，必要时进行一轮代码重构。提出该建议的原因在于，本书基础实验部分为了减缓初学者的学习曲线，人为地将一个处理器核的设计开发划分成若干个阶段，但处理器核本质上是一个有机的整体，是一个小系统，其各个局部的设计应当放到系统下去统筹考虑，最终方能得到一个比较“合适”的整体设计。在基础实验过程中，读者对处理器核设计的知识和经验尚不足以支撑得出一个“合适”的整体设计，而在完成所有基础实验即将展开进阶实验的时间点上，值得进行一次全面的复盘、反思和优化。

基于chiplab的进阶实验建议采用如下步骤：

第1步，准备chiplab本地开发环境，包括根据toolchains/README.md的提示安装GCC工具链、LA32R-NEMU和newlib，安装Verilator㊀和GTKWave这两个EDA工具软件，并设置后续各脚本所需的CHIPLAB_HOME系统变量。其中Verilator要求版本应高于4.108，否则chiplab可能无法正常运行。

第2步，将IP/myCPU目录下的代码替换为你设计的处理器核。不过如果你打算直接使用所有的验证环境和工具脚本，那么要确保处理器核顶层模块名和接口定义与IP/myCPU/mycpu_top.v中严格一致。处理器核顶层接口主要包括时钟（aclk）、复位（aresetn）、外部中断输入（intrpt）和一套AXI3主接口。这三类接口在本书前面的基础实验中均已涉及，这里不做原理性解释，主要说明一下与可配置相关的内容。AXI数据位宽可调，配置文件为chip/config-generator.mak。在该配置文件中，AXI64或AXI128两个选项的某一个（且至多一个）设置为y表示配置AXI数据位宽为64或128位，都选择n表示配置AXI数据位宽为默认的32位。

```
...
AXI64=n
AXI128=n
...
```

第3步，通过软件仿真方式对处理器核进行充分的功能验证。大致的推荐步骤是：首先通过所有func测试，其次通过一定规模（建议至少达到千万条指令量级）的随机指令测试，最后进行Linux内核启动的仿真测试。在此期间还可以运行dhrystone、coremark等性能测试，观察有无显著的性能设计缺陷。

第4步，上述软件仿真的功能验证都通过后，可以进入FPGA上板验证环节。具体

㊀ chiplab的在线使用说明中给出了用apt方式直接安装的方式，不过从实践情况来看，建议按照https://verilator.org/guide/ latest/install.html给出的指导自行编译安装更高版本的verilator以获得更快的仿真速度。

为，利用 fpga 目录下的参考工程，加入自己的设计，通过 FPGA 的软件仿真以确认没有简单的连线错误，然后走综合实现上板的步骤。以运行 Linux 系统为例，上板验证先启动 U-Boot 或 PMON，然后加载内核镜像并启动操作系统，进入系统后可运行其他应用程序。

上述 3、4 两步包含的工作主要是验证，将在接下来进一步展开介绍。

11.3　软件仿真功能验证

软件仿真验证时对测试程序的配置编译以及 RTL 设计的配置编译运行都安排在 sims 目录下进行。目前有针对 Verilator 仿真工具的运行环境，在 sims/verilator 目录下。运行环境分为 run_prog 和 run_random 两部分，前者用于验证固定测试程序，后者用于验证随机指令测试程序。

11.3.1　固定测试程序验证

目前 run_prog 下支持的固定测试程序有：

- **func**：简单功能测试程序。
- **dhrystone**：裸金属环境下可运行的 Dhrystone 性能测试程序。
- **coremark**：裸金属环境下可运行的 Coremark 性能测试程序。
- **my_program**：裸金属环境下可运行的用户自定义功能、性能测试程序。
- **linux**：用于软件仿真的“Linux 内核 + BusyBox”。

接下来结合操作步骤讲解介绍相关内容。

进入工作目录 sims/verilator/run_prog。首先运行 configure.sh 对仿真运行进行配置。可通过运行如下命令了解所有的可选项及使用说明。

```
$ ./configure.sh --help
```

其中最基本的选项为“--run software”，用于选择仿真测试用例。例如，选择运行 `func` 中 `lab15` 对应的功能测试点集合，其他选项默认，则运行如下命令生成 Makefile。

```
$  ./configure.sh  --run  func/func_lab15
```

配置完成后运行 make 即可自动开始 rtl 编译、测试用例编译、testbench 编译。如果编译过程未出错将自动开始运行仿真。

```
$ make
```

终端打印各种信息如图 11.2 所示，其中较为关键的是每条指令的提交信息，其中包括指令 PC、被修改的寄存器号、被修改寄存器的更新值以及运行时间。此外还包括仿真运行数据，可以此进行性能分析。

```
[0001256548ns] mycpu : pc = 1c07bb24,  reg = 13, val = ffffffff
[0001256550ns] mycpu : pc = 1c07bb28,  reg = 14, val = ffffffff
[0001256600ns] mycpu : pc = 1c07bb34,  reg = 26, val = 0000004f
[0001256624ns] mycpu : pc = 1c07bb38,  reg = 12, val = 00000008
[0001256646ns] mycpu : pc = 1c07bb3c,  reg = 13, val = 0000001f
[0001256662ns] mycpu : pc = 1c07bb40,  reg = 12, val = 00000030
[0001256704ns] mycpu : pc = 1c07bb44,  reg = 13, val = 4f000000
[0001256720ns] mycpu : pc = 1c07bb48,  reg = 12, val = 4f00004f
[0001256750ns] mycpu : pc = 1c07bb50,  reg = 00, val = 1c07bb54
[0001256782ns] mycpu : pc = 1c00f444,  reg = 01, val = 1c00f448
[0001256816ns] mycpu : pc = 1c00f4b0,  reg = 00, val = 1c00f4b4
[0001256832ns] mycpu : pc = 1c00f448,  reg = 23, val = 00000000
[0001256850ns] mycpu : pc = 1c00f44c,  reg = 23, val = 0000004f
[0001256906ns] mycpu : pc = 1c00f488,  reg = 13, val = 00000000
[0001256922ns] mycpu : pc = 1c00f48c,  reg = 13, val = 00000001
[0001256936ns] mycpu : pc = 1c00f490,  reg = 04, val = bfaff000
[0001256950ns] mycpu : pc = 1c00f494,  reg = 04, val = bfaff040
[0001256964ns] mycpu : pc = 1c00f498,  reg = 05, val = bfaff000
[0001256984ns] mycpu : pc = 1c00f49c,  reg = 05, val = bfaff030
[0001257040ns] mycpu : pc = 1c00f4a8,  reg = 04, val = 00000000
[0001257058ns] mycpu : pc = 1c00f4ac,  reg = 01, val = 1c00f4b0
[0001257100ns] mycpu : pc = 1c000100,  reg = 12, val = 4f000050
[0001257118ns] mycpu : pc = 1c000104,  reg = 14, val = bfb00000
[0001257134ns] mycpu : pc = 1c000108,  reg = 14, val = bfafff10
This is syscall 0x11, end
[src/cpu/cpu-exec.c,321,cpu_exec] nemu: HIT GOOD TRAP at pc = 0x1c000130
[src/cpu/cpu-exec.c,61,monitor_statistic] host time spent = 9,513,220 us
[src/cpu/cpu-exec.c,63,monitor_statistic] total guest instructions = 172,565
[src/cpu/cpu-exec.c,64,monitor_statistic] simulation frequency = 18,139 instr/s
==============================================================
test end!!
END by Syscall
total clock is 628598

==============================================================
total clock              is 628598
total instruction        is 172525
instruction per cycle    is 0.274460
simulation time          is 48.527410 s
==============================================================
```

图 11.2　func 正常运行结果输出

运行结束后当前目录下会生成两个文件夹，分别是 log 和 obj。`log` 目录下将生成以下几个文件：

- **simu_trace.txt**：指令提交信息的日志。
- **mem_trace.txt**：访存信息的日志，包括 ld/st 以及取指。
- **uart_output.txt**：模拟串口输出日志。
- **uart_output.txt.real**：真实串口输出日志。

真实和模拟串口的区别在于前者通过真实的 UART 控制器与外界交互，而模拟串口则是通过 testbench 中侦听一个指定的 MMIO 地址来逐个输出需打印的字节。chiplab 环境中 func 和裸金属环境下的测试程序使用模拟串口，而 Linux 内核使用真实串口。

obj 目录则会生成测试用例的编译结果，其中较为关键的是 test.S 文件，为编译结果的反汇编，可用于调试。

以上演示的是正确情况下的运行状态。而在错误情况下，比如乘法实现错误，将呈现如图 11.3 所示的信息。

```
[0000734960ns] mycpu : pc = 1c04e6e4,  reg = 12, val = 45b90738
[0000734962ns] mycpu : pc = 1c04e6e8,  reg = 13, val = d70d6000
[0000734964ns] mycpu : pc = 1c04e6ec,  reg = 13, val = d70d64f0
[0000734978ns] mycpu : pc = 1c04e6f0,  reg = 15, val = dd996c80

==============  DUT Regs  ==============
r0(r 0): 0x00000000 ra(r 1): 0x1c00f1c8 tp(r 2): 0x00000000 sp(r 3): 0x00000000
a0(r 4): 0x1c02d3e8 a1(r 5): 0x1c02d404 a2(r 6): 0x1c02d404 a3(r 7): 0x00000000
a4(r 8): 0x00000000 a5(r 9): 0x00000000 a6(r10): 0x00000000 a7(r11): 0x00000000
t0(r12): 0x45b90738 t1(r13): 0xd70d64f0 t2(r14): 0x00001000 t3(r15): 0xdd996c80
t4(r16): 0x00000000 t5(r17): 0x18e08d00 t6(r18): 0x00000000 t7(r19): 0x00000000
t8(r20): 0x00000000  x(r21): 0x00000000 fp(r22): 0x00000000 s0(r23): 0x00000020
s1(r24): 0xbfaff050 s2(r25): 0x00000000 s3(r26): 0x0000001f s4(r27): 0x00000000
s5(r28): 0x87151984 s6(r29): 0x381fd770 s7(r30): 0x1c00f160 s8(r31): 0x00000000
pc: 0x1c04e6f0
CRMD: 0x00000028,    PRMD: 0x00000000,   EUEN: 0x00000000
ECFG: 0x00000000,   ESTAT: 0x00000000,    ERA: 0x00000000
BADV: 0x00000000,  EENTRY: 0x00000000, LLBCTL: 0x00000000
cpu.ll_bit: 0
INDEX: 0x00000000, TLBEHI: 0x00000000, TLBELO0: 0x00000000, TLBELO1: 0x00000000
ASID: 0x000a0000, TLBRENTRY: 0x00000000, DMW0: 0x00000000, DMW1: 0x00000000
******************************************************************************

==============  REF Regs  ==============
r0(r 0): 0x00000000 ra(r 1): 0x1c00f1c8 tp(r 2): 0x00000000 sp(r 3): 0x00000000
a0(r 4): 0x1c02d3e8 a1(r 5): 0x1c02d404 a2(r 6): 0x1c02d404 a3(r 7): 0x00000000
a4(r 8): 0x00000000 a5(r 9): 0x00000000 a6(r10): 0x00000000 a7(r11): 0x00000000
t0(r12): 0x45b90738 t1(r13): 0xd70d64f0 t2(r14): 0x00001000 t3(r15): 0x0a20a480
t4(r16): 0x00000000 t5(r17): 0x18e08d00 t6(r18): 0x00000000 t7(r19): 0x00000000
t8(r20): 0x00000000  x(r21): 0x00000000 fp(r22): 0x00000000 s0(r23): 0x00000020
s1(r24): 0xbfaff050 s2(r25): 0x00000000 s3(r26): 0x0000001f s4(r27): 0x00000000
s5(r28): 0x87151984 s6(r29): 0x381fd770 s7(r30): 0x1c00f160 s8(r31): 0x00000000
pc: 0x1c04e6f4
Current MMU state is: MMU_DIRECT
CRMD: 0x00000028,    PRMD: 0x00000000,   EUEN: 0x00000000
ECFG: 0x00000000,   ESTAT: 0x00000000,    ERA: 0x00000000
BADV: 0x00000000,  EENTRY: 0x00000000, LLBCTL: 0x00000000
cpu.ll_bit: 0
INDEX: 0x00000000, TLBEHI: 0x00000000, TLBELO0: 0x00000000, TLBELO1: 0x00000000
ASID: 0x000a0000, TLBRENTRY: 0x00000000, DMW0: 0x00000000, DMW1: 0x00000000
******************************************************************************
i = 15
     t3 different at pc = 0x001c04e6f0, right= 0x000000000a20a480, wrong = 0x00000000dd996c80
total clock is 367483

==============================================================
```

图 11.3　func 运行出错结果输出

上述运行过程中的对比是通过差分测试（difftest）调试辅助机制完成的。简单来说，就是在仿真验证处理器核设计的同时运行 LA32R-NEMU 指令模拟器，两边给同样的输入，实时比对两边的结果是否一致，包括逻辑寄存器、CSR 等，如果不一致则提示出错，输出具体对比信息，停止仿真。为了使用差分测试调试辅助机制，需要进行接口的适配，这部分细节较多，放在 11.3.3 节展开讨论。

继续看图 11.3 所示出错信息。其中 DUT 表示被验证的 RTL 设计，REF 为 LA32R-NEMU。图中显示在 PC=0x1c04e6f0 处，两者在 t3（r15）号寄存器存在差异。调试者便可以此为基础，查阅反汇编文件，对处理器进行调试。

在调试复杂 bug 时，仅依赖上述日志信息是远远不够的，通常需要通过查看仿真波形查看更全面的处理器运行信息。控制波形文件生成的配置在当前目录下的 Makefile_run 文件中。特别提醒大家注意的是，该配置文件仅影响仿真运行阶段，所以修改该配置文件后不需要重新编译 RTL 和 testbench 等。Makefile_run 文件与波形文件生成相关的主要有三个配置参数——DUMP_WAVEFORM、DUMP_DELAY 和 TIME_LIMIT。

- DUMP_WAVEFORM 设置为 1 表示开启波形生成。但针对整个仿真运行过程生成波形，会导致波形文件非常大，波形文件打开将会花费非常多的时间。其实仅出错点附近的波形信息就足以帮助调试。针对此，Makefile_run 中提供了选项用于在特定的时间生成特定时间间隔的波形。
- DUMP_DELAY 设置波形生成的起始时间。时间从指令的提交信息中获取，比如对于上述的 bug，日志中显示 PC=0x1c04e6f0 对应 734978ns，可提前一定时间，比如设置为 730000ns。
- TIME_LIMIT 配置仿真运行结束的时间。针对上述 bug，处理器运行暴露出问题的同时仿真结束，因此 TIME_LIMIT 可设可不设。但若处理器运行暴露出问题后仿真并没有立即结束，TIME_LIMIT 的设置是有必要的。

Makefile_run 配置完成后，重新运行 make，便可生效。运行结束后，log 目录下便会生成 simu_trace.fst 波形文件，可使用 GTKWave 工具打开。

```
$ gtkwave simu_trace.fst
```

对于更复杂的测试程序，如 Linux 内核，其软件仿真的时间会比较长，可以通过调整仿真的配置参数来有效减少仿真时间。以 chiplab 默认提供的基本单发射五级流水处理器核设计来说，在实时比对打开的情况下，Linux 内核启动的仿真过程需花费近 10h。因此我们需慎重配置仿真运行的各种参数，避免浪费时间。比如说处理器核已处于较稳定的状态，希望其快速完成启动过程进入命令行，便可选择如下配置：

- –disable-trace-comp 选项，关闭实时比对功能，能够节省近一半的仿真时间。

- –output-uart-info 选项，在终端上打印串口输出，也可通过终端进行输入交互。
- –disable-read-miss 选项，关闭访问未初始化的地址空洞的警报功能，避免日志刷屏。
- –disable-simu-trace 选项，若完全不需要保留任何调试信息，甚至可以通过该选项关闭指令提交信息的打印。

采用上述配置运行的命令如下：

```
$ ./configure.sh --run linux --disable-trace-comp --output-uart-info
                --disable-read-miss  --disable-simu-trace
$ make
```

仿真运行输出信息如图 11.4 所示。与 FPGA 上启动时在串口上的输出基本一致。采用该配置的内核启动过程缩短到大约 3 ～ 4h。

```
[    0.132000] UDP-Lite hash table entries: 256 (order: 0, 4096 bytes, linear)
[    0.136000] NET: Registered PF_UNIX/PF_LOCAL protocol family
[    0.148000] workingset: timestamp_bits=14 max_order=15 bucket_order=1
[    0.204000] IPMI message handler: version 39.2
[    0.204000] ipmi device interface
[    0.204000] ipmi_si: IPMI System Interface driver
[    0.204000] ipmi_si: Unable to find any System Interface(s)
[    0.244000] Serial: 8250/16550 driver, 16 ports, IRQ sharing enabled
[    0.276000] printk: console [ttyS0] disabled
[    0.276000] 1fe001e0.serial: ttyS0 at MMIO 0x1fe001e0 (irq = 18, base_baud = 2062500) is a 16550A
[    0.276000] printk: console [ttyS0] enabled
[    0.276000] printk: console [ttyS0] enabled
[    0.276000] printk: bootconsole [early0] disabled
[    0.276000] printk: bootconsole [early0] disabled
[    0.284000] ls1a-nand driver initializing
[    0.292000] dormouse! now start ls1a_nand_probe
[    0.292000] ls1a_nand : mtd struct base address is a102b800
[    0.292000] info->data_buff===================0xa115e000
[    0.300000] nand: No NAND device found
[    0.300000] ls1a-nand 1fe78000.nand: failed to scan nand
[    0.308000] ERROR dormouse: dont go to fail_free_mtd
[    0.308000] ITC MAC 10/100M Fast Ethernet Adapter driver 1.0 init
[    0.324000] libphy: Fixed MDIO Bus: probed
[    0.324000] mousedev: PS/2 mouse device common for all mice
[    0.332000] IR MCE Keyboard/mouse protocol handler initialized
[    0.332000] hid: raw HID events driver (C) Jiri Kosina
[    0.348000] NET: Registered PF_INET6 protocol family
[    0.356000] Segment Routing with IPv6
[    0.364000] sit: IPv6, IPv4 and MPLS over IPv4 tunneling driver
[    1.016000] random: fast init done
[    2.644000] Freeing unused kernel image (initmem) memory: 4352K
[    2.644000] This architecture does not have kernel memory protection.
[    2.644000] Run /init as init process
[    2.648000]   with arguments:
[    2.648000]     /init
[    2.648000]   with environment:
[    2.648000]     HOME=/
[    2.648000]     TERM=linux
can't run '/etc/init.d/rcS': No such file or directory

Please press Enter to activate this console.

/ # ls
ls
a.sh        dev      init      linuxrc   results   usr
bin         emb      lib       media     sbin      var
chroot.sh   etc      liblp32   mnt       sys
chroot1.sh  gen.sh   liblp64   proc      tmp
/ #
```

图 11.4　Linux 内核正常运行结果输出

11.3.2　随机指令测试程序验证

通用处理器需要运行各类型应用程序而不出错，这意味着在各类指令序列的组合情况下都应能执行。采用固定测试程序验证的方式，受限于测试源程序的表达形式（要有意义）和编译器编译过程的双重制约，无法快速产生各种指令序列的组合。为解决该问题，可以采用随机生成的方式产生大量合法且随机的指令序列来进行测试。在 chiplab 开发平台中提供了这类测试环境，在 sims/verilator/run_random/ 目录下运行。

为了简化操作流程，chiplab 配套提供了生成好的随机指令序列，使用者可根据 chiplab 在线文档中提供的下载链接自行下载。服务器上存放着多组随机指令序列（random_res_$(num).tar.bz2），其中 $(num) 表示该压缩包下存有多少组随机指令序列。每组随机指令序列有约 30 万条指令，解压后会占据一定的存储空间，使用者可根据处理器的调试状态，选择规模合适的随机指令序列压缩包。指令序列压缩包下载完成后，需要将压缩包内的 RES_cluster_* 和 RES_jump_* 文件夹（两者表示不同的生成倾向，jump 类倾向于同一类指令重复，而 cluster 类为多类型指令混合）拷贝至 software/random_res/ 目录下，随后在 run_random 下启动的仿真验证流程就能够自动识别并解析这些随机指令序列输入。需要注意的是，`software` 目录中默认情况下没有 random_res 子目录，需要使用者自行创建。

run_random 验证环境与 run_prog 相似，不过有 run_random 下配置选项不多，因此直接在 config-random.mak 文件内调整配置即可。若使用默认的配置，则可直接运行 make 来启动随机指令序列验证的一系列运行流程。

运行过程中完成一组随机指令序列屏幕上的输出信息如图 11.5 所示。

```
Run test RES_cluster_0000
mkdir -p logs
mkdir -p ../../log
../../output --simu-bus-delay  --simu-bus-delay-random-seed 5570123 --dump-delay 0 --dump-waveform 0 --time-limit 0 --save-bp-time 0 --restore-bp-time 0 --rand-path
./ --end-pc=9c005000 --ram ram.dat > logs/run.log
Verilator Simulation Start.

Terminated at 7987102 ns.
Test exit.
Reached test end PC.
mkdir -p ../../log/RES_cluster_0000/
cp logs/* ../../log/RES_cluster_0000/
```

图 11.5　一组随机指令序列验证的输出结果

可见随机指令序列运行时，基本不打印任何信息。因为默认面向大规模的测试，若持续向终端输出，会影响验证速度。具体的运行结果在生成的 log 目录下记录，整体随机指令序列各组 pass/fail 的信息汇总在 log/${time}/pass.log 或者 log/${time}/fail.log 中。例如，如果编号为 RES_cluster_0000 的一组随机指令序列运行通过，那么在 pass.log 文件中可看到如下的一行汇总记录信息：

```
log/RES_cluster_0000/run.log:Random_PASS
```

各组测试的更多运行日志信息，分别记录在 log/RES_*/run.log 文件中，其中 RES_* 对应随机指令序列组的目录名称。如上面例子中提到的 RES_cluster_0000 组测试，它的完整运行信息记录在 log/RES_cluster_0000/run.log 文件中。各组测试的具体日志信息如图 11.6 所示。可见为提升运行速度，即使是具体信息中也不会记录每条指令的执行情况，仅记录了初始化信息以及 TLB 表项重填的信息。

```
rand64 c++ version tlb refill start
Looking for this address: 1a4b4d0
Found 1 entry
=========================================================
tlb index = 000000000c000002
tlb_hi    = 0000000001a4a000
tlb_lo0   = 0000000000000000
tlb_lo1   = 0000000000141211
=========================================================
rand64 c++ version tlb refill start
Looking for this address: 59e2960
Found 1 entry
=========================================================
tlb index = 000000000c000003
tlb_hi    = 00000000059e2000
tlb_lo0   = 000000000013c711
tlb_lo1   = 0000000000000000
=========================================================
rand64 c++ version tlb refill start
Looking for this address: 1d806a0
Found 1 entry
=========================================================
tlb index = 000000000c000004
tlb_hi    = 0000000001d80000
tlb_lo0   = 0000000000142511
tlb_lo1   = 0000000000000000
==============================================================
test end!!
END by Syscall
Random_PASS
total clock is 3993544
```

图 11.6 一组随机指令序列验证的具体日志信息

下面来看随机指令序列验证出错时日志信息的形式。假如处理器核的乘法实现有错且在测试 RES_cluster_0000 这组指令序列时检测出来了，那么测试执行后会在汇总错误日志信息 fail.log 中看到如图 11.7 所示的记录。

```
log/RES_cluster_0000/run.log:     t2 different at pc = 0x0000000810, right= 0x00000000c8da00a0, wrong = 0x000000009fae5520
```

图 11.7 随机指令测试出错时汇总日志信息

在 fail.log 中看到 RES_cluster_0000 这组指令序列报错之后，可以进一步查看 log\RES_cluster_0000\run.log 来获得更多出错相关信息，此时的具体记录信息如图 11.8 所示。可见其与固定程序测试出错时的日志信息基本一致。本例中，从这些输出的日志信息可知 PC=0x810 的指令运行出错，对 t2（r14）寄存器进行了错误的修改。

```
==============  DUT Regs  ==============
r0(r 0): 0x00000000 ra(r 1): 0x654000e2 tp(r 2): 0x06f6a8ac sp(r 3): 0x0161e34c
a0(r 4): 0x07853bdc a1(r 5): 0x0502a5e8 a2(r 6): 0x037e04ac a3(r 7): 0x00000000
a4(r 8): 0x079222f4 a5(r 9): 0x04cb6da3 a6(r10): 0x026abab8 a7(r11): 0x04cb6ef4
t0(r12): 0x04c1b9e8 t1(r13): 0x077f4f4c t2(r14): 0x9fae5520 t3(r15): 0x0303d530
t4(r16): 0x074470c0 t5(r17): 0x0621d848 t6(r18): 0x057082f4 t7(r19): 0x0511bd54
t8(r20): 0x06cd8b04  x(r21): 0x018351e4 fp(r22): 0x07e97914 s0(r23): 0x03b71d90
s1(r24): 0x00000010 s2(r25): 0x1d2d180c s3(r26): 0x01da76b0 s4(r27): 0x0678caf0
s5(r28): 0xfb3e4607 s6(r29): 0x03213650 s7(r30): 0x07ab3fe8 s8(r31): 0x09a455c0
pc: 0x00000810
CRMD: 0x00000030,    PRMD: 0x00000000,    EUEN: 0x00000000
ECFG: 0x00000000,   ESTAT: 0x00000000,     ERA: 0x00000000
BADV: 0x09a4b6e0,  EENTRY: 0x9c004000, LLBCTL: 0x00000001
cpu.ll_bit: 1
INDEX: 0x0c000001, TLBEHI: 0x09a4a000, TLBELO0: 0x0011a113, TLBELO1: 0x00000513
ASID: 0x000a000f, TLBRENTRY: 0x1c001000, DMW0: 0x80000009, DMW1: 0xa0000019
******************************************************************************
####### INIT HERE ########
TLB_ENTRY = 32
PC: 0x0 [NEMU]: EXCEOTION TLBR
PC: 0x4 [NEMU]: EXCEOTION TLBR
r0(r 0): 0x00000000 ra(r 1): 0x654000e2 tp(r 2): 0x06f6a8ac sp(r 3): 0x0161e34c
a0(r 4): 0x07853bdc a1(r 5): 0x0502a5e8 a2(r 6): 0x037e04ac a3(r 7): 0x00000000
a4(r 8): 0x079222f4 a5(r 9): 0x04cb6da3 a6(r10): 0x026abab8 a7(r11): 0x04cb6ef4
t0(r12): 0x04c1b9e8 t1(r13): 0x077f4f4c t2(r14): 0xc8da00a0 t3(r15): 0x0303d530
t4(r16): 0x074470c0 t5(r17): 0x0621d848 t6(r18): 0x057082f4 t7(r19): 0x0511bd54
t8(r20): 0x06cd8b04  x(r21): 0x018351e4 fp(r22): 0x07e97914 s0(r23): 0x03b71d90
s1(r24): 0x00000010 s2(r25): 0x1d2d180c s3(r26): 0x01da76b0 s4(r27): 0x0678caf0
s5(r28): 0xfb3e4607 s6(r29): 0x03213650 s7(r30): 0x07ab3fe8 s8(r31): 0x09a455c0
pc: 0x00000814
Current MMU state is: MMU_TRANSLATE
CRMD: 0x00000030,    PRMD: 0x00000000,    EUEN: 0x00000000
ECFG: 0x00000000,   ESTAT: 0x003f0000,     ERA: 0x00000000
BADV: 0x09a4b6e0,  EENTRY: 0x9c004000, LLBCTL: 0x00000000
cpu.ll_bit: 1
INDEX: 0x0c000001, TLBEHI: 0x09a4a000, TLBELO0: 0x0011a113, TLBELO1: 0x00000513
ASID: 0x000a000f, TLBRENTRY: 0x1c001000, DMW0: 0x80000009, DMW1: 0xa0000019
******************************************************************************

==============  REF Regs  ==============
i = 14
     t2 different at pc = 0x0000000810, right= 0x00000000c8da00a0, wrong = 0x000000009fae5520
total clock is 909

==============================================================
```

图 11.8　随机指令测试出错时的具体日志信息

调试时我们经常需要了解具体出错的指令是什么或者出错位置附近的上下文是什么，在固定程序测试中我们主要通过查看测试程序的反汇编文件（test.S），而在随机指令序列的测试中则改为查看各个随机指令序列配套的 res 文件。这些 res 文件记录了指令序列、正确运行时应该产生的运行结果等，可以帮助调试。每组随机指令序列都包含一套 res 文件，存放于 random/random/RES_##### 目录下。仍以前面乘法出错作为例子，如果想知道 PC=0x810 的地址是什么指令，可查看 random/random/RES_cluster_0000 目录下的 comment.res 和 pc.res 文件，如图 11.9 所示，可见报错 PC 处是一条乘法指令。

图 11.9　随机指令序列的 res 文件

11.3.3　基于差分测试的调试辅助机制

chiplab 开发平台中借鉴中科院计算所“香山”团队的 EasyDiff 设计[⊖]实现了一套基于动态差分测试的调试辅助机制。差分测试（Differential Testing）是软件工程领域的一种常用测试方法，其核心思想是，对于参照同一规范的两种不同实现，如果给定相同的有效输入，那么两者应当具有一致的行为。对处理器开发来说，这里的“统一规范”便是指架构手册；参照同一规范的两种实现，分别是需要验证正确性的待测对象（Design Under Test，DUT）和经过正确性验证的参考实现（REFerence，REF）；有效输入则是指符合指令集规范的指令流。在差分测试的过程中，DUT 和 REF 执行相同的指令流，如果 DUT 实现正确，则两者在执行完每一条指令后，都应当产生完全一致的执行效果，如果在指令执行时两者的执行效果不同，则说明 DUT 存在实现错误的地方。通过这样的方法，就可以在处理器开发的过程中实现对 RTL 代码的 bug 定位。这一定位错误的思路，在本书基础实验中的 trace 比对机制中已有采用，它能够大幅度提升处理器设计错误定位的效率，这一点相信读者已有充分的体会。不过，基础实验因为测试程序行为简单可静态确定，所以 REF 是提前运行记录每条指令执行结果，可以理解为是一种静态差分测试。但是，静态差分测试不适用于调试复杂应用程序，譬如 Linux 内核，因为程序的执行轨迹会受到 DUT 设计和执行过程中非确定性事件的影响，所以将差分测试实现为动态的就很有必要。

11.3.3.1　动态差分测试框架的基本原理

chiplab 的动态差分测试框架中，DUT 是开发者所设计 CPU 的 RTL 实现，REF 为 LA32R-NEMU 指令集模拟器，后者是在南京大学主导开发的轻量级开源指令集模拟器 NEMU 的基础上实现的，其执行效果相当于一个单周期 CPU，并且提供了动态差分测试所必要的 API。LA32R-NEMU 指令集模拟器以动态链接库的形式应用在动态差分测

⊖ 参见余子濠著“EasyDiff：一个高效实用的处理器验证框架”，2019 年，https://crvf2019.github.io/pdf/14.pdf。

试框架中，其有效输入为运行程序的 .bin 文件。目前 chiplab 中的动态测试框架可用于所有固定程序测试和随机指令测试的软件仿真。

整个框架的运行逻辑如以下伪代码所示：

```
while(!Simulation_Finished){
    DUT.step(1);
    DUT_state = DUT.getstate();
    REF.step(1);
    REF_state = REF.getstate();
    if (DUT_state != REF_state){
        Abort();
    }
}
```

其基本过程是，每当 DUT 提交了一条指令，就令 REF 也执行一条指令（因为是模拟器执行，可视作瞬时完成），然后比对 DUT 和 REF 的体系结构状态，如果不一致则抛出错误，否则继续仿真。这里的“体系结构状态”默认包括 32 个通用寄存器的值和 PC，使用者还可自定义比较某些 CSR 的值，以及自定义比较 store 指令的访存物理地址和写入存储器的值。

对于 DUT 采用超标量设计的，若其在一个时钟周期提交多条指令，那么 REF 将连续执行相同数量的指令，之后再进行体系结构状态的比较。

动态差分测试框架的核心比较逻辑代码位于 $CHIPLAB_HOME/sims/verilator/testbench/difftest.cpp 中。

1. 异常和中断的处理

所有的异常（浮点相关尚未实现），LA32R-NEMU 均可以自己识别并触发异常处理。在使用本框架时需要注意一点，关于产生异常的指令是否提交这一点，DUT 需要与 LA32R-NEMU 有一致的处理，否则会导致在进入异常处理时，DUT 和 LA32R-NEMU 的指令流不能同步。目前 chiplab 中的示例是将 syscall 和 break 这两条指令与其他携带异常标记的普通指令一样视作不提交。

对于软件中断，LA32R-NEMU 同样可以自己识别，但是由于 LA32R-NEMU 的行为等同于一个单周期处理器，所以软件中断异常标志一定会附带在使得软中断信号拉高的下一条指令上。这也意味着，面对软件中断，DUT 也需要将中断异常标志附带在使得软中断信号拉高的下一条指令上[⊖]（指令手册中并没有这样的要求），否则 DUT 和

⊖ 一个可行的实现建议是：对于修改 CRMD、ECFG 和 ESTAT 这三个 CSR 的指令，令其在写回 / 提交时“清空流水线并重新取它的下一条指令”。具体的处理方式请复习 9.3.1 节的内容。

LA32R-NEMU 的指令流不能同步。

对于硬件中断和时钟中断，LA32R-NEMU 只能从 DUT 获取中断信号，当 DUT 提交了携带时钟中断或硬件中断标志的指令时，动态差分测试框架调用 LA32R-NEMU 提供的 API 来设置 LA32R-NEMU 内部的 CSR 中对应的中断位，以保证 DUT 和 LA32R-NEMU 可以同步触发硬件中断和时钟中断，有一致的指令流。

2. MMIO 访存处理

作为一个指令集模拟器，LA32R-NEMU 并不打算模拟外设的行为[㊀]，因此需要解决 DUT 访问外设时如何继续保持与 LA32R-NEMU 的指令流同步的问题。鉴于目前 chiplab 中提供的仿真用 Linux 内核只将 0 ～ 128MB 的地址空间作为内存区域，所以对 128MB 以上地址范围进行的访存都被视作 MMIO 访存。DUT 提供 load 指令的物理地址，动态差分测试框架对其进行判断，若落在 MMIO 区域则调用 LA32R-NEMU 提供的 API 将 DUT 的访存结果同步到 LA32R-NEMU 中；而物理地址落在 MMIO 区域的 store 指令，即使开启了 store 指令地址和写入值的比对，也不予比较。换言之，目前的动态差分测试框架无法检查外设访问的正确性，使用者不能迷信基于动态差分测试框架可以快速定位所有功能错误。

3. TLBFILL 指令处理

在 LA32R 处理器中 TLBFILL 指令在执行时选择填入 TLB 的哪一个表项是和处理器微结构具体实现相关的，所以当执行 TLBFILL 指令时，也需要将 DUT 选择的表项同步给 LA32R-NEMU，才可以保证两者 TLB 信息和后续访存行为的一致性。此外，LA32R-NEMU 中 TLB 表项的配置数目也需要和 DUT 保证一致。

4. 计时器、定时器读取指令

作为一个指令集模拟器，LA32R-NEMU 很难模拟出 DUT 中运行的时钟，所以对于需要读取计时器、定时器的指令（如 rdcnt 指令、读取 TVAL 的 CSR 指令），也是采用将 DUT 中这些指令的读取结果同步给 LA32R-NEMU 的处理方式。

11.3.3.2　动态差分测试框架的适配

从上面动态差分测试框架的基本工作原理介绍中，我们了解到为了进行比对、同步，DUT 需要在运行时将内部的一些信息传递给动态差分测试框架，具体是通过 DPIC 接口来实现的。有关 DPIC 接口各信号的具体定义请参考 chiplab 在线手册的

㊀ 如同 QEMU 模拟器那样。

DIFFTEST 使用说明[㊀]部分。不过，如何正确实现 DPIC 接口中的这些信号使动态差分测试框架得以正常工作，又是与被测试处理器的具体设计细节相关联的，目前我们尚未总结出一个既具体又普适的设计规格。不过，一个普适的核心设计指导原则是，**在根据 DPIC 接口相关信号看到某指令提交的时刻，该指令修改处理器状态的效果也恰好可以通过 DPIC 其他相关接口观察到，**恰好意味着看到的时机既不早也不晚。例如，对于单发射五级静态流水线处理器来说，指令在 WB 级提交的同时发起通用寄存器堆的写请求，因此该指令修改通用寄存器堆的执行效果在下个时钟周期才能看到。因此，通过 DPIC 接口传出的提交信号就应该是 WB 级指令提交信号向后推迟一拍，这样才能使动态差分测试框架在看到 DPIC 接口的 DifftestInstrCommit.valid=1 而开始检查的时候，通过 DPIC 接口的 DifftestGRegState 能够获取更新后的寄存器值。

上面只是对 chiplab 中软件仿真功能验证的主要功能进行了介绍，更为全面细致的介绍请参考 chiplab 在线文档的相关章节，读者可以根据实际需求自行阅读。

11.4 FPGA 上板功能验证

11.4.1 FPGA 综合实现

通过前面各项功能仿真验证的处理器核设计可以进一步进行 FPGA 上板验证。为此，chiplab 开发环境中基于龙芯体系结构教学实验箱和龙架构处理器设计全流程教学实验平台等给出了 FPGA 综合实现的参考设计及其工程环境。以龙芯实验箱上的实现为例，用 Vivado 软件打开 $CHIPLAB_HOME/fpga/loongson/system_run/system_run.xpr 文件对应的工程，加入你自己的处理器核设计代码，仿真确认没有简单的连线错误后，就可以综合实现并上板测试了。

上述过程基本上不需要使用者修改核外的设计，不过参考工程中处理器核的输入时钟频率默认为 33MHz，如果觉得这个频率不合适，使用者需要自行对 FPGA 参考设计中的 clk_pll_33 Xilinx IP 的输出时钟频率进行调整，修改为自己期望的频率，如图 11.10 所示。

㊀ 见 https://chiplab.readthedocs.io/zh/latest/Simulation/difftest.html。

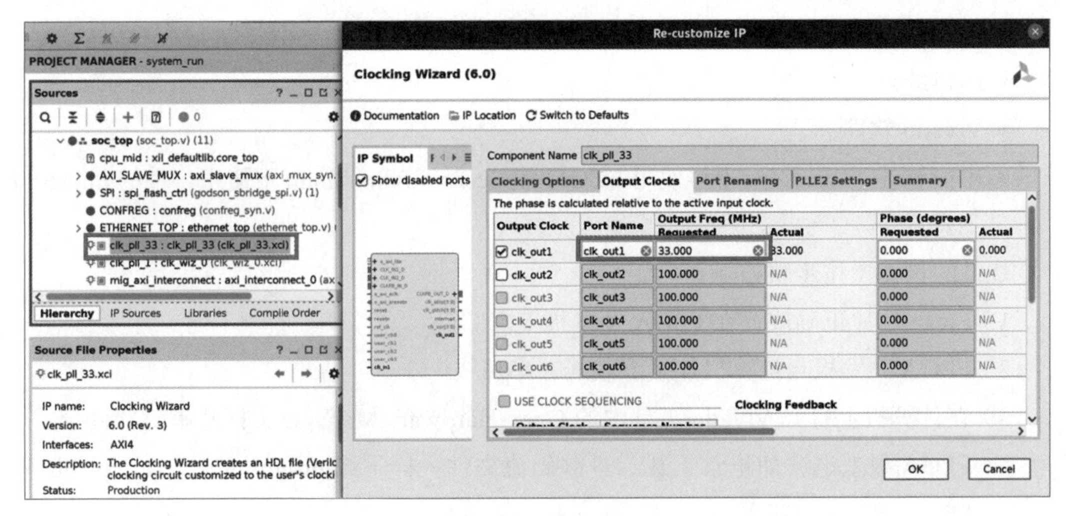

图 11.10　调整 FPGA 实现中处理器核的频率

11.4.2　在 FPGA 上运行 Linux 操作系统

在 FPGA 上运行 Linux 操作系统需要依次完成以下步骤：

1）将 PMON 文件（gzrom.bin）烧录至可插拔 SPI Flash 芯片上。

2）下载二进制码流文件。

3）运行 PMON。

4）搭建 TFTP 服务器用于下载内核（vmlinux）。

5）启动内核。

下面依次展开介绍。

11.4.2.1　将 PMON 烧录至 Flash 芯片

将 PMON 烧录至 Flash 芯片最简便、高效的方式是使用 Flash 烧录器。如果读者手头有 Flash 烧录器，那么可以跳过本小节内容。

本小节介绍一种使用基于龙芯实验箱烧录 Flash 芯片的方法。该方法在 FPGA 上实现了一个简易 SoC，可实现通过串口在线编程 Flash 芯片。在编程过程中，不需要拔下 Flash 芯片，且速率达到 6KB/s。

烧录过程需要准备以下工具：

- FPGA 开发板。
- FPGA 电源线。
- FPGA 下载线。

- Flash 芯片。
- 串口线。
- Vivado 软件。
- 串口软件，Windows 下可使用 ECOM 或 SecureCRT，Linux 下使用自带的 minicom 工具。

烧录的具体操作步骤如下：

1）Flash 芯片正确放置在 FPGA 开发板上。

2）FPGA 开发板与计算机连接下载线、串口线。

3）在计算机上打开 Vivado 工具中的 Open Hardware Manager，打开串口软件。

4）FPGA 板上电，如正常下载二进制码流文件一样下载 programmer_by_uart.bit 至 FPGA 上。

5）串口软件，波特率选为 230400。

6）串口连接正常后根据提示，键盘输入 x 表示开始 xmodem 传输。

7）串口软件使用 xmodem 模式传输二进制码流文件。

8）等待传输完成。

不同串口软件的操作过程存在差异，以下将分别介绍 minicom、ECOM、SecureCRT 串口工具的使用。

1. minicom 烧录 Flash 的步骤

终端输入命令启动 minicom。

```
$ minicom -s
```

选择 Serial port setup 完成 Serial Device 和 Bps/Par/Bits 的设置，如图 11.11 所示。

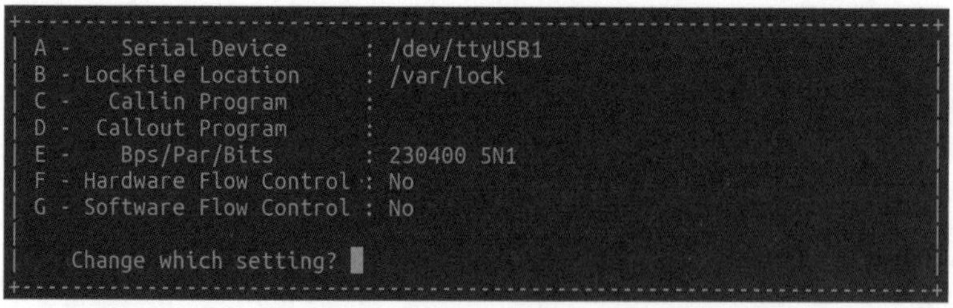

```
+-----------------------------------------------------------------------+
| A -    Serial Device      : /dev/ttyUSB1                              |
| B - Lockfile Location     : /var/lock                                 |
| C -   Callin Program      :                                           |
| D -  Callout Program      :                                           |
| E -    Bps/Par/Bits       : 230400 5N1                                |
| F - Hardware Flow Control : No                                        |
| G - Software Flow Control : No                                        |
|                                                                       |
|    Change which setting?                                              |
+-----------------------------------------------------------------------+
```

图 11.11　选择 Serial port setup

选择 Filenames and paths 完成 Upload directory 的设置，如图 11.12 所示。

在串口通信界面，键盘输入 x 表示准备接受文件。按组合键 Ctrl + A + S，选择 xmodem，按空格键选择需要传输的文件，回车启动传输，出现如图 11.13 所示界面表示传输完成。

```
A - Download directory :
B - Upload directory   : /home/fpga/pmon
C - Script directory   :
D - Script program     : runscript
E - Kermit program     :
F - Logging options

  Change which setting?
```

图 11.12　选择 Filenames and paths

```
+-----------[xmodem upload - Press CTRL-C to quit]-----------+
|Sending gzrom.bin, 2144 blocks: Give your local XMODEM receiv|
|e command now.                                               |
|Bytes Sent: 274560   BPS:6504                                |
|                                                             |
|Transfer complete                                            |
|                                                             |
| READY: press any key to continue...                         |
+-------------------------------------------------------------+
```

图 11.13　minicom 传输完成

2. SecureCRT 烧录 Flash 的步骤

SecureCRT 烧录 Flash 的步骤如图 11.14 所示。

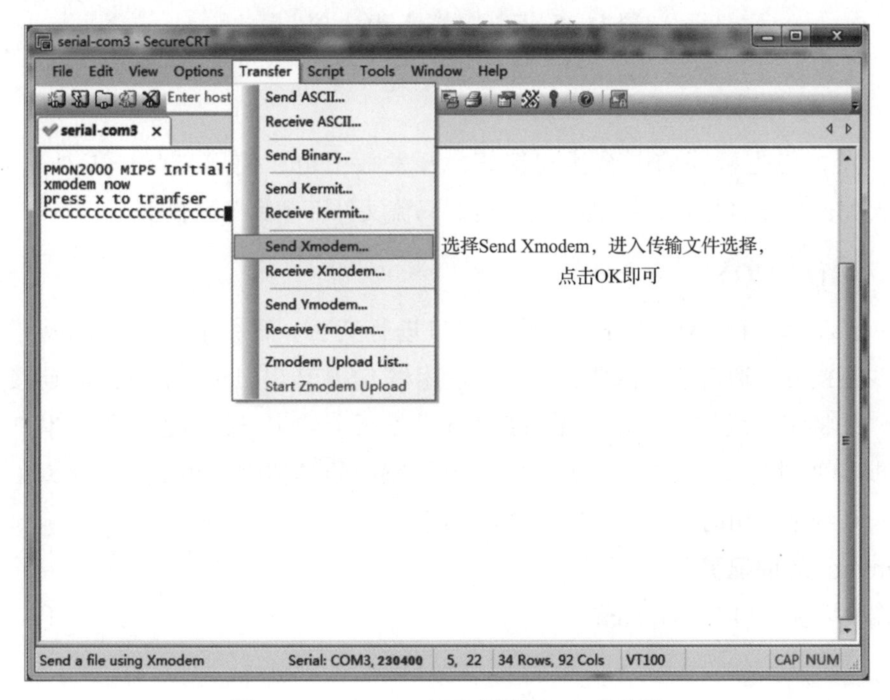

图 11.14　SecureCRT 烧录 Flash 的步骤

3. ECOM 烧录 Flash 的步骤

ECOM 烧录 Flash 的步骤如图 11.15 所示。

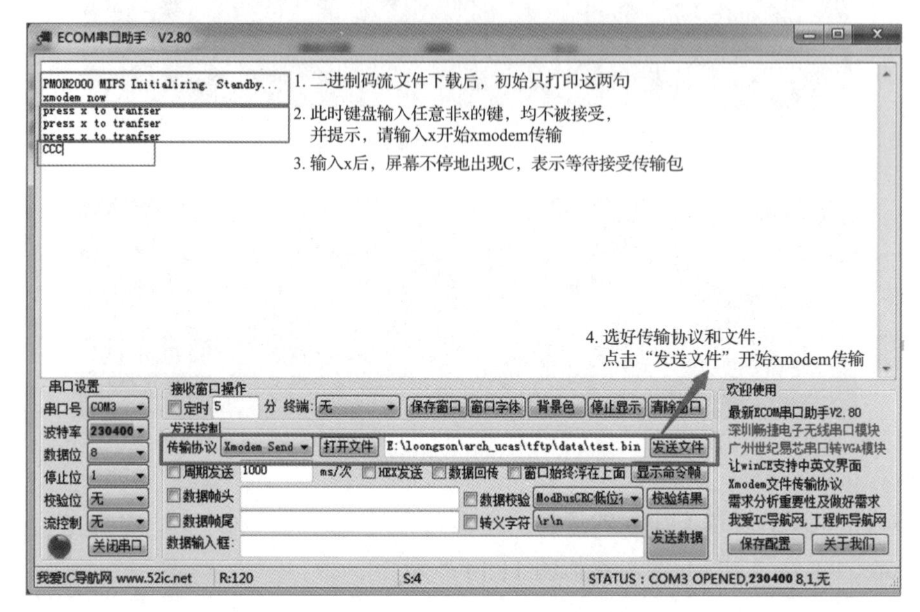

图 11.15 ECOM 烧录 Flash 的步骤

11.4.2.2 下载二进制码流文件

将开发板与主机间的下载线连接好，开发板上电，使用 Vivado 工具里的 Open Hardware Manager 将综合 SoC 得到的二进制码流文件下载到开发板上。

11.4.2.3 运行 PMON

在 FPGA 上运行 PMON 时需要使用串口进行交互。运行前先将开发板与主机间的串口线连接好，通常我们需要在主机侧使用将 USB 转串口接头，通过其连接串口线的一端，并将串口线的另一端连接到 FPGA 开发板上的串口接口上。打开串口通信软件并将波特率设置为 115 200。关于串口通信软件的具体配置方式，以下对 Linux 和 Windows 系统下常用的两款软件进行简要介绍。

1. minicom 的配置

终端输入命令启动 minicom。

```
$ minicom -s
```

选择 Serial port setup 进入配置界面，在 E-Bps/Par/Bits 行完成串口波特率的设置，同时 F-Hardware Flow Control 和 G-Software Flow Control 行均选择 No。配置完成后按 Enter 返回，选择 Save setup as dfl 保存为默认设置。设置之后，如果再次启动就无须选择 -s 选项进行配置了，不过因为要访问硬件设备，所以需要超级用户权限。

```
$ sudo minicom
```

2. SecureCRT 的配置

Windows 系统下可免费安装使用 SecureCRT 软件，在配置前先确认开发板和主机之间的串口线已经连接好。初次启动软件会看到如图 11.16 所示界面。

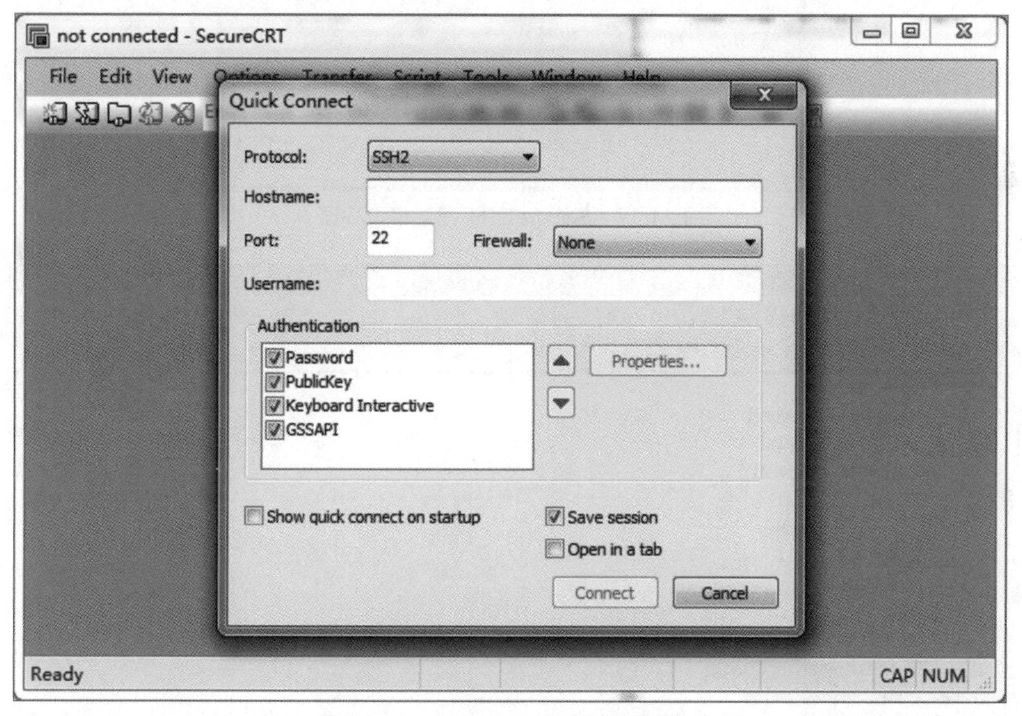

图 11.16　SecureCRT 启动配置界面

将窗口中第一行 Protocol 的下拉选择改为 Serial，则配置窗口界面变为如图 11.17 所示。

其中 Baud rate 为选择波特率，需根据开发板上串口控制器的初始化代码中设置的波特率进行选择（本实验环境中波特率默认选择 115200）。窗口右侧的 Flow Control 全都不选。Port 的选择需根据所连接串口在 Windows 系统上显示的端口进行选择，具体可以右键单击“我的电脑”图标选择“设备管理器”进行查看，如图 11.18 所示。

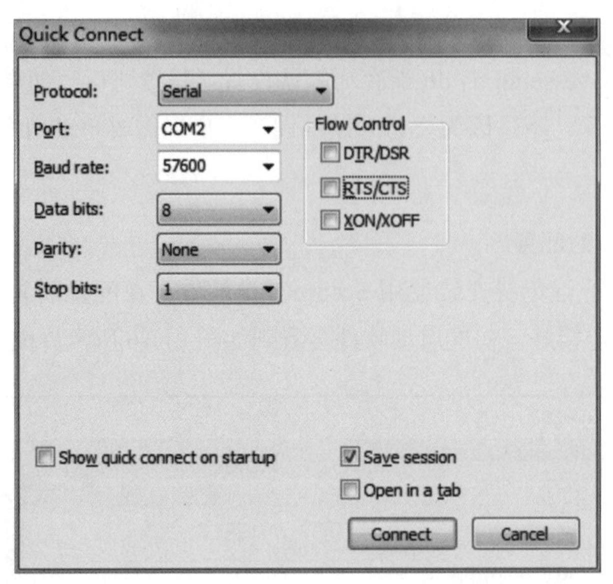

图 11.17 SecureCRT 配置窗口界面

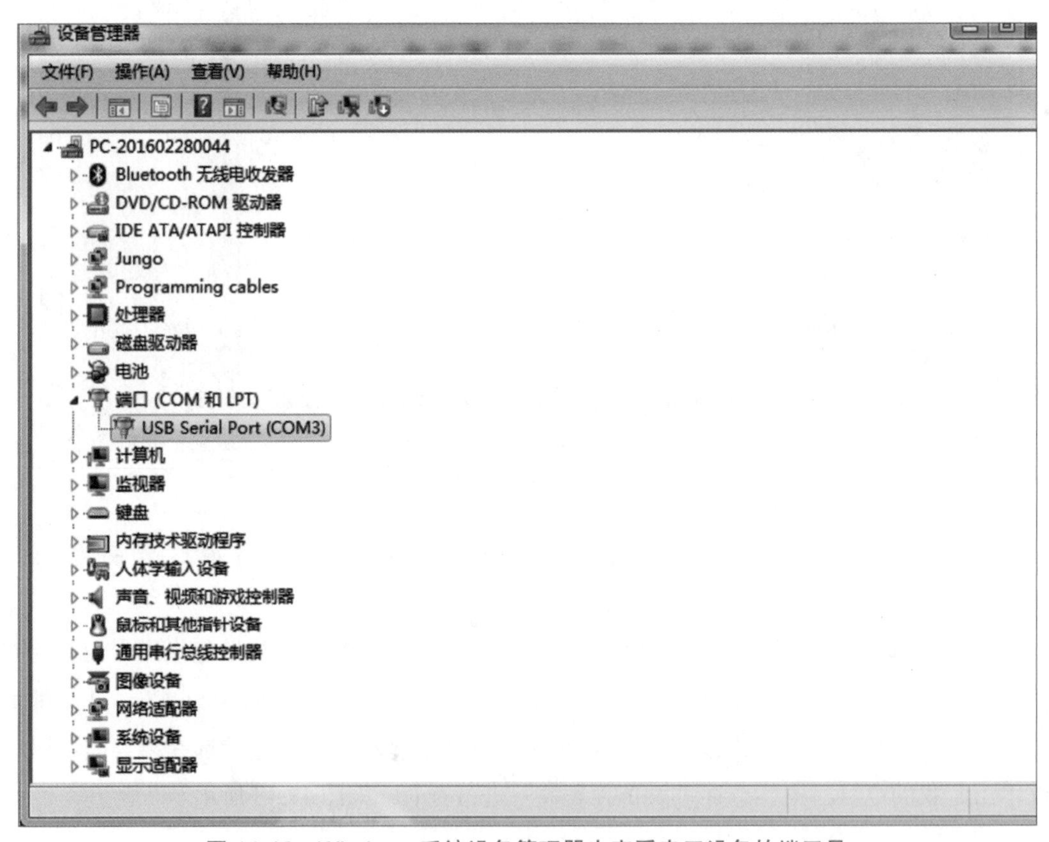

图 11.18 Windows 系统设备管理器中查看串口设备的端口号

上述配置完成后点击 connect 按钮，即可进入串口交互界面。在波特率设置正确的情况下，可以通过交互界面看到串口输出并输入。

如果硬件设计没有问题且上面的串口配置正确，则可以在交互界面中看到 PMON 的启动信息，启动成功后会进入 PMON 提示符，如图 11.19 所示，此时可以输入 PMON 命令。

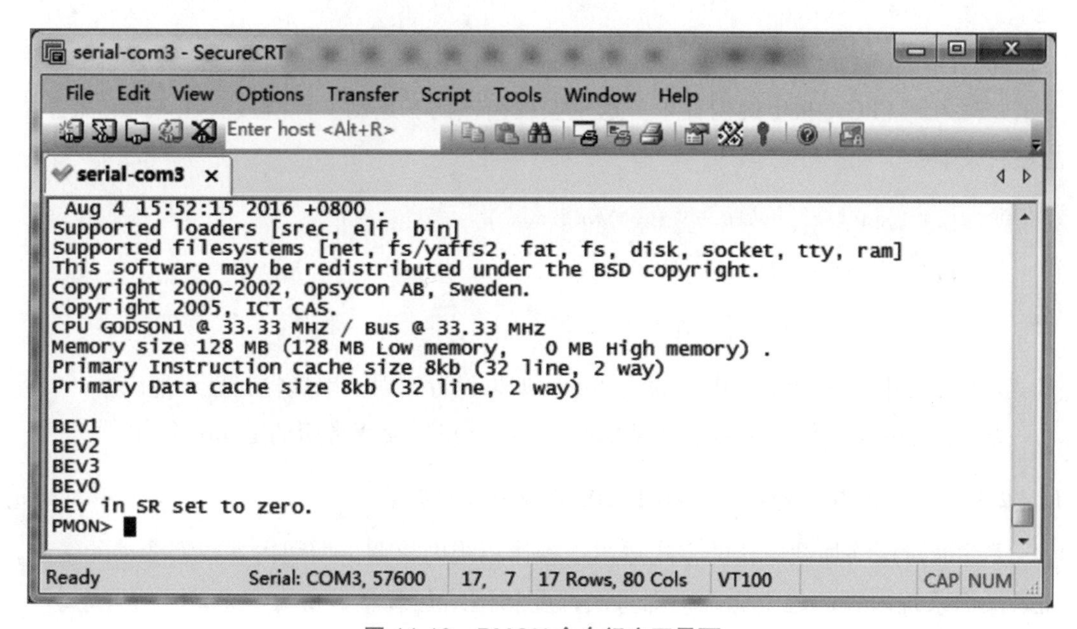

图 11.19 PMON 命令行交互界面

11.4.2.4 在 PMON 下通过网络装载内核并启动

如果 FPGA 上下载的 SoC 设计中有网络接口，则可以在 PMON 下通过网络装载内核。

不过在 PMON 中配置网络进行下载之前，我们需要在另一台计算机上搭建一个 TFTP 服务器，具体搭建的方法视 TFTP 服务器的计算机上所用的操作系统而定，请读者自行查阅相关资料完成，本书不再赘述。随后将 Linux 内核二进制文件上传到所搭建的 TFTP 服务器上。直接编译出的 vmlinux 文件因含有符号表等信息而体积较大，可以用 strip 命令进行精简：

```
$  loongarch32r-linux-gnusf-strip  vmlinux
```

上述 TFTP 服务器端的准备工作完成后，我们在 FPGA 上运行的 PMON 命令行进行装载内核的操作。首先是配置网络。先查看待访问 TFTP 服务器所在网络的 IP 地址

（假设为10.90.50.43），那么在PMON中先设置IP地址：

```
PMON> ifconfig dmfe0 10.90.50.43
```

配置完IP地址后，可以用ping命令检查网络是否成功接入。PMON下的ping命令会一直发ping包，可以按Ctrl + C取消：

```
PMON>  ping  10.90.50.43
```

确认网络连接正常后，即可通过load命令将内核二进制文件从TFTP服务器上下载下来并写入到FPGA板上的内存中。这里假设内核的二进制文件直接放在TFTP服务器的根目录下：

```
PMON>   load   tftp://10.90.50.43/vmlinux
```

装载成功后，就可以启动内核了：

```
PMON> g console=ttyS0,115200 rdinit=sbin/init
```

上述命令中，115200是串口的波特率，如果设置错误，串口将会显示乱码。

当运行Linux内核成功后会出现/ #提示符，可以使用常用的Linux命令。

11.4.2.5 在PMON下通过NAND Flash装载内核并启动

上述通过网络加载内核的方式适用于操作系统内核调试期间内容频繁变动的情景，如果操作系统内容已趋于稳定，则每次都要从网络加载就显得有些麻烦。在龙芯教学实验箱的FPGA开发板上集成了128MB的NAND Flash，可以将其作为系统中的硬盘，存放操作系统内核的二进制文件。同时在PMON中设置好相应的启动参数，则后续每次系统复位后，系统先从SPI Flash加载并运行PMON，完成处理器核与外设的初始化，然后自动加载NAND Flash中保存的操作系统内核至内存，最后自动启动内核。整个启动过程基本是常见计算机启动过程的一个简化版本。

下面介绍如何将操作系统镜像写入到FPGA开发板的NAND Flash芯片中并配置PMON的启动参数。

第1步，启动PMON至命令行。

第2步，在PMON下执行命令擦除NAND Flash芯片：

```
PMON> mtd_erase /dev/mtd0r
PMON> mtd_erase /dev/mtd1r
```

第3步，实验箱连接网线，从TFTP服务器下载内核镜像：

```
PMON> ifconfig dmfe0 XX.XX.XX.XX
PMON> devcp tftp://XX.XX.XX.XX/vmlinux /dev/mtd0
```

上面命令中的 XX.XX.XX.XX 是 TFTP 服务器的 IP 地址。如果传输过程中卡顿了，请按 Ctrl + C 取消本次传输后，重新执行 devcp 命令进行传输。如果多次取消后，依然传输失败，请复位开发板后重新操作。如果 devcp 命令报错了（Exception），请复位开发板后重新操作。

第 4 步，设置分区空间大小。此过程中可能出现 Warning，可以不用管：

```
PMON>  set  mtdparts  nand-flash:50M@0(kernel)ro,-(rootfs)
```

第 5 步，设置启动分区及参数：

```
PMON> set al /dev/mtd0
PMON>  set  append  "console=ttyS0,115200  rdinit=/sbin/init  initcall_debug=1
loglevel=20"
```

上述加载与配置完成后，复位 FPGA，系统启动完 PMON 之后将会自动从 NAND Flash 装载内核并启动，无须联网以及输入额外的启动命令。

C H A P T E R 12

第12章

进阶设计

上一章我们向读者介绍了用于进阶设计的实验环境，这一章我们将回归设计本身，探讨一些处理器核微结构设计优化技术，主要包括：提升主频的常用方法，超标量流水线的实现，动态调度机制的实现，硬件转移预测和访存优化技术以及多核处理器的实现。这些进阶设计点彼此间并没有实现上的先后顺序要求，因此你可以根据自己的喜好灵活选择其中的一部分进行尝试。

在接下来的介绍过程中，我们将依然延续本书突出实战的写作初衷。在所涉及的各个技术方面，我们将重点围绕那些较为经典成熟的技术来展开讨论。不过囿于篇幅，我们在本书中就不再对各技术的原理进行充分的论述。这方面内容优秀的参考资料很多，再重述一遍也未必更清晰，因此我们在这里给出一些推荐的学习材料。首先推荐的是教材类的书籍，这类资料介绍的内容成体系，比技术报告、论文或综述更适合初学者。具体推荐的书有三本：John L. Hennessy 和 David A. Patterson 两位写的《计算机体系结构：量化研究方法》(简称“量化”)、胡伟武老师领衔龙芯团队写的研究生教材《计算机体系结构基础》(简称“体系结构”)、姚永斌先生编著的《超标量处理器设计》(简称“超标量”)。这三本书中，“量化”和“体系结构”是典型的教材写法，比较适合用于一上来就建立基础概念体系，其中“量化”涉及的知识点特别多，直接与本章所讲进阶设计相关的内容主要在前 3 章，“体系结构”则重点围绕 CPU 微结构设计进行知识讲解，其中直接与本章后续内容有关的是第 6 ～ 12 章。“超标量”一书的特色在于设计细节剖析比较充分，适用于技术的基本概念已经清楚，但是如何形成具体设计方案尚无头绪的阶段。如果这些教材类材料看完后，觉得讲得还是不够具体，则可以进一步查阅教材中所引用的各技术点的论文或专利。如果看完这些文字类材料后觉得原理虽然很清楚了，但是如何具体实现还是有些联系不上，那么推荐读者通过观摩一些优秀的开源处理器核设计作品来获得启发。这方面的资源近年来也是越来越丰富，如 chiplab 项目首页收集的LA32R开源处理器核设计项目，还有“龙芯杯”全国大学生计算机系统能力培养大赛历年获奖队伍所公开的设计，此外各种其他指令架构的开源处理器核也可以用来作为参考。

基于上面提到的各类优秀参考资料中对知识点的阐述，本章接下来将主要对各项进阶设计技术给出一些具体的设计建议。

12.1 提升主频的常用方法

提升主频是一种非常直接的处理器性能提升途径。在本书前面基础实践阶段的设计讲解中，零散介绍了一些提升主频的方法，这里我们对其进行总结，并补充一些新的内容。

12.1.1 平衡各级流水线的延迟

本书所讲的处理器流水线设计是采用同步电路来实现的。通常而言，整个处理器流水线采用同一个时钟，所以决定主频的是时延最长的那一级流水。当流水级数和物理实现工艺确定之后，我们需要根据物理综合的时延反馈来精细调整逻辑在各级流水线之间的分布，以尽可能达到各级流水线的延迟大致相当。

不过这个调整未必能达到理想的情况。譬如，当某条路径上包含了RAM读出的逻辑，那么你最多也只能将这级流水线的延迟缩短到RAM读出的延迟加上触发器的setup时间，如果它的时延还是远超其他流水级，那么在你的能力范围内已经无法解决了。

12.1.2 针对大概率事件优化逻辑

在平衡流水线延迟的优化做到接近极致之后，如果还想提升主频，就不再是“稳赚不赔”的买卖了。如果继续维持流水线级数不变，那么我们就要针对具体的应用场景，只保留那些针对大概率事件的性能优化处理逻辑，从而降低电路逻辑的复杂度。

举个例子来说，前递是我们常用的性能优化技术。如果要追求极致的流水线执行效率，任何指令的结果在流水线中计算完成后，都应该尽早前递到任何可能利用该结果的地方。这个前递网络上的延迟除了走线延迟之外，逻辑上的延迟主要取决于两点：一是单个前递的发起点去往多少个前递的接收点，终点越多，负载越大，延迟越大；二是每个前递的接收点最多要在多少个前递来的数据中选择出所需的前递值，来源越多，多选一的输入端口越多，延迟越大。当发现关键路径中有前递网络参与时，我们就可以结合具体设计分析这条路径上是否有发生概率不大的前递路径存在，如果有的话可以通过实验的方式检查调整后整体的收益是否为正。如果整体收益为正则为有效调整。

再举个例子，如果乘法电路的延迟成为关键路径的主要构成因素，而我们通过对应用中乘法的输入数据进行分析，发现乘法的两个操作数的绝对值在 2^{16} 以内的占据比例的很高，那么我们就可以对乘法器中华莱士树的规模进行缩减，使得乘法器在两个操作数的绝对值均小于 2^{16} 的时候可以全流水执行，否则的话就多阻塞一拍，通过迭代两轮来完成计算。

12.1.3 用面积和功耗换时延

在优先考虑性能的应用场合，还可以采用面积和功耗换时延的频率优化方式。在处理器结构设计中，最典型的例子莫过于用多项 FIFO 替代单项 buffer 以消除流水线反压的 allowin 信号所引发的关键路径。在采用多项 FIFO 之后，我们只根据当前拍 FIFO 有没有空项来决定下一拍前一级流水的内容是否可以输入，这样从本级输出给前一级流水的 allowin 信号就不会引入后面各级流水线 allowin 信号的延迟影响。

另一种用面积换时延的技巧常与流水线延迟平衡的优化配合在一起使用。即假设某个信号（通常是很多位才会出问题）在这一级要去往多个物理距离上相距较远的地方，由于扇出负载大且走线延迟长成为关键路径，但是恰好这个信号在上一级的时延很宽松，那么我们就可以将这一级存放这个信号的锁存器复制多份，把一部分扇出和走线的延迟挪到上一级去。

再举一个例子，在与 Cache 访问相关的流水线设计中，如果第一级流水线发请求，第二级 cache 读出并判断是否命中，如果不命中的话就在第二级阻塞该请求。如果设计成访存操作只有在能进入第二级流水的时候才允许后续访存操作在第一级流水发请求，那么就会出现一条“RAM 读出 →tag 比较判断是否命中 → 第二级发往第一级的 allowin→RAM 片选使能”的超长路径。我们必须要断开这条路径，即指令在第一级向 Cache 发请求信号时不看它下一拍能否进入第二级。当然这不是没有代价的，一方面会浪费功耗，另一方面由于 RAM 输入的命令可能已经被修改了，所以被阻塞在第二级的操作下一拍不能直接用 RAM 的输出数据，为了及时存放 RAM 读出的内容，就必须额外使用触发器将其保存下来。

12.1.4 进一步切分流水线

如果你设计的处理器的应用场景通用性越强，意味着各种事件出现的概率分布越均衡，那么上面提到的优化大概率事件处理逻辑的方法很可能也很难达到令人满意的性能优化效果。此时要想继续提升主频，就主要靠进一步切分流水线来实现了。

不过，切分流水线对性能的影响不好预测，虽然它会提升主频，但流水线的执行效率也会受到影响。譬如增加取指阶段的流水级数会造成控制相关所引起的流水线阻塞周期增加，增加访存阶段的流水级数会造成 load-to-use 的延迟增加，会推迟后续与之存在数据相关的指令执行。要克服这些因流水级数增加而带来的效率损失，又需要引入分支预测、动态调度等技术，然而这些技术又可能引入更复杂的逻辑而导致新的关键路径出现。

至于说具体如何切分，需要具体设计具体分析，这里也很难给出一个普适的建议。但是就主流水线的级数而言，采用静态调度的通常在 6 ～ 8 级，采用动态调度的通常在 9 ～ 12 级。

12.1.5 主频提升技术实现示例

开源 LA32R 处理器核“流云”[㊀]是一款静态单发射七级流水的处理器核，下面我们将分析一下其采用的一些主频提升技术。

相对于经典的五级流水线设计，“流云”将原有的 Fe 流水级拆分为 Fe1 和 Fe2 两级，将 Ex 和 Mem 两级流水扩展为 Ex1、Ex2、Ex3 三级。这两处流水线级数的调整，主要是针对 Cache 访问延迟过长问题。除此之外，考虑到“流云”处理器核的设计定位是 FPGA 上的一款高能效 soft-core，所以微结构设计上充分利用了 FPGA 上器件的时序特性。与传统 ASIC 电路实现不同，FPGA 上 block RAM 自身的访问延迟相对于 LUT 来说反而要小得多。利用这一特性，“流水”采用了一种不同于传统 ASIC 电路实现的流水线功能切分方式。例如，它将 ICache 的访问请求推迟到 Fe1 级，这样 ICache RAM 的请求就来自 Fe1 流水级的触发器而非 pre-IF 级生成 nextPC 的组合逻辑，另一方面，ICache 读出后进行 Tag 比较并选择出命中路数据的逻辑都放在 Fe2 级一拍完成。利用 FPGA 上 RAM 的时序特性，“流云”甚至将 DCache 的 Tag 和 Data 两部分的访问改为串行进行以优化性能。

经典的静态五级流水线中，除了 Cache 访问外，TLB 访问也是一个影响主频的关键点。为了提升系统性能，希望增大 TLB 容量，但是这会导致 TLB 查找访问延迟增

㊀ 见 https://gitee.com/UCAS-Muradil/LiuYun。

加，进而影响主频。为了解决这一问题，“流云”引入了两级TLB的结构设计，即为取指和访存单独设计一个L1 TLB，同时再设计一个共享的L2 TLB。L1 TLB每条指令都要访问，而L2 TLB仅在L1 TLB查找不命中时才访问，因此前者的访问延迟希望越短越好，而后者的访问延迟略长一些对性能影响不大。基于这样的考虑，位于关键路径上的L1 TLB设计为小容量以确保其访问延迟低，L2 TLB则采用较大的容量并通过多个周期完成其访问。

“流云”将流水级切分为七级，虽然能够提升主频，但是会影响流水线的效率（IPC）。这种负面影响主要是由转移指令处理的开销增加造成的：首先，取指从一级变为两级，意味着转移预测跳转空泡（branch taken bubble）进一步增加；其次，从Ex1级执行转移指令生成误预测取消信号到Fe1级更新PC，中间有四级流水级，转移指令误预测开销增加了；最后，由于Cache的串行访问造成load-to-use延迟从2拍增加为3拍，也会使得无法通过前递解决的RAW相关造成的阻塞周期数增加。

上述切分流水线后带来的流水线效率下降问题的前两个，可以通过加强转移预测在一定程度缓解。为此“流云”采用了一个基于BTB的转移预测设计。有关转移预测的设计，本章后面还会展开进行介绍。

12.2　超标量流水线的实现

增加流水线的宽度是提升处理器性能的另一个途径，我们通常称每周期可以执行超过一条指令的流水线为超标量流水线。这里关注的是流水线的持续执行能力，所以仅仅拓宽处理器中执行的流水线是不够的，从取指开始直到写回（提交）的各个阶段都要进行拓宽。这里顺带说一下，我们常称一个超标量流水线是几发射的，尽管名称上用到了“发射”这个字眼，但是它并不意味着仅仅是执行阶段的宽度每周期最多处理这么多条指令（操作）。几发射中的数字指的是流水线中最窄的位置的宽度。

超标量流水线处理器既可以是静态调度的也可以是动态调度的。这一节中我们将从较为简单的静态调度的超标量流水线入手。不过在具体展开与超标量相关的内容介绍之前，我们先强调一下在总体架构上将流水线分为**前端**（front end）加**后端**（back end）的视角。直观上，我们可以简单认为流水线前端是负责取回并提供指令的，流水线后端是负责指令执行的。为什么要强调这样一种切分方式呢？因为所谓静态调度、动态调度针对的是指令的执行环节，流水线前端总体来说是与后端采用静态调度、动态调度无关的。如果初学者想最终实现一个超标量乱序流水线的处理器，但又觉得工程量太大一上来不好掌控，那就不妨从超标量顺序流水线的处理器入手，待设计稳定后再考虑将后端调整为动态调度机制，这个改进过程中前端部分的改动比较小，仅有的改动也基本是为了配合后端的调整而进行的。

典型的超标量顺序流水线分为取指、译码、发射、执行、写回 / 提交这几个阶段，其中取指和译码构成前端，余下的构成后端。典型的超标量乱序流水线分为取指、译码、重命名 & 分发、唤醒 & 发射、执行、写回、提交这几个阶段，其中还是取指和译码构成前端，余下的构成后端。初学者看到这里可能会觉得奇怪，为何超标量顺序流水线中突然多出来"发射"这个阶段，而经典的静态五级流水线中只有译码这一级流水。我们这里提到的译码和发射两个阶段的工作，其实在五级流水里面都在译码级完成了。那这种划分是不是仅仅为了形式与乱序流水线统一为前、后端而做的无用之举呢？其实在接下来的分析中，我们会发现在超标量流水线设计中，后端执行指令间的各种组合情况多于单发射流水线，这意味着控制判断逻辑会变得复杂，如果还想在一个周期内完成译码、进行相关判断、决定哪些指令可以发射以及选取前递值，那么频率很难不降低，而切分到两个流水级中应该更合理一些。

12.2.1 超标量流水线前端设计要点

为了提供大于 1 的理论峰值 IPC，超标量流水线的前端需要每周期取回多于一条指令。我们目前讨论的基线是有独立的指令 Cache，所以这就意味着要考虑每周期从指令 Cache 中取回一组指令。本书面向初学者，这里的一组指令只考虑 PC 连续的情况。即使做了这样的简化，设计者也要考虑这几个问题：每周期读出连续几条指令？每周期取回的一组指令是否允许跨越两个 cacheline？指令 Cache 的 RAM 该如何选型、组织以确保提供所需的取指带宽？另一个初学者容易忽视的地方是，如果 PC 所在地址区间是强序非缓存访问类型，那么严格来说，每次从处理器核对外接口总线上只能是一次取一条指令，不能一次取回连续的若干条指令。

除了指令 Cache 的设计考虑，取指 PC 的维护也要留意。PC 更新的来源还是三个方面：顺序取、分支预测的目标、异常入口。超标量的前端主要影响顺序取这个来源。由于存在跨越 cacheline 边界、落在非缓存区域等问题，顺序取的 PC 并非总是简单加上取指的最大宽度。

前端设计需要关注的另一点是，从指令 Cache 取回的一组指令是否都能够全部送往流水线的后端。这里涉及一个与转移预测相关的问题，建议在搞清楚转移预测基本机制后再来看这里的描述。当一个周期内取回的一组指令中间存在某条转移指令被预测为跳转时，这组指令中就只有这条转移指令和它前面的指令可以送往流水线后端。

12.2.2　静态调度超标量流水线后端设计要点

静态调度机制大家已经比较熟悉了，超标量流水线的静态调度后端设计需要关注以下几点：

1）一个 *N* 发射超标量流水线中并非所有执行流水线都要设计 *N* 条。例如，对于一个双发射流水线来说，访存、定点乘除运算或者浮点运算指令的执行流水线只有一条也是很合理的设计。

2）发射时的结构相关检查需要考虑只有单个执行部件的指令不能在一拍内发射多条。

3）发射时的数据相关检查要考虑同一拍的多条指令之间是否存在 RAW 数据相关。一种直观的处理方法是将相关指令阻塞在发射阶段，直到其可以发射。

4）指令除了要考虑在所在执行流水线上不能越过前面的指令外，还要考虑不能越过处在其他执行流水线上的程序顺序在前的指令，否则就不是静态流水线，需要额外引入机制来避免相关引发的冲突以及确保精确异常。

最后顺带说一下，对于采用静态调度机制的超标量流水线来说，整个流水线做到双发射基本上是结构设计的“甜蜜点”，若有更先进的工艺加持或是性能需求较高，三发射也是可以考虑的。如果采用更大的流水线宽度，可能就会受限于静态调度机制本身而无法获得有效的产出 / 投入比。

如果觉得上面的讨论还是有些抽象，感兴趣的读者可以通过研究 Arm 公司的 Cortex-A53 处理器核和 SiFive 公司的 U74 处理器核来加深直观认识。如果还想看看具体的设计来加深体会，可以考虑看看 LA32R 静态三发射开源处理器核“卅”[1]。

12.3　动态调度机制的实现

动态调度机制能够进一步挖掘程序中存在的指令级并行性，提高流水线的执行效率。如今的高性能通用处理器几乎无一例外地采用了动态调度机制。很多体系结构爱好者都希望自己能亲手设计一个采用超标量乱序流水线的处理器。那么一个现实的问题是，如何控制设计的复杂度？因为几乎每个尝试这一挑战的爱好者都会知道一款“经

[1] 见 https://gitee.com/MJ_Wang/spinal-loong-arch-core。

典中的经典”超标量乱序处理器——Alpha21264，甚至能对其结构设计细节做到如数家珍。但是，大家最好不要因为这是一款诞生于20世纪90年代的“老旧”处理器就觉得它应该挺容易模仿。譬如它的完全乱序发射执行加推测写回的访存部件，对于非“工程天才”级的新手来说，应该是一场关于debug的噩梦；基于CAM型映射表的重命名机制看上去是很优雅，结果千辛万苦等到功能仿真基本稳定后却在FPGA综合实现阶段发现主频衰减惊人，但此时已回天乏术。如果你的目标是希望设计的CPU能真正运行起来，而不是仅仅停留在C模拟器和RTL功能仿真阶段，那么我们向初学者给出的一些基本建议是：

1）设计时先要建立一个整体认识，对初学者来说借鉴是最有效的途径。上面已经提到Alpha21264对初学者还是有点复杂了。龙芯1号[㊀]是一个挺不错的入门级参考设计，与“量化”一书所介绍的Tomasulo算法等知识点衔接性比较好。如果读者能够突破“量化”一书介绍的Tomasulo算法所用的具体形式，对重命名的本质形成了认识，那么就不妨看看MIPS R10000处理器[㊁]和龙芯2号[㊂]。这两款处理器的基本结构与现代超标量乱序流水线处理器衔接更紧密，同时它们的设计复杂度也比较合适。

2）刚开始不要着急一步到位设计访存指令乱序发射，这样可以专注于重命名、唤醒、发射、提交这几个动态调度机制新引入的环节上，重点是把一个动态调度的后端框架搭建出来。

3）如果在实践过程中因为超标量和动态调度两方面交织在一起而遇到困难，不妨先从一个重命名、发射、写回、提交宽度都只是1的后端入手，实现并调试通过后，再考虑用一条执行流水线对应一个发射队列/保留站的分布式发射队列方式把发射宽度适度增加，之后再考虑把重命名和提交宽度适度增加；并且在这个过程中，设计上每周期最多发射并执行一条转移指令且只设计一条访存执行流水线。

4）实现动态调度机制时会出现重命名表、发射队列/保留站、ROB等集中式结构，即同一时刻可能有来自多个地方（通常是不同流水级）上的多条指令同时对其进行读写操作。除非读者在实现超标量顺序流水线的时候采用过

㊀ 推荐参考论文《龙芯1号处理器结构设计》，见《计算机学报》，2003，26（4）：385-396。

㊁ 推荐参考论文“The MIPS R10000 Superscalar Microprocessor”，见*IEEE Micro*，1996，16（2）：28-41。

㊂ 推荐参考论文《龙芯2号处理器设计和性能分析》，见《计算机研究与发展》，2006，43（6）：959-966；与重命名相关的内容建议仔细阅读《计算机体系结构》第7章。

> scoreboard这样的集中式结构来管理发射后的指令，否则可能对这种集中式结构具体如何实现有些把握不好，因为大多数人已经习惯于按照流水线阶段去切分功能。我们的建议是，既然是集中式的结构就把它主要集中在一个模块内维护，不同流水级只是与这些集中结构进行信息交互。

上述基本建议希望能让初学者在进度安排、顶层设计方面少走一些弯路，接下来我们会给出一些具体设计实现细节的经验分享。这些经验涉及的是局部的、具体的问题，建议读者在有了一定实践体会后再来看，也许效果更好。

12.3.1　动态调度机制设计要点提示

12.3.1.1　寄存器重命名

寄存器重命名本质上的操作过程是：

- 为每个目的（逻辑）寄存器分配一个物理存储（重命名寄存器）；
- 该逻辑寄存器被再次重命名之前，对该逻辑寄存器的操作（侦听就绪、读、写）都对应到被重命名寄存器上；
- 指令提交后重命名寄存器内容最终修改处理器（逻辑）状态。

寄存器重命名的实现方式有多种，根据分配的物理存储如何组织分为逻辑寄存器堆+重命名寄存器堆与统一物理寄存器堆两大类。第一大类中根据重命名寄存器堆的具体位置可分为重命名到保留站和重命名到ROB两种，第二大类中根据重命名映射表（简称RAT）的组织形式又可分为RAM型重命名映射表和CAM型重命名映射表两种。

基于统一物理寄存器堆的寄存器重命名机制在重命名流水阶段的主要操作有：

- 用源操作数逻辑寄存器号查找重命名映射表，找到并记录每个源操作数对应的物理寄存器号；
- 用目的操作数逻辑寄存器号查找重命名映射表，找到并记录下该物理寄存器号，该信息用于后续释放该物理寄存器使其回到空闲状态；
- 查找空闲物理寄存器表，为每个有效目的寄存器分配一个新的物理寄存器，并用这个新的映射关系更新重命名映射表；
- 每周期同时进行寄存器重命名的多条指令之间存在的相关关系也要被正确处理，即后一条指令看到的重命名映射表信息需考虑同一周期前面所有指令对重命名映射表的更新。

寄存器重命名映射表除了在重命名流水阶段有查找和更新操作外，还有指令写回与提交时对应项状态更新、转移误预测或报异常的整体状态回滚操作。这里重点提一下整体状态回滚。

重命名映射关系的更新在重命名阶段进行，而此时位于该阶段的指令可能处于推测执行状态，如果该指令后续执行过程中被取消，则它修改的重命名映射关系要被恢复到它修改前的状态。所以，在指令进行重命名时，需要将其更新前看到的重命名映射关系保存为检查点（checkpoint），用于后续恢复。

对于“逻辑寄存器堆＋重命名寄存器堆”的实现，如果将转移误预测取消实现为提交时取消，那么指令回滚仅在提交时发生，此时所有逻辑寄存器的最新值都只在逻辑寄存器堆中，所谓回滚几乎不需要什么操作。

对于“统一物理寄存器堆”的实现来说，就要复杂多了，RAT 需要被回滚。这里面的核心问题是 RAT 的检查点如何组织维护。对于 RAM 型 RAT，每个检查点是整个 RAT，资源开销比较大，导致检查点数目受限，检查点资源不足时将阻塞流水线。解决检查点资源开销大的设计有：分支只在提交时取消，用重放（replay）逐个回退映射关系。对于 CAM 型 RAT，每个检查点只需记录哪些物理寄存器对应最新的映射（一个长度与物理寄存器堆项数一致的位向量），资源开销比较小，可以实现较多的检查点。不过 CAM 型 RAT 也并非十全十美，其 RAT 表规模与物理寄存器数目相关，当物理寄存器堆项数很大时，查找、更新的时序更为紧张。

12.3.1.2 发射队列

这一小节所讲内容主要针对发射后读寄存器这种组织形式的发射队列，不过大部分内容对发射前读寄存器组织形式的发射队列也是适用的。围绕发射队列，有指令分发（dispatch）、唤醒（wakeup）、挑选发射（select）这几个主要操作，此外还有与之紧密相关的发射后寄存器读取（reg read）操作。

指令分发操作主要是从发射队列空项中挑选出若干位置，将重命名后的指令信息写入。这里面需要设计者考虑的问题有：一拍写入的峰值能力需要与重命名宽度相等吗？找多个空项的电路如何实现？特别是采用非压缩式的队列结构时。

唤醒操作实质上是维护发射队列每一项的每个源操作数的 ready 状态。除了那些已经在队列中的指令需要通过侦听指令写回信息来维护外，一定不要忘记正在进入队列的那些指令也要及时看到这一拍正在写回结果的信息。

挑选发射操作是要从所有源操作数都 ready 的指令中挑选若干项进行发射。这里面主要的结构设计问题有：

- 是随机挑选还是挑选最早进入的？
- 如何判断最早进入？
- 队列结构是压缩式还是非压缩式？
- 如果是非压缩式队列如何维护 age 信息？
- 对于发射宽度大于 1 的队列，如何挑出多条指令？

寄存器读取操作的设计选择也会对发射队列的设计产生影响，需要考虑的问题有：

- 物理寄存器堆的读端口数目是等于还是小于最大需求？
- 物理寄存器堆同一拍读写冲突时，能否读出正在写入的新值？

除了上述功能相关的设计问题外，这里再说一下与时序相关的若干问题。挑选发射时根据 age 挑选出若干项然后再发射的时序路径已经偏长，又由于物理寄存器堆因项数多、读端口多通常需要一整个周期读取，所以寄存器读取操作和挑选发射操作通常分在两级流水完成，这同时也意味着最快在寄存器读取操作的下一级才能开始执行运算等操作。指令从唤醒到开始执行，需要经历若干周期，所以等到指令产生结果时再通知发射队列进行唤醒，会增加相关指令之间的执行延迟，因此需要更早通知发射队列。为了数据相关依赖的单周期指令能够背靠背依次执行，需要将挑选发射和唤醒放在一个周期内完成，这是超标量乱序处理器的经典关键路径之一。这些问题引入了集中式发射队列与分布式发射队列两种设计思路，前者的队列资源利用率高但时序收敛困难，后者的时序收敛相对轻松但队列间资源平衡问题又是一个新挑战。

12.3.1.3 执行阶段

超标量处理器需要多个功能部件，从而能够在一个周期内执行多条指令。由于长延迟操作的存在，通常处理器的执行带宽高于重命名带宽，从而弥补因等待源操作数就绪而浪费的执行带宽。功能部件的组织风格与重命名寄存器、发射队列的组织形式存在关联。例如，将通用寄存器和浮点寄存器用不同的物理寄存器堆重命名，那么定点和浮点运算单元就适合分开放在不同的功能部件中，反之，如果是统一的物理寄存器堆同时重命名通用寄存器和浮点寄存器，那么定、浮点运算单元可以集成到同一个功能部件中。在执行流水线数目不是很多时，通常每个功能部件有一个专属的寄存器堆写端口，不过同一个功能部件内部可能有执行延迟不等的运算单元，它们可能竞争寄存器堆写端口，要设计仲裁机制。

与静态流水线类似，超标量乱序处理器的执行阶段也需要结果的“前递”网络。由于寄存器已经被重命名，所以从前递网络中取值只需要比较两者的物理寄存器号是否一样，与结果来源的位置没有关系。前递网络理论上可以构成全连接结构，但面积开销太大，需控制其规模，根据面积、时序投入与性能产出的权衡结果，在全相连网络中删除部分路径。

12.3.1.4 提交阶段

需要提醒初学者注意的是，提交阶段远不止将指令从 ROB 退出这么简单。即使是退出 ROB 这件事，也需要根据设计的提交指令数上限，从 ROB head 开始找连续的、不超过提交上限数量的、都处于写回状态的、没有标记异常的若干条指令，依次执行提交相关操作；或者 ROB head 是标记异常状态的指令，那就只提交这一条指令。但是，通常会有各种进一步限制，如一拍至多提交几条分支指令，至多提交几条访存指令等，需要精细控制 ROB head 的移动。

提交阶段与寄存器重命名相关的操作主要有：提交的指令需要将其记录的 old pdest 对应的物理寄存器释放，记录到 phy reg free list 中，提交的指令需要将其自身的 new pdest 与逻辑寄存器之间的对应关系调整为 architectural visible，如果提交指令异常，那么不进行上面 3 项操作，而是将重命名映射关系表恢复到最近的 architectural state，同时将 ROB 中所有指令已分配的物理寄存器都释放，记录到 phy reg free list 中。

提交阶段与 store 访存操作也有关系，提交的 store 指令通知 store queue/store buffer 可以开始进行这条 store 指令的写内存操作了。

12.3.2 动态调度中常见电路结构的 RTL 实现

为了实现前一小节的动态调度设计，需要在电路上实现重命名表、保留站等结构，这对于很多初学者来说是个很大的挑战。这里之所以存在难度，是因为需要将设计方案中自然语言描述的数据结构和操作流程转换成电路中的数据通路和状态机。

我们首先来看重命名表，假设它有 64 项，每一项有 state、valid、name 这些域，那么每一项的每个域对应到电路上就是一个个触发器。但是，不建议你试图把它理解成一个 regfile 或者是 FIFO，因为这个表的读、写逻辑比 regfile 或 FIFO 要复杂，强行把它简单化恐怕很难设计出电路。唯一的方式，就是老老实实地把每个触发器的每个写使能和写入数据考虑清楚。从表中读出某一项的某个域时，重点是把读地址索引值或译码后的读地址向量生成出来，再显式构建读出的多选一电路。

至于说重命名阶段，从重命名表中挑出空闲的两项。很多初学者想用 for 语句来实现这个挑选的过程，但这不是电路的思维。电路的思维是，通过判断每一项的 state 是否等于EMPTY生成一个64位的位向量，从这个位向量的第0位开始找到第一个1，从第63位找到第一个1，这两个leading_one_bit所在的位置下标就对应空闲项的索引值。

再来说保留站中侦听结果总线以判断源操作数是否准备好这个动作。其实从电路上看就是，保留站中每个源操作数对应两个域——prdy和psrc[5:0]，这些电路都对应触发器。为了维护好prdy，要看结果总线上有res_valid和res_pdest[5:0]两个信号，当“`res_valid=1 && (res_pdest==psrc)`”条件成立的时候，就将prdy置1。每个prdy用它自己对应的那个psrc。

最后再来看从保留站中挑出一个所有源操作数都准备好的指令该如何实现。我们将保留站每一项中的valid和prdy位逻辑与在一起形成一位的结果，其为1表示这一项有指令且所有的源操作数都为ready状态。假设保留站有16项，那么我们就得到了一个16位长的位向量。于是从保留站中找到一个源操作数都就绪的指令的位置就变成了从这个16位的位向量中挑出第一个1所在的下标。具体的电路可以参考重命名中挑选空项的电路。

12.4 硬件转移预测技术

当我们采用加深流水级、超标量技术提升处理器性能的时候，转移指令所引起的控制相关再次成为制约性能提升的主要因素之一。为了解决这个问题，人们开发出硬件转移预测技术。硬件转移预测技术在很多教科书中多有论述，大多侧重于预测器的构造以及预测算法。我们在这里并不打算展开讲述这方面的内容，而是侧重于介绍流水线引入硬件转移预测技术后所要考虑的一些设计调整。

12.4.1 硬件转移预测的流水线设计框架

之所以在这里使用“框架”这个词，是因为我们所论述的内容并不针对某个具体的硬件预测算法。换言之，在流水线中设计好这个框架之后，你可以根据性能、面积、功耗的具体要求灵活调整预测算法的类型与实现规模，而流水线的主体结构不再需要大幅度调整。

硬件转移预测设计在流水线中包含以下四个方面：

1）在取指或译码阶段利用PC、转移历史、指令类型等信息查询各类转移预测器，得到转移预测的方向和目标，并利用预测的方向和目标及时更新取指的PC。

2）将预测的方向和目标等信息随转移指令一起沿流水线向后传递。如果有的预测器设计为可利用推测执行路径上的预测结果更新预测器内容，还需要携带预测错误时用于恢复预测器内容的信息。

3）在执行阶段计算出转移指令真实的方向和目标，将其与该指令预测的方向和目标进行比对。如果一致，流水线前端继续正常取指；如果不一致，取消流水线中该转移指令之后的所有指令，然后根据真实的方向和目标重新取指。

4）对于那些只利用转移指令真实执行信息进行维护的预测器内容，无论预测正确与否，将转移指令的执行结果传递给预测器。对于那些可利用预测结果及时更新的预测器内容，在转移预测错误时，将其所携带的用于恢复预测器内容的信息传递给预测器。

我们假定初学者所采用的转移预测器设计都是直接采用前人已有的研究成果或只是略加调整。那么对于上面的第 1 点和第 4 点，一篇介绍转移预测器设计的论文一定会明确阐述，看懂论文应该就不难实现。

至于说第 2 点将预测信息等沿流水线向后传递的操作，从设计角度而言，只要你明确了需要传递的到底是哪些信息，余下的传递过程就如何传递 PC、指令码一样，设计上也没有什么难度。

再来讨论第 3 点中误预测路径上的指令取消操作。如果是静态调度的流水线，实现起来难度也不大。因为转移指令的执行及预测正确性判定的延迟与加减法操作的延迟相当，所以它们在执行阶段的第一级就可以执行完毕。对于单发射的静态流水线而言，转移指令之后的指令都还没有开始执行，自然也就不用担心其修改机器状态，直接将它们视为无效就可以了。对于多发射的静态流水线而言，只是要额外对与转移指令同处一级的其他指令进行处理，程序顺序在转移指令前面的指令不用处理，只需要将程序顺序在它后面的指令取消即可。

如果是动态调度的流水线，第 3 点中误预测路径上的指令取消操作就要多费点工夫。因为此时指令是乱序执行的，所以无法通过指令所在流水线缓存的物理位置关系判断出一条指令从程序顺序来看是在转移指令前面还是在它后面。于是需要额外的机制来识别出这种程序顺序上的先后关系，才能决定是否取消。最简单的实现方式是等到转移指令提交的时候决定是否取消，此时转移指令是流水线中最老的一条指令，流水线中所有其他指令程序顺序都在它后面，于是转移误预测取消直接清空整个流水线就可以了。这个方式最大的缺点是转移误预测的开销太大。于是我们想到另一种思路，用 ROB 维护的顺序关系来进行判定。处于乱序执行状态的每条指令携带它在 ROB 中的索引号，通过比较这个索引号与误预测转移指令的 ROB 索引号的关系，就可以判断出来两者之间的程序顺序关系。当 ROB 是移位队列时，将两个索引号直接比较即可；当 ROB 是指针队列时，将两个索引号与 ROB 头指针放在一起考虑也可以得到结果。不过我们又觉得 ROB 的项数太多，索引号的位数比较多导致比较的代价大，考虑到正常情况下指令流中并不全都是转移指令，而且进行转移误预测取消的时候我们只关心指令相对于转移的顺序关系。于是更进一步，我们引入了分支队列（BRanch Queue，BRQ）的设计。这个队列与 ROB 一样也是一个有序队列，当分支指令进入 ROB 的同时进入 BRQ，当分支指令从 ROB 中退出时同步从 BRQ 中退出。所有进入乱序执行阶段的指令，将检查它所在的基本块对应哪条转移指令，然后携带上该转移指令的 BRQ 索引号。这样在做转移误预测取消操作时，只需要比较指令所携带的 BRQ 索引号与误预测转移指令的 BRQ 索引号就可以了。

其实，BRQ 的作用还不仅限于此。还记得前面提到的从取指、译码阶段一路传递下去的预测信息和转移预测器内容回滚的信息吗？在动态调度流水线中，你会发现需要有地方存放它们，因为它们未必能在重命名之后就立即发射。当有了 BRQ 之后，这些信息也就很自然地放到 BRQ 中了。

其实在动态调度流水线中，如果采用的是"物理寄存器堆 + 重命名映射表"的实现方式，那么分支误预测时重命名映射表的状态维护也是一个需要重点关注的设计点。具体的设计需要结合重命名映射表是采用 CAM 型还是 RAM 型来确定。

12.4.2 一个轻量级转移预测器设计规格

转移预测器的设计是整个流水线增加转移预测机制的设计重点。这里针对入门级通用处理器，给出一个转移预测器的设计规格，供初学者参考。

整个转移预测器模块采用组合预测的设计策略，具体包括如下四个预测器。

1）**分支目标缓冲**（Branch Target Buffer，BTB）：只根据 PC 信息直接得到分支的跳转目标，用于消除取指和译码流水级数较多时所带来的转移预测跳转空泡问题。通常采用 CAM 结构，项数为 4 ～ 16，一般存放的是跳转的分支指令和直接跳转指令。

2）**分支历史表**（Branch History Table，BHT）：用来预测条件分支指令的跳转方向。采用两位饱和计数器，全局历史长度为 32 位左右。具体算法可以采用 Gshare 预测器或 Bi-Mode 预测器这些 Tagless 的轻量级 BHT。项数不超过 4K。

3）**返回地址栈**（Return Address Stack，RAS）：用于预测返回间接跳转指令

（LoongArch 架构下为 jirl $r0, $r1, 0）。项数为 6 ～ 8。

4）**间接跳转目标缓存**（Indirect Jump Target Cache，IJTC）：用于预测除了返回间接跳转指令之外的间接跳转指令。可以采用类似 Gshare 预测器的结构，只不过 PC 和全局历史异或后查询的表中存放的不是两位饱和计数器而是间接跳转的预测目标地址信息。项数不超过 256。

上述四个预测器中 BTB 的访问延迟应该控制在一拍，否则它就无法彻底消除转移预测跳转空泡，而 BHT、RAS 和 IJTC 的访问延迟可以略长一些。通常来讲，BHT、RAS 和 IJTC 的访问延迟与前端取出指令码的延迟是一样的。因为 BHT、RAS 和 IJTC 三种预测器针对的是不同类型的转移指令，所以只有取到指令，知道指令是否为转移指令以及具体是哪种转移指令的时候，才能选择出相应的预测结果。又因为 BHT 只是预测了条件分支的跳转方向，如果预测跳转，那么跳转目标地址其实需要通过 PC 加上指令码中的偏移量计算出来。所以结合这两方面特点来看，BHT、RAS 和 IJTC 访问得太快也没有多少收益。

上述四个预测器中 BTB 可以视作第一级预测，BHT、RAS 和 IJTC 可以视作第二级预测。BTB 的预测结果如果与第二级的预测结果不一致，那么将取消 BTB 的预测结果，利用第二级的预测结果重新取指。

12.5　访存优化技术

通用处理器的结构设计讲究平衡。如果我们采用了深度流水、超标量、动态调度、分支预测等性能优化技术，但是在访存方面并没有着力优化，那么虽然在核内 Cache 命中的情况下可以收获大幅度的性能提升，但是对于真实场景下的应用负载，其性能提升收益会迅速下降。因此，我们在这里提及一些访存优化技术。

12.5.1　写缓存

本书前面讲述 Cache 设计时已经涉及了写缓存（store buffer）。不过那里为了控制 Cache 的设计复杂度，我们只设计了一项写缓存，只存放 Cache 命中的 store 操作，而且写缓存写 Cache 的优先级高于后续执行的 load。其实，所有这些限制统统可以打破。你可以将写缓存扩充至多项，无论 store 操作 Cache 命中与否都可以进入写缓存。假设写缓存中存放写数据的位宽是 8 字节，那么落在同一个 8 字节范围的不同 store 操作可以在写缓存中合并。写缓存里面的写如果和后续执行的 load 产生 Cache 的 bank 冲突，那么可以延后写缓存的写而让 load 优先执行以避免流水线阻塞。在某种程度上，你可以把写缓存当作一个特殊的 L0 级 Cache。所有的 load 指令不仅要查一级 Cache，还要同步查询写缓存，如果在写缓存中命中，则需要从写缓存中取值。

所有上述对于写缓存的功能增加，主要设计意图在于让发生一级 Cache 缺失的 store 操作尽快离开主流水线以避免主流水线阻塞。不过敏锐的读者应该发现了，单纯靠写缓存还是做不到这一点的，因为 Cache 还是阻塞的，当它在处理缺失时，后续的访存操作还是被阻塞着。

12.5.2 非阻塞式高速缓存

非阻塞式高速缓存（Non-blocking Cache）相对于阻塞式高速缓存的区别就在于发生 Cache 缺失时，是否阻塞后续的访存操作的访问。上面所提到的大容量写缓存设计只有在非阻塞式高速缓存的加持下才能发挥真正的效能。

非阻塞式高速缓存的设计出发点很简单，发现 Cache 缺失的时候，另找一个地方把 Cache 缺失请求存下来慢慢处理，赶紧把访问 Cache 的主通路让出来，这样又可以接收新的访存操作。这个存着 Cache 缺失请求的核心结构，业界通常称为 **MSHR**（Miss Status Handling Register）。

MSHR 的具体实现细节其实可以由结构设计者自行决定，不过变来变去，最基本的要素包括以下几个方面。

1）**状态**。这一项 MSHR 是否有效，访问下一级存储的请求是否发出了，对应的是哪个总线事务，下一级存储的数据是否返回了，返回了多少，这一项是否要将返回的数据填入 Cache，等等，这些状态都是需要维护的。

2）**地址**。一项 MSHR 通常对应一个 Cache 块。这个 Cache 块的地址要记录下来。通常来讲这个地址是物理地址。

3）**数据**。通常来讲，都已经花了这么大力气来避免访存通路阻塞了，从下一级存储返回的数据是被暂存在 MSHR 的数据域，这样才有可能择机向 Cache 填入以尽可能避免阻塞后续的访存操作访问 Cache。而且如果 MSHR 中可以存数据的话，写缓存中的 Cache miss store 可以提前离开写缓存，将值写入 MSHR 中，只要做上标记保证不让下一级存储返回的旧值覆盖就可以了。

有的设计还在 MSHR 中记录其对应的访存指令的相关信息（如目的寄存器号、操作类型、块内偏移地址等）。不过这些信息未必一定要存在 MSHR 中。记录在 MSHR 中的好处是当数据返回后，可以直接根据这些信息将指令的结果写回，不过这样意味着多了一个写回的来源，而且MSHR一项上对应缺失指令数目多少不一，资源使用并不是很灵活。

初学者实现非阻塞式Cache的时候，最容易犯的错误是同一个Cache块向下一级存储发了两次访存请求，于是不久之后就乱了。总之，在设计的时候，一定要关注Cache缺失的指令在MSHR中新申请一项的这个信号有效的情况。要能够证明，当这个信号有效的时候，对应这个地址的Cache块真的不在处理器核内。请注意这里的措辞，是“不在处理器核内”，不是简单的“不在Cache内”。所有那些在各个缓存、队列处待着的，还没有写到Cache里面的，但是已经确定将要写到Cache里面的数据，以及所有那些从Cache中替换出来的，在路上的，但是还没有被下一级存储看到的数据，以及那些从你生成这个MISS信号到你用这个MISS信号来生成写入MSHR的写使能的时间段中状态发生改变的数据，统统都是你要检查的对象。

当你费力实现了非阻塞Cache以后，你会突然发现一个问题，好像只是store缺失不会堵住后面的访存指令，如果是load缺失，好像还是得阻塞着主流水线。思来想去，发现没有其他办法，只有把整个流水线改造成动态调度。当你把流水线改成动态调度之后，你又开始想，要不把访存操作的发射也变成乱序的吧！所谓“人苦不知足，既平陇，复望蜀。”

12.5.3 访存乱序执行

访存乱序执行并不意味着访存指令一定要乱序发射。

如果你的动态调度窗口并不大，只有区区十几项，让访存指令老老实实地顺序发射，同时在结果写回时允许后发射的hit load（Cache中命中的取数指令）越过前面miss load（Cache中缺失的取数指令）先写回，其实已经能够获得一定的性能提升。

如果想做得再激进一点，那么可以让store操作严格顺序发射，并限制load操作不能越过它前面的store操作发射，余下的情况可以乱序发射。这样性能还能进一步提升，同时实现的复杂度也没有增加太多。

最激进的莫过于对访存操作的发射不做任何限制，只要操作数准备好了就可以发射，即完全乱序发射。此时有两个主要的问题需要设计者考虑如何解决：

1）由于发射是乱序的，所以store走过访存流水线进入store队列后，它在store队列中的位置先后关系并不是store之间的程序顺序关系。同样，load指令要想从store队列中找到程序顺序上它“先前”最近一个写同一地址的store，也无法直接从物理位置关系中获得。因此，需要额外维护所有访存指令之间的顺序关系。

2）对于存在 store-load 数据相关的两条指令，如果 load 指令先发射执行 store 指令后发射执行，如何确保 load 一定取到正确的值？这里面又分为 store 指令进入 store 队列的时候，load 指令还在 load 队列中没有写回与 load 指令已经写回两种情况。这些都要能正确处理。

12.5.4 多级 Cache

前面的写缓存、非阻塞式 Cache 和访存乱序执行技术，都是在调度上做文章，将前面指令的 Cache 缺失延迟与后续指令的执行重叠起来以提升流水线执行效率。这里所说的多级 Cache 则是直接着眼于降低 Cache 缺失的延迟。如果你只是在本书介绍的 FPGA 平台上进行实验尝试，这一小节可以不看。因为正常结构的处理器核在这个 FPGA 平台上的实现频率几乎不会超过 200MHz，而 FPGA 自带的 DDR3 控制器硬核可以达到 DDR3-800 的速率，二者之间频率是倒挂的，所以你实现多级 Cache 的收益还不如把一级 Cache 的容量一直增加到一级 Cache 访问的通路成为时序关键路径。

如果说你想实现一个多级 Cache 练练手，在已经会实现 DCache 的情况下也不是什么太难的事情。这里只是给出一些在设计阶段需要注意的要点：

1）各级 Cache 之间最好选用同样的 Cache 块大小，否则徒增设计复杂度。
2）要明确各级 Cache 之间以及最后一级 Cache 与内存之间传输数据的位宽是多少。
3）要明确各级 Cache 之间以及最后一级 Cache 与内存之间交互的总线的协议是什么，无论采用的是自定义的总线还是标准的总线协议。
4）Cache 容量越大或者路数越多，意味着可以在去往 Cache RAM 和 Cache RAM 返回的通路上适当增加一些流水级。
5）不要忘了新增的 Cache 也要支持 Cache 指令的操作。

12.5.5 Cache 预取

Cache 预取是提前把要用到的数据取到 Cache 或专门的预取缓存中，从而降低 Cache 缺失率，或者降低 Cache 缺失延迟。Cache 预取包括硬件预取和软件预取。

Cache 硬件预取是由硬件自动完成的。通常来说，硬件记录下过往若干次 Cache 缺失的地址等信息，分析其中是否体现出某种规律性（如逐行顺序递增），当发现具有某种地址变化规律的访存流之后，将按照这个地址变化规律，提前将后续的访存请求生成出来并发出去。最简单的硬件预取是流缓存（Stream Buffer）。这种预取器只识别地址连续递增或递减的访存流，当识别成功之后，就在当前缺失的地址上沿着流的方向跨过若干个 Cache 块发出访存请求。返回的预取数据将填入专门的流缓存中以避免污染 Cache。后续的 Cache 缺失请求将先查看流缓存，如果命中则直接从流缓存返回而不再发访存请求，同时这个在流缓存中命中的 Cache 缺失请求将继续触发新的预取访存请求。

Cache 软件预取是通过编译器或手工在程序中插入预取指令，提前把数据取到 Cache 中。LoongArch 架构下的预取指令是 preld。在实现的时候，preld 指令还是要先查 Cache，只有在 Cache 缺失时才发出请求。而且最为关键的是，preld 发出 Cache 缺失请求之后，不必等结果回来，就直接写回然后退出流水线，否则 preld 指令堵在那里，就起不到预取的效果了。由于 preld 指令不会产生任何地址或 TLB 相关的异常，所以当它们的地址确实不正确时，尽管不用标记上异常，但是也不要发出 Cache 缺失请求，因为此时得到的物理地址可能会存在风险。

12.6 多核处理器的实现

在考虑将你的设计改造成支持多核的时候，首先需要明确是否需要在这个多核 CPU 上运行一个像 Linux 这样的操作系统。由于我们比较常见的是计算机或者手机芯片中所采用的多核形态，所以可能会觉得多核就只能是这种样子。其实，在一些嵌入式应用场景下，由于其多核上的任务划分和交互行为是固定的，甚至也不需要跑什么操作系统，因此这个时候要支持多核所需的硬件设计调整就可以简单很多。不过在这里，我们以一个支持 Linux 系统运行的**对称多核**（Symmetric Multi-Processor，SMP）作为设计目标来进行介绍。其中涉及的修改内容，自然也适用于更简单的应用场景。

12.6.1 多核互联结构

我们这里只考虑这样一种互联结构，即若干处理器核通过总线或交叉开关连接在一起访问共享的 Cache 或内存，且所有的处理器核访问共享的 Cache 或内存的延迟是相同的。在一些商用处理器的宣传材料中，你可能经常会看到“cluster”这个字眼，说一个多核芯片中有多少个 cluster，每个 cluster 内又有若干个核。这每一个“cluster”内部所采用的组织形式，通常就是我们这里所说的互联结构。采用这种互联结构连接在一起的处理器核以 2 ～ 4 个较为常见，一般不超过 6 个。

尽管说这里所采用的互联结构，在结构设计的难度和复杂度上已经很低了，但对于大多数初学者来说仍然具有挑战性。从工程开发的可行性来说，如果是在 Xilinx 平台上实现你的设计，那么建议你直接调用 Vivado 中的 AXI Crossbar IP 来实现；如果打算做一个不仅在 FPGA 平台上实现的设计，那么你可以尝试去找一些开源的总线互联 IP。如果你就是想从头开发一个，这里给一些提示：

1）从多个 master（处理器核）到单个 slave（共享的内存或 Cache），数据通路上的核心是多选一，当出现同时有多个请求的情况时，需要通过仲裁选择出一个；
2）从 slave 返回的结果，要根据其请求来源唯一地路由至对应的 master，如果用 id 的高位区分不同的 master，那么返回时可以利用 id 的高位来快捷地完成路由；
3）如果处理器核的总线接口上会发出需要传送多拍的突发传输事务，那么在仲裁和路由过程中以事务为单位可以规避一些设计风险；
4）不要设计成纯组合逻辑，那样时序恐怕会很糟糕。

12.6.2　多核编号

在一个多核系统中，每个处理器核都要有自己唯一的编号。这个编号，运行在这个核上的系统软件要能够读出来。在 LoongArch 架构下，软件通过读取 CSR.CPUID 的 CoreID 域来获知这一信息。对于一个 SMP 系统而言，你设计的处理器核模块会被实例化多份，所以 CSR.CPUID 的 CoreID 域所赋的值要么是通过参数的方式获得，要么是通过处理器核顶层的配置引脚获得。在整个芯片顶层代码中，实例化的处理器核从 0 开始依次编号。

12.6.3　核间中断

核间中断是必不可少的一种核间通信机制。作为接收中断的处理器核，核间中断与其他外部输入的中断没有本质区别，所以硬件修改不是难事。作为发起中断的处理器核，中断信号不一定是从自身的一个输出直接发出的，这些核间中断的状态位，可以统一地放到片上的中断控制器（在前面的实验中，中断控制器是实现在 confreg 中的）去实现。推荐后面这种实现方式，因为片上中断控制器自然就有去往各个处理器核的通路，同时各个处理器核也一定都有访问中断控制器的通路。

在实现核间中断功能时，硬件上 RTL 代码的开发难度不大，主要的工作在于软硬件要配合一致。如果不想修改操作系统中关于核间中断的底层代码，那么你就要根据你所用的内核代码，找到它所对应的系统规范，严格按照规范定义实现，包括寄存器的格式、地址、中断号等。这里补充说明一下，LoongArch 架构在指令集规范中并没有限定这一部分的具体实现，因此你需要根据移植所基于的内核代码具体对应的处理器芯片，去查找那款处理器芯片的用户手册。如果你采用的是自己的硬件设计方案，那么请相应修改内核中关于核间中断的底层代码。

12.6.4　多核情况下的存储一致性

在单核处理器中，由于只有一个核进行访存，因此我们很自然地认为，只要保证一个 load 操作总是取回“最近”一个对同一存储单元的 store 操作所写入的值，且 store 操作也唯一地确定“此后”对同一存储单元的 load 操作所取回的值，那么执行就是正确的。但是，在一个共享存储的多核处理器中，多个处理器核可以同时读写同一存储单元且它们访问该存储单元的延迟可能并不一致，而且同一存储单元又可能在处理器中存在多个备份，这就导致同一存储单元的内容变化在不同时刻被不同的处理器核识别，单核处理器场景下的“最近”“此后”的概念不复存在。所以，在多核处理器场景下，需要对访存操作的发生次序进行更为严格的限制，才能保证执行的正确。于是人们提出了存储一致性模型，用来定义多核场景下正确执行的标准。

目前常见的存储一致性模型并不唯一，其间的差异体现在对访存事件次序所施加的限制的强弱。存储一致性模型对访存事件次数施加的限制越弱越有利于提高性能，但编程工作越难。我们后续所给出的设计建议将基于释放一致性（Release Consistency, RC）模型展开讨论。RC 模型是一种弱存储一致性模型。在这种存储一致性模型下，访存操作被区分为同步操作和普通访存操作，程序员必须用硬件可识别的同步操作把对共享存储单元的写访问保护起来，以保证多个处理器核对共享存储单元的写访问是互斥的。同步操作进一步分为获取（acquire）操作和释放（release）操作。acquire 用于获取对某些共享存储单元的独占性访问权，而 release 则用于释放这种访问权。RC 模型对访存事件发生次序做如下限制：

1）同步操作的执行满足顺序一致性条件。

2）在任一普通访存操作允许被执行之前，所有在同一处理器核中先于这一访存操作的 acquire 都已经完成。

3）在任一 release 被允许执行之前，所有在同一处理器核中先于这一 release 的普通访存操作都已经完成。

有关存储一致性概念上更为系统的阐述和论证，感兴趣的读者可以阅读一下《计算机体系结构》（第 2 版）的第 12 章。接下来我们重点讲述基于 RC 模型，硬件设计上所要做的考虑。

RC 模型的定义中涉及 acquire 和 release 两种同步操作。在 LoongArch32 位精简版中，并没有原生的含有 acquire 和 release 操作的原子访存指令。软件编程人员需要通过 dbar 指令的配合来实现模型中所定义的同步操作。因此，为了支持多核，需要在处理器核中增加 dbar 指令的实现。

这里只讨论 dbar 指令在 hint=0 情况下的同步操作的功能，即所有程序序在 dbar 指令之前的符合 hint 域规定的访存操作都必须在 dbar 指令执行前完成，所有程序序在 dbar 指令之后的符合 hint 域规定的访存操作都只能在 dbar 执行完成后才能开始执行。这里被纳入考虑的访存操作，除了各类 load、store 指令外，还包括 cacop 和 preld 指令。

如果你设计的处理器核的访存指令是单发射顺序执行，且没有实现任何 non-blocking Cache、store buffer 之类的优化设计，那么你把 dbar 指令实现为 NOP 就可以了。如果不是这种简单的情况，那么一种可行且简单的实现方式是：dbar 指令只有等到流水线中所有程序序在它前面的访存操作都完成了才能开始执行；同时 dbar 指令要阻塞所有程序序在它后面的访存操作的发射，直到 dbar 指令离开流水线。需要注意的是，这里的完成指的是“全局完成”。对于一致可缓存存储访问类型的 load、store 操作而言，在实现了基于目录的写使无效的 ESI 缓存一致性协议（后面会介绍）的情况下，load 操作“全局完成”是指该 load 操作已经取到数据并写回，store 操作“全局完成”是指该处理器核持有该 store 操作所要访问的独占 Cache 块且 store 的值已经更新到该 Cache 块中。对于强序非缓存的 load、store 操作而言，load 操作“全局完成”是指该 load 操作已经取到数据并写回，store 操作“全局完成”是指该 store 操作已经写入目的处。这里给初学者两个提醒：

1）如果你实现了写缓存这样的性能优化结构，那么 store 操作虽然退出了流水线，但它还没有在写缓存中完成存数的动作，那么这个 store 操作不算“全局完成”。

2）当采用 AXI 作为处理器核总线接口时，要确保一个 uncached store 操作写入目的处，这意味着你要看到这个写事务的响应从 b 通道返回。

12.6.5　缓存一致性协议

12.6.5.1　基于目录的缓存一致性协议

在本书前面第二部分的实践中，我们在处理器中实现了 Cache 以提升访存性能。因为 Cache 是内存的一个备份，所以当一个多核处理器所采用的存储一致性确定之后，其 Cache 的实现也要能够满足存储一致性所提出的一致性要求。这套满足一致性要求的实现机制即我们常说的缓存一致性协议。缓存一致性协议的具体实现有多种，这里我们仅介绍基于目录的写使无效 ESI 缓存一致性协议，而且我们只考虑核内私有 Cache 采用写回写分配的设计，所有 Cache 的 Cache 块大小相等且目录处的共享存储（可以是共享 Cache，也可以是共享的内存）与核内的私有 Cache 维持严格的包含（inclusive）关系。

在该协议中，私有 Cache 的每个 Cache 块有 3 种状态：无效（INV）、共享（SHD）、独占（EXC）。若 Cache 块状态为 INV，处理器对这一 Cache 块进行 load、store 操作访问都不命中；若 Cache 块状态为 SHD，说明可能还有其他处理器核持有这个存储块的有效备份；若 Cache 块状态为 EXC，说明这是该存储块的唯一有效备份。

在共享存储处，为每个存储块（大小与 Cache 块的大小相同）维护一个目录项。每个目录项有一个 n 位的向量，其中 n 是系统中处理器核的个数。位向量中第 i 位为 1 表示该 Cache 块在第 i 个处理器核 Pi 中有备份。此外，每个目录项中还维护着一个改写位，当改写位为 1 时，表示某个处理器已独占并改写了这个 Cache 块，这个块处于脏（DIRTY）状态；否则这个块处于干净（CLEAN）状态。

1. 取数操作

当处理器 Pi 发出取数操作“load x”时，根据 x 在其私有 Cache 和共享存储中的不同状态采取如下不同的操作：

1）若 x 在 Pi 的私有 Cache 中 tag 比较命中，且 Cache 块为 SHD 或 EXC 状态，则取数操作“load x”在 Cache 中命中。

2）若 x 在 Pi 的私有 Cache 中 tag 比较不命中，或 tag 比较虽命中但 Cache 块为 INV 状态，则 Pi 先从私有 Cache 中替换出一个 Cache 块，然后再向共享存储发出一个读数请求 read（x）。共享存储在接收到 read（x）请求后查找 x 所在存储块相对应的目录项。

①如果目录项的内容显示出 x 所在的存储块是干净的，那么共享存储向发出请求的处理器核 Pi 发出读数应答 rdack（x）以提供 x 所在存储块的一个有效备份，同时将目录项中位向量的第 i 位置为 1。

②如果目录项的内容显示出 x 所在的存储块是脏的且该 Cache 块当前的唯一有效备份被处理器核 Pj 持有，那么共享存储将向 Pj 发出一个写回请求 wb（x）。Pj 在收到 wb（x）请求后，把自己私有 Cache 中的备份从 EXC 状态改为 SHD 状态，

同时向共享存储器发出写回应答 wback（x）以提供 x 所在 Cache 块的一个有效备份。共享存储收到来自 Pj 的 wback（x）后，向发出读数请求的处理器核 Pi 发出读数应答 rdack（x）以提供 x 所在存储块的一个有效备份，同时将目录项中的改写位清 0，并将目录项中位向量的第 i 位置 1。

③如果目录项中尚没有 x 所在的存储块，那么这一级共享存储需要先从目录中挑出一个被替换项。

- 如果被挑选的目录项的状态是脏的且位向量的第 j 位是 1，那么共享存储将向处理器核 Pj 发出一个使无效并写回请求 invwb（x）。处理器核 Pj 在收到 invwb（x）请求后，把自己私有 Cache 中的备份从 EXC 状态改为 INV 状态，并向共享存储器发出使无效并写回应答 invwback（x）以提供 x 所在 Cache 块的一个有效备份；
- 如果被挑选的目录项的状态是干净的且位向量不全为 0，那么共享存储需要根据目录项中位向量的信息，向除 Pi 外的所有持有该存储块共享备份的处理器核发出一个使无效请求 inv（x）。持有 x 的共享备份的处理器核在接收到 inv（x）请求后，把自身私有 Cache 中 x 的备份从 SHD 状态改为 INV 状态，并向共享存储器发出一个使无效应答 invack（x）。

共享存储在收到 invwback（x）应答或收到所有 invack（x）应答后，向本级存储（如果共享存储就是内存）或下一级存储（如果共享存储是共享 Cache）发起读取请求，等待共享存储返回读数响应后，在刚才被替换的目录项位置处新建一个目录项，将其改写位置 0，位向量第 i 位置 1，同时生成读数响应 rdack（x）并将其返回至发起读数请求的处理器核 Pi。

处理器核 Pi 在接收到读数响应 rdack（x）后，将其填入至之前被替换 Cache 块所在的位置，并将新的 Cache 的状态置为 SHD。

2. 存数操作

当处理器 Pi 发出存数操作“store x”时，根据 x 在其私有 Cache 和共享存储中的不同状态采取如下不同的操作：

1）若 x 在 Pi 的私有 Cache 中 tag 比较命中，且 Cache 块为 EXC 状态，则存数操作“store x”在 Cache 中命中。

2）若 x 在 Pi 的私有 Cache 中 tag 比较命中，且 Cache 块为 SHD 状态，那么处理器核 Pi 向共享存储发出一个写数请求 write（x）。共享存储在接收到 write（x）请求后查找 x 所在存储块相对应的目录项。

①如果目录项中的位向量中除了第 i 位为 1 外其他位都为 0，这意味着该存储块没有被其他处理器核持有，那么共享存储器向发出写数请求的处理器核 Pi 发出写数应答 wtack（x）表示允许 Pi 独占 x 所在的存储块，同时将目录项中的改写位置 1。

②如果目录项中的位向量中不止第 i 位为 1，这意味着其他处理器核持有该存储块的共享备份，那么共享存储需要根据目录项中位向量的信息，向除 Pi 外的所有持有该存储块共享备份的处理器核发出一个使无效请求 inv（x）。持有 x 的共享备份的处理器核在接收到 inv（x）请求后，把自身私有 Cache 中 x 的备份从 SHD 状态改为 INV 状态，并向共享存储器发出一个使无效应答 invack（x）。共享存储在收到所有 invack（x）后，向发出写数请求的处理器核 Pi 发出写数应答 wtack（x）表示允许 Pi 独占 x 所在的存储块，同时将目录项中的改写位置 1，并把位向量的第 i 位置 1，其他位清 0。

处理器核 Pi 在接收到写数应答 wtack（x）后，将 Cache 块的状态由 SHD 修改为 EXC。

3）若 x 在 Pi 的私有 Cache 中 tag 比较不命中，或 tag 比较虽命中但 Cache 块为 INV 状态，则 Pi 先从私有 Cache 中替换出一个 Cache 块，然后再向共享存储发出一个读数请求 write（x）。共享存储在接收到 write（x）请求后查找 x 所在存储块相对应的目录项。

①如果目录项中的状态是 CLEAN 的且位向量不全为 0，这意味着其他处理器核持有该存储块的共享备份，那么共享存储需要根据目录项中位向量的信息，向所有持有该存储块共享备份的处理器核发出一个使无效请求 inv（x）。持有 x 的共享备份的处理器核在接收到 inv（x）请求后，把自身私有 Cache 中 x 的备份从 SHD 状态改为 INV 状态，并向共享存储器发出一个使无效应答 invack（x）。共享存储在收到所有 invack（x）后，向发出写数请求的处理器核 Pi 发出写数应答 wtack（x）以提供 x 所在 Cache 块的一个有效备份，同时将目录项中的改写位置 1，并把位向量的第 i 位置 1，其他位清 0。

②如果目录项中的状态是脏的且位向量的第 j 位为 1，那么共享存储将向处理器核 Pj 发出一个使无效并写回请求 invwb（x）。处理器核 Pj 在收到 invwb（x）请求后，把自己私有 Cache 中的备份从 EXC 状态改为 INV 状态，并向共享存储器发出使无效并写回应答 invwback（x）以提供 x 所在 Cache 块的一个有效备份。共享存储在收到 invwback（x）应答后，向发出写数请求的处理器核 Pi 发出写数应

答 wtack（x）以提供 x 所在 Cache 块的一个有效备份，同时将目录项中的改写位置 1，并把位向量的第 i 位置 1，其他位清 0。

③如果目录项中尚没有 x 所在的存储块，那么这一级共享存储需要先从目录中挑出一个被替换项。

- 如果被挑选的目录项的状态是脏的且位向量的第 j 位是 1，那么共享存储将向处理器核 Pj 发出一个使无效并写回请求 invwb（x）。处理器核 Pj 在收到 invwb（x）请求后，把自己私有 Cache 中的备份从 EXC 状态改为 INV 状态，并向共享存储器发出使无效并写回应答 invwback（x）以提供 x 所在 Cache 块的一个有效备份；
- 如果被挑选的目录项的状态是干净的且位向量不全为 0，那么共享存储需要根据目录项中位向量的信息，向除 Pi 外的所有持有该存储块共享备份的处理器核发出一个使无效请求 inv（x）。持有 x 的共享备份的处理器核在接收到 inv（x）请求后，把自身私有 Cache 中 x 的备份从 SHD 状态改为 INV 状态，并向共享存储器发出一个使无效应答 invack（x）。

共享存储在收到 invwback（x）应答或收到所有 invack（x）应答后，向本级存储（如果共享存储就是内存）或下一级存储（如果共享存储是 LLC）发起读数请求，等待共享存储返回读数据后，在刚才被替换的目录项位置处新建一个目录项，将其改写位置 1，位向量第 i 位置 1，同时生成写数响应 wtack（x）并将其返回至发起写数请求的处理器核 Pi。

处理器核 Pi 在接收到写数响应 wtack（x）后，将其填入之前被替换 Cache 块所在的位置，并将新的 Cache 的状态置为 EXC。

3. 替换操作

如果某个处理器核需要替换出一个 Cache 块，无论这个 Cache 块是 SHD 状态还是 EXC 状态，该处理器核都要向共享存储器发出一个替换请求 rep（x）。当被替换的 Cache 块是 EXC 状态且确实含有脏数据的时候，还需要将被替换的 Cache 块的数据写回到共享存储器。共享存储在接收到 rep（x）请求后，根据请求来源将位向量中的对应位清 0，如果位向量已变为全 0，还需要将改写位清 0。

12.6.5.2　核内指令 Cache 和数据 Cache 间的一致性维护

上面所述的基于目录的缓存一致性协议中，目录项中的位向量对应每个处理器核只有一位，这就意味着如果一个处理器核内部的指令 Cache 和数据 Cache 各持有一个存储块的有效备份，在共享目录那里是无法进行区分的。也就是说在这套缓存一致性协议下，无法由硬件维护同一个核内部指令Cache和数据Cache间的一致性。当出现自修改代码的情况时，还是需要软件通过CACHE指令或SYNCI指令来进行同一个核内指令Cache和数据Cache间一致性的维护。注意这里仅需要软件维护好同一个核内指令Cache和数据Cache之间的一致性，如果是A核的数据Cache与B核的指令Cache的一致性需要维护，还是要由硬件完成。由于这种一致性维护的需求在单核场景下已经存在，所以软件上并不需要进行额外调整。在自修改代码发生不频繁的应用场景下，我们推荐这种软硬件之间任务划分的策略，即硬件加速频繁发生或软件不可预期的事务，而不频繁发生且软件可预期的事务交由软件处理以降低硬件实现开销。

12.6.5.3　缓存一致性维护事务的传递

上面对缓存一致性协议的介绍应该不难理解，许多教科书中也都有详细的介绍。不过当考虑具体实现时，你首先碰到的设计问题是：read、write、rep、rdack、wtack、inv、invack、wb、wback、invwb、invwback这些用于维护缓存一致性的请求和应答如何在处理器核与共享存储之间传递呢？由于硬件上即使不实现缓存一致性协议的相关功能，处理器核与共享存储之间也会存在数据的传输通路，所以一种较为自然的设计考虑是，尽可能复用已有的数据传输通路来完成这些一致性事务的传递。譬如，read、write请求都是处理器发往共享存储的请求，rdack、wtack都是从共享存储返回处理器的响应。如果原有处理器核与共享存储之间是采用AXI总线互联的，那么你会发现这个过程与ar和r通道上的一个读事务的执行流程非常相似。当我们考虑对AXI总线进行适当改造以支持read、write请求和rdack、wtack响应的传输时，我们可以在ar通道添加一些信号用以区分read和write请求，同时在r通道上添加一些信号用以区分rdack和wtack响应。类似地，我们可以在aw+w通道上增加一些信号用以表示rep请求。不过inv、wb、invwb这三个请求与原有AXI的总线事务都不一样，因为按照AXI的概念来理解，此时共享存储是master而处理器核是slave。一种实现方式是，强行增加一套共享存储是master而处理器核是slave的AXI的ar和r通道，inv、wb、invwb请求通过新增的ar通道传输，invack、wback、invwback响应通过新增的r通道传输。这种思路不仅资源开销有些大，而且在设计上还会引入其他问题，后面我们会提到。因此我们考虑更加激进的对r通道进行改造的方法，用它来传输inv、wb和invwb请求，并对aw+w通道略加改造用来传输invack、wback、invwback响应。上述这种设计思路需要在AXI原有信号的基础上增加一些信号，这些都可以利用AXI4协议中新增的USER域来实现。

不过，当我们复用处理器核与共享存储之间已有的 AXI 总线通路来传递缓存一致性维护事务时，需要留心一些设计上容易出错的地方。

首先，我们需要时刻留心 AXI 总线协议下读、写通道分离这一特性。举例来说，假设处理器核 P*i* 一开始时持有 *x* 的 EXC 块，然后由于自身发起的替换操作将含有 *x* 的 EXC 块从写通道替换出去，而随后的“store *x*”查询 Cache 发现缺失后从读通道发 write（*x*）请求。由于读、写通道分离，因此有可能替换出去的请求在写通道上被阻塞，而后发的 write（*x*）请求先一步到达共享存储处，共享存储按照上面所述的处理流程返回写数响应并将目录项中的改写位和位向量的第 *i* 位置 1 之后，处理器核先发出来的替换请求 rep（*x*）才到达共享存储处，于是共享存储又将目录项中的改写位和位向量的第 *i* 位清 0。那么此时就出现了共享存储认为处理器核 P*i* 处没有有效备份而处理器核 P*i* 其实持有一个有效备份的情况，那么处理器核 P*i* 中“store *x*”所更新的值就有可能被错误地丢弃，最终导致程序执行出错。解决这类问题，一种思路是在共享存储处进行处理，当发现这种目录项中状态与其请求不匹配的情况时，认为一定是一致性请求响应通路上出现了顺序颠倒的情况，先暂停该请求的处理，直至看到先发后至的请求响应到达后再进行处理。这种思路虽然可行，但不好。且不说目录项状态与请求不匹配情况的枚举、重新唤醒被阻塞的请求的时机在逻辑上不那么好实现，这种阻塞一个请求等待另一个请求的设计，如果考虑不周很可能会在一些极端条件下出现死锁。我们给出的设计建议是，在处理器核那里将每一个从读通道发出的 read 或 write 请求与写通道上已经发出但还没有确定被共享存储接收的 rep 请求进行地址比较，如果存在冲突，则阻塞 read 或 write 请求的发出直至冲突消除。可以看到，这套比较逻辑与之前设计 AXI 总线接口时所做的写后读相关处理的逻辑几乎一样，这意味着我们可以很大程度上地复用已有的逻辑来解决此类问题。

其次，无论我们是新增一套共享存储至处理器核的 ar 通道或是复用原有 r 通道的方式来传递 invack、wback、invwback 请求，都要考虑它们与 rdack、wtack 响应之间的乱序问题。举个例子来说，处理器核 P*i* 向共享存储发来一个 read（*x*）请求，共享存储处理之后向其返回 rdack（*x*），但是随后由于其他请求，共享存储又向 P*j* 发出 inv（*x*）请求。如果 rdack（*x*）响应和 inv（*x*）请求走的是不同的通道，或者虽然它们都走的是 r 通道，但是因为它们的 rid 不同所以互联网络上将其顺序颠倒，最终导致处理器核先看到 inv（*x*）后收到 rdack（*x*）。如果不加任何处理，最终又会出现共享存储认为处理器核 P*i* 处没有备份而处理器核 P*i* 处实际上有备份的情况，前面已经提到过这是一种非常危险的状态，很可能导致后续程序出错。如果 rdack（*x*）响应和 inv（*x*）请求走的是不同的通道，那么这个问题似乎还挺难解决的，因为共享存储这边无法获知先发的rdack（x）何时真正被处理器核接收到，强行在处理器核那边用阻塞inv（x）请求的方式处理，一旦考虑不周就会出现死锁。如果rdack（x）响应和inv（x）请求走的都是r通道，这个问题就会好处理许多，我们只要明确从共享存储到某个处理器核的r通道只有一条物理路径且路上没有可以产生乱序的缓存，那么问题自然就不会出现。所幸的是，在绝大多数情况下，这种要求在实现上都是有保证的。

12.6.5.4 核内支持缓存一致性的设计调整

为了实现缓存一致性协议，除了对处理器核与共享存储之间的互联通路进行改造外，处理器核内部也要进行相应的设计调整。这里我们给出如下六点设计建议。

1）对总线接口模块进行改造，使其能够根据新增的指令流水线输入的内部信号生成一致性事务，同时能够区分接收到的普通事务和一致性事务，转译成相应的内部信号输出至指令流水线。
2）核内数据Cache的状态域要从无效、有效这两种状态调整为无效、共享、独占三种状态。相应地，load操作和store操作访问数据Cache是否命中的判断条件也需要调整。核内指令Cache的状态域和命中判断的逻辑不需要改变，只不过其状态域的含义从无效、有效两种状态转义为无效、共享两种状态。指令Cache的缺失和数据Cache的load缺失都要向总线接口模块发read请求，数据Cache的store缺失要向总线接口模块发write请求。
3）处理指令Cache和数据Cache缺失时，即使替换出来的Cache块不是脏的，也要通过总线接口模块向共享目录发送rep请求，只不过此时的rep请求可以不传输Cache块的数据部分以节省总线带宽。
4）对Cache指令的实现进行调整。所有Index Invalidate的Cache指令，不能直接将指定Cache块的状态置为无效，而是需要首先将该项的内容读出，并根据读出的Cache块状态向共享目录发rep请求，待请求发出后才能执行置无效的动作。所有Hit Invalidate的Cache指令，在第一遍执行look up操作的时候，如果有命中的，需要先根据命中项的Cache块状态向共享目录发rep请求，待请求发出后才能执行置无效的动作。对于Hit Invalidate Write back Cache指令，即使命中的Cache块不是脏的，也要向共享目录发送rep请求，待请求发出后才能执行置无效的动作。
5）复用上面第4点中调整后的Hit类Cache指令的实现通路和状态机来处理核外

发来的一致性事务。需要对整个处理过程的输入增加选择，执行Cache指令时输入的地址等信息来自流水线内部，执行核外一致性事务时输入的地址等信息来自总线接口模块解析后输入的内容。不过，已实现的Cache指令中没有对DCache的Hit Write back操作，所以为了执行核外发来的wb请求，可以将DCache Hit Invalidate Write back的执行逻辑中去掉最后一步Invalidate来实现。此外需要提醒大家注意的是，如果实现的是前面所述的缓存一致性协议，由于目录并未区分同一个核内的指令Cache与数据Cache，那么当核外发来inv请求的时候，不仅要对数据Cache执行D_Hit_Inv操作，还要对指令Cache执行I_Hit_Inv操作。

6）如果是通过复用AXI总线的r通道来传输inv、wb、invwb一致性请求，一定要在总线接口中预留出足够的物理资源，保证任何时候都能接收至少一个一致性请求，以避免死锁。

12.6.5.5 共享存储处目录的设计

共享存储处目录的设计非常类似于Cache中Tag部分的设计，所以这里不再对其具体实现进行介绍。一个给初学者的建议是：目录的访问效率不必做得像数据Cache那样激进，初次实现的时候，你可以同时只处理一个事务，且可以用多个周期来完成一个事务的处理。

如果目录实现在片上共享Cache处，且共享Cache与核内的私有Cache是严格的inclusive关系，那么建议你直接在共享Cache的Tag中添加改写位和目录位向量。

如果目录实现在共享内存处，那么你可以把它当作一个没有data部分的与核内Cache维持严格inclusive关系的共享Cache来实现，区别无外乎是原本对于该Cache的data部分的读写操作都转换成发往内存控制器的读写命令。

如果共享Cache与核内私有Cache是exclusive关系，那么一种可行的实现是，共享Cache的Tag部分与核内的私有Cache是严格的inclusive关系，而共享Cache的data部分与核内的私有Cache间维持exclusive关系，Tag中增加1位额外信息用以表示这个Cache块的数据是在LLC本地还是在某个核内的私有Cache处。

12.6.6 ll.w-sc.w指令对的访存原子性

多核处理器之间需要用同步机制来协调多个处理器核对共享变量的访问。LoongArch32位精简版本架构定义了ll.w、sc.w指令用于实现包括锁操作、栅障操作在内的同步操作。在本书前面的内容中，我们讲述了单核情况下如何实现ll.w、sc.w指令。实现的重点是维护好LLbit。ll.w指令执行后将LLbit置为1，并记录好ll.w指令访问的地址。ertn指令执行时会将LLbit清为0。当sc.w指令执行的时候，需要看LLbit是否为1，当LLbit为1时sc.w才能将值写入内存，返回1；当LLbit为0时sc.w不写内存，直接返回0。

在实现多核支持的时候，ll.w和sc.w指令的处理并不需要进行变动，只是需要对LLbit清0的条件增加一种考虑，即在ll.w执行后到sc.w执行前的这段时间内，如果有其他核的一致可缓存store操作所访问的地址与ll.w、sc.w的地址落在同一个"缓存一致性维护基本单位"的范围内，那么LLbit也要被清0。这个"缓存一致性维护基本单位"的大小是由设计者（你）来决定的，通常将其定为访问地址所处的那个Cache块。

这样设计，其出发点是我们只考虑这一对ll.w-sc.w指令访问的地址都是一致可缓存访问类型的情况。ll.w-sc.w指令访问的地址都是强序非缓存访问类型的情况，对于运行Linux操作系统的SMP处理器来说是不合理的，所以你在实现硬件时可以不考虑这种情况。不过在一些嵌入式应用场景下，软件这样做又是合理的，我们将在本小节的最后讨论一下这种情况。

在仅考虑单核运行时，LLbit是实现在处理器核内部的。那么在考虑多核支持的时候，由于LLbit的维护需要考虑其他核的访问，那么是否意味着LLbit要挪到核外实现呢？这是没有必要的，LLbit还是实现在核内，新增的清0条件可以通过核外部传入的信息来生成。当ll.w-sc.w指令对访问的地址落在Cached空间时，由于硬件会维护多核间的缓存一致性，其他核对于该地址所在Cache块的store操作一定会通过缓存一致性的维护消息传到本核，那么利用这个消息就可以生成所需的LLbit清0的使能信号。

上述机制具体实现起来有个细节需要关注，即如果缓存一致性维护消息是本核的store操作申请独占Cache块所引起的，那么不能将LLbit清0，否则即使ll.w-sc.w执行的原子性没有被破坏，sc.w还是无法成功写内存，只有循环回来第二遍执行的时候才能真正写入。这显然降低了执行效率，不仅是因为多执行一遍循环，而且在多执行一遍所增加的时间内，又会有其他处理器核的store操作访问这个Cache块，进一步降低了sc.w执行成功的概率。

最后我们再来考虑一种情况，即当ll.w执行之后sc.w执行之前，如果由于本核执行其他普通访存操作时产生了Cache替换，将ll.w-sc.w所访问的Cache块主动替换出去（我们习惯将接收核外发来的缓存一致性维护消息而产生的替换称为被动替换），那么此时其他核再执行store操作的时候，就不会向本核发出一致性维护请求了。如果本核不考虑这种情况的处理，仍然保持LLbit为1，那么sc.w执行的时候就会写内存，违背了整个RMW过程的原子性。MIPS架构的文档中认为“Portable”（可移植）的软件应该避免出现这种情况。所以理论上讲你可以对此不做任何处理，如果出错就认为是软件的原因。但是从作者过往的经历来看，与其花费很长的时间去定位软件中一个不可移植的bug，不如硬件设计时多费点心思。当碰到这种情况时，请将LLbit也清0。

前面提到了一对ll.w-sc.w指令所访问地址都是非缓存访存类型的情况。在有些成本敏感的嵌入式应用场景中，其多核上的任务划分是固定的，任务之间的通信模式也是固定的（譬如仅是生产者–消费者模式），那么这种情况下多核间Cache的一致性就可以交由软件处理以减少电路的开销（甚至每个核原本就没有Cache而只有TCM）。但是，核与核之间的同步机制还是需要的。一种典型的情况是，核与核之间的通信并非都是通过硬件的FIFO电路进行，而是通过在共享片上RAM上用软件实现的消息队列来实现，那么至少这些队列的读、写指针的更新就需要同步。因为没有Cache，或者有Cache却没有硬件维护多核间的缓存一致性，所以实现同步机制的锁、信号量等自然不会放到Cache中，它通常是放到这些核所共享的一块存储（通常是片上RAM）中。既然不在Cache中，自然就要用非缓存访存类型去访问了，这就出现了ll.w/sc.w访问非缓存访问类型地址的情况。

如果你实现的就是这样一个多核系统，那么ll.w/sc.w指令序列所需要的访存原子性又该如何维护呢？这里我们结合AXI总线协议中给出的exclusive access机制，给出一种设计建议。设计点一，非缓存的ll.w指令所发出总线读请求的arlock信号被置为0b01，如果该读请求返回的rresp信号为0b01，则将核内的local_LLbit置为1，否则置为0。设计点二，非缓存的sc.w指令如果看到local_LLbit=0，直接返回0且不发出任何总线写请求；如果看到local_LLbit=1，则向外发出awlock=0b01的总线写请求，但是此时sc.w指令不能写回并退出流水线，它必须等到该写请求返回的bresp，如果bresp=0b01，sc.w指令写回1，否则将local_LLbit清0并写回0。这套机制需要ll.w、sc.w指令所访问的AXI slave支持exclusive access。

附　录

附录 A　龙芯 CPU 设计与体系结构教学实验系统

龙芯 CPU 设计与体系结构教学实验系统的核心是一块基于 FPGA 芯片的嵌入式系统开发板（以下简称“开发板”），箱内的其他器件包括：开发板配套的电源适配器 1 个、JTAG 下载线和适配器 1 套以及串口线 1 根。下面简要介绍开发板的硬件设计方案和时钟设计方案。如果想详细了解开发板，请参阅提供的开发板原理图。

A.1　开发板的硬件设计方案

图 A.1 分别给出了开发板的逻辑结构示意图和实物图，可以对照两幅图来加强感性认识。开发板的主要部分的设计方案如图 A.2 所示。

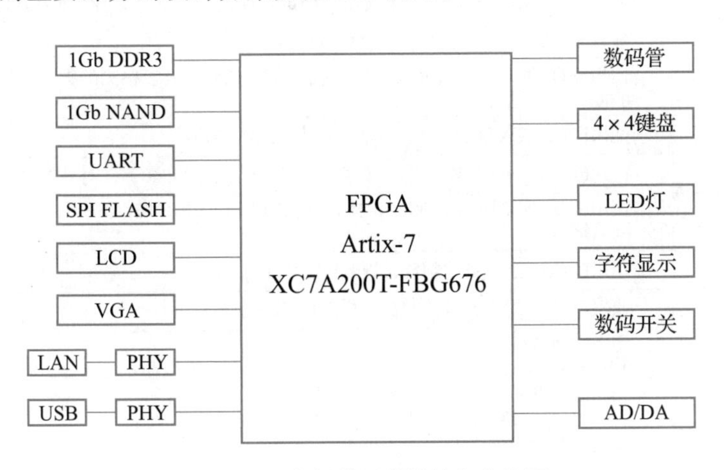

图 A.1　开发板的逻辑结构和实物图

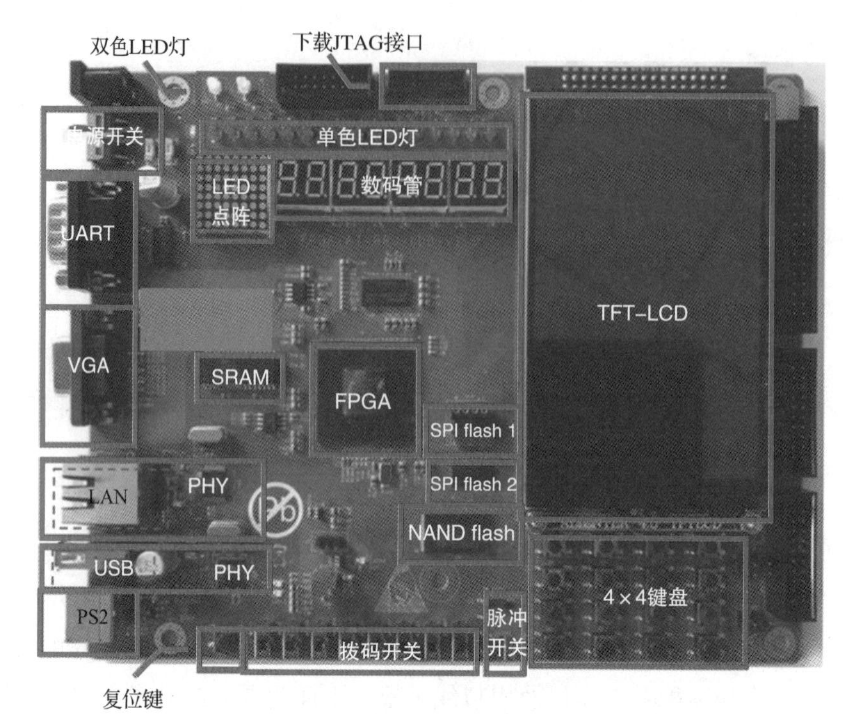

图　A.1（续）

功能模块	设计方案概述
FPGA	选用Artix-7 XC7A200T-FBG676
DDR3	使用FPGA实现DDR3控制器，板载K4B1G1646G-BCK0 DDR3颗粒
SRAM	使用FPGA实现SRAM控制器，板载IDT71V124SATY SRAM芯片
NAND	使用FPGA实现NAND控制器，板载K9F1G08U0C-PCB0闪存颗粒
SPI Flash 1	使用FPGA实现SPI控制器（支持启动），板载Flash芯片插座，Flash可插拔
SPI Flash 2	板载不可插拔Flash芯片，FPGA设计固化专用
VGA	使用FPGA实现数字显示模块，板载MM74HC573SJ实现332的数模转换，模拟VGA的R、G、B信号
LCD	使用FPGA实现LCD显示控制器，板载TFT-LCD屏
USB	使用FPGA实现USB控制器，板载USB PHY（USB3500），对外提供一个USB接口
LAN	使用FPGA实现MAC控制器，板载以太网PHY（DM9161AEP），对外提供一个RJ45网络接口
PS2	使用FPGA实现PS2控制器，板载PS2接口
UART	使用FPGA实现UART控制器，板载UART接口
GPIO	16个LED单色灯； 2个LED双色灯； 8×8LED点阵（可实现字符显示功能）； 8个共阴极八段数码管（用于数字显示）； 其余外接通用I/O接口

图 A.2　开发板主要部分的设计方案

A.2 开发板原理图

当使用开发板完成实验时，也就是使用 Vivado 工具进行电路实现时，需要将设计的电路顶层的 input/output 接口信号绑定到开发板 FPGA 芯片的 I/O 引脚上，该绑定关系由 Vivado 工程中的约束文件（*.xdc）指定。

因此，在使用 Vivado 工具进行电路实现时，需要编写约束文件，此时需要查找开发板原理图以确定引脚编号。开发板上常用的 I/O 设备的引脚列表，如 LED 灯、数码管等，详见教学实验系统的配套资料。

比如，假设电路实现中使用 4×4 矩阵键盘，现在需要确定矩阵键盘的接口。我们可以从教学实验系统的配套资料中查明矩阵键盘引脚对应的 FPGA 芯片的 I/O 编号，也可以查看原理图得到对应的编号。4×4 矩阵键盘原理图如图 A.3 所示。

可以看到，4×4 键盘矩阵只用了 8 个引脚：FPGA_KEY_COL 1 ～ FPGA_KEY_COL 4，FPGA_KEY_ROW 1 ～ FPGA_KEY_ROW 4。其中列 FPGA_KEY_COL* 通过一个高电阻接地，行 FPGA_KEY_ROW* 通过一个相对低的电阻接高电平。当有开关闭合时，闭合处对应的列 FPGA_KEY_COL* 和行 FPGA_KEY_ROW* 有相同的电平。

如果只需要使用同一行的按键，由于列 FPGA_KEY_ROW* 是默认接高电平的，因此当有按键时，相应的行 FPGA_KEY_COL* 会收到一个高电平，即得到一个“1”，无按键时会得到一个“0”。需要注意，检测按键时最好加上防抖功能。

当需要使用多行的按键时，就需要通过扫描方式确认按键位置了。扫描方式是从列 FPGA_KEY_COL* 一次输入低电平“0”，随后检测行 FPGA_KEY_ROW* 处得到的电平值。如果四行均为高电平“1”，则表示按键不在该列；如果有一行为低电平“0”，表示按键在该列，且在该行。

假如在电路实现时使用了键盘左上角的按键，就需要在原理图中查找行 FPGA_KEY_COL 1，可以看到该列线是连接到 FPGA 芯片中编号为 V8 的 I/O 引脚上的。

类似地，可以查找 FPGA_KEY_COL 2 ～ FPGA_KEY_COL 4 和 FPGA_KEY_ROW 1 ～ FPGA_KEY_ROW 4 对应的 FPGA 芯片的 I/O 引脚编号。

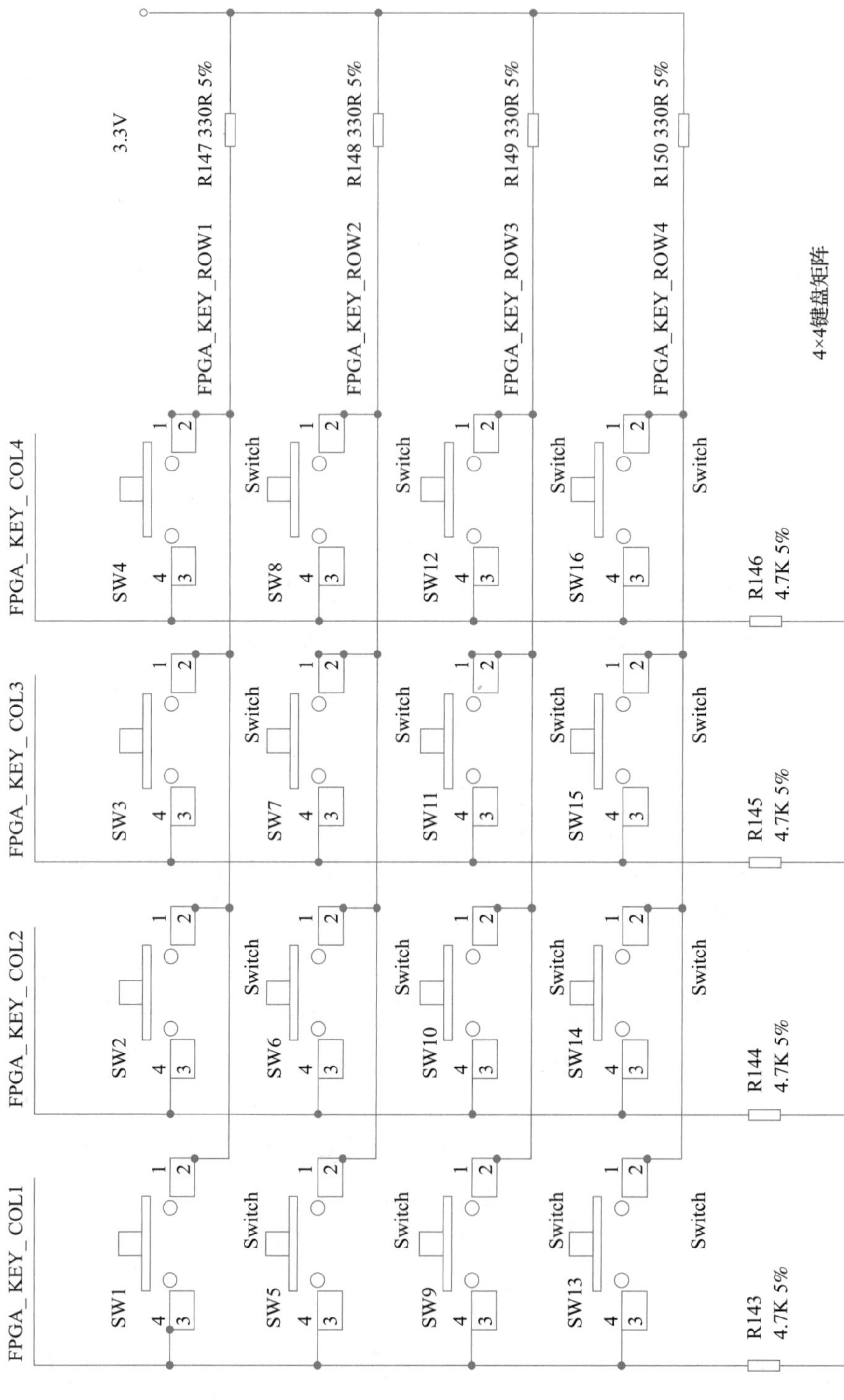

图 A.3　4×4 矩阵键盘原理图

附录 B　Vivado 的安装

本附录是基于 Vivado 2019.2 进行说明的，对其他版本的 Vivado 的安装也同样适用。在学习本部分内容前，你需要准备以下环境：

1）装有 Windows 或 Linux 操作系统的计算机一台。

2）连通的网络。

如果已有 Vivado 对应版本的本地安装包，可以直接从 B.3 节开始学习。

如果本地计算机已经安装过 Vivado，可以直接更新至最新版本。

如果本地计算机没有安装过 Vivado，那么需要先下载 Vivado 安装包，安装包可以在 Xilinx 官网的下载页面[1]上找到。

Vivado 支持本地安装与在线安装，它们的对比如图 B.1 所示。

安装方法	优势	劣势
本地安装	安装过程不需要联网	1.本地安装包超过20GB。提前下载或拷贝较慢。 2.下载中途存在失败的可能，一定要使用支持断点续传的下载工具进行下载
在线安装	1.安装包很小，只有60～100MB。 2.安装过程中可以根据需求选择需安装的版本和支持的器件，WebPACK版在线下载的内容只需要11GB左右	1.安装过程中需要联网，且不能断网。 2. 安装中途需要下载安装包，并且存在失败的可能，无法断点续传继续安装

图 B.1　Vivado 本地安装与在线安装优劣势对比

B.1　Vivado 简介

Vivado 是 Xilinx 公司开发的一款 EDA 工具。下面以在 Windows 上安装 Vivado 2019.2 的 WebPACK 版本为例进行说明。WebPACK 版本为免许可证的 Vivado 版本，支持的器件受限。该版本支持 Artix-7 器件的开发，足够完成本书的实践任务。安装该软

[1] 见 https://china.xilinx.com/support/download.html。

件要求硬盘空间至少有 20GB。Vivado 2019.2 支持以下操作系统：

- Windows 7.1: 64 位（Vivado 2019.2 是支持 Windows 7 的最后版本）
- Windows 10.0 1809/1903 Update: 64 位
- Red Hat Enterprise Workstation/Server 7.4-7.6: 64 位
- SUSE linux Enterprise 12.4: 64 位
- CentOS 7.4-7.6: 64 位
- Ubuntu Linux 16.04.5/16.04.6/18.04.1/18.04.2 LTS: 64 位
- Amazon Linux 2 LTS: 64 位

B.2　Vivado 安装文件的下载

在 https://china.xilinx.com/support/download.html 下载所需的 Vivado 版本。进入该页面后请点击左侧的“ Vivado 存档”并随后选择 2019.2 版本[㊀]，如图 B.2 所示。可以选择先下载安装 Web Installer，再通过安装器下载安装，从而减小下载时间和下载安装包大小；也可以直接下载安装包文件来安装，文件大小超过 20GB。

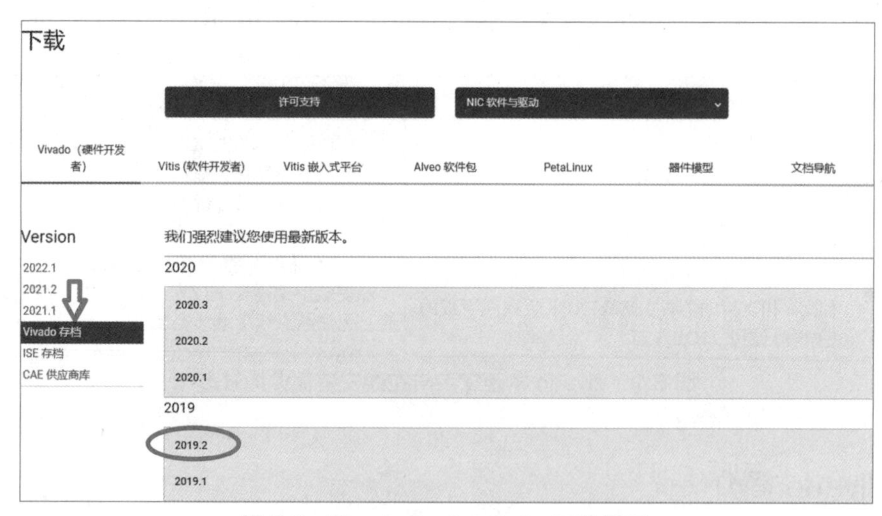

图 B.2　Vivado Design Suite 下载界面

Vivado 设计套件提供支持 Windows 系统和 Linux 系统的在线安装包，以及全系统的本地安装包下载，可以选择相应的版本下载。如图 B.3 所示。

㊀ 并不是说不能选择更高版本的 Vivado，只是对于本书中的实践任务来说，2019.2 版本的 Vivado 已经足够，更高版本需要更长的安装时间和更多的磁盘空间，读者可以自行决定。

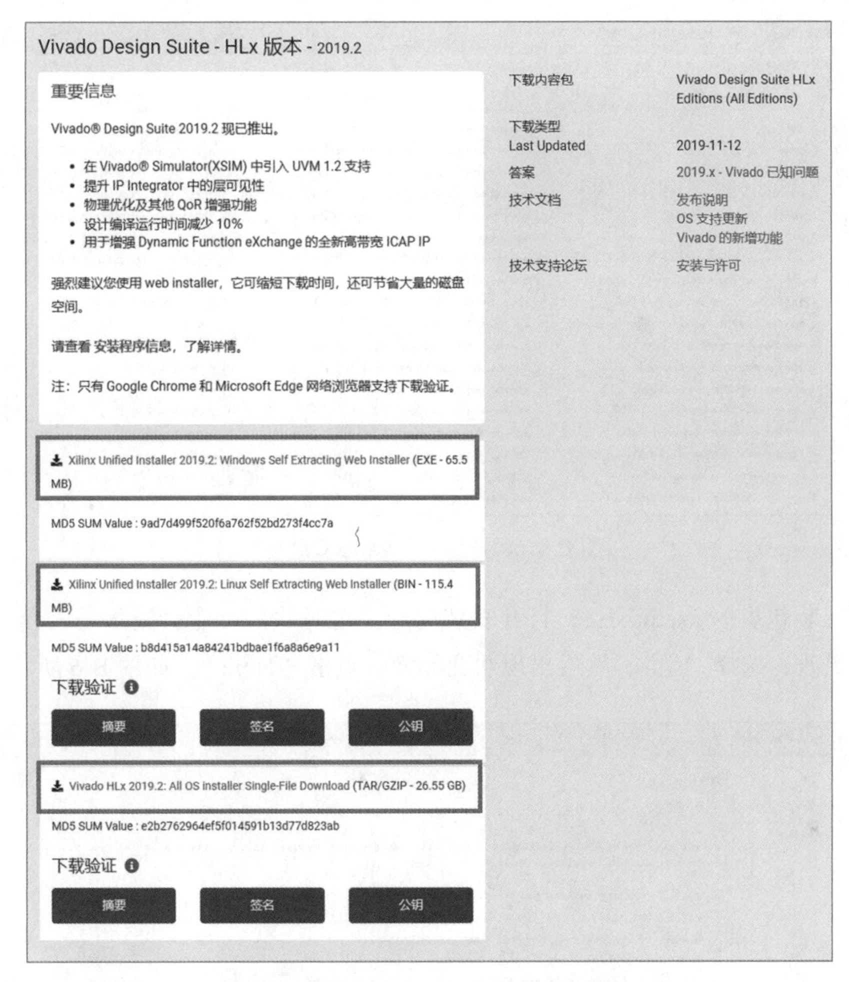

图 B.3 Vivado 2019.2 下载链接界面

下载需要登录 Xilinx。如果已有 Xilinx 账户，直接填写账号和密码登录；如果没有账户，则点击“Create Account”即可免费创建一个新账号。如图 B.4 所示。

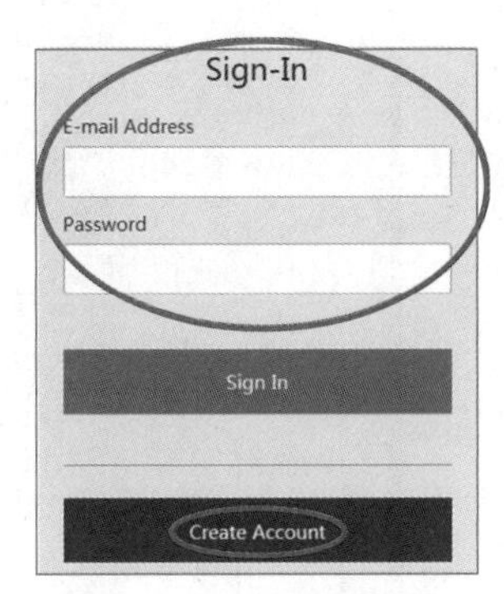

图 B.4 Xilinx 登录界面

B.3 Vivado 本地安装

下载后，将 Vivado 安装包 Xilinx_Vivado_2019.2_1106_2127.tar.gz 解压到不含中文字符和空格的路径中，注意这个解压到的路径不是 Vivado 软件安装的路径，只是安装文件的暂存路径。如图 B.5 所示。

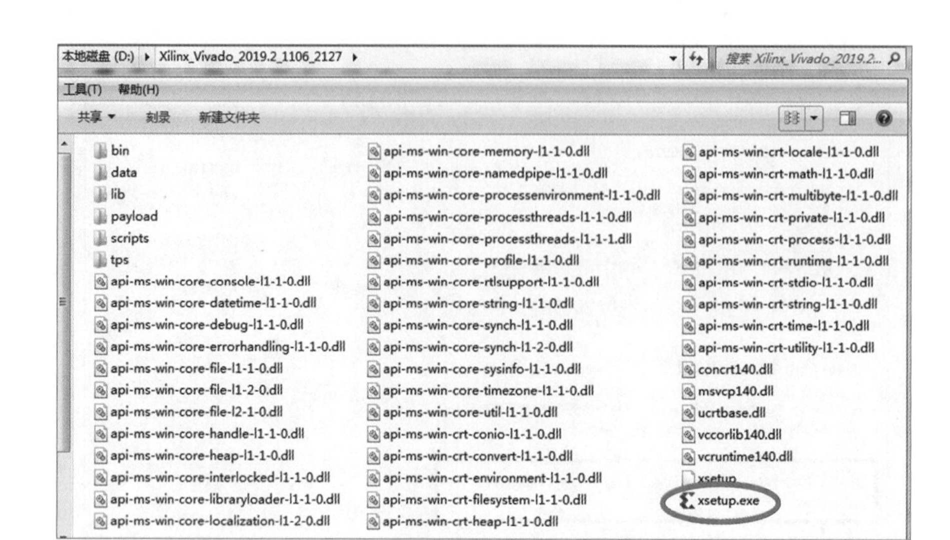

图 B.5　解压后的 Vivado 安装包

双击安装包里的 xsetup.exe，打开安装向导。这时软件可能会提示是否允许应用对设备进行更改，选择“是”。然后出现欢迎界面，点击“Next”。如图 B.6 所示。

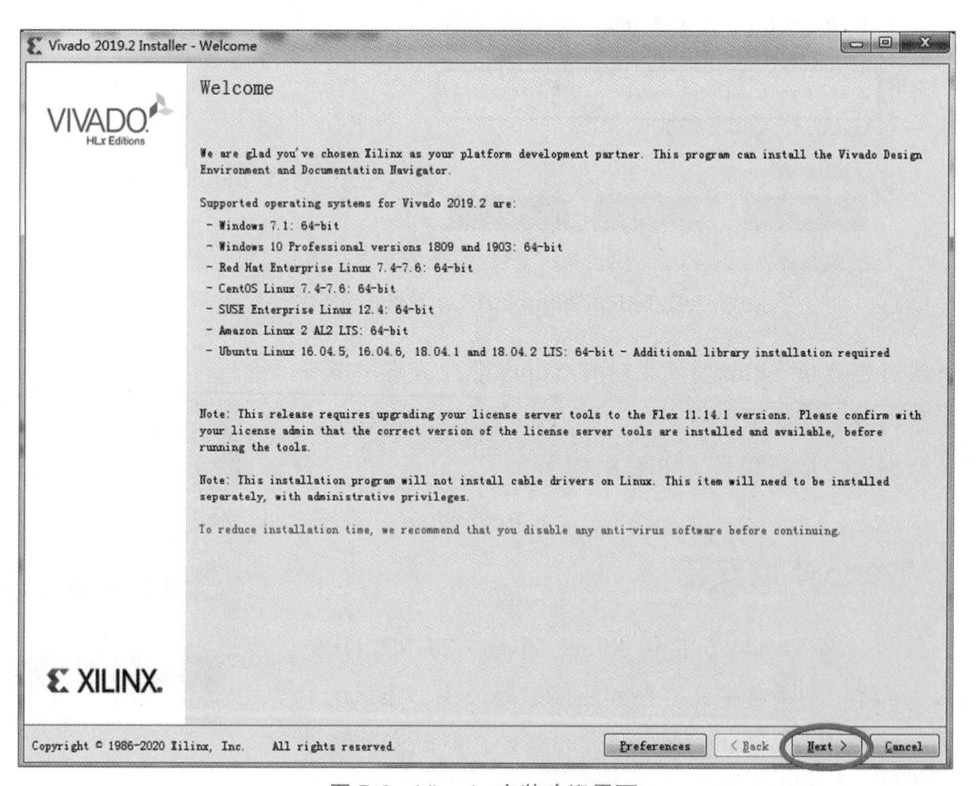

图 B.6　Vivado 安装欢迎界面

在图 B.7 所示的界面中，勾选所有“I Agree”选项，点击“Next”。

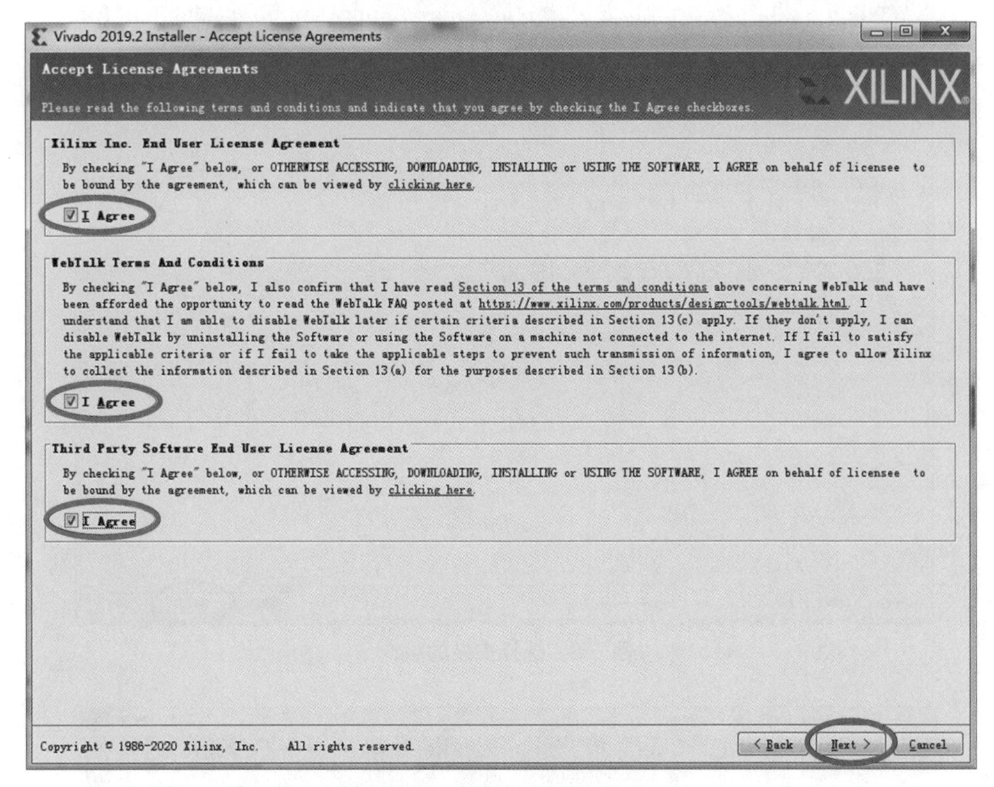

图 B.7　Xilinx 用户许可协议

接下来选择 Vivado 安装版本，这里勾选 Vivado HL WebPACK 版本（Vivado 的免费版本），点击“Next”。如图 B.8 所示。

选择设计工具、支持的器件。“Design Tools”默认已选择“Vivado Design Suite”和“DocNav”；“Devices”需选择“7 Series”，因为实验箱里开发板搭载的 FPGA 是 7 系列的 Artix-7，其他器件可以根据需要进行选择；“Installation Options”按照默认即可，点击“Next”。如图 B.9 所示。

选择 Vivado 安装目录，默认安装在“C:\Xilinx”下，可以点击浏览或者直接更改路径，注意安装路径中**不能出现中文字符和空格**，点击“Next”。如图 B.10 所示。

确认无误，点击“Install”开始安装；如果要修改安装设置，可点击“Back”返回到相应的界面。如图 B.11 所示。

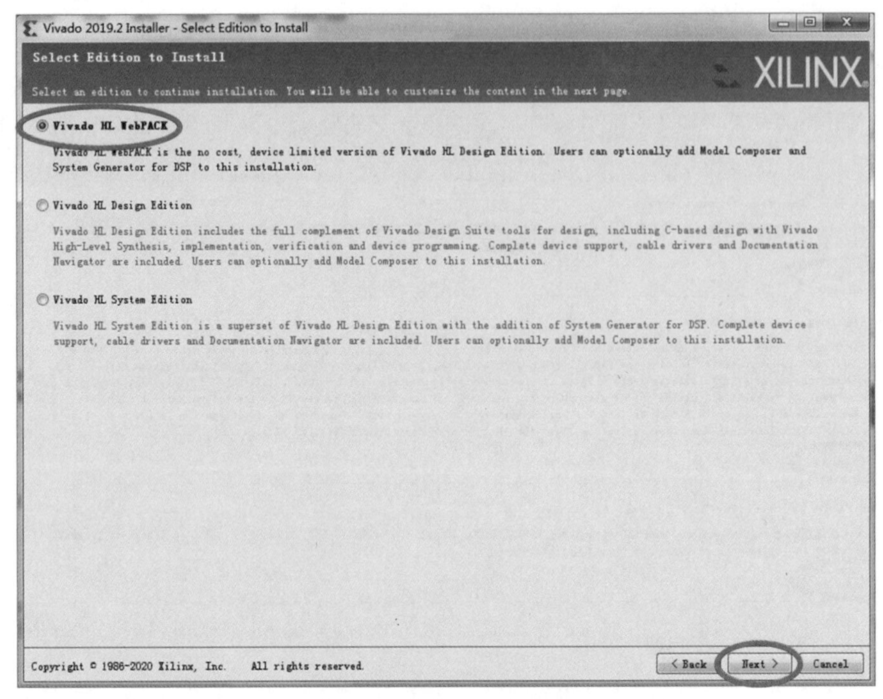

图 B.8　选择安装的版本

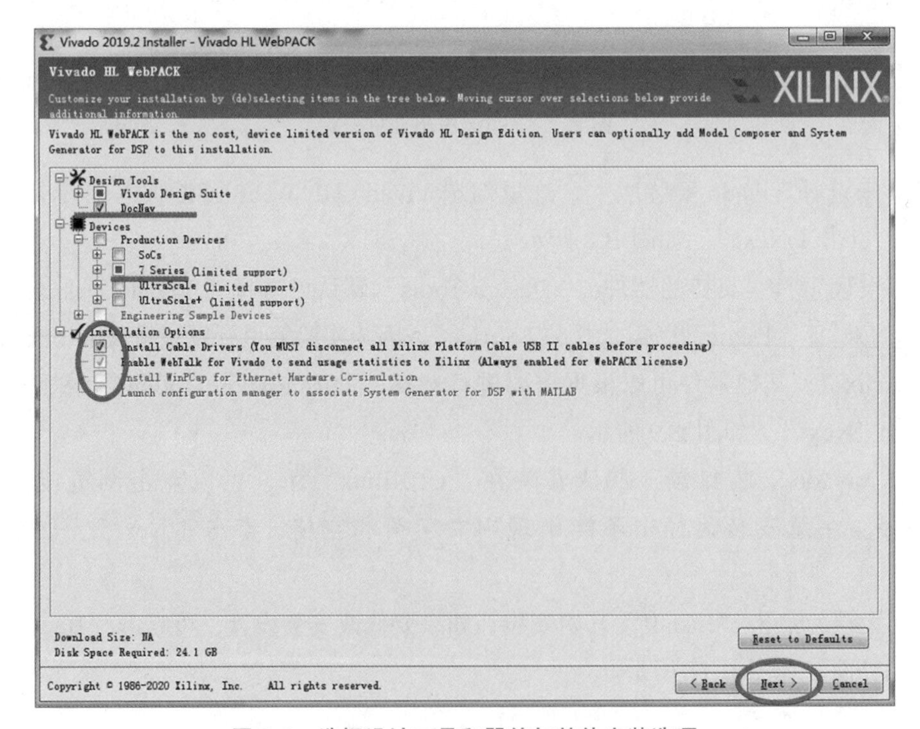

图 B.9　选择设计工具和器件与其他安装选项

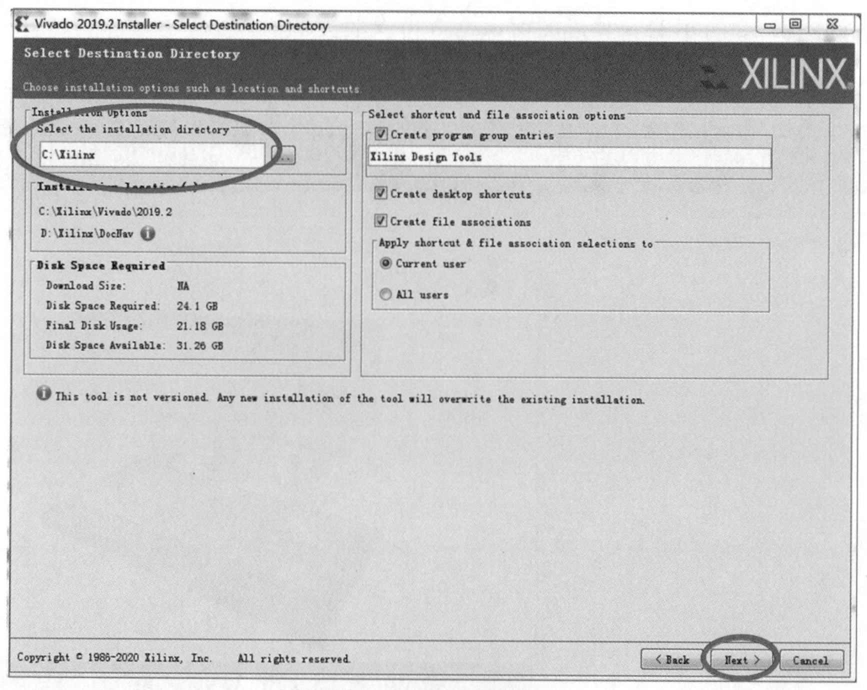

图 B.10 选择安装目录

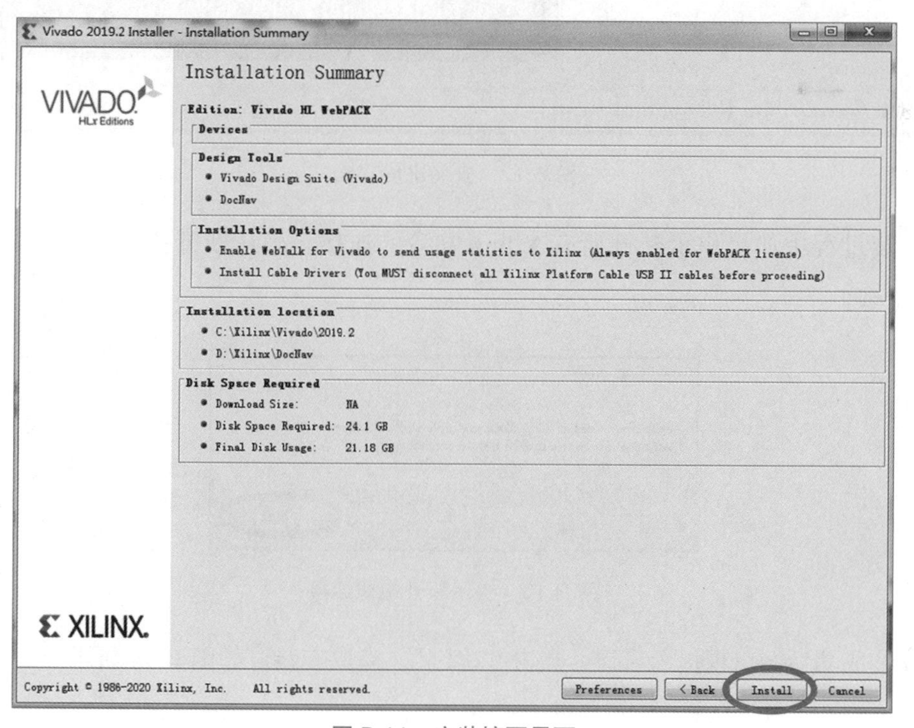

图 B.11 安装摘要界面

出现如图 B.12 所示的安装进度窗口，等待安装完成。

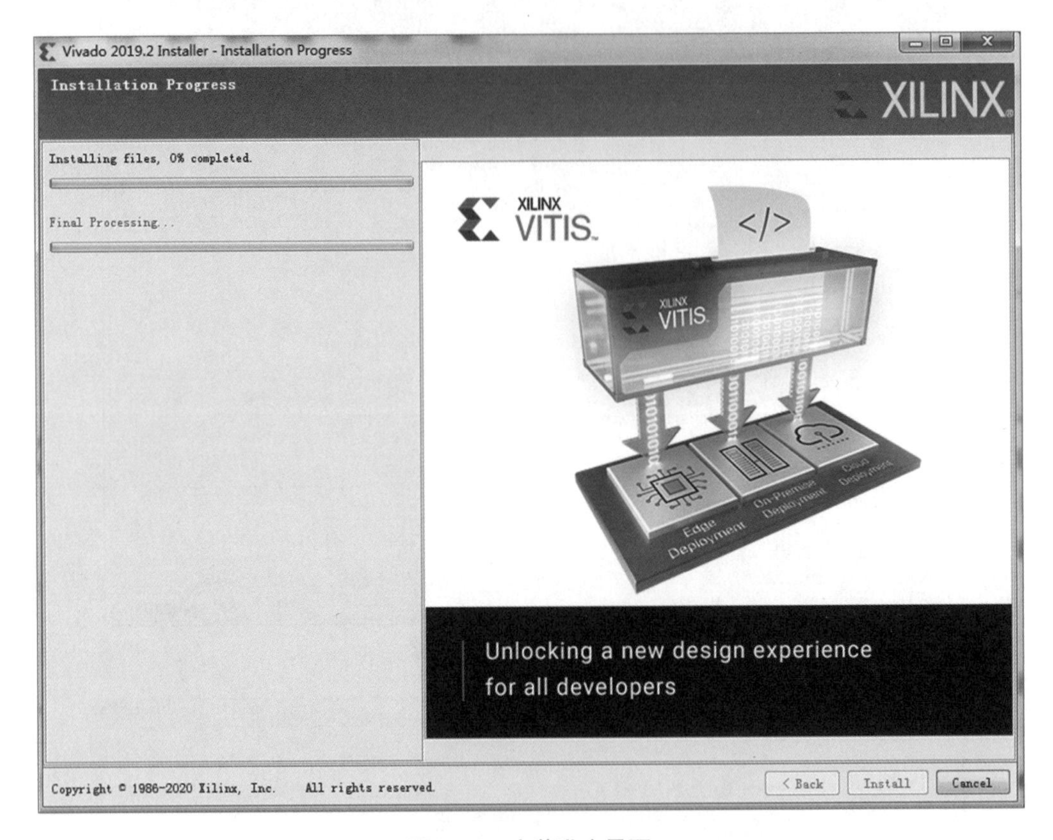

图 B.12　安装进度界面

安装过程中如果提示断开所有 Xilinx 电缆的连接。确认断开并点击“确定”。如图 B.13 所示。

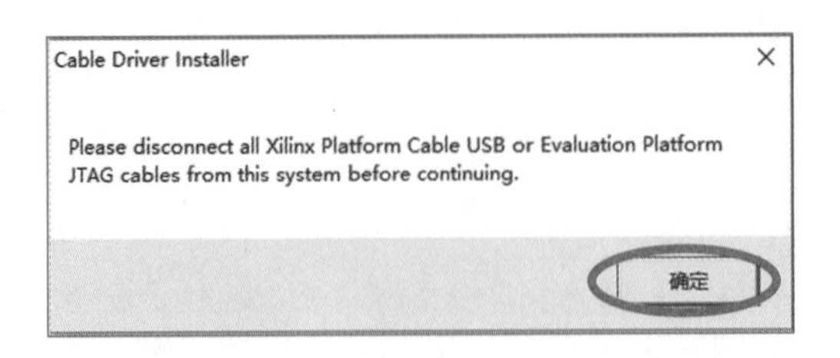

图 B.13　提示断开电缆连接

安装成功后会出现提示窗口，点击“确定”，完成安装。如图 B.14 所示。

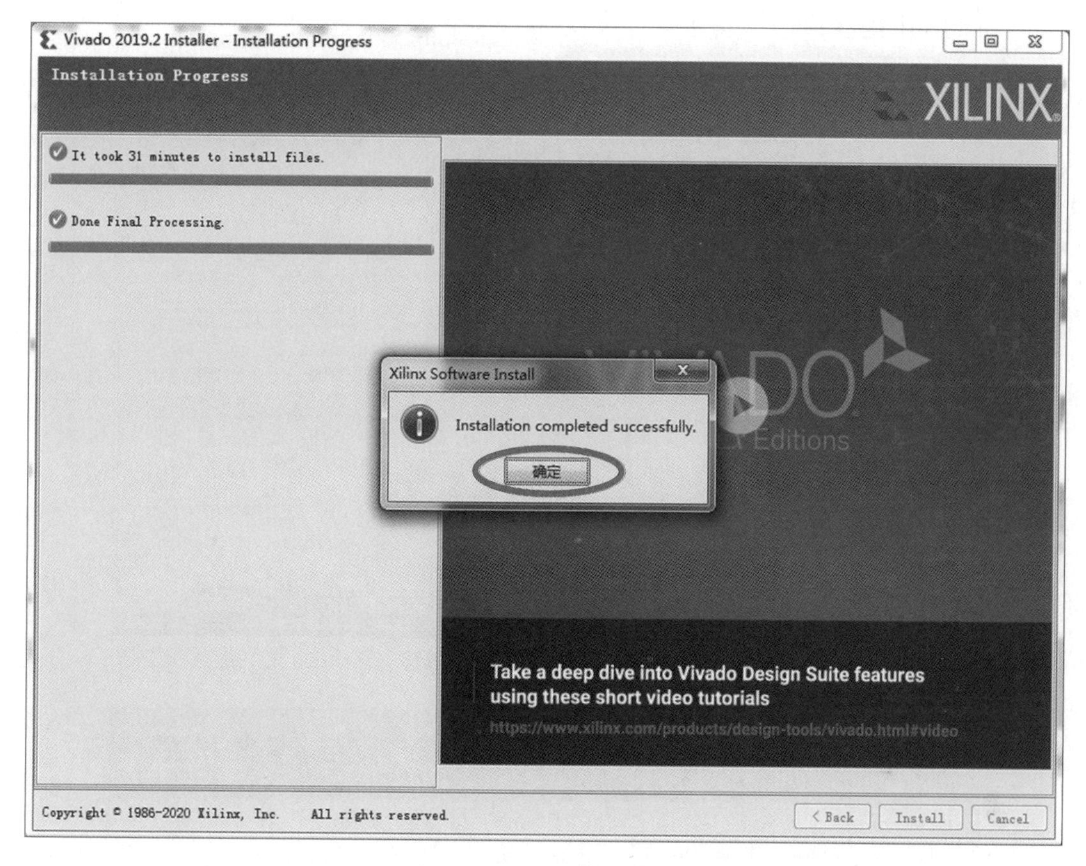

图 B.14　安装成功界面

B.4　Vivado 在线安装

获取对应的 Vivado 在线安装包，以 Windows 为例。

确保计算机处于联网状态并且可以访问 Xilinx 官网，双击在线安装程序，出现如图 B.15 所示的欢迎界面，点击“Next”。

出现如图 B.16 所示界面，需要输入 Xilinx 账号，选择“Download and Install Now”，点击“Next”。如果选择“Download Full Image”则会下载独立安装包，后续可以进行本地安装。

后续步骤同 B.3 节后半段，请采用相同的操作。

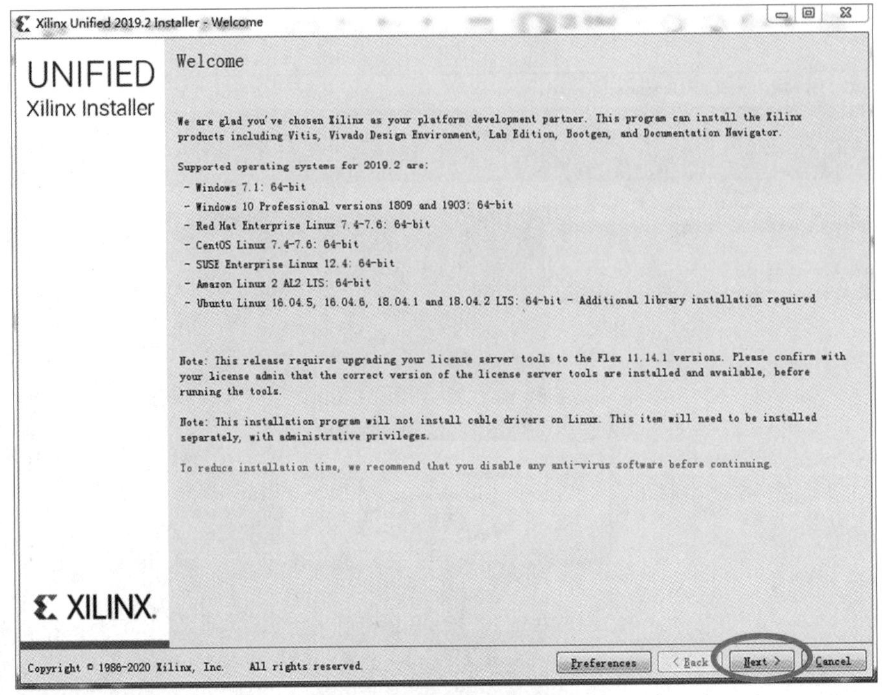

图 B.15　在线安装欢迎界面

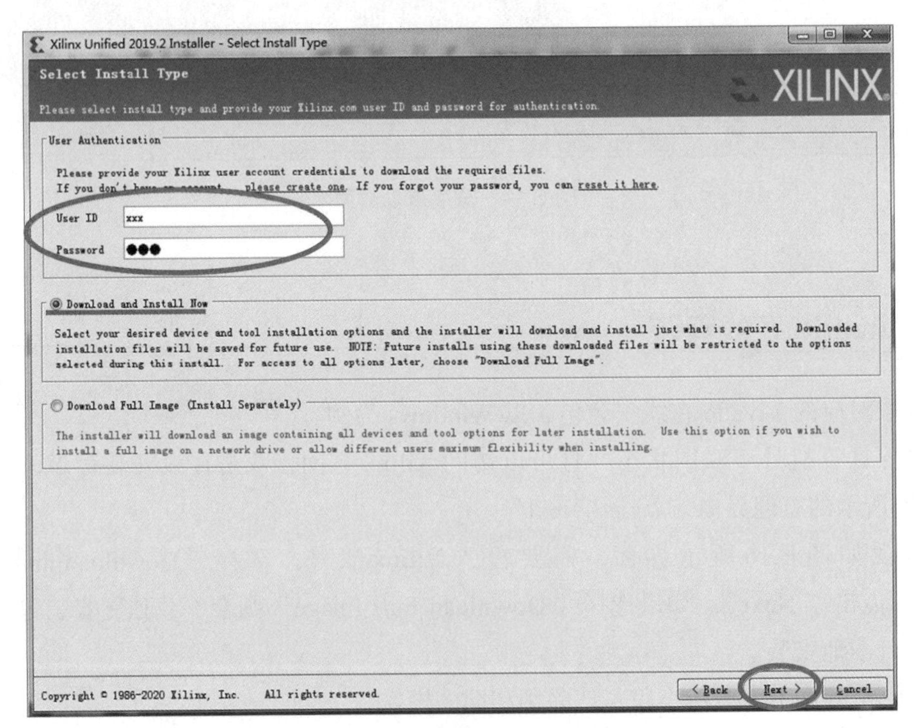

图 B.16　在线安装输入 Xilinx 账号

附录 C　Vivado 使用入门

这里以一个通过拨码开关控制 LED 灯的电路设计为例，介绍基于 Vivado 的 FPGA 设计实现流程。虽然我们对这个例子的介绍是基于 Vivado 2019.2 进行的，但这里所介绍的内容完全适用于自 Vivado 2017.1 版本以来的各个版本。后续的新版本，请各位读者根据具体情况进行尝试。

C.1　创建工程

通过双击桌面快捷方式或开始菜单的“Xilinx Design Tools→Vivado 2019.2”打开 Vivado 2019.2，在界面上的“Quick Start”下选择“Create Project”，如图 C.1 所示。

图 C.1　Vivado 启动界面

这时即可新建工程向导，点击“Next”，如图 C.2 所示。

在图 C.3 所示界面中输入工程名称，选择工程的存储路径，并勾选“Create project subdirectory”选项，为工程在指定存储路径下建立独立的目录。设置完成后，点击

“Next”。（注意：**工程名称和存储路径中不能出现中文字符和空格，建议工程名称以字母、数字、下划线组成。**）

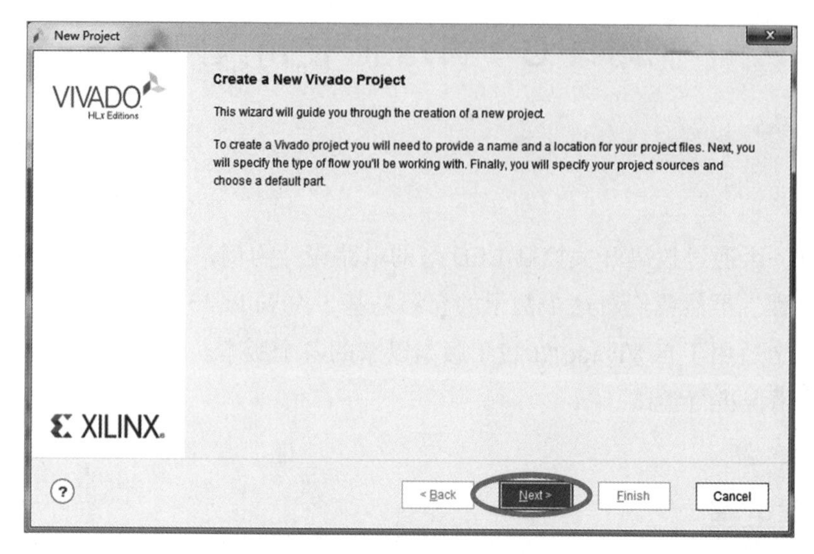

图 C.2　新建工程向导

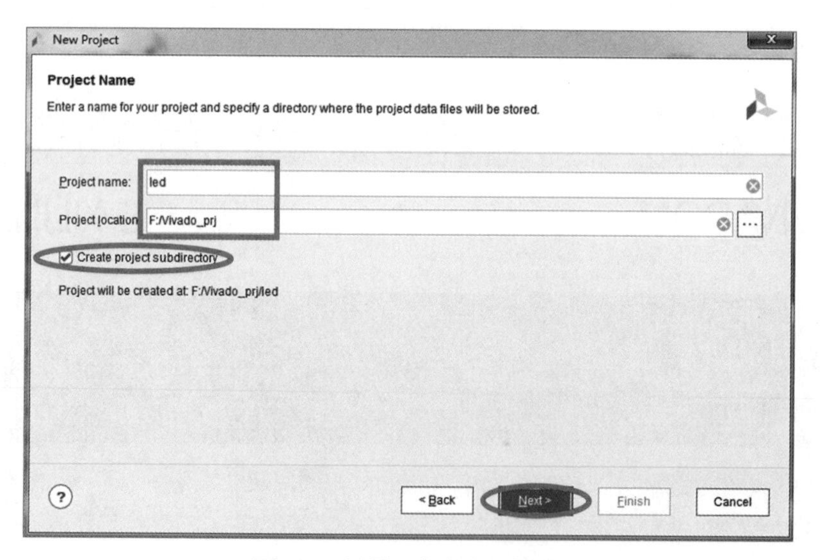

图 C.3　设置工程名称和位置

在图 C.4 所示的界面中选择“RTL Project”，并勾选“Do not specify sources at this time”（勾选该选项是为了跳过在新建工程的过程中添加设计源文件，如果要在新建工程时添加源文件则不勾选这个选项）。点击“Next”。

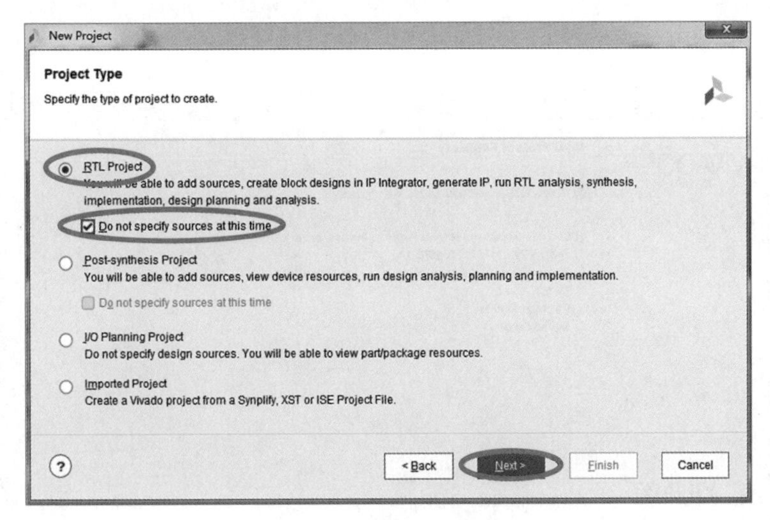

图 C.4　设置工程类型

在图 C.5 所示的界面中选择对应的 FPGA 目标器件。本书推荐的本地实验箱和远程实验平台的 FPGA 型号一样。在“Family”中选择“Artix-7”，在“Package”中选择“fbg676”，在筛选得到的型号里面选择“xc7a200tfbg676-1”。上述选择完毕后点击“Next”。

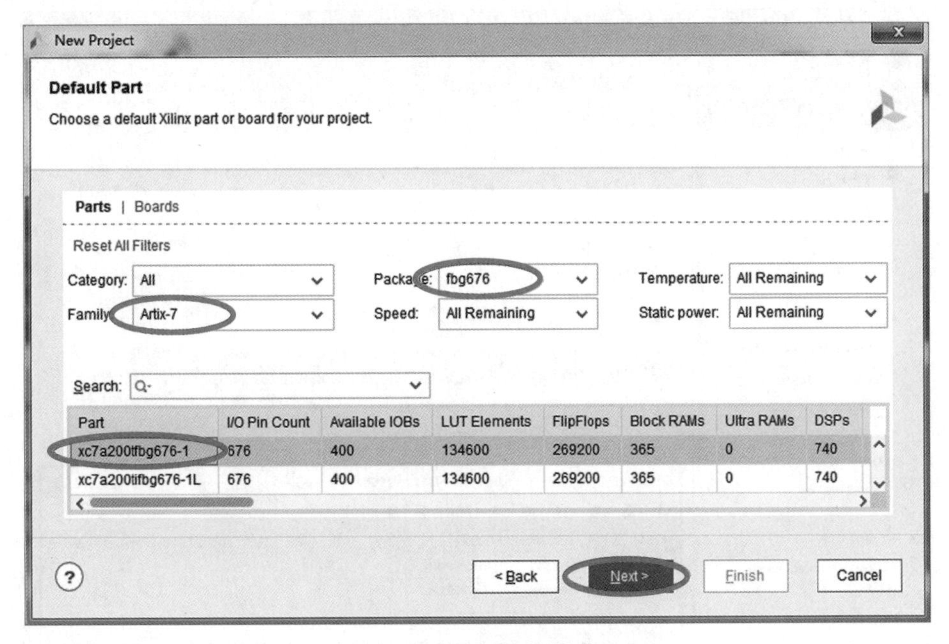

图 C.5　选择目标器件

在图 C.6 所示的界面中确认工程的设置信息是否正确。如果正确，则点击“Finish”；

如果不正确，则点击“上一步”，返回相应步骤进行修改。

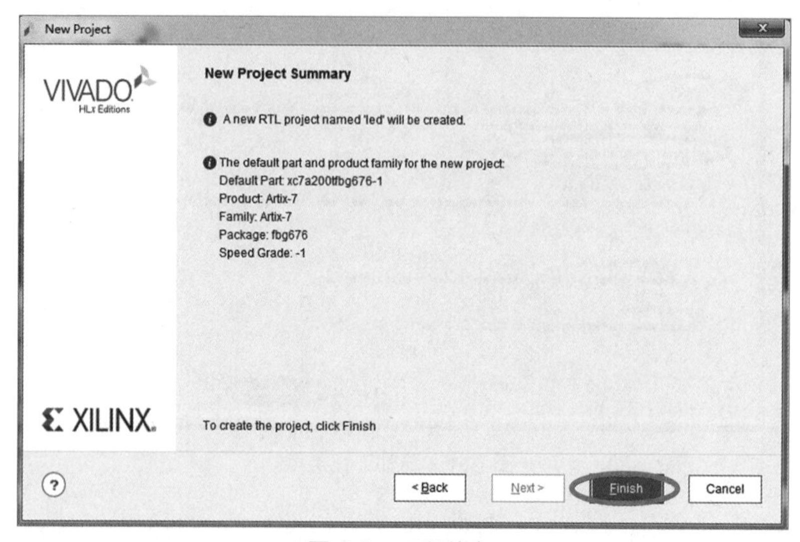

图 C.6　工程信息

完成工程新建后的界面如图 C.7 所示。

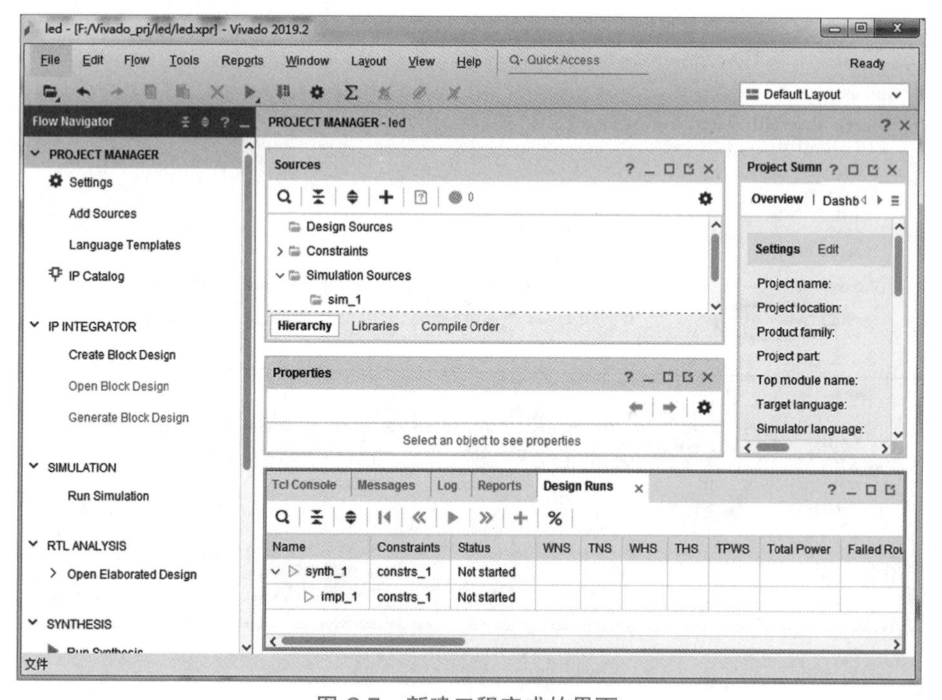

图 C.7　新建工程完成的界面

C.2　添加设计文件

我们以使用 Verilog 完成 RTL 设计为例来说明如何添加设计文件。Verilog 代码都是以“.v”为后缀名的文件，可以先在其他文件编辑器里写好代码，再添加到新建的工程中，也可以在工程中新建一个文件再编辑它。

首先添加源文件。在“Flow Navigator”窗口下的“PROJECT MANAGER”下点击“Add Sources”，或者点击“Sources”窗口下的“Add Sources”按钮（参见图 C.8），也可以使用快捷键“Alt+A”添加源文件。

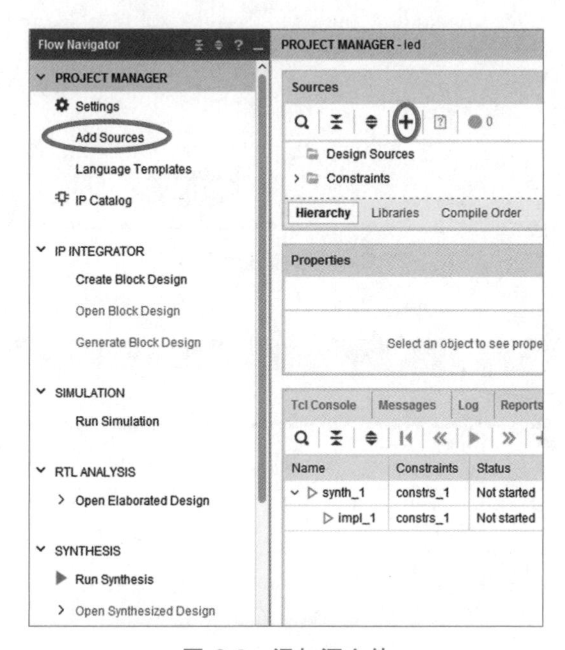

图 C.8　添加源文件

然后添加设计文件。选择“Add or create design sources”来添加或新建 Verilog/VHDL 源文件，再点击“Next”，如图 C.9 所示。

接下来添加或者新建设计文件。如添加已有设计文件或者添加包含已有设计文件的文件夹，可以选择“Add Files”或者“Add Directories”，如图 C.10 所示，然后在文件浏览窗口选择已有的设计文件完成添加。

如创建新的设计文件，则选择“Create File”，如图 C.11 所示。接下来继续介绍采用新建设计文件方式的后续操作步骤。

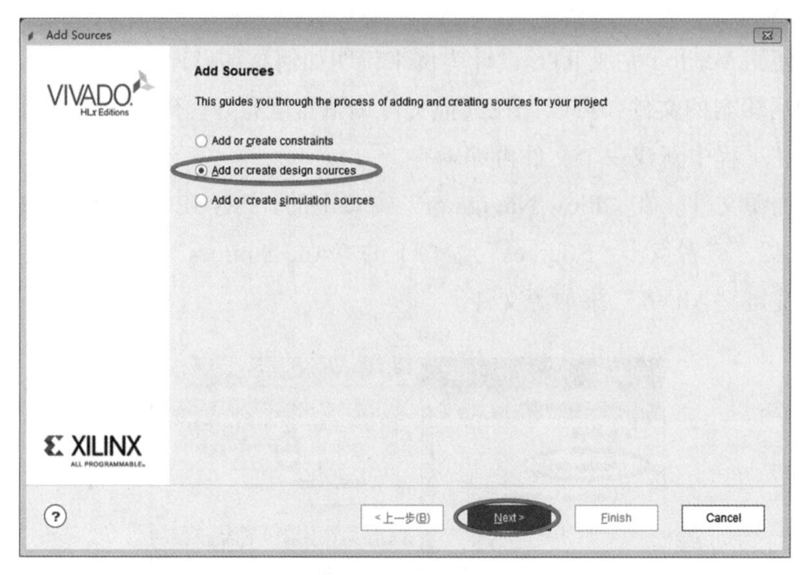

图 C.9　添加设计文件

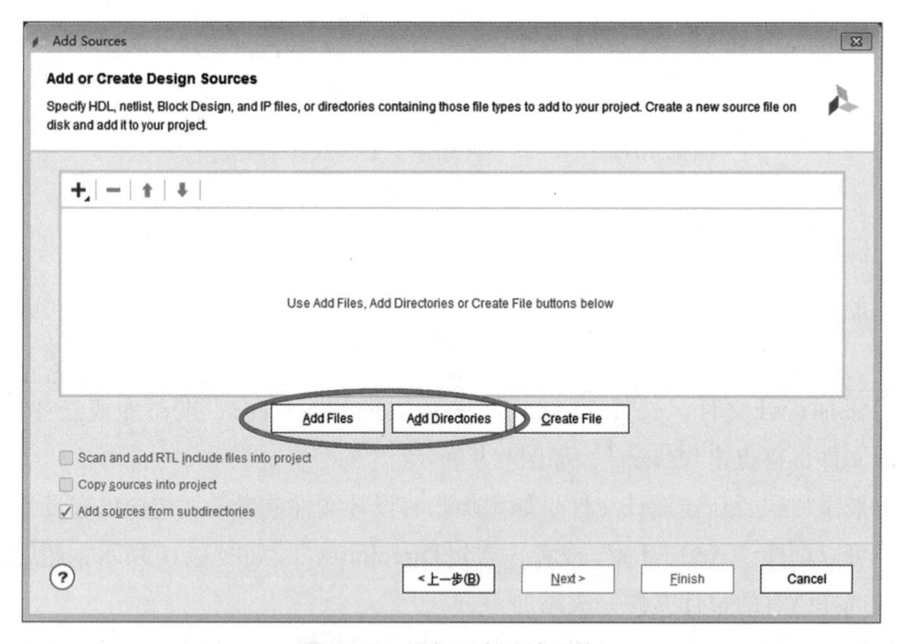

图 C.10　添加已有设计文件

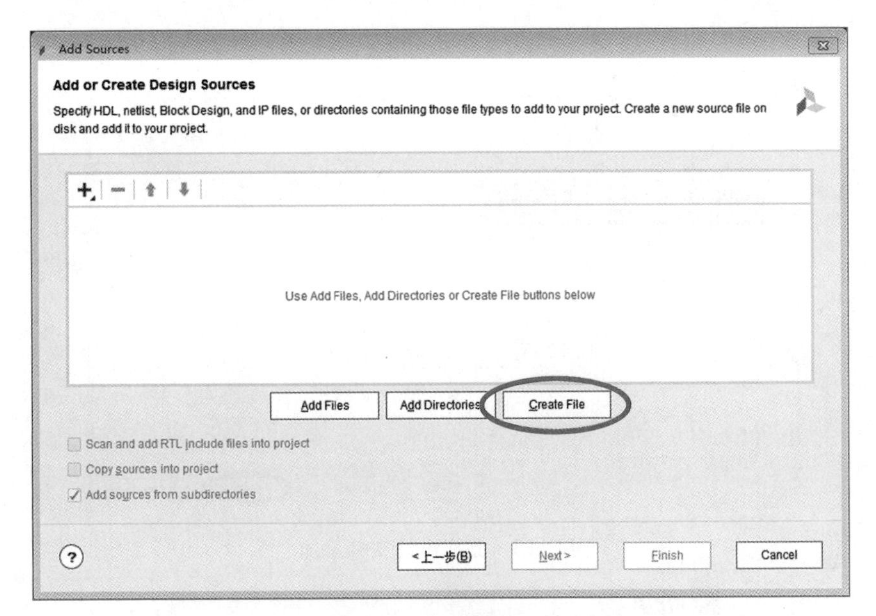

图 C.11　新建设计文件

在图 C.12 所示的界面中设置新创建文件的类型、名称和文件位置。注意：文件名称和位置路径中不能出现中文字符和空格。

图 C.12　新建设计文件的设置

继续添加其他设计文件或者修改已添加的设计文件。完成后点击“Finish”，如图 C.13 所示。

下一步是进行模块端口设置。在“Module Definition”中的“I/O Port Definitions”处输入设计模块所需的端口，并设置端口方向。如果端口为总线型，勾选“Bus”选项，并通过“MSB”和“LSB”参数确定总线宽度。完成后点击“OK”，如图 C.14 所示。端口设置若在编辑源文件时已完成，在这一步可以直接点击“OK”跳过。

在图 C.15 所示界面中双击“Sources”，在“Design Sources”下的“led.v”中打开文件，输入相应的设计代码。如果设置时文件位置按默认的 <Local to Project>（见图 C.12），则设计文件位于工程目录下的“\led.srcs\sources_1\new”中。完成后的设计文件如图 C.15 所示。

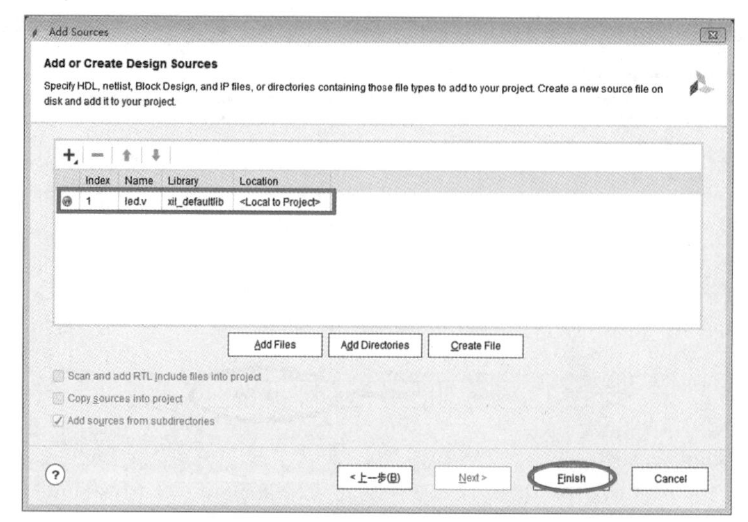

图 C.13 完成设计文件添加

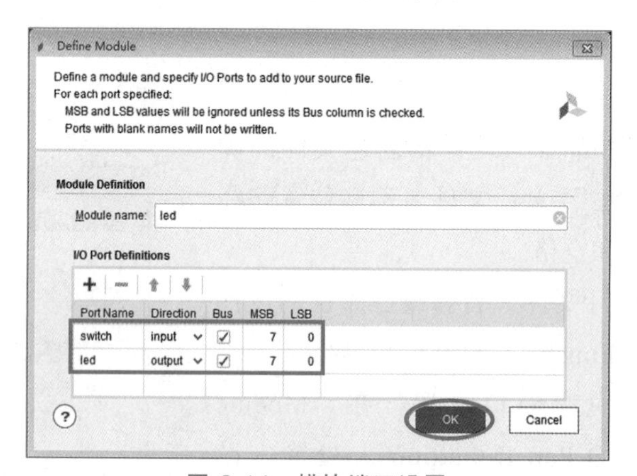

图 C.14 模块端口设置

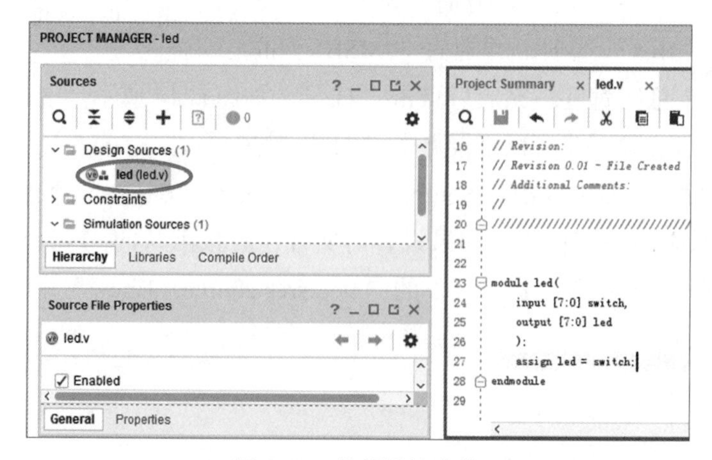

图 C.15 编辑设计文件

C.3　功能仿真

Vivado 中集成了仿真器 Vivado Simulator，可以用它来进行功能仿真。

首先添加测试激励文件。在“Source”中“Simulation Sources”处右击鼠标，选择“Add Sources”，如图 C.16 所示。

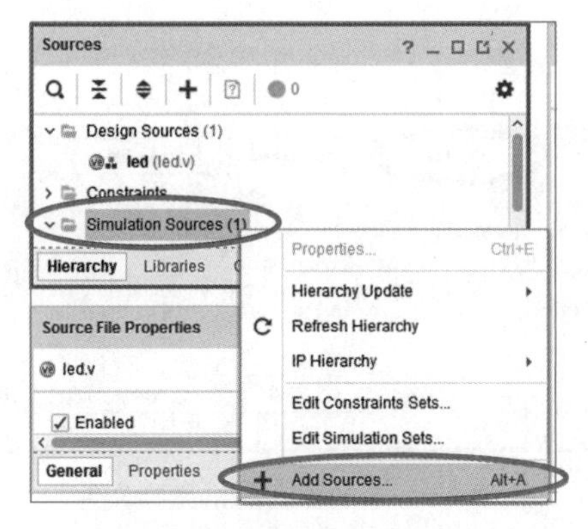

图 C.16　添加测试激励文件

在“Add Sources”界面中选择“Add or create simulation sources”，点击“Next”，如图 C.17 所示。

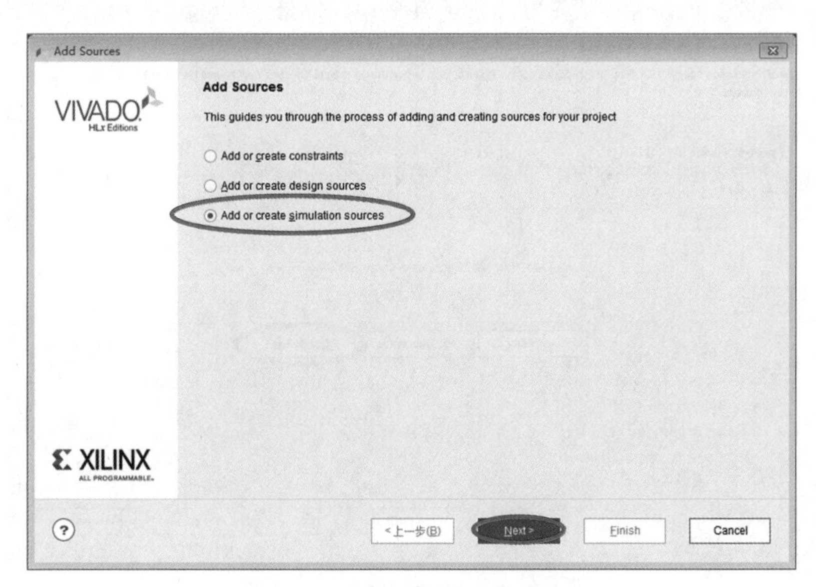

图 C.17　添加或新建测试激励文件

如果是添加已有的测试激励文件，则选择“Add Files”，如图 C.18 所示。

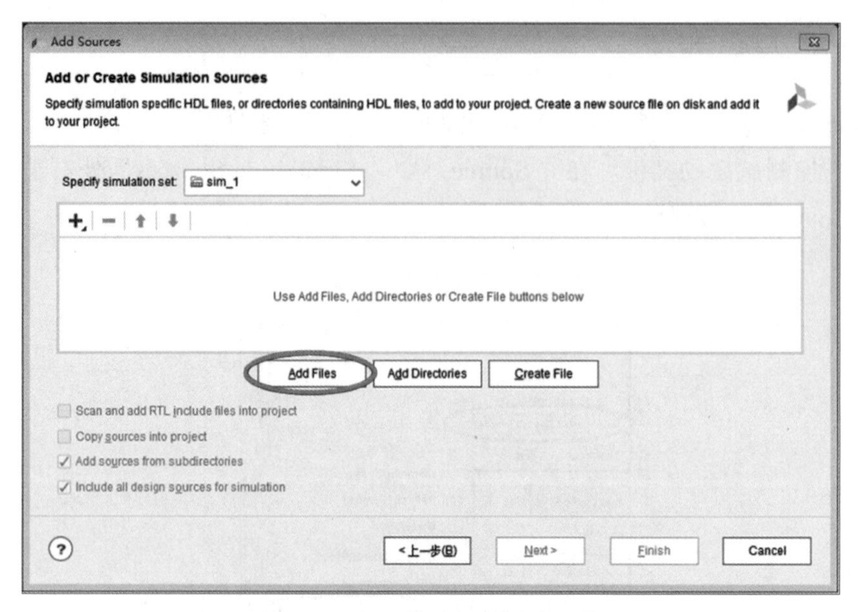

图 C.18 添加已有测试激励文件

如果是在 Vivado 中新建一个测试激励文件，则选择 “Create File”，如图 C.19 所示。接下来继续介绍采用新建激励测试文件方式的后续操作步骤。

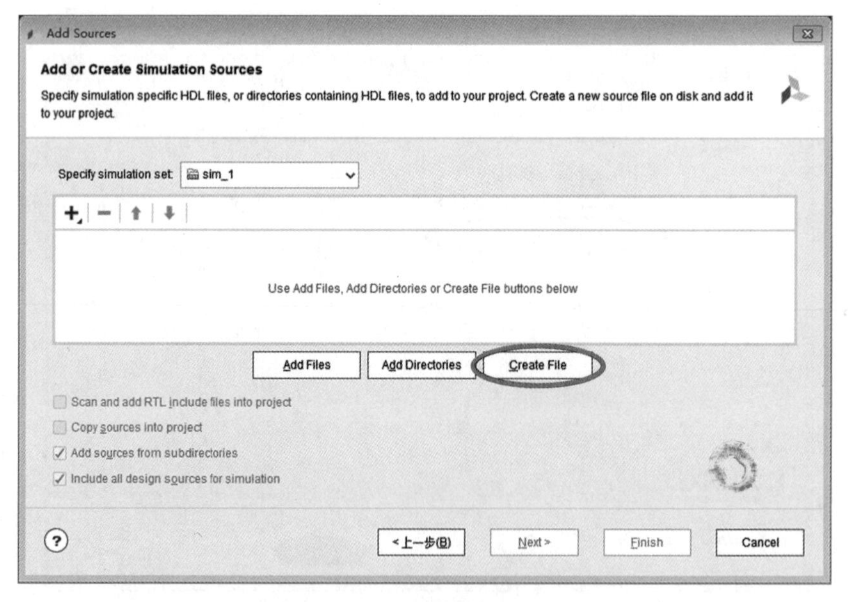

图 C.19 新建测试激励文件

在图 C.20 所示界面中输入测试激励文件名，点击“OK”。

完成新建测试激励文件后，点击“Finish”，如图 C.21 所示。

接下来对测试激励文件进行 Module 端口定义。由于测试激励文件不需要有对外的接口，因此不用进行 I/O 端口设置，直接点击“OK”，即可完成空白的测试激励文件的创建。如图 C.22 所示。

如图 C.23 所示，在“Sources”窗口下双击打开空白的测试激励文件。测试文件 led_tb.v 位于工程目录的“\led.srcs\sim_1\new”文件夹下。

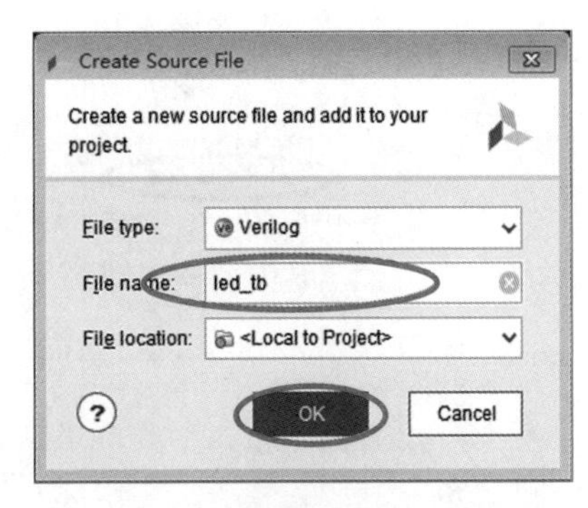

图 C.20 新建测试激励文件的设置

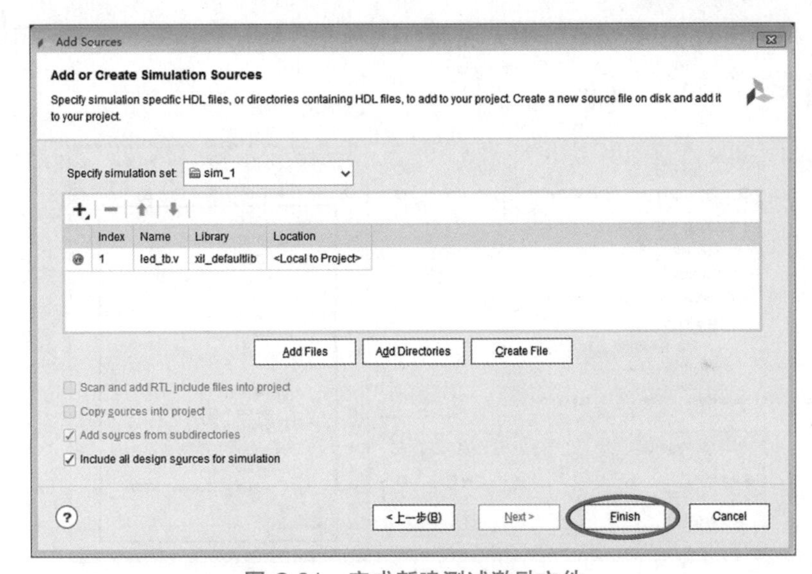

图 C.21 完成新建测试激励文件

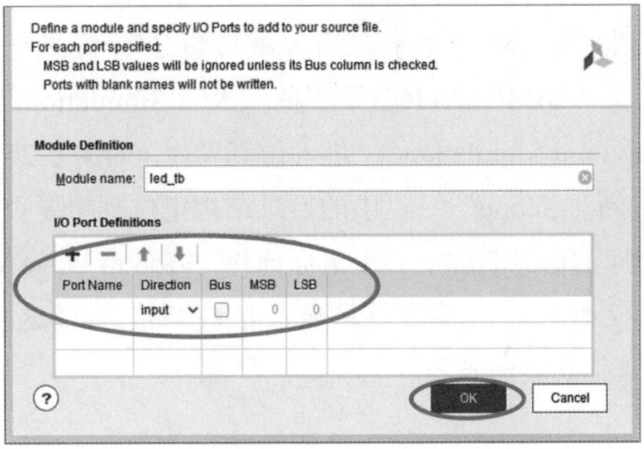

图 C.22 新建的测试激励顶层文件无须配置端口

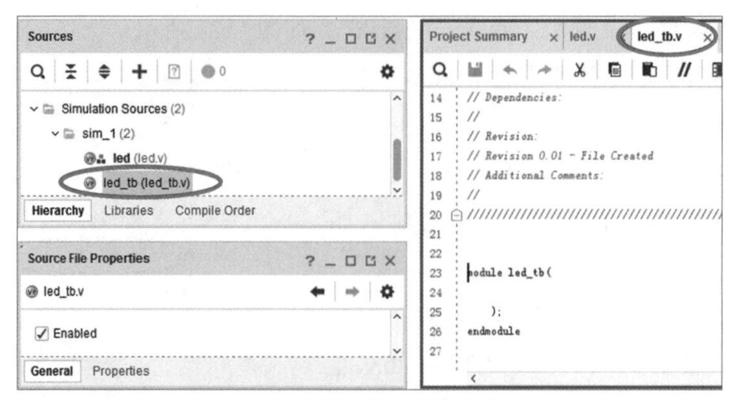

图 C.23　空白的新建测试激励文件

可以选择在 Vivado 的编辑器中完成测试激励文件的代码编写。本例子中写完的测试激励文件代码如图 C.24 所示。

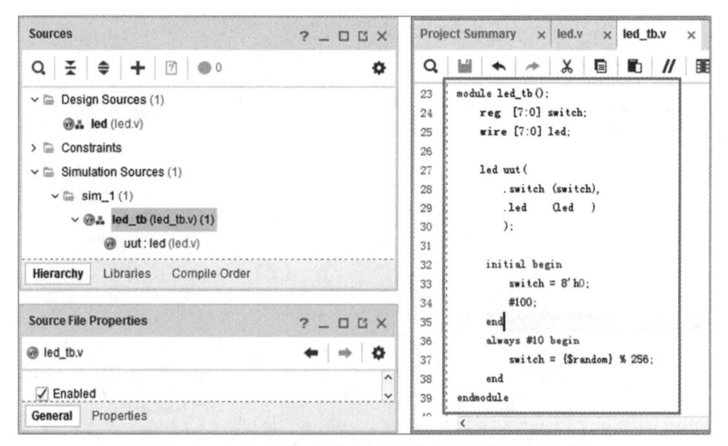

图 C.24　完成代码编写的新建测试激励文件

待激励测试文件添加或新建完毕之后，就可以进行仿真了。在左侧的“Flow Navigator”窗口中点击“SIMULATION”下的“Run Simulation”选项（如图 C.25 所示），选择“Run Behavioral Simulation”，进入仿真界面（如图 C.26 所示）。

可通过图 C.26 左侧“Scope”一栏中的目录结构定位到想要查看的 Module 内部信号，在“Objects”对应的信号名称上右击鼠标选择“Add to Wave Window”，将信号加入波形图中（如图 C.27 所示）。仿真器默认显示 I/O 信号。由于这个示例不存在内部信号，因此不需要添加其他观察信号。

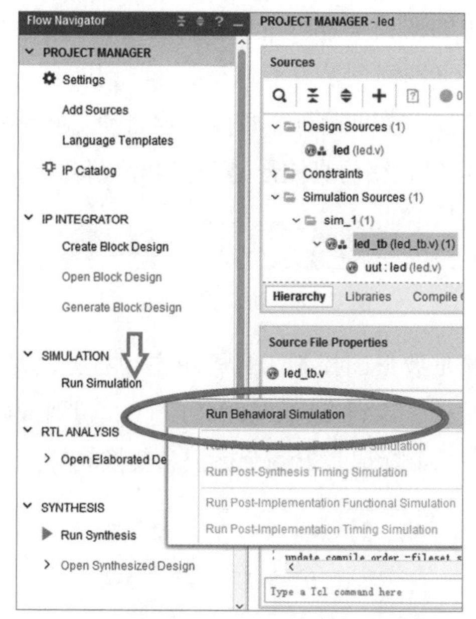

图 C.25　运行行为级仿真

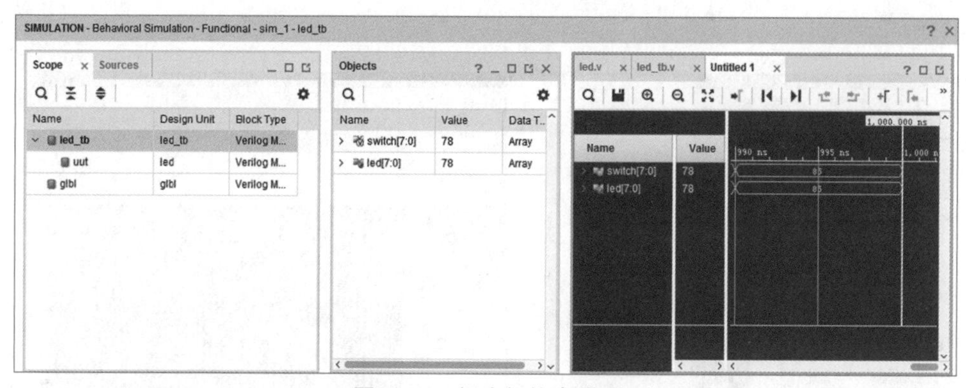

图 C.26　行为级仿真界面

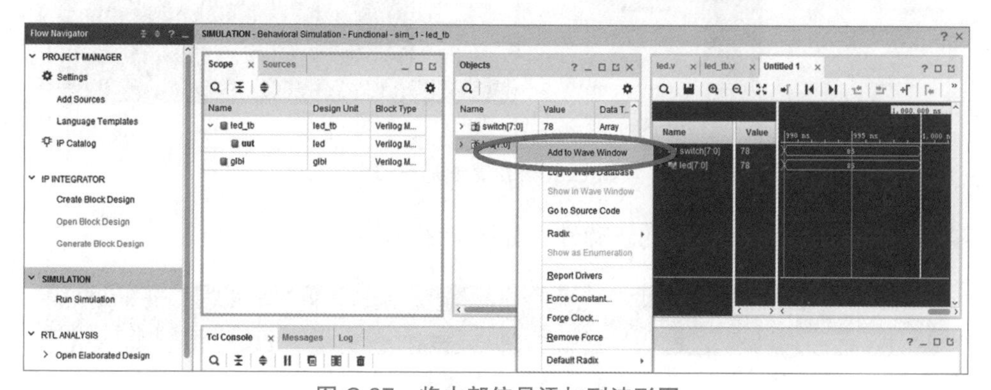

图 C.27　将内部信号添加到波形图

可通过选择工具栏中的选项来进行波形的仿真时间控制。如图 C.28 所示，工具条中的工具分别是复位波形（即回到仿真 0 时刻）、运行仿真、运行特定时长的仿真、仿真时长设置、仿真时长单位、单步运行、暂停、重启动（重新编译设计和仿真文件并重启仿真波形界面）。我们可以观察仿真波形是否符合预期功能。

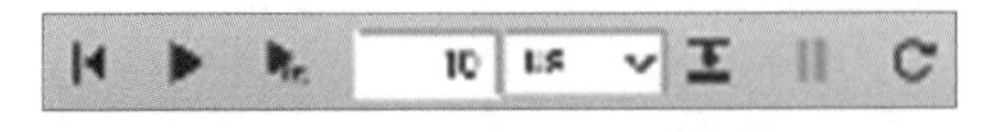

图 C.28　仿真控制工具栏

在波形显示窗口上侧是波形图控制工具，由左到右分别是：查找、保存波形配置、放大、缩小、缩放到全显示、转到光标、转到时刻 0、转到最后时刻、前一个跳变、下一个跳变、添加标记、前一个标记、下一个标记、交换光标，参见图 C.29。

图 C.29　波形图控制工具栏

可通过鼠标右键选中信号来改变信号值的显示进制数。如图 C.30 所示，将信号改为二进制显示。

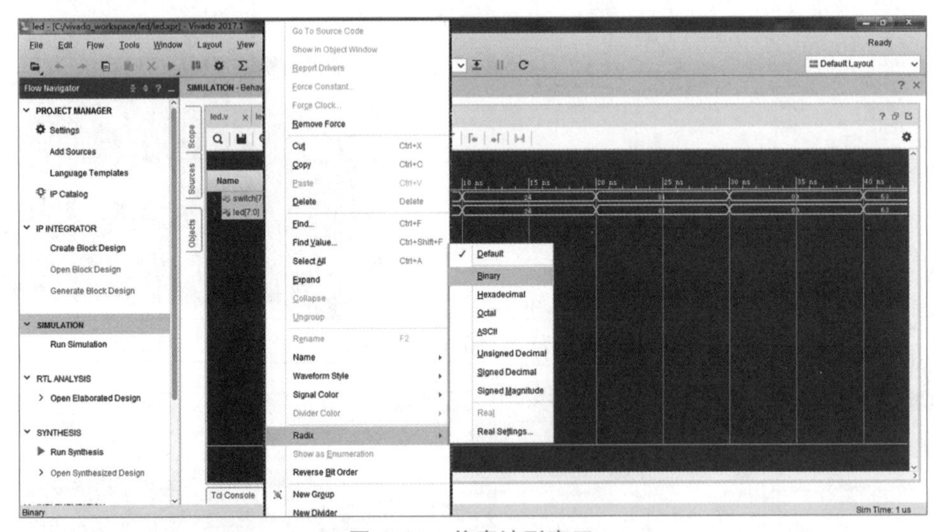

图 C.30　仿真波形窗口

查看波形以检查设计功能的正确性，如图 C.31 所示。

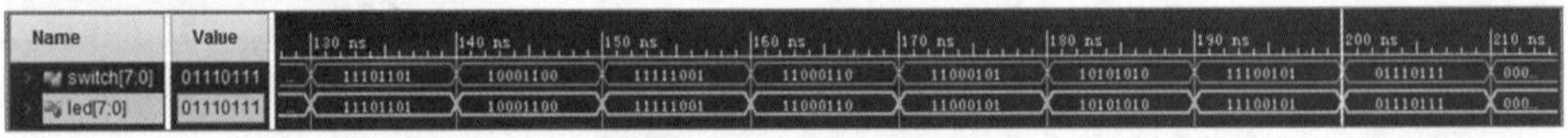

图 C.31　仿真波形结果

C.4　添加约束文件

添加约束文件有两种方法，一种是利用 Vivado 中的 I/O Planning 功能，另一种是直接创建 XDC 约束文件，手动输入约束命令后再添加到工程中。这里主要介绍第二种方法。

首先点击“Add Sources”，选择“Add or create constraints”，点击“Next”，如图 C.32 所示。

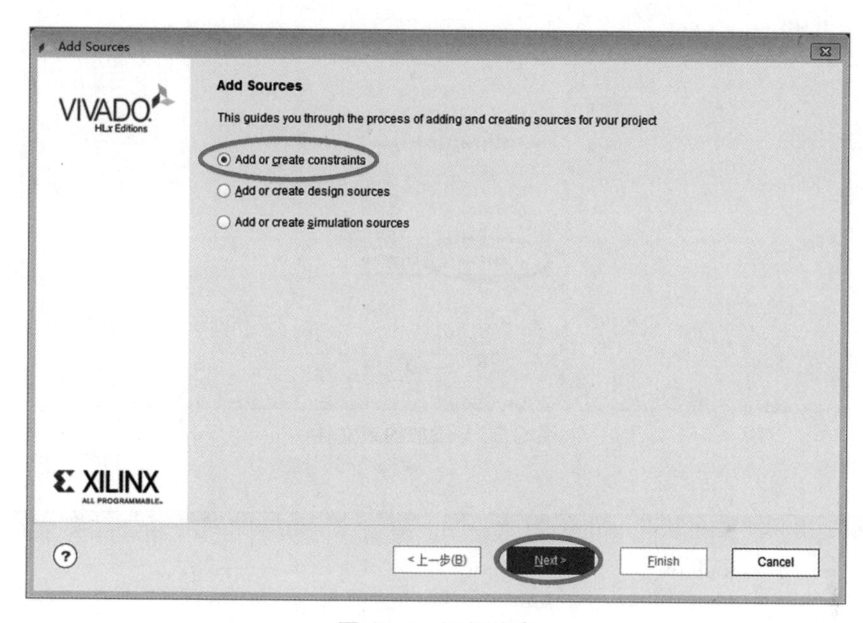

图 C.32　添加约束

然后添加或创建约束文件。如果采用添加已经编辑好的约束文件的方式，则如图 C.33 所示点击“Add Files”。

如果采用创建新约束文件的方式，则如图 C.34 所示点击“Create File”。

如果采用创建新约束文件的方式，则接下来要设置新建的 XDC 文件，输入 XDC 文件名，点击“OK”。默认文件位于工程目录下的“\led.srcs\constrs_1\new”中。参见图 C.35。

无论采用添加还是创建的方式添加好约束文件后，在如图 C.36 所示界面中点击“Finish”。

如果刚才采用的是创建新约束文件的方式，那么接下来可以在如图 C.37 所示界面中，在“Sources”窗口的“Constraints”下双击打开新建好的 XDC 文件“led_xdc.xdc”。

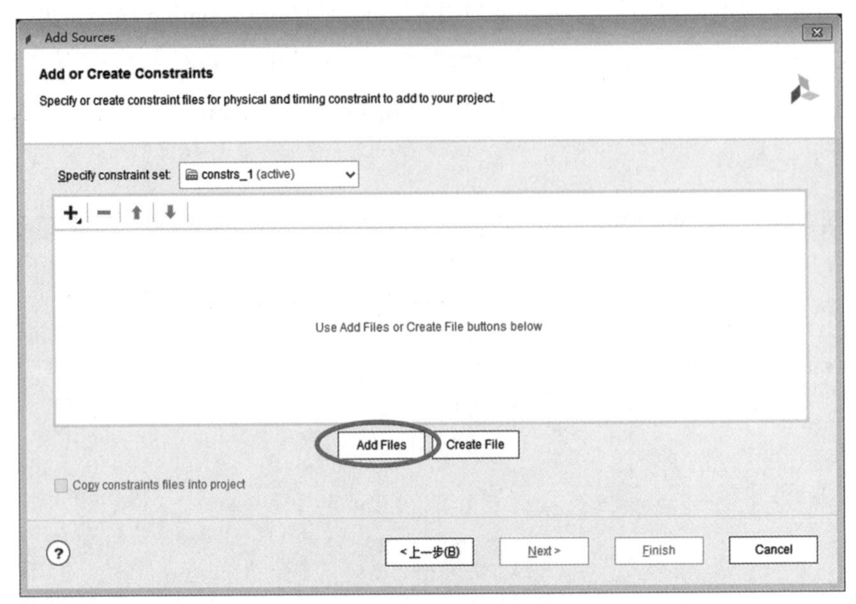

图 C.33　添加约束文件

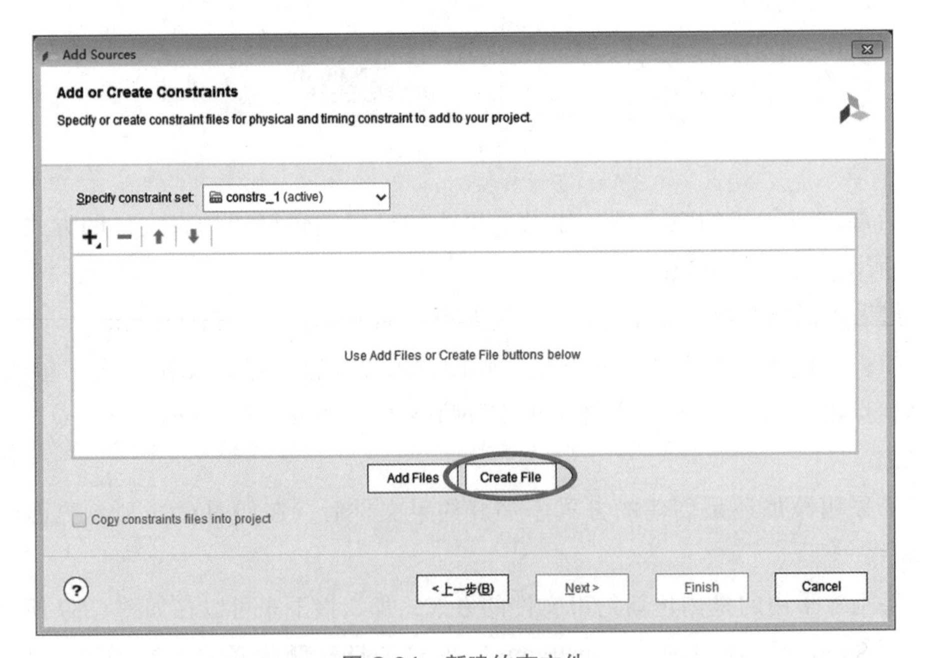

图 C.34　新建约束文件

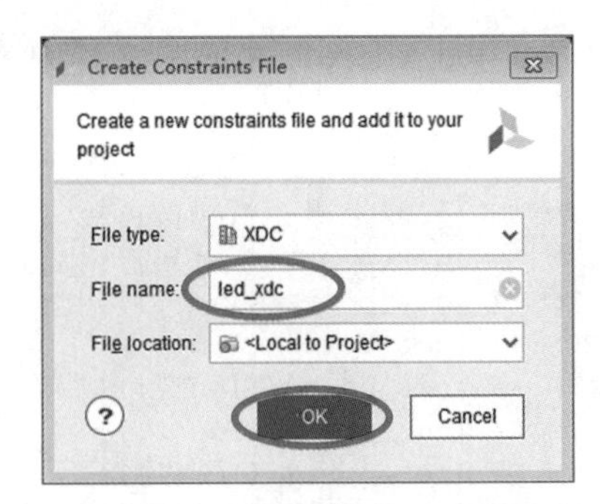

图 C.35 新建约束文件的设置

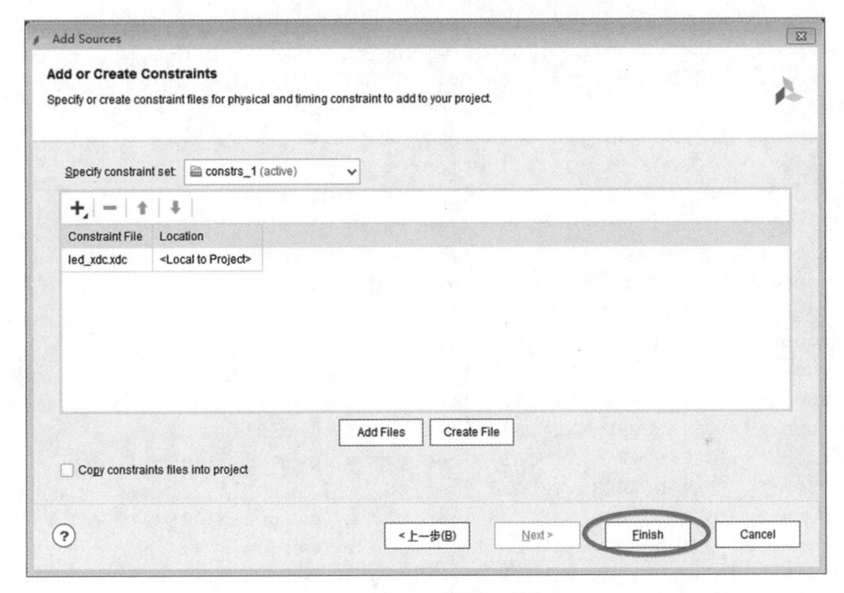

图 C.36 完成添加约束

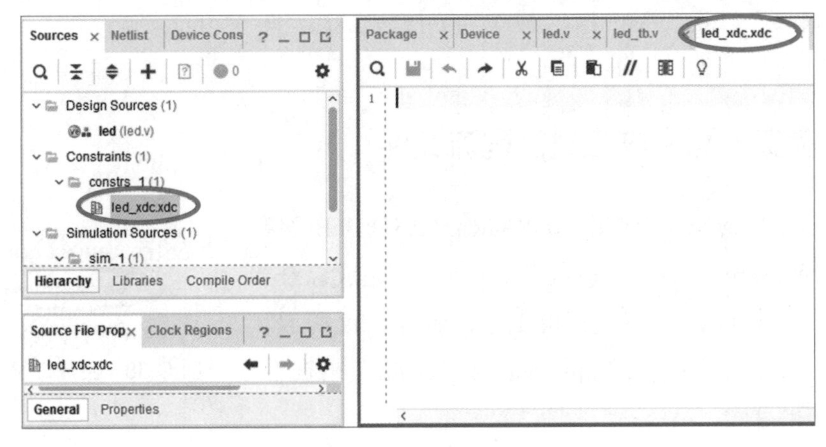

图 C.37 打开空白 XDC 文件

将如下所示的约束代码填入 led_xdc.xdc 文件中，其中主要是 FPGA 引脚约束信息和电平标准。

```
set_property PACKAGE_PIN H8 [get_ports {led[7]}]
set_property PACKAGE_PIN G8 [get_ports {led[6]}]
set_property PACKAGE_PIN F7 [get_ports {led[5]}]
set_property PACKAGE_PIN A4 [get_ports {led[4]}]
set_property PACKAGE_PIN A5 [get_ports {led[3]}]
set_property PACKAGE_PIN A3 [get_ports {led[2]}]
set_property PACKAGE_PIN D5 [get_ports {led[1]}]
set_property PACKAGE_PIN H7 [get_ports {led[0]}]
set_property PACKAGE_PIN Y6 [get_ports {switch[7]}]
set_property PACKAGE_PIN AA7 [get_ports {switch[6]}]
set_property PACKAGE_PIN W6 [get_ports {switch[5]}]
set_property PACKAGE_PIN AB6 [get_ports {switch[4]}]
set_property PACKAGE_PIN AC23 [get_ports {switch[3]}]
set_property PACKAGE_PIN AC22 [get_ports {switch[2]}]
set_property PACKAGE_PIN AD24 [get_ports {switch[1]}]
set_property PACKAGE_PIN AC21 [get_ports {switch[0]}]
set_property IOSTANDARD LVCMOS33 [get_ports {led[7]}]
set_property IOSTANDARD LVCMOS33 [get_ports {led[6]}]
set_property IOSTANDARD LVCMOS33 [get_ports {led[5]}]
set_property IOSTANDARD LVCMOS33 [get_ports {led[4]}]
set_property IOSTANDARD LVCMOS33 [get_ports {led[3]}]
set_property IOSTANDARD LVCMOS33 [get_ports {led[2]}]
set_property IOSTANDARD LVCMOS33 [get_ports {led[1]}]
set_property IOSTANDARD LVCMOS33 [get_ports {led[0]}]
set_property IOSTANDARD LVCMOS33 [get_ports {switch[7]}]
set_property IOSTANDARD LVCMOS33 [get_ports {switch[6]}]
set_property IOSTANDARD LVCMOS33 [get_ports {switch[5]}]
set_property IOSTANDARD LVCMOS33 [get_ports {switch[4]}]
set_property IOSTANDARD LVCMOS33 [get_ports {switch[3]}]
set_property IOSTANDARD LVCMOS33 [get_ports {switch[2]}]
set_property IOSTANDARD LVCMOS33 [get_ports {switch[1]}]
set_property IOSTANDARD LVCMOS33 [get_ports {switch[0]}]
```

C.5 综合实现和生成二进制码流文件

在“Flow Navigator”中点击“PROGRAM AND DEBUG”下的“Generate Bitstream”选项，工程会自动完成综合、布局布线、二进制码流文件生成的工作，如图 C.38 所示。完成之后，可点击“Open Implemented Design”来查看工程实现结果。

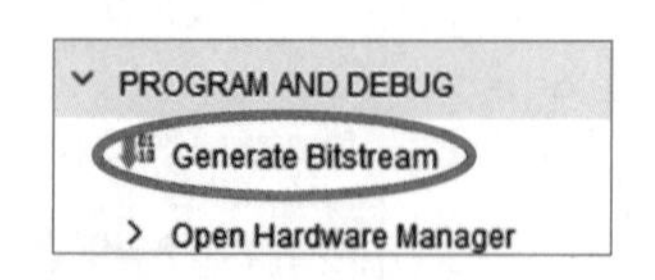

图 C.38 生成二进制码流文件

如果出现如图 C.39 所示的提示，意味着综合过期，需重新运行综合和实现。这时点击“Yes”，在弹出的“Launch Runs”窗口点击“OK”。

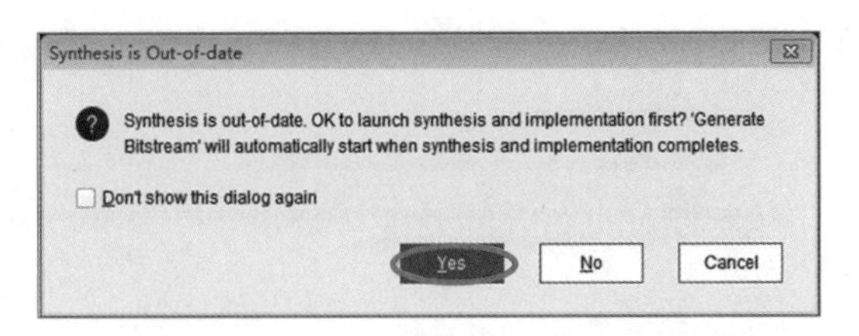

图 C.39　提示重新运行综合和实现

C.6　本地 FPGA 烧写配置

如果选用的是本地 FPGA 实验平台，那么在二进制码流文件生成后就可以进入烧写配置 FPGA 的阶段了。具体操作是：在二进制码流文件生成完成的窗口选择“Open Hardware Manager”，点击 OK，进入硬件管理界面，如图 C.40 所示。首先将 FPGA 开发板的电源线插上并将其下载线连接到计算机上，随后打开 FPGA 开发板的电源。

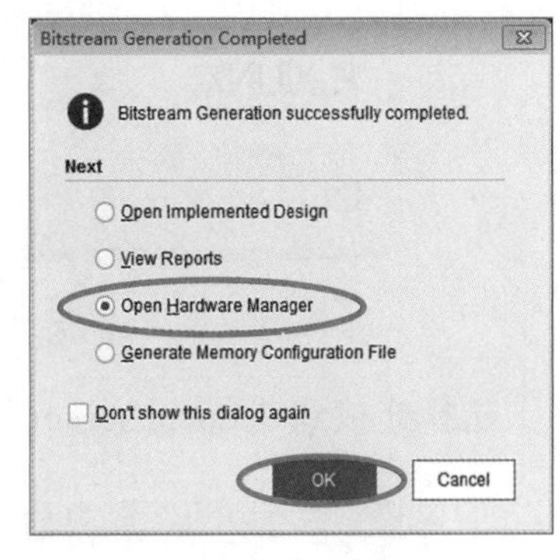

图 C.40　打开硬件程序和调试管理

在“HARDWARE MANAGER”窗口的提示信息中，点击“Open Target”下拉菜单的“Open New Target”（或在“Flow Navigator”下的“PROGRAM AND DEBUG”中展开“Open Hardware Manager”，依次点击“Open Target→Open New Target”），也可以选择“Auto Connect”来自动连接器件，如图 C.41 所示。

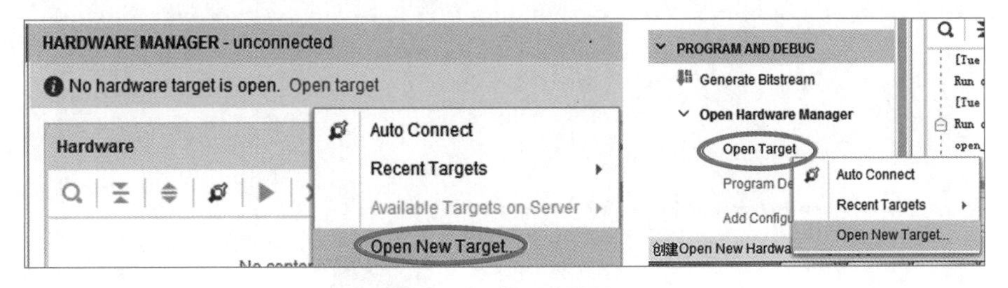

图 C.41　打开新目标

在“Open Hardware Target”向导中，先点击“Next”，进入 Server 选择向导，如图 C.42 所示。

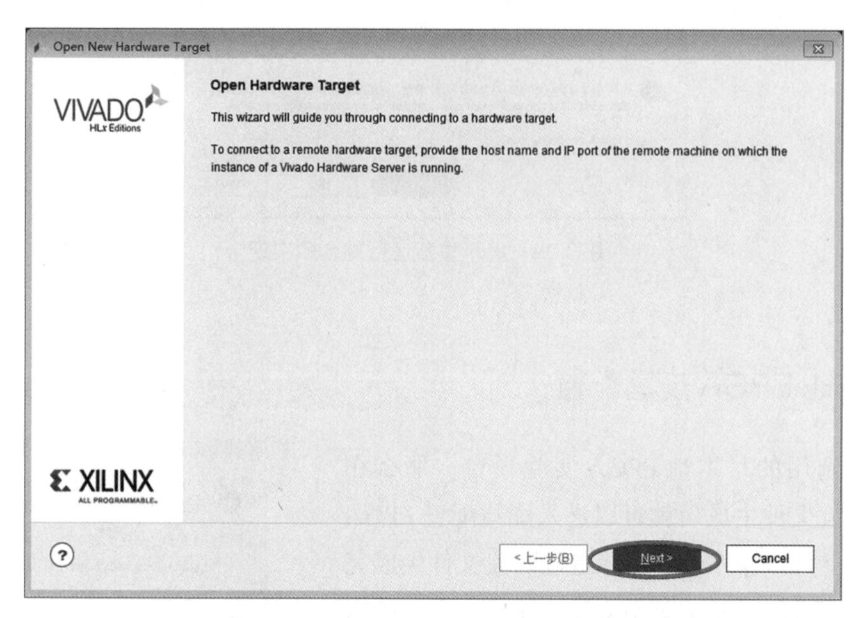

图 C.42　Open Hardware Target 向导

选择连接到“Local server”，点击“Next”，如图 C.43 所示。

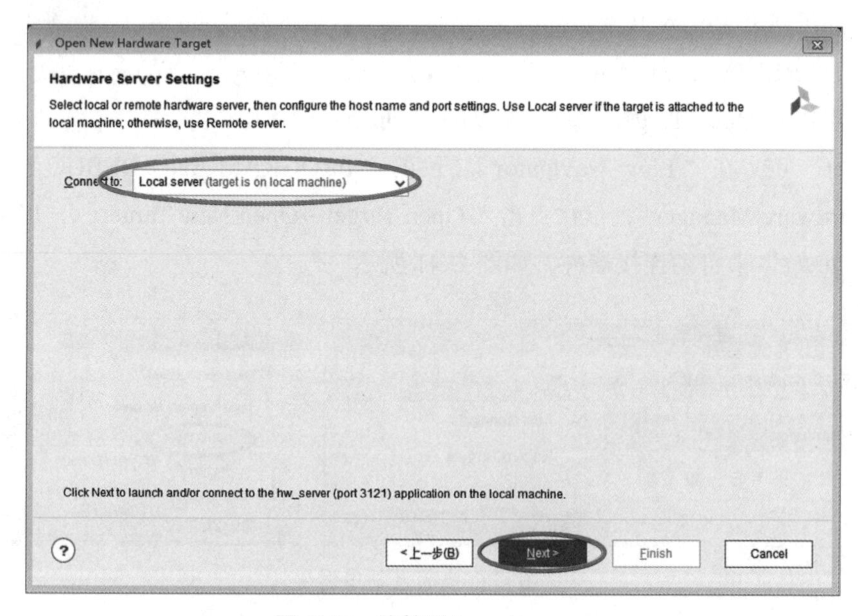

图 C.43　连接到 Local server

在图 C.44 所示的界面中选择目标硬件，点击“Next”。

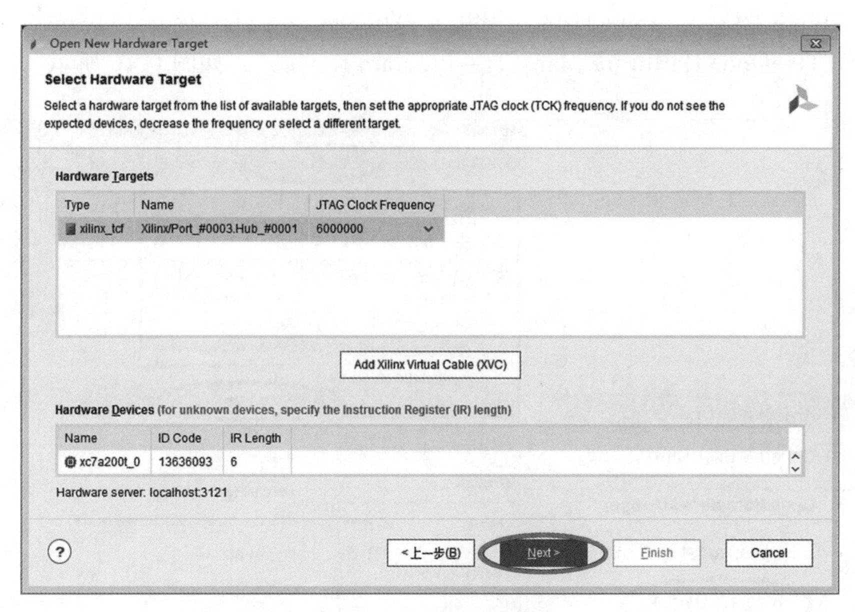

图 C.44　选择目标硬件

点击“Finish”，打开目标硬件，如图 C.45 所示。

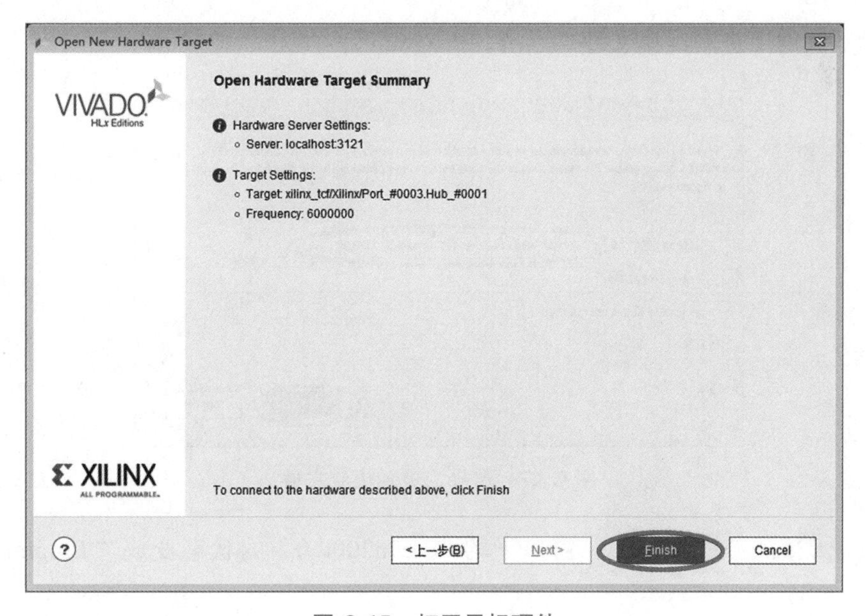

图 C.45　打开目标硬件

接下来对目标硬件编程。在“Hardware”窗口右键单击目标器件“xc7a200t_0”，选择“Program Device”；或者在“Flow Navigator”窗口中依次点击“PROGRAM AND DEBUG→Open Hardware Manager→Program Device”，如图 C.46 所示。

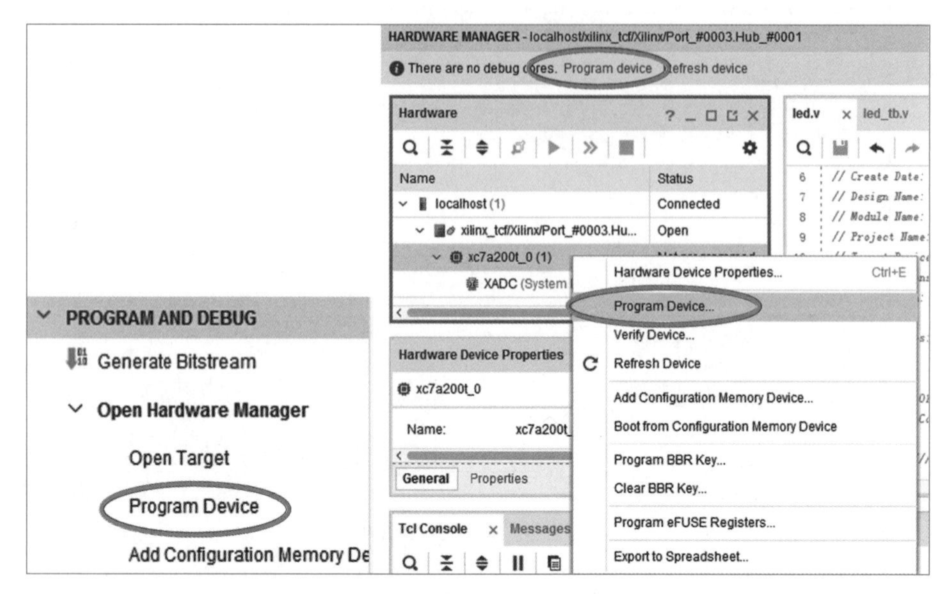

图 C.46 对目标硬件编程

选择下载的二进制码流文件，点击“Program”，如图 C.47 所示。

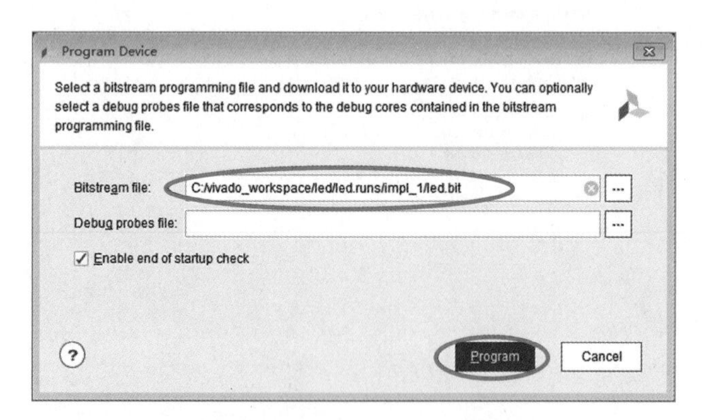

图 C.47 选择二进制码流文件

完成下载后，“Hardware”窗口下的“xc7a200t_0”的状态变成“Programmed”，如图 C.48 所示。

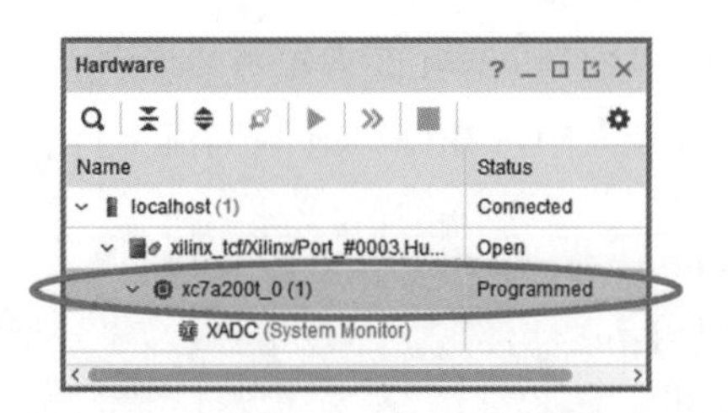

图 C.48　完成 FPGA 编程

此时，在 FPGA 开发板上，8 个拨码开关 SW18 ～ SW25 对应控制 8 个 Led 灯 LED1 ～ LED8 的亮灭。设计完成。运行结果如图 C.49 所示。

图 C.49　FPGA 运行结果

C.7　远程 FPGA 烧写配置

如果选用的是远程 FPGA 实验平台，那么只有最后一步烧写配置与本地 FPGA 实验平台不同，前面的各个步骤都是完全一样的。

首先，找到 Vivado 生成的二进制码流文件。对于本节的例子来说，通常是在 led\led.runs\impl_1\ 目录下的 led.bit 文件。当工程项目名称发生变化时，将上述路径和文件名中的 led 换成新工程的名字即可。

然后，在浏览器中打开“计算机系统能力培养远程实验平台”的登录页面，进入平台之后，在如图 C.50 所示的界面中选择好二进制码流文件，点击“上传并开始”。

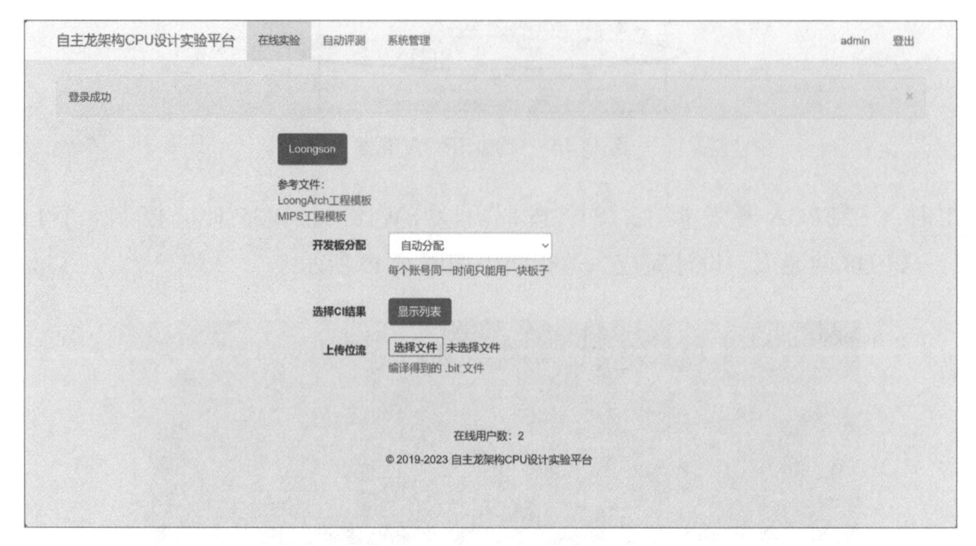

图 C.50 远程 FPGA 实验平台二进制码流文件上传界面

二进制码流文件上传完成后，将进入如图 C.51 所示的远程 FPGA 开发板操作界面。根据页面上的提示进行相应的操作即可。

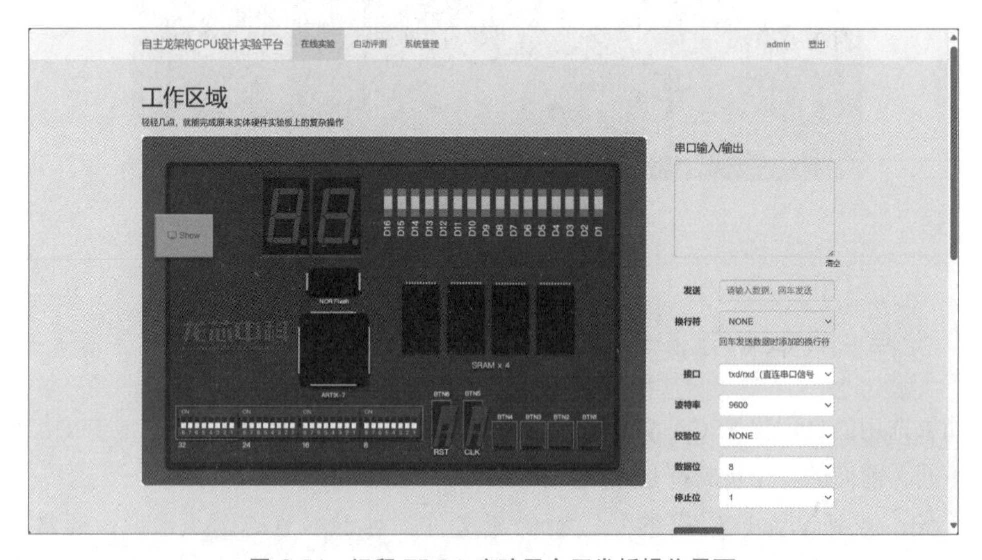

图 C.51 远程 FPGA 实验平台开发板操作界面

附录 D　Vivado 使用进阶

D.1　定制 RAM IP 核

Vivado 中集成了一些常用的 IP 单元，比如 RAM、AXI 转换桥、以太网控制器等。

D.1.1　定制同步 RAM IP 核

Vivado 中定制一个单周期返回的同步 RAM IP 的方法如下。

1）打开或新建一个 Vivado 工程后，在“PROJECT MANAGER”里点击“IP Catalog”，如图 D.1 所示。

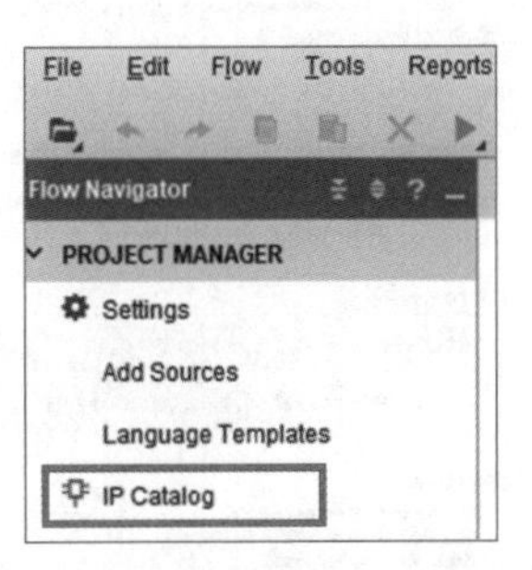

图 D.1　在“PROJECT MANAGER”里点击“IP Catalog”

2）在右侧列表中双击选择“Memories and Storage Elements→RAMs & ROMs & BRAM”中的“Block Memory Generator”，如图 D.2 所示。

3）在打开的 IP 定制界面中设置 RAM 参数。

4）在 RAM 界面的“Basic”选项卡里将 IP 重命名为 block_ram，内存类型设为“Single Port RAM”，不要勾选“Byte Write Enable”，如图 D.3 所示。

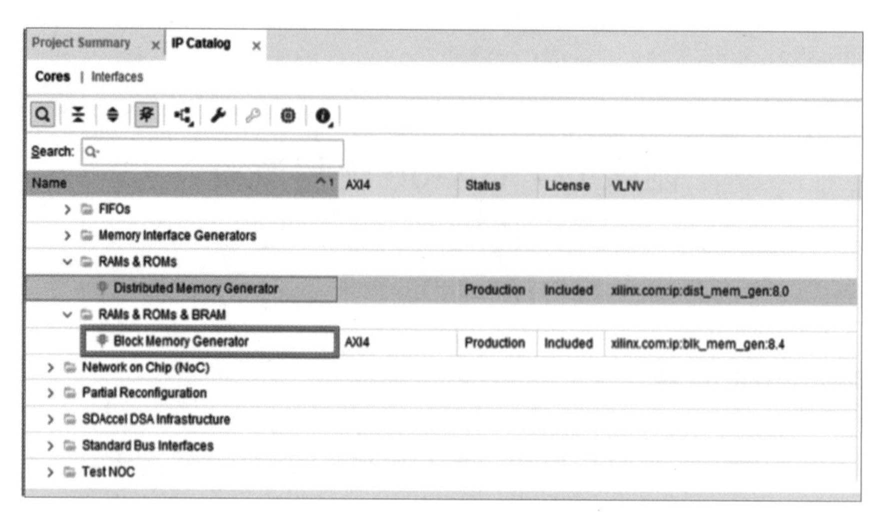

图 D.2 在“IP Catalog”里选择“Block Memory Generator”

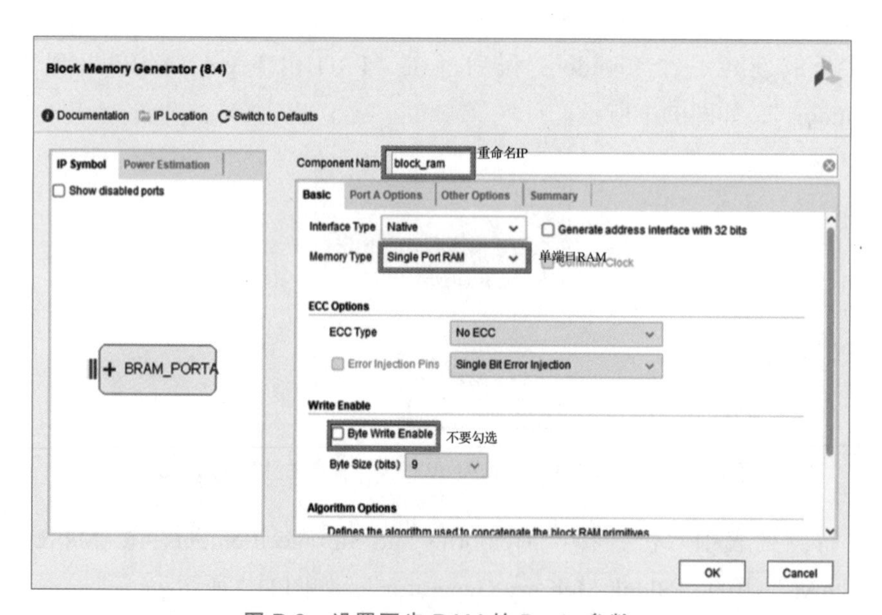

图 D.3 设置同步 RAM 的 Basic 参数

5）在“Port A Options”选项卡中将 RAM 深度设为 65536、宽度设为 32，使能端口设为“Always Enabled”，不要勾选“Primitives Output Register”。其他保持默认设置即可，然后点击“OK”。如图 D.4 所示。

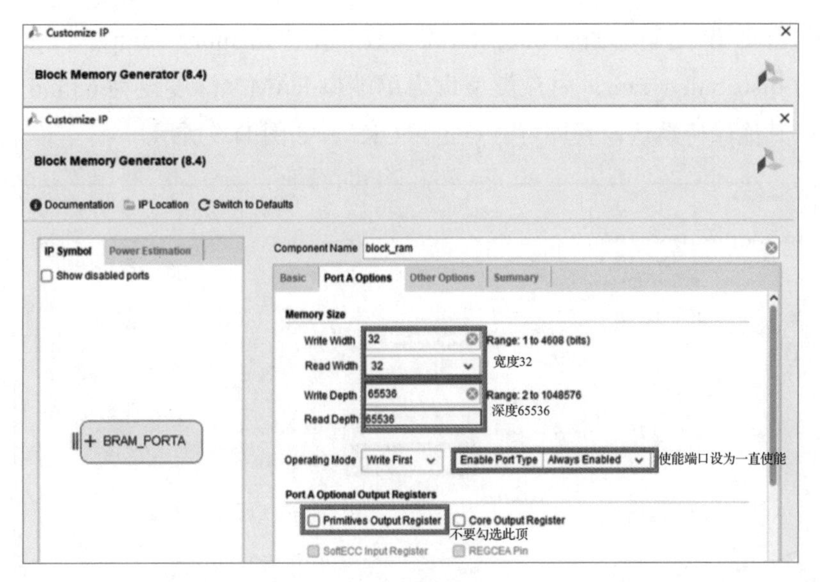

图 D.4 设置同步 RAM 的 Port A Options 参数

D.1.2 定制异步 RAM IP 核

与定制同步 RAM IP 核类似，定制一个异步 RAM IP 的方法如下。

1）打开或新建一个 Vivado 工程后，在“PROJECT MANAGER”里点击“IP Catalog”。

2）在右侧列表中双击选择“Memories and Storage Elements→RAMs & ROMs”中的“Distributed Memory Generator”，如图 D.5 所示。

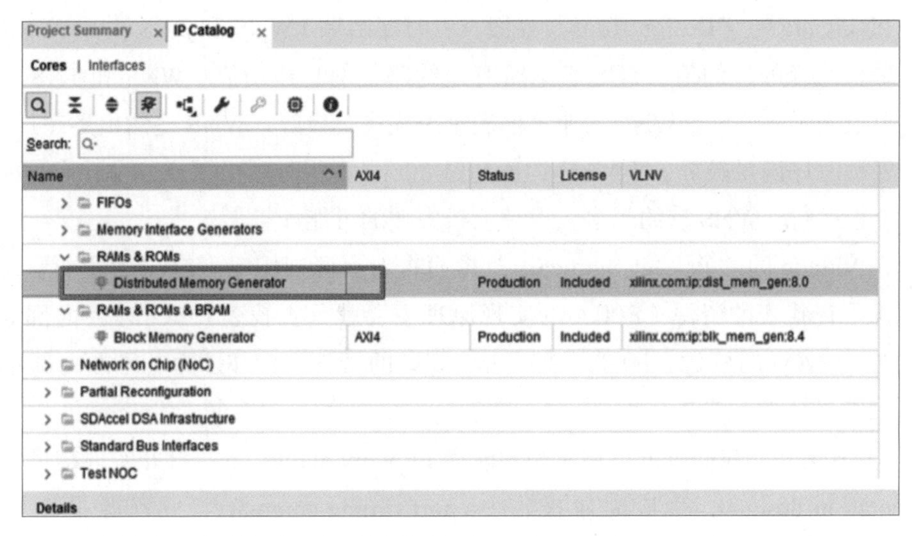

图 D.5 在“IP Catalog”里选择“Distributed Memory Generator”

3）在打开的 IP 定制界面中设置 RAM 参数。在“memory config”界面将 IP 重命名为 distributed_ram，内存类型设为单端口 RAM，深度设为 65536，宽度设为 32。其他保持默认设置即可，点击“OK”，如图 D.6 所示。

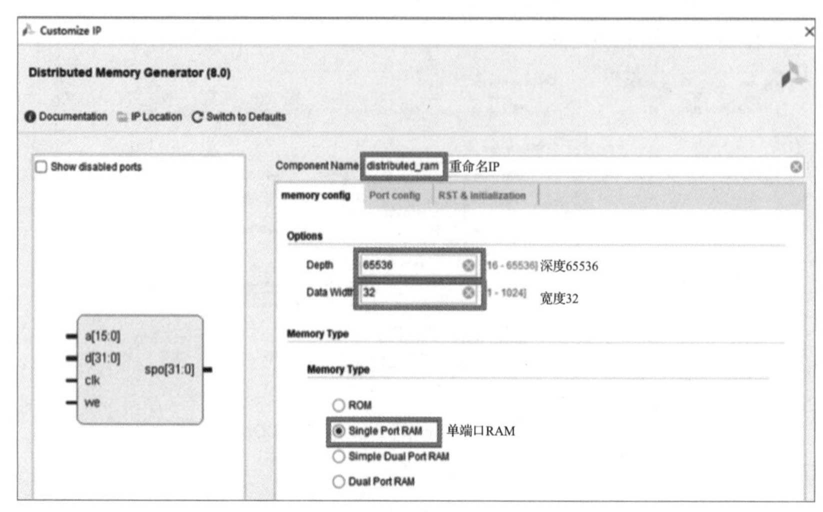

图 D.6　设置异步 RAM 的参数

D.1.3　查看时序结果和资源利用率

在对 Vivado 进行综合和实现后，我们可以查看时序结果和资源利用率（请确保已经完成了综合实现），如图 D.7 所示。

1）在 Vivado 的“Design Runs”界面查看时序结果（WNS 和 TNS 栏）。WNS 表示最长路径的违约值，TNS 表示所有违约路径的总违约值。WNS 和 TNS 为红色负值表示有违约。WNS 为非负值表示时序满足极好，WNS 违约值不超过 300ps 表示时序满足较好，WNS 违约值超过 300ps 表示时序很糟糕，设计有可能无法上板运行。WNS 违约越多，设计上板失败的可能性越大。

2）在 Vivado 的“Project Summary”界面查看资源利用率。LUT 为主要资源，也就是查找表的资源（FPGA 的实现原理主要就是查找表），RAM 为内部集成的同步 RAM 的资源，IO 为 FPGA I/O 接口的资源，BUFG 为 FPGA 内部集成的 BUF 的资源。

除以上方法外，我们也可以在左侧导航栏 Implementation 下，打开实现结果（Open Implementation design），生成时序报告（report timing summary）或资源报告（report utilization）。

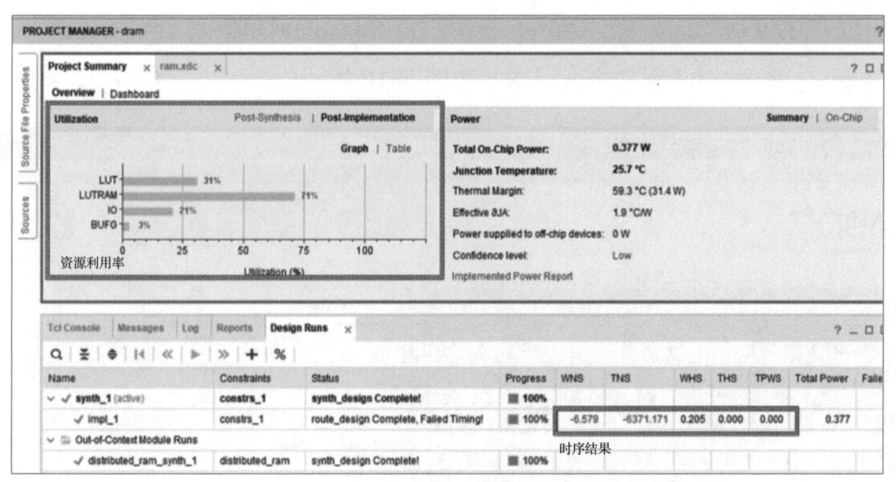

图 D.7　查看综合实现后的时序结果和资源利用率

D.2　利用 tcl 创建 Vivado 工程

本书配套的实验环境中推荐使用 tcl 创建 Vivado 工程。用来创建 Vivado 工程的 tcl 脚本存放在各个实验环境的 run_vivado 目录下。下面介绍一种利用 tcl 创建 Vivado 工程的步骤。

1）启动 Vivado 后，如图 D.8 所示点击最下方的“Tcl Console”标签。

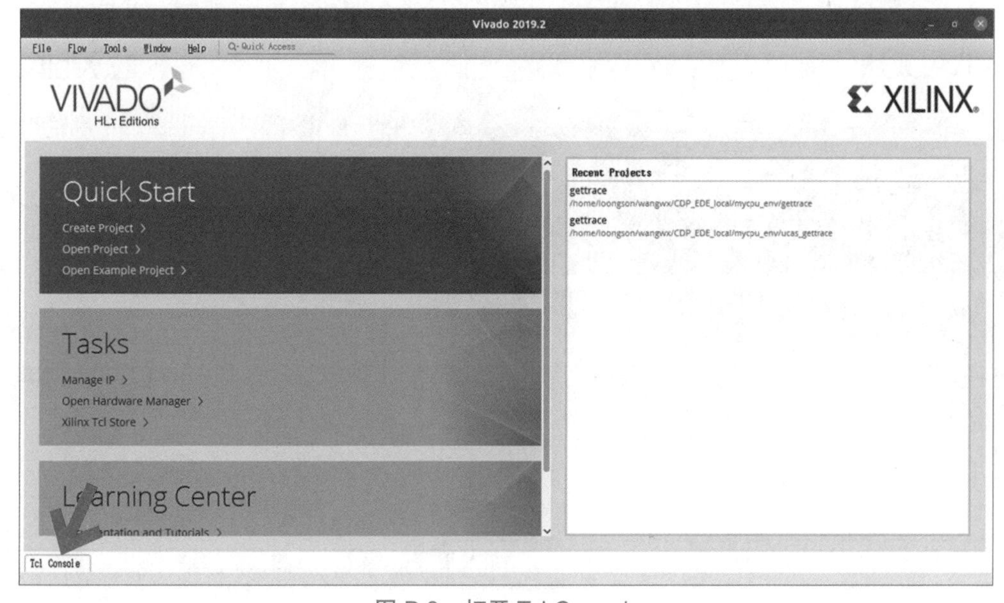

图 D.8　打开 Tcl Console

2）如图D.9所示位置，在打开的Tcl Console中输入命令，cd到待使用create_project.tcl文件所在目录（如图D.10所示）。

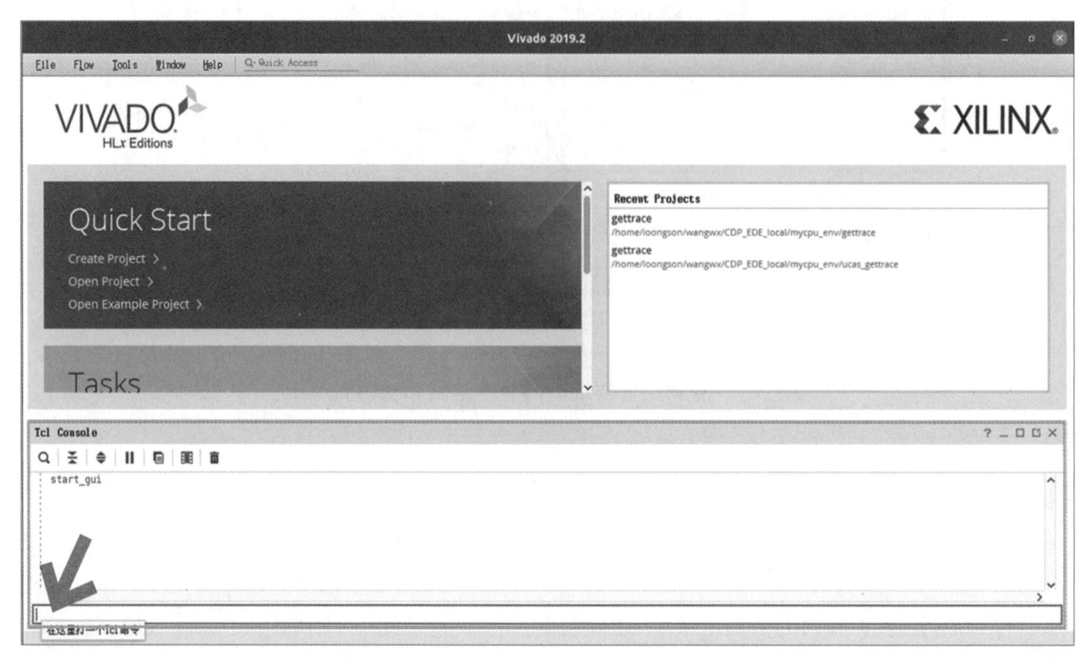

图D.9　Tcl Console中输入命令的位置

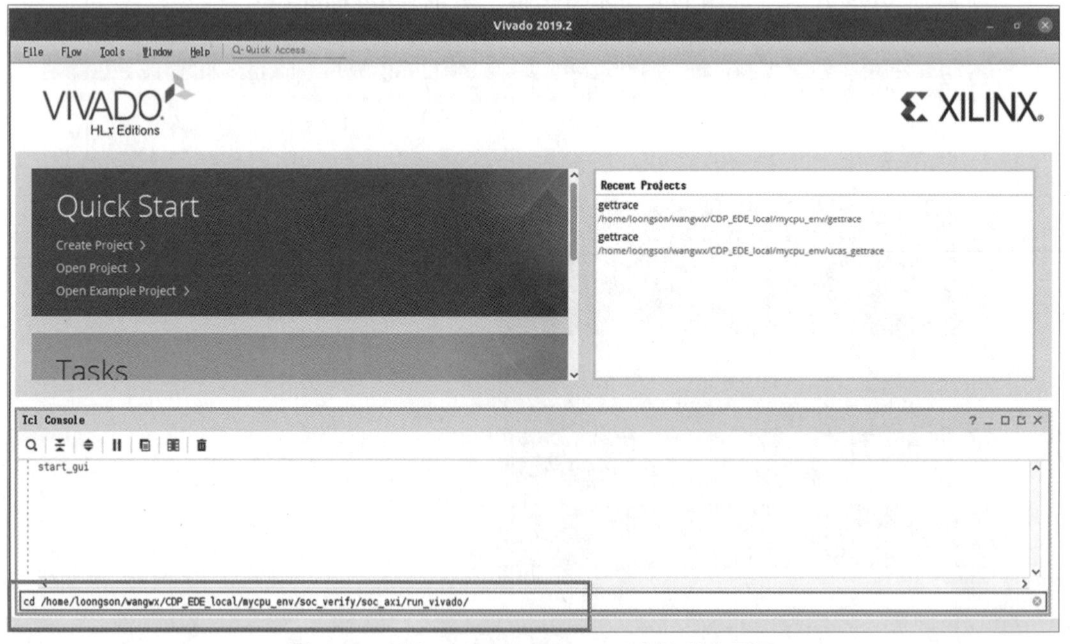

图D.10　进入create_project.tcl文件所在目录

3）如图 D.11 所示，继续在 Tcl Console 中输入命令“ source ./create_ project.tcl”。接下来 Vivado 将根据 create_ project.tcl 的内容创建工程。

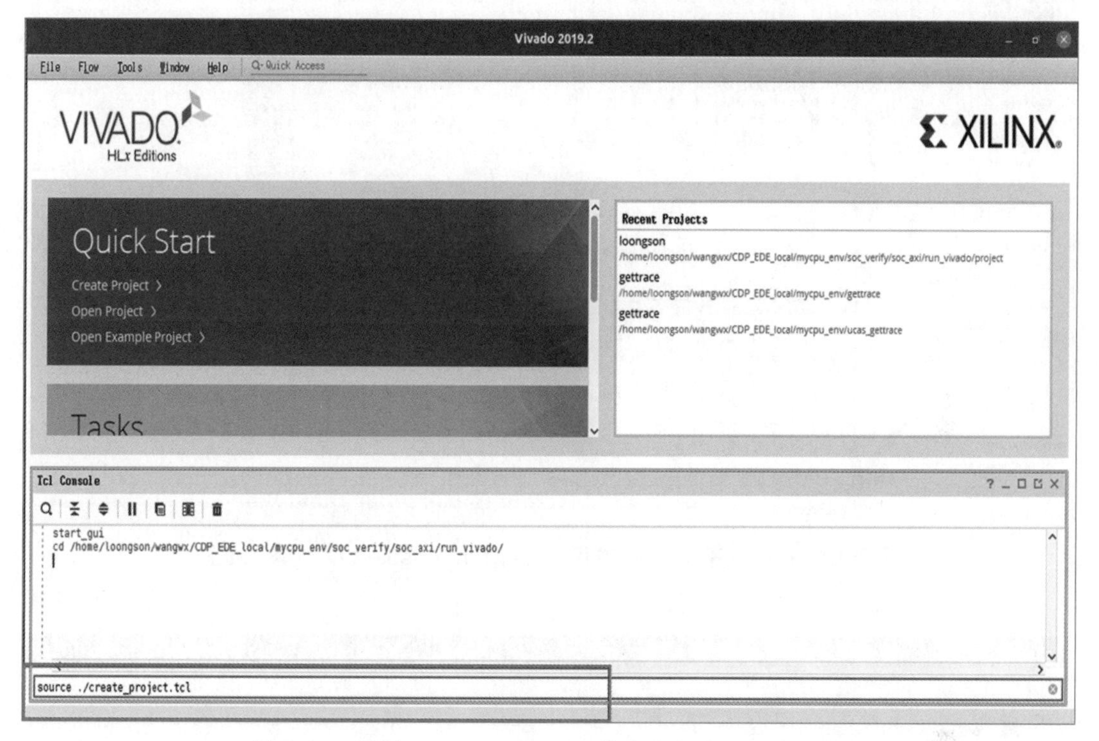

图 D.11　根据 create_project.tcl 的内容创建 Vivado 工程

D.3　利用 tcl 向 Vivado 项目中添加设计文件

如果采用我们推荐的实验开发环境获取方式，将会出现多个实践任务使用同一个目录下的 Vivado 工程的情况。由于在新的实践任务中可能会增添新的设计文件，所以需要更新 Vivado 工程中的源文件列表。添加设计文件除了可以采用附录 C.2 中介绍的图形界面操作方式外，如果设计者可以保证 myCPU 目录下没有无用文件，也可以采用下面介绍的更加快捷的方式。

1）如图 D.12 所示，在已经打开的工程中找到 Tcl Console 的命令输入位置。

2）在 Tcl Console 中输入命令“ add_files　-scan_for_includes ../../../myCPU/”，如图 D.13 所示。

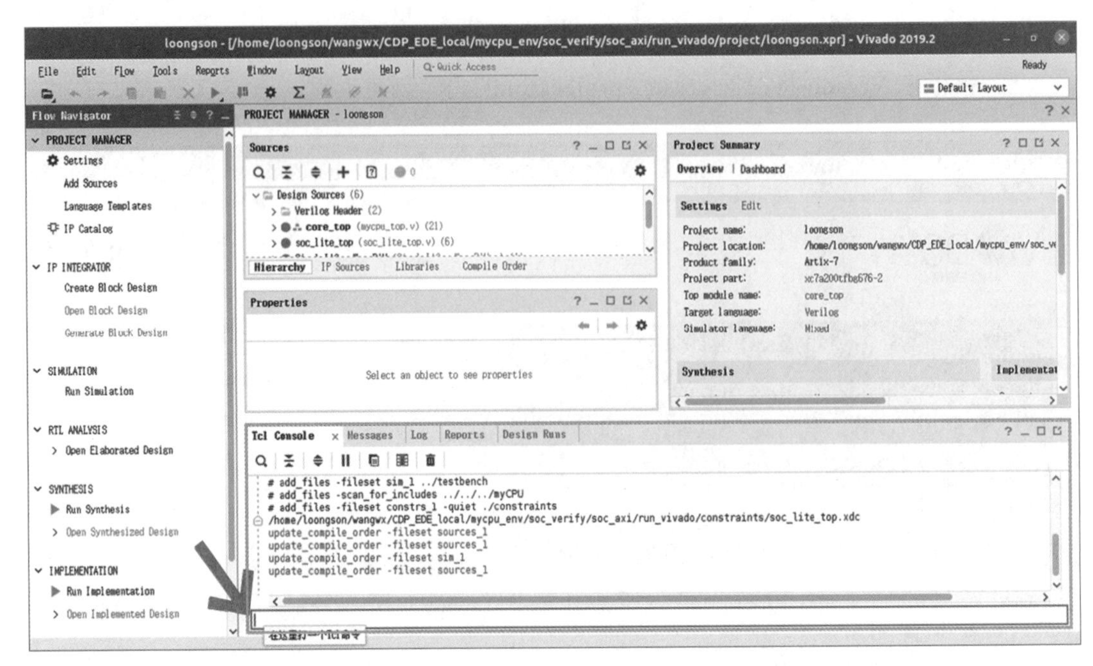

图 D.12　在已打开 Vivado 工程中找到 Tcl Console 的命令输入位置

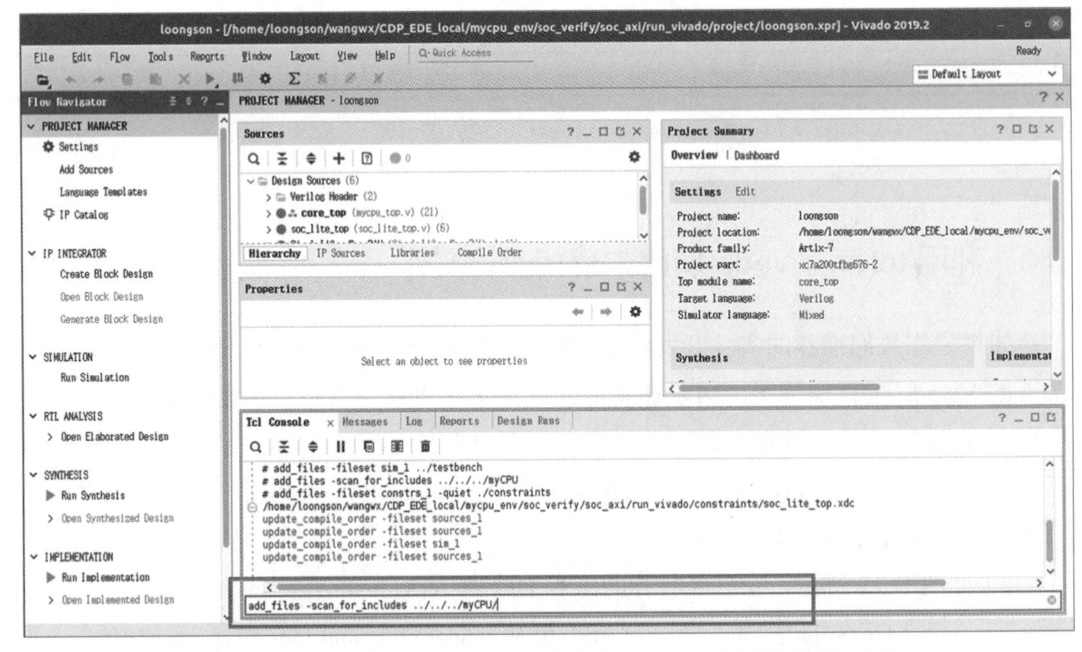

图 D.13　在 Tcl Console 中输入命令添加 myCPU 目录下的设计文件

D.4　升级工程和 IP 核

本书配套的 CPU 设计实验开发环境是在 Vivado 2019.2 中创建的，如果使用更高版本的 Vivado 打开，需要对工程和 IP 核进行升级。注意：Vivado 不支持向前兼容，也就是低版本 Vivado 无法使用高版本 Vivado 创建的工程和 IP 核，若遇到这种情况，请升级 Vivado 的版本。

高版本 Vivado 打开低版本的工程，升级工程和 IP 核的方法如下：

1）高版本 Vivado 打开低版本的工程，会弹出如图 D.14 所示界面，选择第一个选项“Automatically upgrade……”，点击“OK”进行升级。

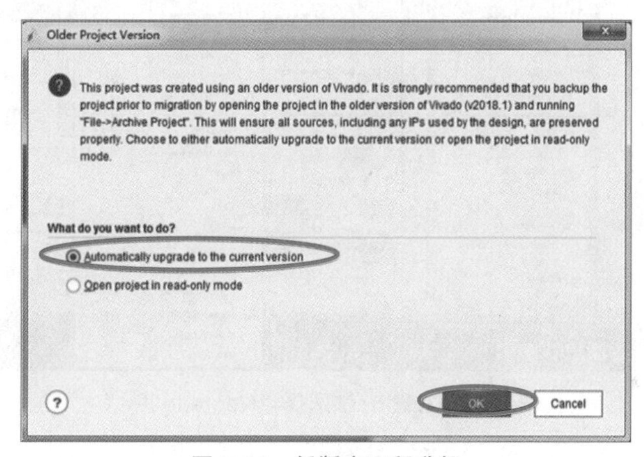

图 D.14　低版本工程升级

2）如果你的工程里包含 Vivado 定制的 IP 核，则会出现如图 D.15 左侧所示的提醒，

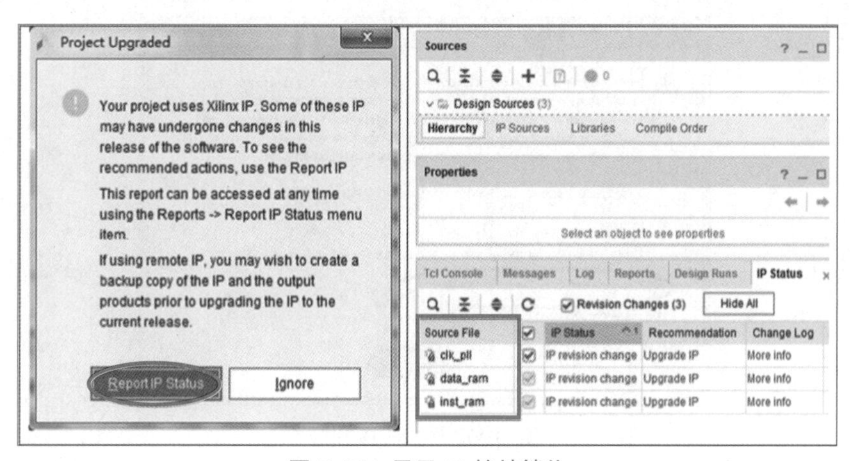

图 D.15　显示 IP 核被锁住

选择“Report IP Status”，则会显示 IP 核状态。如图 D.15 右侧所示，三个 IP 和显示红色的锁标记，说明该 IP 核目前被锁住，无法修改。

3）需要对锁住的 IP 核依次进行升级，才能在此版本 Vivado 里修改这些 IP 核。在 Sources 窗口中找到要升级的 IP，右键后点击“Upgrade IP...”，如图 D.16 所示。

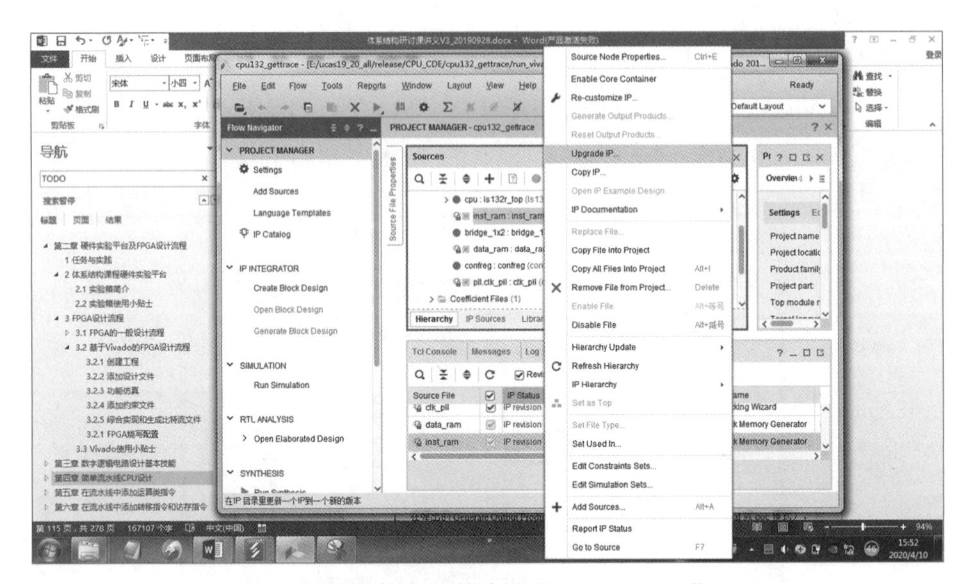

图 D.16　右键 IP 核选择“Upgrade IP...”

4）之后，会弹出如图 D.17 所示界面，选择第二个选项“Continue with Core……”，点击“OK”。

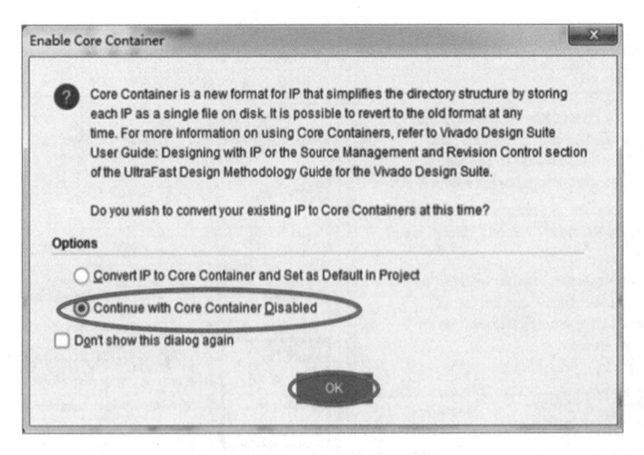

图 D.17　将 IP 核升级

5）在弹出的 Generate Output Products 窗口中（如图 D.18 所示）点击 Generate（根据需要选择 global 或 ooc 模式），完成升级。

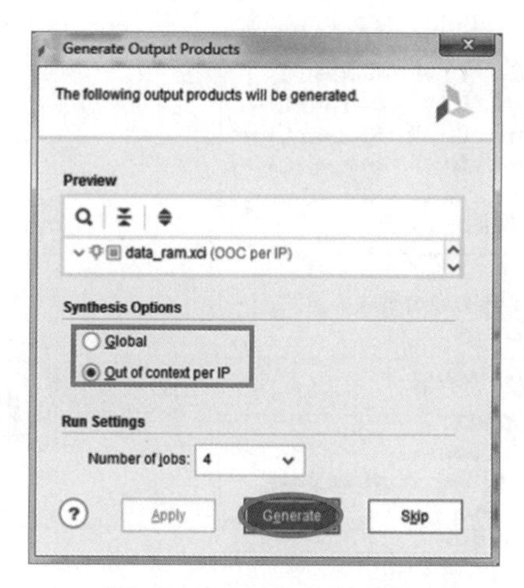

图 D.18　完成 IP 核升级

D.5　使用 Chipscope 进行在线调试

在使用 FPGA 开发的过程中，经常会遇到“仿真通过，上板不过”的现象。由于上板调试手段薄弱，导致很难定位错误。这时候可以借助 Vivado 里集成的 Chipscope 进行在线调试，在线调试是在 FPGA 上运行的过程中探测设定好的信号，然后通过 USB 编程线缆显示到调试上位机上。

本附录给出使用在线调试的基本方法：在 RTL 里设定需探测的信号，综合并建立 Debug，实现并生产二进制码流文件，下载二进制码流和 Debug 文件，上板观察。

D.5.1　抓取需探测的信号

在 RTL 源码中，给想要在 FPGA 上探测的信号声明前增加（*mark_debug =“true” *）。

比如，我们想要在 FPGA 板上观察 debug 信号、PC 寄存器和数码管寄存器，需要在代码里按图 D.19 进行设置。设定完成后，就可以运行综合了。

D.5.2　综合并建立 Debug

在综合完成后，需建立 Debug。

点击 Vivado 工程左侧的“SYNTHESIS→Open Synthesized Design→Set Up Debug”，如图 D.20 所示。

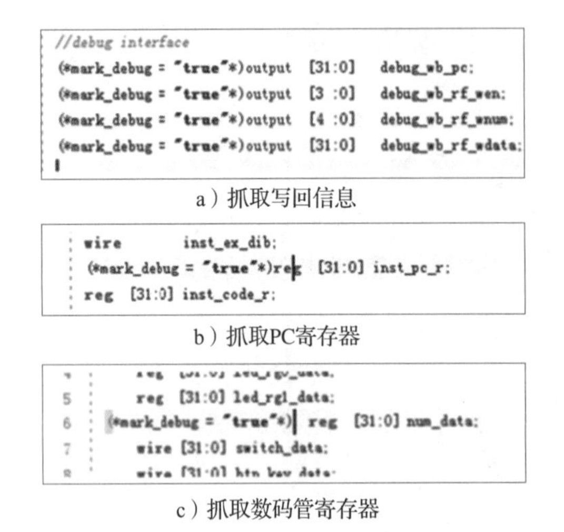

a）抓取写回信息

b）抓取PC寄存器

c）抓取数码管寄存器

图 D.19　在 RTL 设定要探测的信号

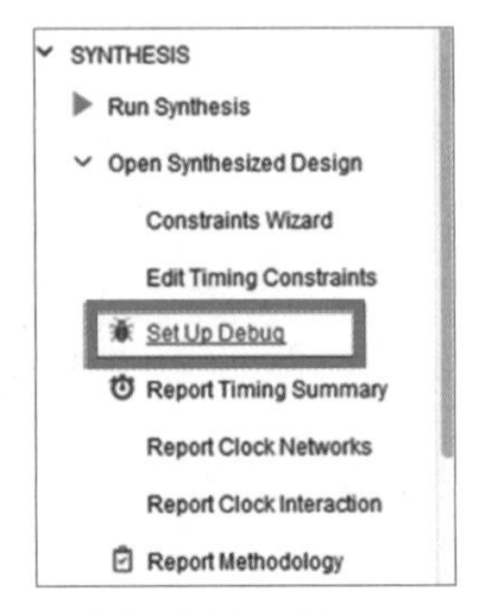

图 D.20　综合后选择“Set Up Debug”

随后会出现如图 D.21 所示界面，点击 Next。

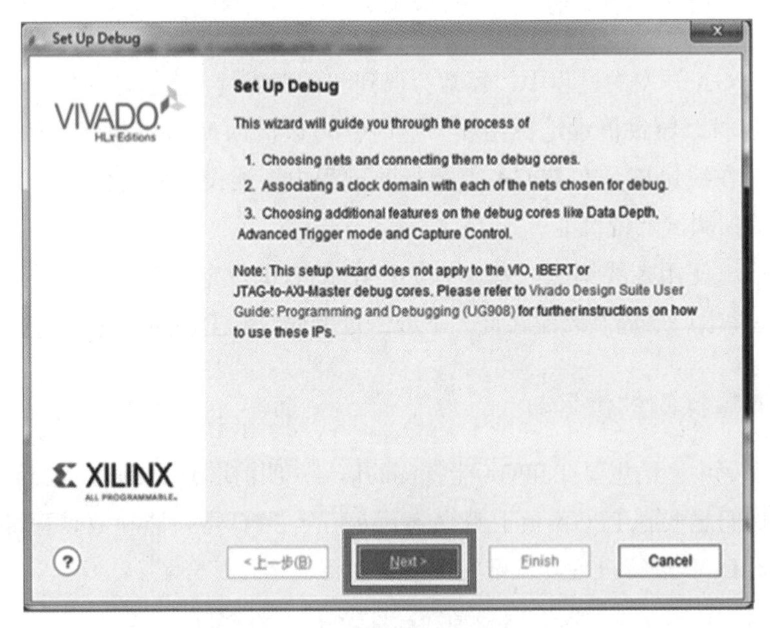

图 D.21　“Set Up Debug”的提示界面

随后会列出抓取的 Debug 信息，点击 Next，如图 D.22 所示。

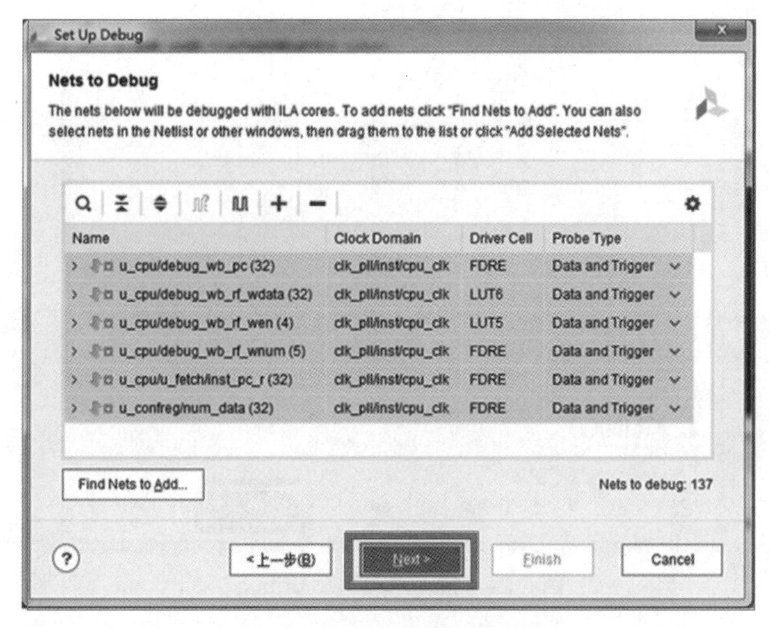

图 D.22　显示所有抓取的信号

选择抓取的深度和触发控制类型，点击 Next（更高级的调试可以勾选“Advanced trigger”），如图 D.23 所示。

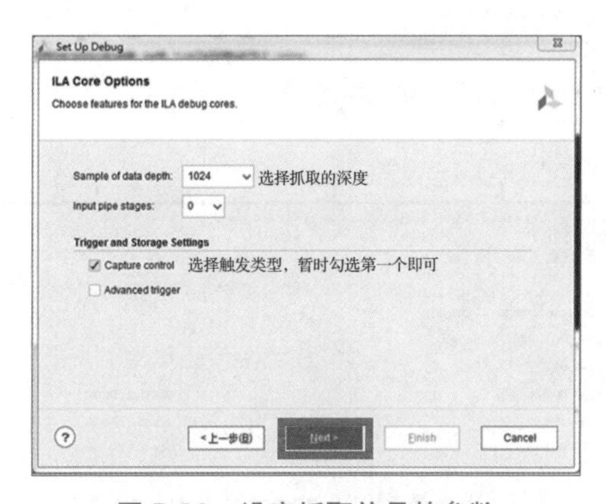

图 D.23　设定抓取信号的参数

最后，点击 Finish，如图 D.24 所示。

D.5.3　实现并生产二进制码流文件

完成上一节的操作后会出现类似图 D.25 所示界面，直接点击 Generate Bitstream。弹出图 D.26 所示界面，点击 Save。

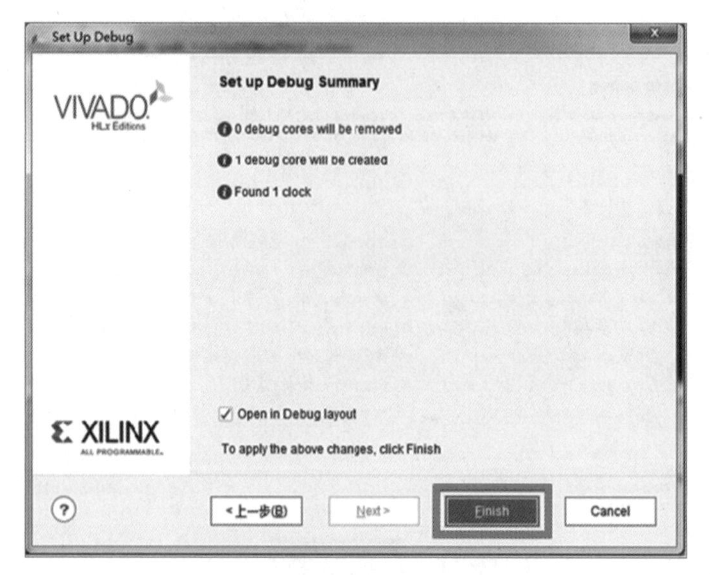

图 D.24　完成“Set Up Debug”

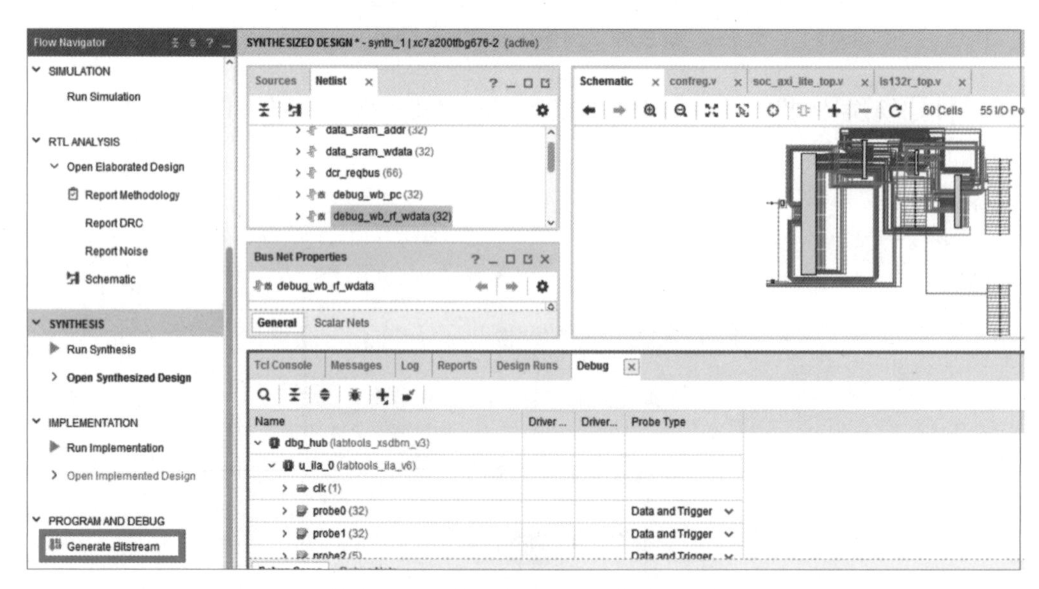

图 D.25　选择“Generate Bitstream”

如果有后续弹出界面，继续点击 OK 或 Yes 即可。这时就进入后续生成比特文件的流程了，此时可以关闭 Vivado 界面里的 synthesis design 界面。如果发现如图 D.27 所示的错误，是因为路径太深，引用时名字太长造成的，降低工程目录的路径深度即可。

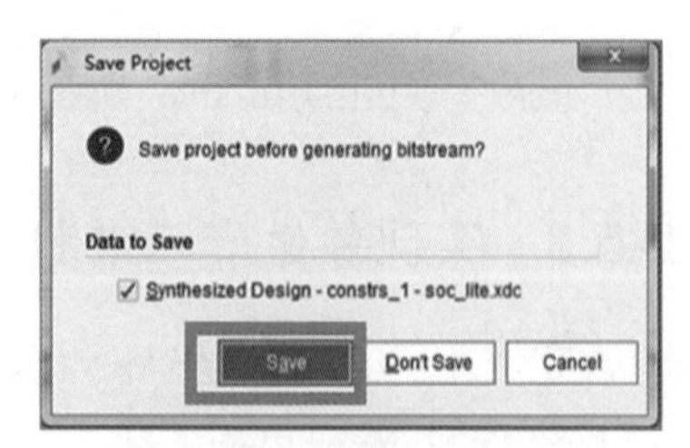

图 D.26　保存约束文件

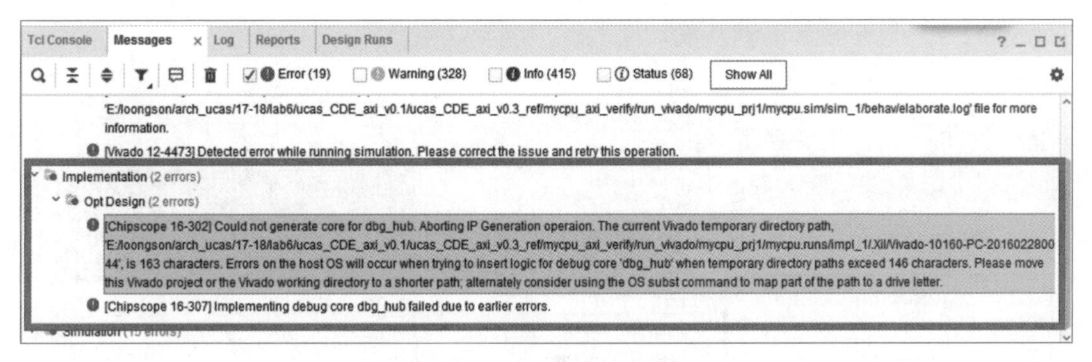

图 D.27　提示工程路径过深

D.5.4　下载二进制码流文件和 Debug 文件

完成上一节的操作后，会生成二进制码流文件和调试使用的 ltx 文件。打开 Open Hardware Manager，连接好 FPGA 开发板后，选择 Program Device，如图 D.28 所示，自动加载二进制码流文件和调试的 ltx 文件。选择 Program，等待下载完成。

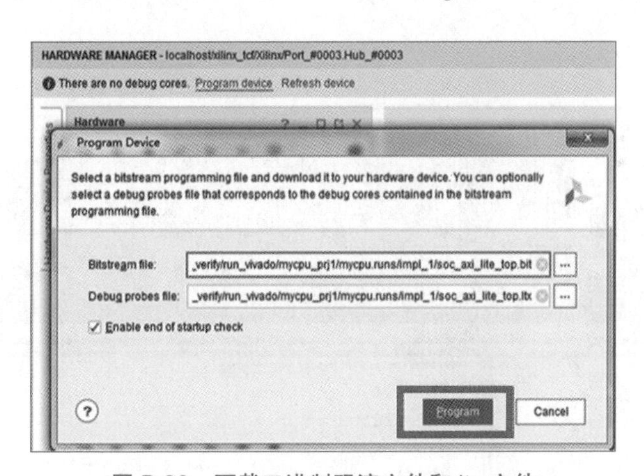

图 D.28　下载二进制码流文件和 ltx 文件

D.5.5　上板观察

在下载完成后，Vivado 界面如图 D.29 所示，在线调试就是在 hw_ila_1 界面里进行的。

hw_ila_1 界面主要分为 3 个分区，如图 D.30 所示。

首先，我们需要在右下角区域设定触发条件。所谓触发条件，就是设定该条件满足时获取波形，比如先设定触发条件是数码管寄存器到达 0x0500_0005。在图 D.31 中，先点击“+”，再双击 num_data。

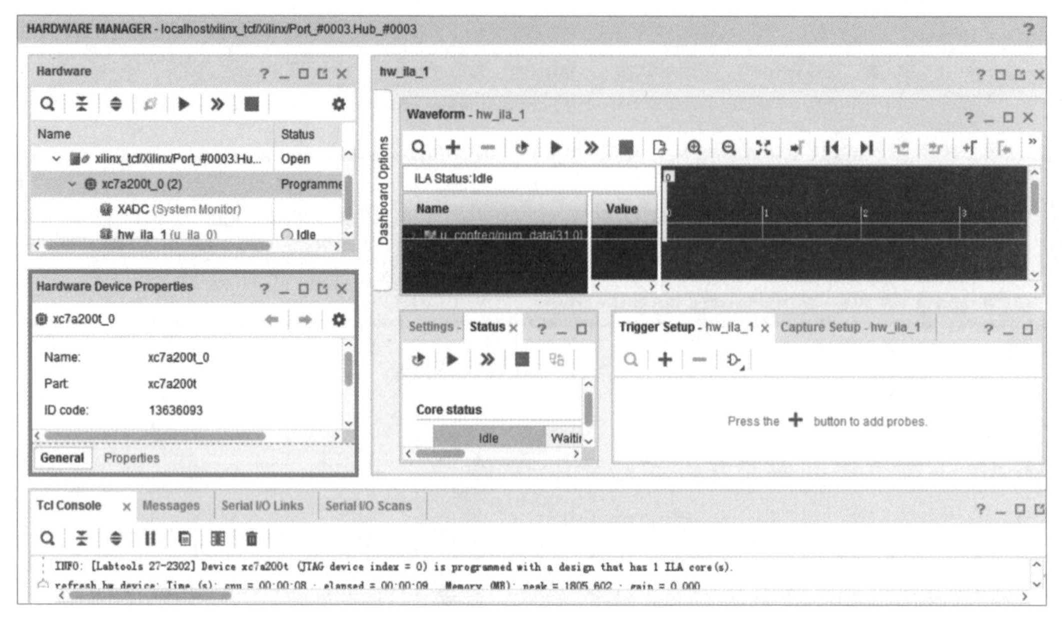

图 D.29　在线调试界面

图 D.30　在线调试界面分区

之后会出现如图 D.32 所示界面，设定好触发条件。

可以设定多个触发条件，比如，再加一个除法条件是写回使能为 0xf，可以设定多个触发条件之间的关系，也可以是任意一个条件满足、两个条件都满足等，如图 D.33 所示。

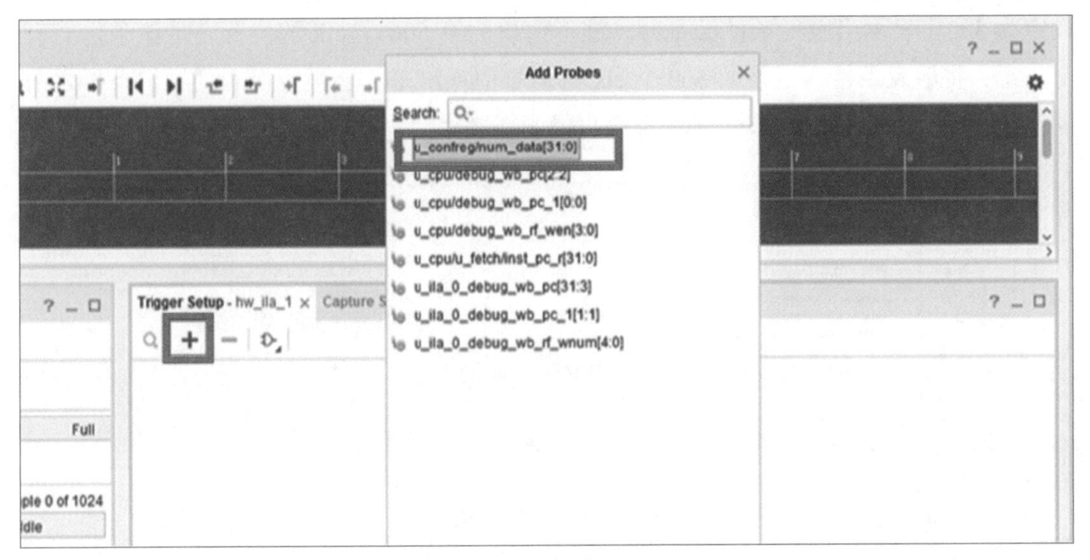

图 D.31　获取待触发的信号

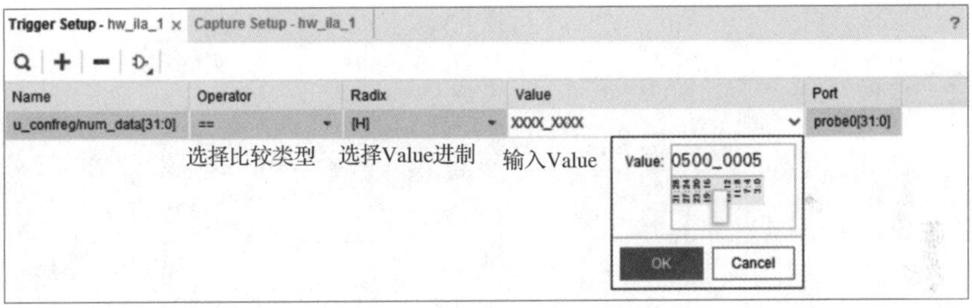

图 D.32　设定触发条件

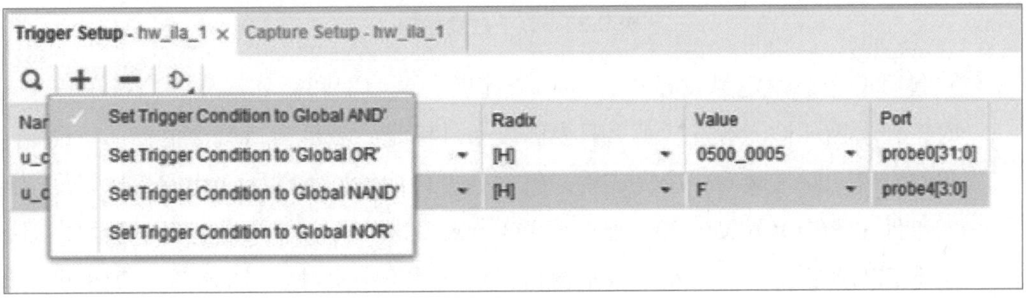

图 D.33　设定多个触发条件

在左下角窗口，选择 Settings，可以设定 Capture 选项，经常用到的是 Trigger position in window，它用来设定触发条件满足的时刻在波形窗口的位置。比如，图 D.34 中将其设定为 500，表示当触发条件满足时，波形窗口的第 500 个 clk 的位置满足该条件。言下之意，将触发条件满足前的 500 个 clk 的信号值抓出来，这样可以看到触发条件之前的电路行为。Refresh rate 设定了波形窗口的刷新频率。

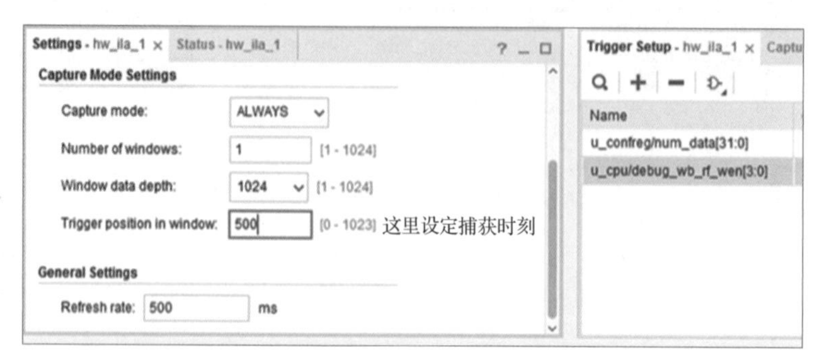

图 D.34　设定抓取模式

触发条件建立后，就可以启动波形抓取了，有三个关键的触发按键，即图 D.35 中圈出的 3 个按键：

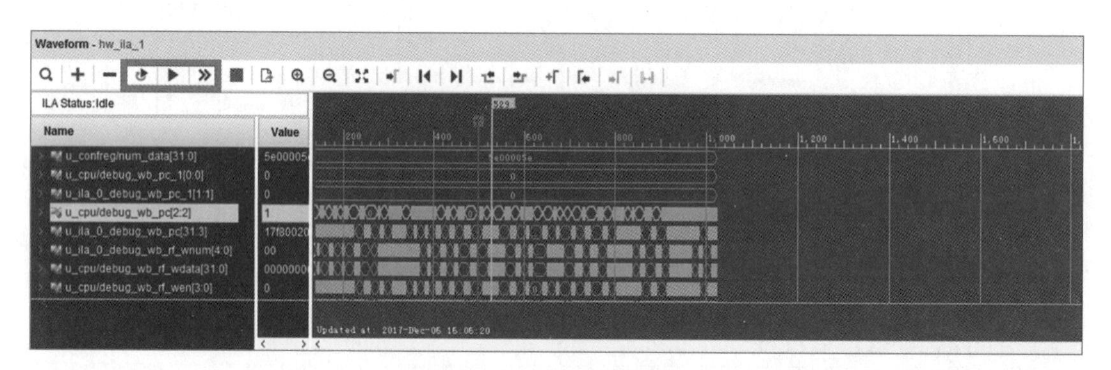

图 D.35　3 个触发按键

- 左起第一个，设定触发模式，有两个选项：单触发和循环触发。当按下该按键时，表示循环检测触发，那么只要触发条件满足，波形窗口就会更新。当设置为单触发时，就是触发一次完成后，就不会再检测触发条件了。比如，如果设定触发条件是 PC=0x1c000690，那么该 PC 会被多次执行。如果设定为单触发，那么按下 FPGA 板上的复位键，波形窗口只会展示第一次触发时的情况。如果设定为循环触发，那么波形窗口会以 Refresh rate 不停刷新捕获的触发条件。
- 左起第二个，等待触发条件被满足。点击该按键就是等待除法条件被满足，展示出波形。
- 左起第三个，立即触发。点击该按键，表示不管触发条件，立即抓取一段波形展示到窗口中。

图 D.35 就是点击第三个按键得到的波形，因为是立即触发，所以 num_data 不是 0x0500_0005，且有一条标注为“T”的红色线，就是触发的时刻。由于触发时刻位于波形窗口的 500 clk 位置，所以红色的位置正好是 500 clk 处。

从图 D.35 也能看到，num_data 是 0x5c00_005c，表示一次测试已经完成了。这时候点击第二个触发按键等待触发，会发现波形窗口没有反应。这是因为触发条件没有被满足，按下 FPGA 板上的复位键即可。结果如图 D.36 所示。圈出的就是触发条件：num_data==32'h5c00_005c && rf_wen==4'hf。

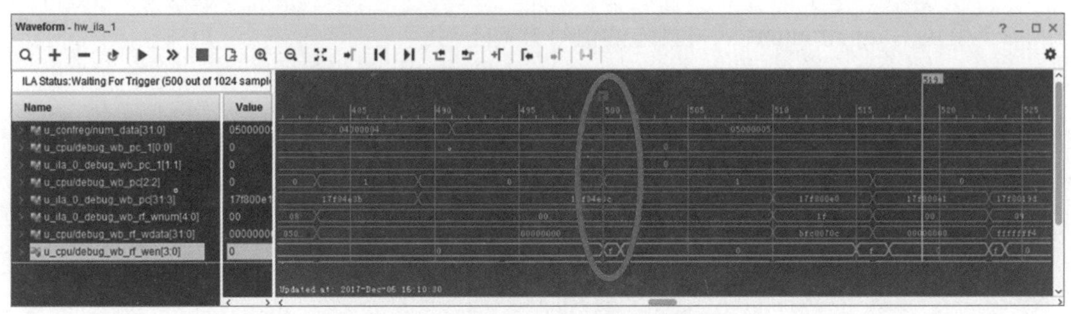

图 D.36　得到触发条件满足时的波形

剩下的 Debug 过程，就和仿真 Debug 类似了。但是在线调试时，你无法添加之前 RTL 中未被添加 debug mark 的信号。在线调试过程中，可能需要不停地更换触发条件，不停地按复位键。

D.5.6　注意事项

添加要抓取的信号时，注意不要给太多信号标注 debug mark。在线调试时抓取波形是需要消耗电路资源和存储单元的，因此能抓取的波形大小是受限的，应当只给必要的 Debug 信号添加 debug mark。

抓取波形的深度不宜太深。如果设定得太深，那么会使存储资源不够，导致最后生成二进制码流和 Debug 文件失败。

抓取的信号数量和抓取的深度是一对矛盾的变量。如果抓取深度较浅，那么抓取的信号数量可以相对多些。

相对仿真调试，在线调试对调试思想和技巧有更高的要求，请好好整理思路，多多总结技巧。特别强调以下几点：

- 触发条件的设定有很多种组合，请根据需求认真考虑，好好设计。
- 通常只需要使用单触发模式，但循环触发有时候很有用，必要时要好好利用。
- 在线调试界面里有很多按键，请自行学习，可以到网上搜索资料，或到 Xilinx 官网上搜索，查找官方文档等。

最后再提醒一点，遇到“仿真通过，上板不过”的情况时，请先重点排查其他问题，最后再使用在线调试的方法。面对本书里的这种小规模的CPU设计，根据我们以往的经验，很多“仿真通过，上板不过”都是以下问题之一导致的：

1）多驱动。

2）模块的 input/output 端口接入的信号方向不对。

3）时钟复位信号接错。

4）代码不规范，乱用阻塞赋值，随意使用 always 语句。

5）仿真时控制信号有“X”。仿真时，有“X”调“X”，有“Z”调“Z”。

6）时序违约。

7）模块里的控制路径上的信号未进行复位。

D.6 在实验箱开发板上固化设计的方法

本节给出基于实验箱来固化一个 FPGA 设计的方法。

固化后，每次上电时，实验箱上的开发板会自动加载设计到 FPGA 芯片上。因此，断电重新上电后不需要重新下载二进制码流文件，极大地方便了基于硬件设计的软件开发和调试。

固化的流程是先将一个二进制码流文件转换为 mcs 文件，将 mcs 文件下载到实验箱上开发板的一个 SPI Flash 上。

D.6.1 生成 mcs 文件

首先，需要确保 FPGA 设计的二进制码流文件已经生成，但二进制码流文件是用于直接下载到 FPGA 芯片里的文件，不能下载到 Flash 芯片里，因而需要转换为 mcs 文件。

在 Vivado 工具里，生成 mcs 文件需要在命令控制台（Tcl Console）里输入命令，如图 D.37 所示。

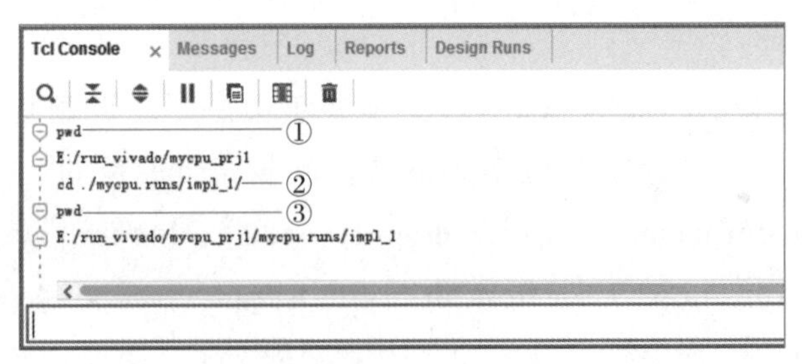

图 D.37　在“Tcl Console”里输入命令

图 D.37 中①②③行为输入的命令，“pwd”用于查看目录。随后使用“cd”命令进入二进制码流文件所在的目录。

假设生成的二进制码流文件为 soc_test.bit，则输入命令串“ write_cfgmem-format mcs-interface spix1-size 16-loadbit” up 0 soc_test.bit” -file soc_test.mcs”即可生成 mcs 文件，如图 D.38 所示。

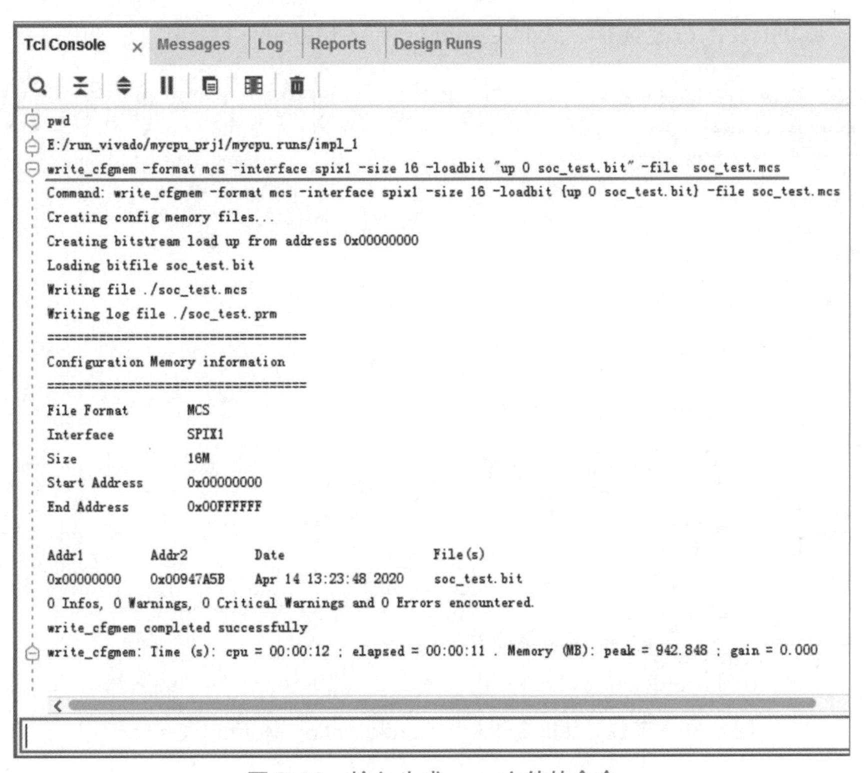

图 D.38　输入生成 mcs 文件的命令

命令里的 soc_test.bit 为待转换的 FPGA 设计的二进制码流文件，soc_test.mcs 为生成的 mcs 文件名，可以自定义。另外，在生成 soc_test.mcs 文件的同时，也会生成 soc_ test.prm 文件。

上述命令的作用是先输入“cd”命令将目录切换到二进制码流文件的目录，再使用“write_cfgmem”命令将二进制码流文件转换为 mcs 文件。这两步可以使用命令“write_cfgmem-format mcs-interface spix1 -size 16-loadbit ”up 0 E:/run_vivado/mycpu_ prj1/mycpu.runs/impl_1/soc_test.bit”-file E:/run_vivado/mycpu_ prj1/mycpu.runs/impl_1/soc_test.mcs”一次完成。这一命令中明确指定了二进制码流文件的目录和生成的 mcs 文件的保存目录。二进制码流文件的目录和文件名必须正确，但 mcs 文件的目录和文件名可以自定义。

D.6.2 下载 mcs 文件

生成好 mcs 文件后，就需要将其下载到实验箱上开发板里的 SPI Flash 上。和下载二进制码流文件一样，打开 Vivado 工具里的“Open Hardware Target”，连接设备。左键选中 xc7a200t 后，右键选择“Add Configuration Memory Device”，如图 D.39 所示。

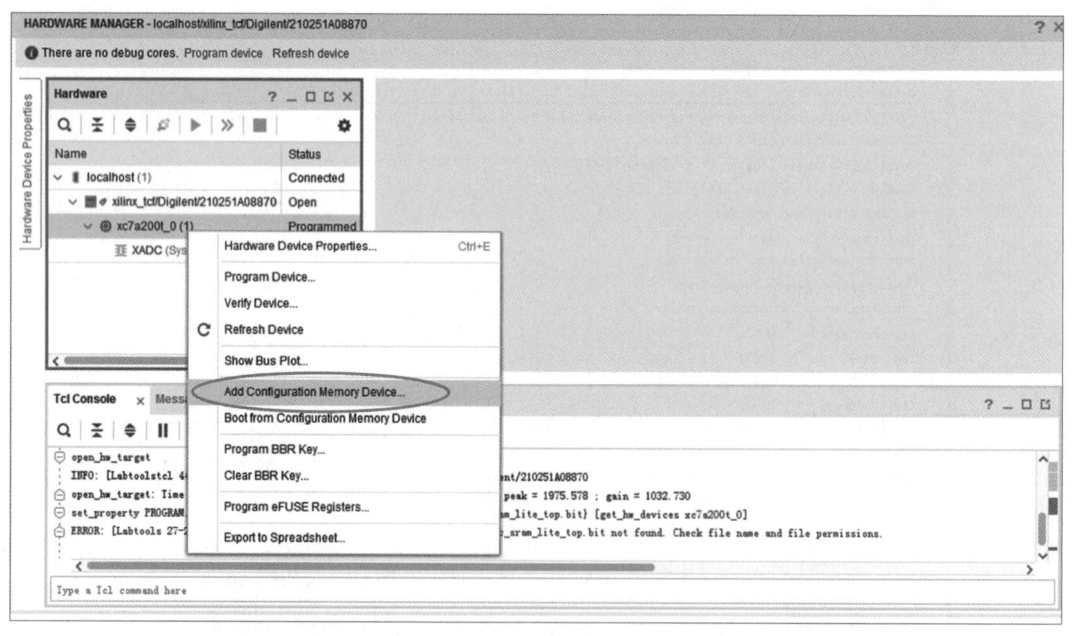

图 D.39 下载界面选择“Add Configuration Memory Device”

出现如图 D.40 所示界面，在 search 栏输入 s25fl128s，出现两个可选的芯片型号：s25fl128sxxxxxx0-spi-x1_x2_x4 和 s25fl128sxxxxxx1-spi-x1_x2_x4。选择的型号需要与板上固定的 Flash 芯片型号相同（看板上 Flash 型号标识的末尾是 0 还是 1）。也可以在两者中先任选一个，如果后续编程 Flash 失败，再回来选另一个型号。选好 Flash 型号后，点击 OK。

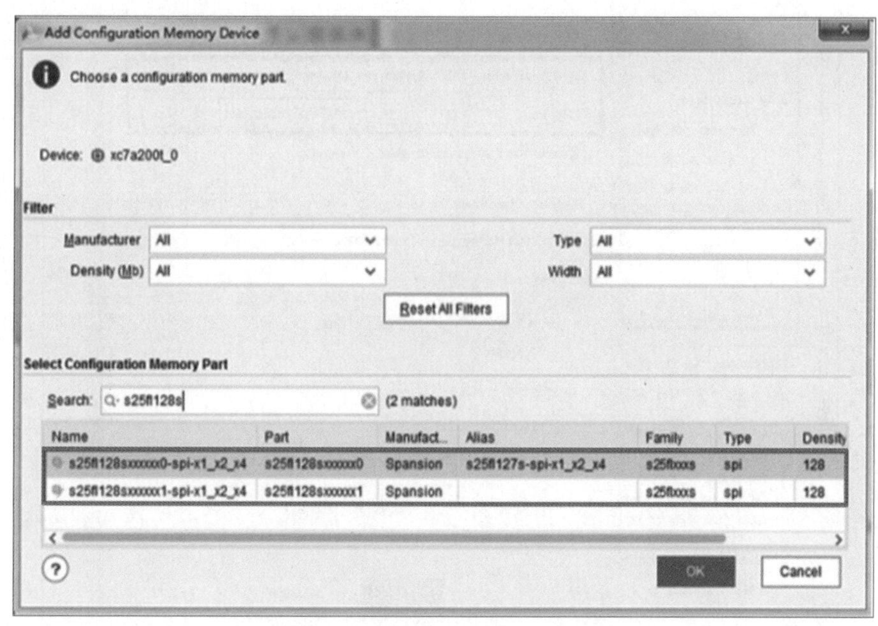

图 D.40　设置 Memory 设备配置

弹出如图 D.41 所示的窗口，询问是否现在编程 Flash，点击 OK。

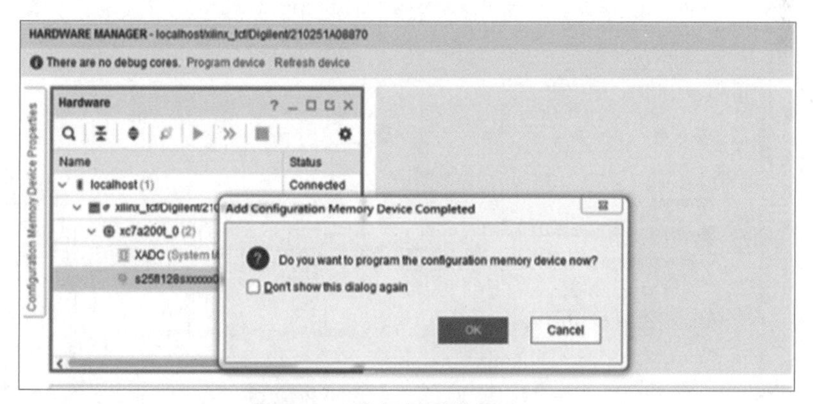

图 D.41　询问是否编程 Flash

出现如图 D.42 所示的编程 Flash 的界面后，在“ Configuration file”栏选择之前生成的 mcs 文件，在“PRM file”栏选择之前生成的 prm 文件，点击 OK。

后续等待下载 mcs 到 Flash 芯片完成即可。Flash 芯片会先进行擦除，再进行编写，完成后会提示“Flash programming completed successfully”，如图 D.43 所示。

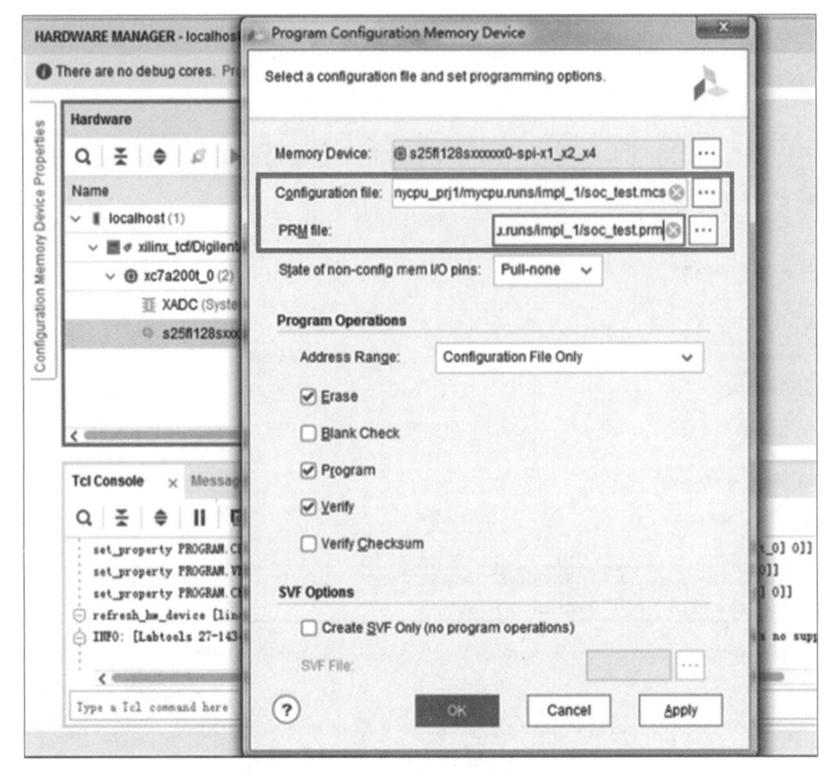

图 D.42 在“Configuration file”栏里选择 mcs 文件

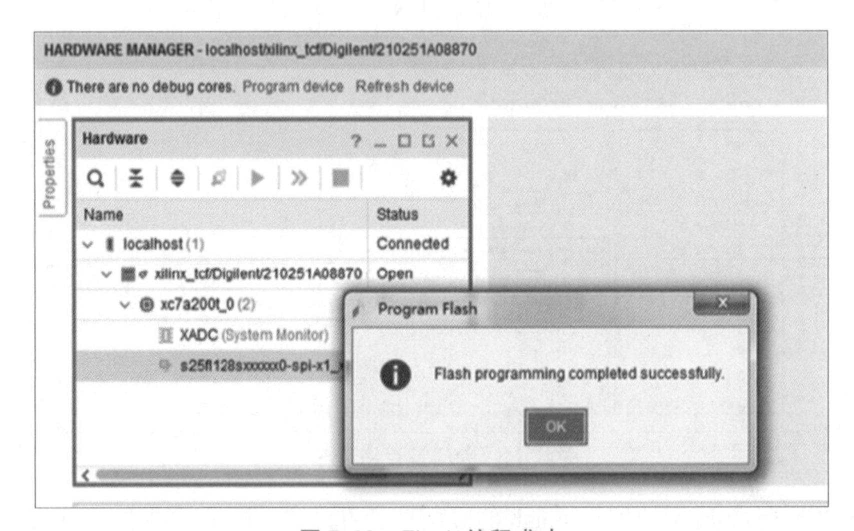

图 D.43 Flash 编程成功

此时烧写就完成了，需要断开下载线缆，并将开发板断电重新上电，等待一段时间（约 30s），固化到开发板上的设计就被自动加载到 FPGA 芯片并开始运行了。